高等学校教材
电子信息

智能仪器原理及设计

王选民 主编

清华大学出版社
北京

内容简介

本书系统地阐述了智能仪器的体系结构、原理及设计方法。全书共分10章。第1章为绪论，介绍智能仪器的结构、特点及发展状况；第2章介绍智能仪器主机电路；第3章介绍信号输入输出通道的结构、特性及设计；第4章介绍智能仪器人-机接口技术；第5章介绍智能仪器的标准数据通信接口；第6章介绍智能仪器抗干扰技术；第7章介绍智能仪器数据处理及自动化技术；第8章介绍智能仪器设计方法；第9章介绍基于电压及频率测量的智能仪器；第10章介绍虚拟仪器及网络化仪器的结构及设计实例。

本书在着重基本原理和方法的基础上，突出智能仪器的新方法、新技术、新器件。增加了ARM内核、DSP型单片机。Σ-Δ型ADC、触摸屏、高速数据缓存、通信总线（如PXI、CAN、USB、以太网、蓝牙）、虚拟仪器及网络化仪器等内容。本书加大了应用篇幅，各章节侧重智能仪器功能部件的具体设计方法与技巧，给出了相关设计实例。

本书可作为高等院校电子类、仪器仪表类、控制类等专业的教材或教学参考书，也可供广大从事智能仪器、仪表开发设计的工程技术人员参考。

图书在版编目(CIP)数据

智能仪器原理及设计/王选民主编；张利川，张晓博编著. —北京：清华大学出版社，2008.7(2017.8重印)
(高等学校教材·电子信息)
ISBN 978-7-302-17459-2

Ⅰ.智… Ⅱ.①王… ②张… ③张… Ⅲ.①智能仪器—理论—高等学校—教材 ②智能仪器—设计—高等学校—教材 Ⅳ.TP216

中国版本图书馆CIP数据核字(2008)第056588号

责任编辑：郑寅堃 顾 冰
责任校对：焦丽丽
责任印制：杨 艳

出版发行：清华大学出版社
网 址：http://www.tup.com.cn，http://www.wqbook.com
地 址：北京清华大学学研大厦A座 邮 编：100084
社 总 机：010-62770175 邮 购：010-62786544
投稿与读者服务：010-62776969，c-service@tup.tsinghua.edu.cn
质量反馈：010-62772015，zhiliang@tup.tsinghua.edu.cn
课件下载：http://www.tup.com.cn，010-62795954
印 装 者：北京中献拓方科技发展有限公司
经 销：全国新华书店
开 本：185mm×260mm **印 张**：19.5 **字 数**：472千字
版 次：2008年7月第1版 **印 次**：2017年8月第5次印刷
印 数：8501～9000
定 价：39.00元

产品编号：023579-02

编审委员会成员

高等学校教材·电子信息

出版说明

改革开放以来，特别是党的十五大以来，我国教育事业取得了举世瞩目的辉煌成就，高等教育实现了历史性的跨越，已由精英教育阶段进入国际公认的大众化教育阶段。在质量不断提高的基础上，高等教育规模取得如此快速的发展，创造了世界教育发展史上的奇迹。当前，教育工作既面临着千载难逢的良好机遇，同时也面临着前所未有的严峻挑战。社会不断增长的高等教育需求同教育供给特别是优质教育供给不足的矛盾，是现阶段教育发展面临的基本矛盾。

教育部一直十分重视高等教育质量工作。2001 年 8 月，教育部下发了《关于加强高等学校本科教学工作，提高教学质量的若干意见》，提出了十二条加强本科教学工作提高教学质量的措施和意见。2003 年 6 月和 2004 年 2 月，教育部分别下发了《关于启动高等学校教学质量与教学改革工程精品课程建设工作的通知》和《教育部实施精品课程建设提高高校教学质量和人才培养质量》文件，指出“高等学校教学质量和教学改革工程”是教育部正在制定的《2003—2007 年教育振兴行动计划》的重要组成部分，精品课程建设是“质量工程”的重要内容之一。教育部计划用五年时间(2003—2007 年)建设 1500 门国家级精品课程，利用现代化的教育信息技术手段将精品课程的相关内容上网并免费开放，以实现优质教学资源共享，提高高等学校教学质量和人才培养质量。

为了深入贯彻落实教育部《关于加强高等学校本科教学工作，提高教学质量的若干意见》精神，紧密配合教育部已经启动的“高等学校教学质量与教学改革工程精品课程建设工作”，在有关专家、教授的倡议和有关部门的大力支持下，我们组织并成立了“清华大学出版社教材编审委员会”(以下简称“编委会”)，旨在配合教育部制定精品课程教材的出版规划，讨论并实施精品课程教材的编写与出版工作。“编委会”成员皆来自全国各类高等学校教学与科研第一线的骨干教师，其中许多教师为各校相关院、系主管教学的院长或系主任。

按照教育部的要求，“编委会”一致认为，精品课程的建设工作从开始就要坚持高标准、严要求，处于一个比较高的起点上；精品课程教材应该能够反映各高校教学改革与课程建设的需要，要有特色风格、有创新性(新体系、新内容、新手段、新思路，教材的内容体系有较高的科学创新、技术创新和理念创新的含量)、先进性(对原有的学科体系有实质性的改革和发展，顺应并符合 21 世纪教学发展的规律，代表并引领课程发展的趋势和方向)、示范性(教材所体现的课程体系具有较广泛的辐射性和示范性)和一定的前瞻性。教材由个人申报或各校推荐(通过所在高校的“编委会”成员推荐),经“编委会”认真评审,最后由清华大学出版社审定出版。

目前,针对计算机类和电子信息类相关专业成立了两个“编委会”,即“清华大学出版社计算机教材编审委员会”和“清华大学出版社电子信息教材编审委员会”。首批推出的特色精品教材包括:

(1) 高等学校教材·计算机应用——高等学校各类专业,特别是非计算机专业的计算机应用类教材。

(2) 高等学校教材·计算机科学与技术——高等学校计算机相关专业的教材。

(3) 高等学校教材·电子信息——高等学校电子信息相关专业的教材。

(4) 高等学校教材·软件工程——高等学校软件工程相关专业的教材。

(5) 高等学校教材·信息管理与信息系统。

(6) 高等学校教材·财经管理与计算机应用。

清华大学出版社经过二十多年的努力,在教材尤其是计算机和电子信息类专业教材出版方面树立了权威品牌,为我国的高等教育事业做出了重要贡献。清华版教材形成了技术准确、内容严谨的独特风格,这种风格将延续并反映在特色精品教材的建设中。

清华大学出版社教材编审委员会
E-mail:dingl@tup.tsinghua.edu.cn

前　言

智能仪器是计算机技术与测量技术、仪器仪表技术相结合的产物。它具有传统仪器无法比拟的优点，在测量精度、速度、可靠性等方面有了根本性的改变。智能仪器广泛应用于测量、控制、通信、医学仪器以及科学研究等各个方面。近年来随着计算机技术、微电子技术的迅速发展，智能仪器又发生了巨大的变化，出现了全新一代智能仪器——虚拟仪器及网络化仪器，仪器硬件趋于采用嵌入式系统、片上系统 SoC 结构。新结构、新器件的采用极大地提高了智能仪器的品质及开发效率。

本书在系统阐述智能仪器的体系结构、工作原理、软硬件设计方法的基础上力求反映智能仪器中的新思想、新技术、新方法和新器件，同时应用了作者多年来从事智能仪器教学和科研、开发的体会。智能仪器是一门理论性与实践性很强的课程，在编写过程中重视理论与实际结合，在阐述基本原理的基础上，侧重讨论智能仪器设计、开发中的具体方法与技巧，在各章中给出了相应的设计实例。旨在使读者通过智能仪器的学习解决设计、开发中的实际问题。

全书共分 10 章。第 1 章为绪论，介绍智能仪器的结构、特点及发展状况。第 2 章介绍智能仪器主机电路中应用的 8051 内核、RAM 内核及 DSP 型单片机的结构特性及参数，并以 51 系列单片机为例介绍主机电路的构成方法。第 3 章阐述模拟量输入输出通道中功能部件(测量放大器、ADC、DAC、S/H 等)的结构及其接口原理；集成数据采集系统及高速数据缓存技术；开关量输入输出通道信号调理及开关量输出信号的驱动方法。第 4 章介绍键盘、LED/LCD 接口技术及可编程芯片的应用以及微型打印机及触摸屏的原理和接口设计。第 5 章介绍智能仪器通信接口总线(GP-IB、RS-232、PXI)的特性及接口设计和新型总线(如 USB、CAN、以太网、蓝牙技术)的性能及应用。第 6 章介绍干扰的来源及分类、智能仪器输入输出通道电源、地线系统及 CPU 的抗干扰技术。第 7 章阐述消除随机误差及系统误差的有效方法和实现量程变换、标度变换、故障自检的原理及程序设计。第 8 章主要介绍智能仪器的总体软件、键盘管理程序设计方法及整机调试步骤，并给出一个设计实例。第 9 章介绍智能 DVM、DMM 的结构、应用及设计过程，自由轴法 RLC 测量仪原理及典型产品，智能电子计数器的组成、原理及设计。第 10 章介绍虚拟仪器及网络化仪器的概念、特点及体系结构，并通过实例阐述虚拟仪器及网络化仪器的设计过程。

本书由长安大学王选民、张利川、张晓博编写，王选民编写第 1、3、4、7、8 章，张利川编写第2、5章及9.4～9.7节，张晓博编写第6、10章及9.1～9.3节。王选民任主编，负责全书的策划、内容安排、文稿修改及审定工作。

由于作者水平有限，加之编写时间仓促，书中难免存在错误和不足之处，恳请读者批评指正。

编　者

2008年2月

目 录

第1章

绪　　论

本章首先介绍智能仪器诞生的背景，然后重点阐述智能仪器的基本结构及特点，最后扼要介绍智能仪器发展过程中的GP-IB自动测试系统、个人仪器及系统、VXI总线仪器系统、虚拟仪器、网络化仪器的概念及特点。

1.1　智能仪器的诞生

在微处理器出现之前，电子仪器的发展经历了两代，第一代为模拟式（又称指针式）仪器，如指针式电压表、电流表及功率表等，它们以电磁测量为基本原理。模拟式仪器的主要缺点是功能简单、精度低、响应速度慢。第二代为数字式仪器，如数字电压表、数字功率计、数字频率计等。它的基本特点是将被测模拟信号转换成数字信号进行测量，测量结果以数字形式输出显示。数字式仪器测量精度高、响应速度快、读数清晰、直观，测量结果可打印输出，也容易与计算机技术相结合。同时由于数字信号便于远距离传输，所以数字式仪器也适于遥测遥控。

随着微电子技术的发展，1971年世界上出现了第一个微处理器芯片（美国Intel公司4004型微处理器芯片）。由微处理器芯片所构成的微型计算机（简称微机），不仅具有计算机通常具有的运算、判断、记忆、控制功能，而且还具有功耗低、体积小、可靠性高、价格低廉等优点。因此微型计算机得到了迅速的发展，其应用领域也越来越广泛。在仪器科学与技术领域，人们将微型计算机技术与测量技术相结合出现了完全突破传统概念的新一代仪器——智能仪器，它是电子仪器发展史上的第三代产品。智能仪器是含有微型计算机或微处理器的测量仪器，由于它拥有对数据的存储、运算、逻辑判断及自动化操作等功能，具有一定智能的作用（表现为智能的延伸或加强等），因而被称为智能仪器。智能仪器的出现对仪器仪表的发展以及科学实验研究产生了深远影响，是仪器设计的里程碑。

我国电磁测量信息处理仪器学会于1984年正式成立“自动测试与智能仪器专业学组”，1986年国际测量联合会以“智能仪器”为主题召开了专门的讨论会，1988年国际自动控制联合会在其当年的理事会上正式确定“智能元件及仪器”为其系列学术委员会之一。此外，1989年5月在我国武汉召开了第一届测试技术与智能仪器国际学术讨论会。以后，在国内外的学术会议上，以智能仪器为内容的研讨已层出不穷。近年来，智能仪器已开始从较为成熟的数据处理向知识处理发展，它体现为模糊判断、故障诊断、容错技术、传感器融合、机件寿命预测等，使智能仪器的功能向更高层次发展。

1.2 智能仪器的结构及特点

1.2.1 智能仪器的结构

智能仪器是计算机技术与测量仪器相结合的产物，实际上是一个专用计算机系统，它由硬件和软件两大部分组成。

硬件部分的通用结构框图如图 1-1 所示，主要包括主机电路、信号输入输出通道、人-机接口电路和通信接口电路四部分。其中主机电路用来存储程序、数据并进行一系列的运算和处理，它通常由微处理器(MPU)、程序存储器、数据存储器及输入输出(I/O)接口电路组成。主机电路可以选择单片机，也可以选择通用计算机。信号输入输出电路包括模拟量输入输出电路及开关量输入输出电路两部分。模拟量输入输出电路由模拟量输入电路、A/D 转换器、D/A 转换器及模拟执行器等组成，用于实现对输入模拟量的调理、数字化转换以及将输出数字量转化为模拟量进而驱动模拟执行器等功能；开关量输入输出电路用于实现开关量的输入及输出功能。需要指出的是信号输入输出电路可以根据处理的信号性质(如为模拟信号)选择其中一种电路(如模拟量输入输出电路)。人-机接口电路主要实现操作者和仪器之间的信息交流功能，包括参数的设置、测量信号显示和打印等功能。它由键盘、显示器、打印机等及其接口电路组成。通信接口电路用于实现仪器与计算机的联系，使仪器接受计算机的程控命令，将仪器测量的数据上传给计算机，以便进行数据分析和处理。目前常用的仪器通信接口有 GP-IB 通信接口、RS-232C 接口以及应用于集散控制系统中的 CAN 总线接口和以太网接口等。

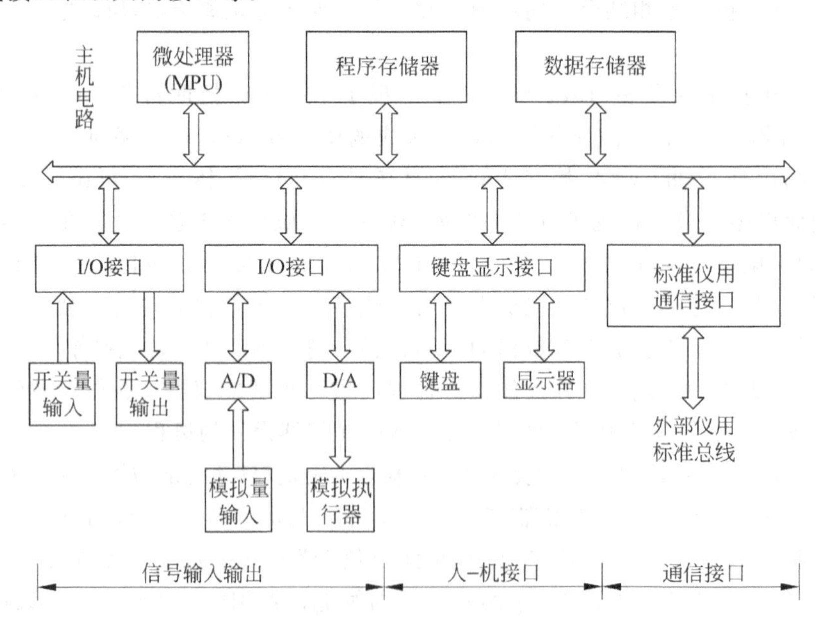

图 1-1 智能仪器通用结构框图

智能仪器的软件主要分为监控程序和接口管理程序两部分。监控程序是面向仪器面板键盘和显示器的管理程序，其内容包括：通过键盘输入命令和数据，以对仪器的功能、操作方式与工作参数进行设置；根据仪器设置的功能和工作方式，控制 I/O 接口电路进行数据采集、存储；按照仪器设置的参数，对采集的数据进行相关处理；以数字、字符、图形等形式显示测量结果、数据处理结果及仪器状态信息。接口管理程序是面向通信接口的管理程序，其任务是接受并分析来自通信接口的远程命令，包括描述有关功能、操作方式与工作参数的代码；进行有关的数据采集与处理；通过通信接口送出仪器测量结果、数据处理结果及仪器现行工作状态的信息。

1.2.2　智能仪器的特点

1. 仪器的功能强

智能仪器内含微机，它具有数据存储和处理能力，在软件的配合下，仪器的功能大大增强。例如传统的数字多用表(DMM)只能测量电阻、交直流电压、电流等，而智能型的数字多用表不仅能进行上述测量，而且还能对测量结果进行平均值和极值运算、统计分析以及更加复杂的数据处理功能。又如传统的频率计数器仅能测量频率、周期及时间间隔等参数，而带有微处理器和 A/D 转换器的智能计数器还能测量电压、相位、上升时间、占空比、压摆率、漂移等多种信号参数。目前有些智能仪器还运用了专家系统技术，使仪器具有更深层次的数据分析和处理能力，解决专家才能解决的问题。

2. 仪器的性能优越

智能仪器中通过微处理器进行数据存储和处理，很容易实现多种自动补偿、自动校正、多次测量平均等技术，使测量精度大大提高。通过执行适当和巧妙的算法，常常可以克服或弥补仪器硬件本身的缺陷和弱点，改善仪器的性能。智能仪器中，对于随机误差通常用求平均值的方法来克服；对于系统误差，则根据误差产生的原因采用适当的方法处理。例如 HP3455 型数字电压表的实时自动校正是先进行三次不同方式的测量，然后由微处理器自动把测量数据代入校准方程进行计算，以消除由漂移、增益不稳定所带来的误差。借助于微处理器，不仅能校正由漂移、增益不稳定等引起的误差，还能校正由各种传感器、变换器及电路引起的非线性或频率响应等误差。

3. 操作自动化

智能仪器运用微处理器的控制功能，可以方便地实现量程自动转换、自动调零、触发电平自动调整、自动校准、故障自诊断等功能，有力地改善了仪器的自动化测量水平。例如智能型数字示波器有一个自动分度键(Auto scale)，测量时只要按下这个键，仪器就能根据被测信号的频率及幅度，自动设置好最合理的垂直灵敏度、时基以及最佳的触发电平，使信号波形稳定地显示在屏幕上。又如智能仪器一般都具有自诊断功能，当仪器发生故障时，可以自动检测出故障的部位并能协助诊断出故障的原因。甚至有些智能仪器还具有自动切换备件进行自动维修的功能，极大地方便了仪器的维护。

4. 具有友好的人-机对话能力

智能仪器使用键盘代替传统仪器中的切换开关，操作人员只需通过键盘输入命令，就能实现某种测量和处理功能。与此同时，智能仪器还可以将仪器的运行情况、工作状态以及对测量数据的处理结果及时显示在屏幕上，使仪器的操作更加方便直观。

5. 具有可程控操作能力

智能仪器通常都配有 GP-IB 通信接口或 RS-232/RS-422/RS-485（推荐标准）通信接口，使智能仪器具有可程控操作的能力。从而可以方便地与计算机和其他仪器一起组成多功能的自动测试系统，来完成更加复杂的测试任务。

1.3 智能仪器的发展

20 世纪 70 年代以来，在微电子技术、微型计算机技术发展的推动下，智能仪器得到了迅速的发展，相继诞生了独立式智能仪器、GP-IB 自动测试系统、个人仪器及系统、VXI 总线仪器系统、虚拟仪器、网络化仪器等，这些新型仪器及技术的出现被称为 20 世纪后期以来，电子测量与仪器系统中发生的最重要的事情，它们改变了并且将继续改变测量与仪器领域的发展进程，使之朝着智能化、自动化、小型化、模块化和开放式系统的方向发展。

1.3.1 独立式智能仪器及 GP-IB 自动测试系统

独立式智能仪器（简称智能仪器）是自身带有微处理器和 GP-IB 接口的能独立进行测试工作的电子仪器。独立式智能仪器在结构上自成一体，因而使用灵活方便，并且仪器的性能可以做得很高。这类仪器在技术上比较成熟，同时借助于新技术、新器件和新工艺的不断进步，这类仪器还在不断发展，不断推陈出新。

智能仪器几乎都配有 GP-IB 通信接口。GP-IB 总线是国际电工协会（IEC）1978 年正式推荐的一种标准化仪用接口总线，已被世界各国普遍采纳。凡是配有 GP-IB 通信接口的仪器和计算机，不分生产国家、厂家，都可以借助于一条无源电缆总线按积木式互连，灵活地组成各种不同用途的自动测试系统，以完成较复杂的测试任务。典型的 GP-IB 自动测试系统如图 1-2 所示。

GP-IB 自动测试系统由微型计算机、多台可程控仪器（配有 GP-IB 接口）以及 GP-IB 总线三部分组成。微型计算机作为系统的控制者，通过执行测试软件，实现对测量全过程的控制和测量数据的处理；每台可程控仪器均是自动测试系统中的任务执行单元；GP-IB 标准总线共有 16 条信号线（8 条双向数据总线、3 条数据挂钩联络线、5 条接口管理线），将各种仪器设备有机地连接起来，完成系统内各种信息的变换和传输任务。

GP-IB 自动测试系统通用性强，功能完善，只需增减或更换“挂”在它上面的程控仪器设备、编制相应的测试软件，即可完成不同的测试任务。在要求测量时间极短、数据处理量大、测试现场对操作人员有害或操作人员参与容易产生人为误差等测试任务中极为适用。

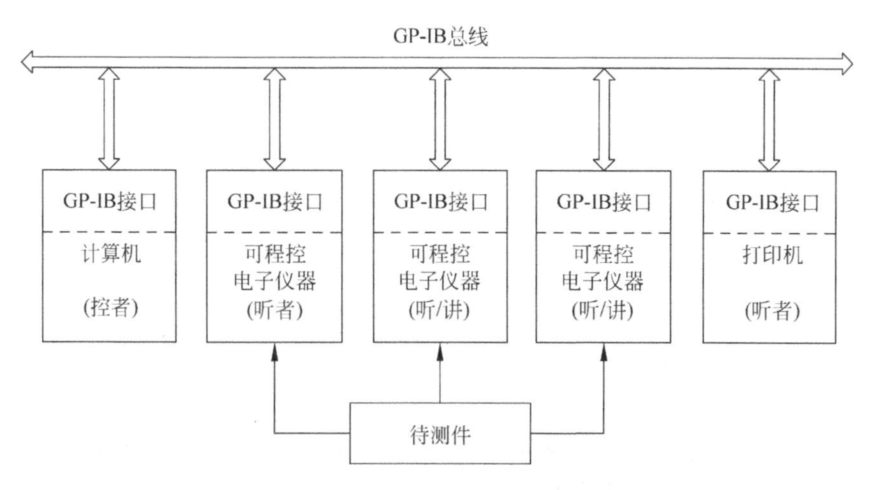

图 1-2 典型的 GP-IB 自动测试系统

GP-IB 自动测试系统的主要缺点是硬件冗余度高，却不能起容错作用。在 GP-IB 系统中的各个独立仪器都具有键盘、显示器、存储器、微处理器、机箱及电源等部件，这些资源相互重复又不能共享。这样就造成资源浪费，且系统体积庞大。

1.3.2 个人仪器系统

随着个人计算机的发展，1981 年美国 NIS 公司首先提出了个人仪器的概念。个人仪器(Personal Computer Instrument，PCI)亦称 PC 仪器。所谓个人仪器就是以个人计算机为基础的仪器，其组成方法是，将原独立式智能仪器中的测量部分制作成仪器卡，插入 PC 的总线插槽，而原独立式智能仪器所需的键盘、显示器及存储器等均借助于 PC 的资源。所谓个人仪器系统则是由不同功能的仪器卡和 PC 有机结合而构成的自动测试系统。个人仪器及个人仪器系统充分利用了 PC 的软件、硬件资源，克服了 GP-IB 自动测试系统硬件冗余度高的缺点，具有性价比高、研制周期短、使用方便以及结构紧凑等优点，因而受到广泛的重视，具有广阔的发展前景。

早期的个人仪器是把仪器卡直接插入 PC 的总线插槽内，仪器卡直接挂在 PC 的内部总线上。这种个人仪器的优点是结构简单、成本低、容易实现，缺点是仪器卡数受到微机扩展槽口数的限制、机箱内部干扰大、散热不易、仪器卡尺寸受机内空间限制及加重微机电源负担等，因而不宜用作微弱信号及高精度、大功率、微波等信号的测量。为了克服这些缺点，许多仪器生产厂家各自研究外部插卡箱并定义仪器总线。外部插卡箱和微机连接时，首先要在微机扩展槽口内插入一块接口卡，然后通过仪器总线连接接口卡与外部插卡箱。例如，美国 HP 公司 1985 年推出的 HP6000 系列模块式仪器系统由 8 个机外模块组成，并且定义了 PCIB 仪器总线，连接微机箱内的接口卡与 PC 仪器模块。

一种混合式的个人仪器系统结构如图 1-3 所示，在微机内部的扩展槽口内插入了仪器卡，在微机外部的插卡箱内也有仪器卡。

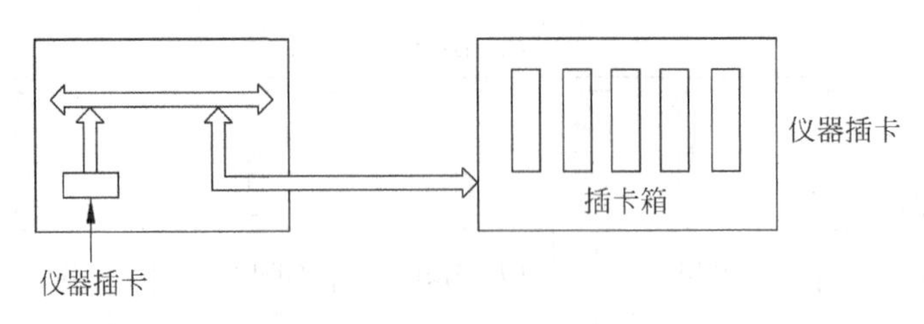

图 1-3 个人仪器系统

1.3.3 VXI 总线仪器系统

个人仪器系统消除了 GP-IB 系统中硬件的冗余问题，提高了仪器的性能价格比，但个人仪器系统的尺寸、电气指标、接口及总线等由生产厂家自行定义，没有统一的标准，这就影响了个人仪器的进一步发展。为此，美国 HP 和泰克等五家有影响的仪器公司，联合提出了适合于个人仪器系统标准化的 VXI 总线标准。VXI(VME bus Extensions for Instrumentation)总线是 VME(Versabus Module European)总线在智能仪器领域的扩展，VME 总线是 Motorola 公司 1981 年针对 32 位微处理器 68000 开发的微机总线。采用 VXI 总线标准的个人仪器系统称为 VXI 总线仪器系统。VXI 总线及 VXI 总线仪器系统的问世被认为是测量和仪器领域发生的一个重要事件。围绕着 VXI 总线仪器系统出现了一系列的国际性标准和支持技术，从而使测量和仪器系统的研究进入一个新阶段。

VXI 总线仪器系统一般由微型计算机、VXI 仪器卡、VXI 总线三部分构成。图 1-4 给出了典型 VXI 总线仪器系统的构成形式，各个仪器卡均挂接在机箱背板 VXI 总线上，其中机箱最左端的 0 号卡为命令者卡，0 号卡装有系统的公用资源，提供公用时钟及插卡识别等信号，对系统资源进行管理，还具有 VXI 总线与其他总线(GP-IB、RS-232 等)的转发器。微机与插卡箱之间通过其他标准总线(GP-IB、RS-232 等)进行通信。在测控软件的支持下，微型计算机与仪器功能模块实现自动测试系统的全部功能。

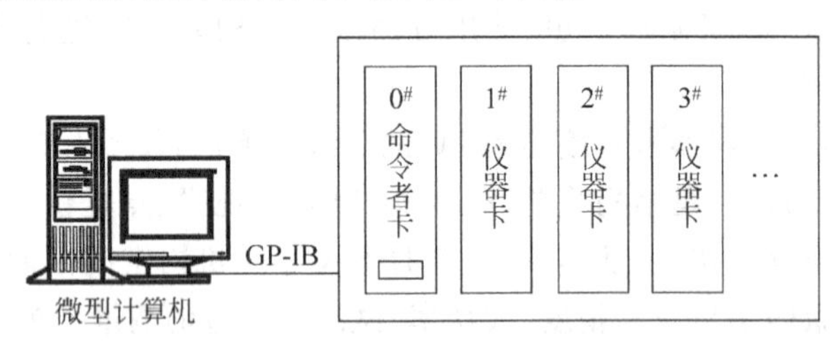

图 1-4 VXI 总线仪器系统

VXI 总线仪器系统是一种新的个人仪器系统，允许不同厂家生产的符合 VXI 总线接口标准的仪器卡在同一机箱中工作，提高了仪器卡的通用性，为 VXI 总线仪器系统的设计带来极大的方便。VXI 总线是面向模块式结构的仪器总线，与 GP-IB 总线相比较其性能有了较大的提高，VXI 总线中的地址线和数据线均可高至 32 位，数据传输速率上限可高至 40MB/s。此外还定义了多种控制线、中断线、时钟线、触发线、识别线和模拟信号线等。采用这种总线标准的新型仪器系统具有信息吞吐率高、配置灵活、尺寸紧凑、可靠性高等特点，可以组成不同规模的自动测试系统。我国已投入了大量的人力开发VXI总线仪器系统，并在一些军工和科研部门得到了成功的应用。但是，VXI总线仪器系统价格较昂贵，某种程度上限制了它的推广应用。

1.3.4　虚拟仪器

20世纪80年代末，美国研制成功了虚拟仪器(Virtual Instrument，VI)。虚拟仪器的出现，标志着自动测试与电子测量仪器技术发展的一个新方向。所谓虚拟仪器是指在通用微型计算机的基础上添加必要的仪器硬件模块和仪器专用软件，从而实现各种测试功能的一种计算机化仪器系统。在虚拟仪器系统中，硬件仅仅是为了解决信号的输入和输出，软件才是仪器的关键，任何一个用户都可以通过改写软件的办法，方便地改变和增减仪器系统的功能，因此有"软件就是仪器"的说法。虚拟仪器技术的出现，打破了传统仪器由厂家定义功能，用户无法改变的固定模式，用户可以充分发挥想象力和才能，设计个性化的仪器系统，以满足多种多样的应用需求。由于虚拟仪器以通用计算机为基础平台，因此虚拟仪器很容易同网络、外设连接，也能够与计算机技术同步发展。

虚拟仪器由硬件平台和应用软件两大部分构成。其中，硬件平台由计算机和I/O接口设备组成，如图1-5所示，I/O接口设备主要完成被测信号的采集、调整、A/D转换等功能。根据总线的不同，I/O接口设备有下列几种：PC-DAQ采集卡(采用计算机本身的PCI总线或ISA总线)、GP-IB总线仪器、VXI总线仪器、串行口仪器、PXI总线仪器等。选择不同的I/O接口设备，就构成不同的虚拟仪器系统。

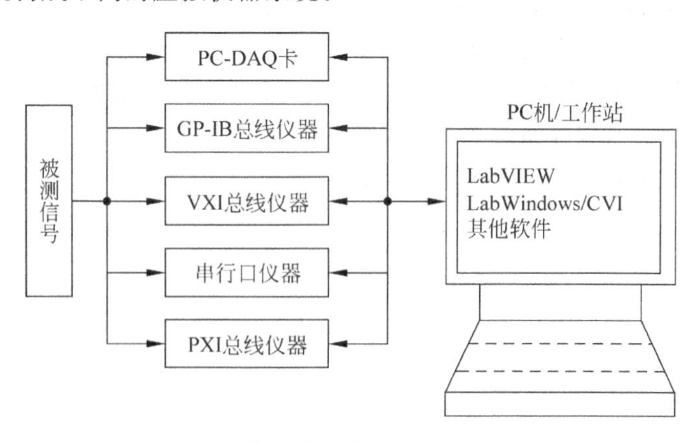

图1-5　虚拟仪器硬件结构

在基本硬件系统确定之后，软件即成为构造虚拟仪器的关键，提高软件编程效率也就成了非常现实的问题。虽然采用面向对象的编程技术可以提高软件编程的效率，可视化编程语言(如VC、VB)的推出，又进一步简化了人-机界面编程过程，但对于虚拟仪器系统的应用程序设计，还需要更方便更快捷的编程工具。为此，许多公司都推出了与本公司的虚拟仪器配套的图形化软件编程平台。如NI公司的LabVIEW和LabWindows/CVI，HP公司的VEE，Tektronix公司的Tek TMS等。这些软件开发工具可以把复杂、烦琐、费时的编程简化为直观、易学的图形编程方式，并提供自动纠错及方便的调试功能。利用这些软件开发工具,用户可以根据自己的不同要求和测试方案开发出各种仪器。

1.3.5 网络化仪器

当今时代,以 Internet 为代表的计算机网络的发展以及相关技术的日臻完善,突破了传统通信方式的时空限制和地域障碍,使更大范围内的多媒体数据通信变得十分容易。Internet 拥有的硬件和软件资源正在越来越多的领域中得到应用,如电子商务、网上教学、远程医疗、远程数据采集与控制、高档测量仪器设备资源的远程实时调用、远程设备故障诊断等等。与此同时,高性能、高可靠性、低成本的网关、路由器、中继器以及网络接口芯片等网络互联设备的不断进步,大大方便了 Internet 与不同类型的测控网络和企业管理网络间的互联,为测量与仪器技术带来了前所未有的发展机遇。网络化测量技术与具备网络功能的新型仪器即网络化仪器应运而生。所谓网络化仪器,是指在智能仪器中将 TCP/IP 协议等作为一种嵌入式应用,使测量过程中的数据和命令等均能够以 TCP/IP 方式传送;使智能仪器可以接入 Internet,构成分布式远程测控系统。

思考题与习题

1-1 什么是智能仪器?智能仪器的主要特点是什么?

1-2 画出智能仪器通用结构框图,简述每一部分的作用。

1-3 智能仪器监控程序及接口管理程序的主要任务是什么?

1-4 简述 GP-IB 自动测试系统的结构及特点。

1-5 什么是个人仪器及个人仪器系统?个人仪器有什么特点?

1-6 简述 VXI 总线仪器系统的结构及特点。

1-7 什么是虚拟仪器?简述其结构及特点。

第 2 章

智能仪器的主机电路

微处理器是主机电路的核心，本章介绍智能仪器中常用的几种单片机（基于 8051 内核的单片机、基于 ARM 内核的单片机、DSP 型单片机、具有专用接口的单片机）的结构特性及参数，并以 51 系列单片机为例，介绍主机电路构成的基本方法。

2.1 单片机概述

在智能仪器仪表、汽车电子、工业控制、通信等各种领域中，单片机以其体积小、功能强、性价比高等优点得到了广泛应用。在可以预见的将来，单片机的应用范围更广泛，发展更迅猛。

单片机是将 CPU、存储器、输入输出模块集成在一个集成电路芯片上的复杂 I/O 器件。单片机的种类繁多，在选择单片机时，应对单片机的结构特点有所了解。

2.1.1 单片机的总线结构

目前，世界上许多公司生产单片机，有上千品种，这些单片机的区别主要是在 CPU 的字长、结构，存储器的容量和种类，以及 I/O 功能等方面有所不同。由于每种单片机性能有限，用户一般选用某种单片机再进行扩展。扩展的方法是以单片机为基础形成系统总线，在总线的基础上进行扩展。按照总线的形式不同单片机可以分为两类，即并行总线结构的单片机及其他总线结构的单片机。

1. 并行三总线结构的单片机

早期的单片机系统，基本采用传统的三总线结构，这种单片机系统由单片机及简单外围电路构成。该系统具有独立的数据线、地址线、控制线。在此基础上可以扩展成需要的应用系统结构。这种单片机指令功能强、可扩展性强。它可以应用于各种领域，尤其适于用于控制对象比较复杂的某些场合。如智能仪器仪表、通信产品、工业控制系统。

2. 其他总线结构的单片机

由于采用传统并行总线结构的单片机内部结构复杂，系统外部硬件设计优化困难，系统资源利用率较低，加上单片机应用的广泛性及多样性，带有各种总线接口的单片机不断推出。如带 I^2C 总线的单片机，I^2C 总线是由飞利浦公司推出的一种通信接口。它具备多主机系统所需的包括裁决和高低速设备同步等功能的高性能串行总线。由于 I^2C 串行总线与外部设备连接线数目少，往往不用专用的母板和插座而直接用导线连接各个设备即可。因此，大大简化了系统硬件设计。此外由于应用领域的不同，还有带 CAN 总线的单片机，带 USB 总线的单片机，以及带以太网接口的单片机等。

2.1.2 指令系统及 CPU 架构

计算机结构一直是朝着逐渐复杂的方向发展，如更大的指令集、更多的寻址方式、更多的专用寄存器和更强的指令计算功能等。将具备这种发展趋势的机器称为复杂指令集计算机（Complex Instruction Set Computer，CISC）。早期的单片机，基本采用复杂指令结构，然而，当 CISC 发展到一定程度后，一些过于复杂和深奥的指令很少使用。把这样的指令加入到指令集反而使控制器的设计变得复杂，并占用了 CPU 芯片面积相当大的部分。从处理器的执行效率和开发成本两个方面考虑，需对复杂指令集结构的处理器予以重新评价。为了进一步提高单片机的性价比，产生了精简指令集计算机（Reduce Instruction Set Computer，RISC）。RISC 指令集具有如下特点：

（1）是一个有限的简单指令集，指令多为单周期指令，指令执行速度快。

（2）强调对指令流水线的优化，采用超级流水线。多数 CPU 采用 Harvard 双总线结构，传统的冯·诺依曼结构的计算机是指取指令和数据操作在同一个存储空间（即普林斯顿结构）中进行，但两者不能同时进行，故限制了带宽，而采用 Harvard 双总线结构的计算机，指令和数据的存储空间是完全分开的，可以对程序和数据同时进行访问，提高了数据的吞吐率。

2.1.3 几类应用广泛的单片机

常见的单片机按照厂家的不同，分为下列几类。

（1）MCS-51 系列单片机

MCS-51 系列单片机是 20 世纪 80 年代由美国 Intel 公司推出的一种 8 位单片机。在我国应用最为广泛。其片内集成了并行 I/O 口、串行 I/O 口、16 位定时器/计数器、RAM、ROM 等。最高时钟频率为 12MHz，指令系统采用 CISC 体系。总线结构为三总线。

后来，许多半导体厂家相继采用了 Intel 公司的 8051 内核，这些厂家生产的芯片是 8051 系列的兼容产品，准确地说是与 8051 指令系统兼容的单片机。这些单片机与 8051 单片机的系统结构相同均采用 CMOS 工艺，因而常用 80C51 系列来称呼所有具有 8051 指令系统的单片机及 8051 内核的单片机。1996 年 3 月 Intel 公司推出了增强型 MCS-51 内核的 8XC5X 系列单片机芯片。目前增强型 80C51 及兼容单片机芯片生产厂商较多，除了 Intel 外，主要有 Philips、Ateml、Winbond 等。他们以 8051 技术核心为主导并且在原有基础上又进行了新的开发。对 8051 的接口功能作了必要的扩充，功能和市场竞争力更强。

(2) AVR 单片机

ATMEL 公司的 AVR 单片机是增强型 RISC 内载 Flash 存储器(闪速存储器)的单片机,可随时编程,再编程,使用户的产品设计容易,更新换代方便。AVR 单片机采用增强的 RISC 结构,具有高速处理能力,在一个时钟周期内可执行复杂的指令。AVR 单片机工作电压为 2.7～6.0V,可以实现耗电最优化。AVR 单片机广泛应用于计算机外部设备、工业实时控制、仪器仪表、通信设备、家用电器、宇航设备等各个领域。

(3) Motorola 单片机

Motorola 是世界上最大的单片机厂商。市场占有率约四分之一。从 M6800 开始,开发了广泛的品种,4 位、8 位、16 位和 32 位等单片机,其中典型的代表有 8 位机 M68HC05 系列,8 位增强型 M68HC11、M68HC12,16 位机 M68HC16,32 位机 M683××。Motorola 单片机的特点之一是在同样的速度下所用的时钟频率较 Intel 类单片机低得多,因而高频噪声低,抗干扰能力强,更适合于工控领域及恶劣的环境。

(4) Microchip 单片机

Microchip 单片机的主要产品是 PIC 16C 系列和 PIC 17C 系列 8 位单片机。PIC 系列芯片 CPU 采用 RISC 结构,基本级 PIC 系列芯片有 33 条指令,中级 PIC 系列芯片有 35 条指令,高级 PIC 系列芯片有 58 条指令。PIC 系列芯片采用 Harvard 双总线结构,具有运行速度快、工作电压低、功耗低、输入输出直接驱动能力强、价格低及一次性编程等优点。适用于用量大、档次低及价格敏感的产品。在办公自动化设备、消费电子产品、电讯通信、智能仪器仪表以及工业控制等不同领域都有广泛的应用,PIC 系列单片机在世界单片机市场份额排名中逐年提高。发展非常迅速。

(5) MSP430 系列单片机

TI 公司(Texas Instrument,美国德州仪器公司)生产了一种超低功耗类型的单片机,它最主要的特点是超低功耗,可长时间用电池工作,特别适合使用电池的设备或手持设备。同时,该系列将大量的外围模块整合到片内,也特别适合于设计片上系统。MSP430 有丰富的不同型号器件可供选择,给设计者带来很大的灵活性。MSP430 具有 16 位 CPU,属于 16 位单片机。它采用 16 位的精简指令集结构,有大量的工作寄存器与大量的数据存储器(目前最大 2KB RAM),其 RAM 单元也可以进行运算。应该说,MSP430 系列在众多单片机系列中是颇具特色的。

本书中主机电路采用的单片机以 8051 内核单片机为主。

2.2　基于 80C51 内核的单片机

1. MCS-51 单片机系列

MCS-51 系列单片机是国内最为普及的单片机系列,具有品种类型多、应用广泛、可替换性强的特点。

MCS-51 系列单片机的主要芯片及特性如表 2-1 所示。

表 2-1 MCS-51 系列单片机的主要芯片及特性

型号			片内		片外		定时器/计数器/位	串行接口	中断源	8位I/O口	特殊功能特性
无 ROM	ROM	EPROM	ROM/KB	RAM/B	ROM/KB	RAM/B					
8031AH	8051AH	8751BH	4	128	64	64	2×16	UART	5	4	NMOS
8032AH	8052AH	8752BH	8	256	64	64	3×16	UART	6	4	NMOS
80C31B	80C51B	87C51	4	128	64	64	2×16	UART	5	4	CMOS
80C32	80C52	87C52	8	256	64	64	3×16	UART	6	4	CMOS
80C51FA	83C51FA	87C51FA	8	256	64	64	3×16	UART	7	4	PCA 阵列
80C51GA	83C51GA	87C51GA	4	128	64	64	2×16	UART	7	4	A/D、WDT、OFD
80C552	83C552	87C552	8	256	64	64	3×16	UART I^2C	15	6	A/D、WDT、PWM、I^2C

2. Atmel 公司的 AT89 系列

Atmel 公司通过技术交换取得了 MCS-51 单片机的内核使用权。率先把 MCS-51 单片机的内核与其擅长的 Flash ROM 技术相结合，推出了 AT89 系列单片机。Atmel 公司所生产的 AT89 系列单片机与 8051 兼容，且内部含有 Flash 存储器。它是源于 8051 而又优于 8051 的单片机系列。

Flash 存储器的使用加速了单片机技术的发展，基于 Flash 存储器的 ISP/IAP(在系统可编程/在现场可编程)技术，极大地改变了单片机应用系统的结构模式以及开发和运行条件，是 8051 单片机技术发展的一次重大飞跃。

AT89 系列单片机有如下特点。

(1) 内部含 Flash 存储器

由于内部含 Flash 存储器，因此在应用系统的开发过程中可以十分容易地进行程序的修改，这就大大缩短了应用系统的开发周期。

(2) 与 80C51 引脚兼容

AT89 系列单片机的引脚与 80C51 是一样的，所以，当用 AT89 系列单片机取代 80C51 时，可以直接进行替换。这时，不管采用 40 引脚还是 44 引脚的产品，只要用相同引脚的 AT89 系列单片机取代 80C51 的单片机即可。

(3) 错误编程也无废品产生

一般的一次性可编程(One Time Program，OTP)产品，一旦错误编程就成了废品。而 AT89 系列单片机内部采用了 Flash 存储器，错误编程之后仍可以重新编程，直到正确为止，故不存在废品。

(4) 可反复进行系统试验

每次试验可以编入不同的程序，从而使设计不断优化。而且随应用系统的变化，还可以方便地进行程序升级。

AT89 系列的主要芯片及特性如表 2-2 所示。

表 2-2　AT89 系列的主要芯片及特性

型　　号	Flash 程序存储器/KB	数据存储器/B	寻址范围/KB	并行 I/O 线/位	串行 UART	中断源	定时器/计数器/位	最高时钟频率/MHz
AT89C51	4	128	64	32	1	5	2×16	24
AT89C52	8	256	64	32	1	6	3×16	24
AT89LV51	4	128	64	32	1	5	2×16	24
AT89LV52	8	256	64	32	1	6	3×16	24
AT89C1051	1	64	4	15		3	1×16	24
AT89C1051U	1	64	4	15	1	5	1×16	24
AT89C2051	2	128	4	15	1	5	2×16	24
AT89C4051	4	128	4	15	1	5	2×16	24
AT89C55	20	256	64	32	1	6	3×16	32
AT89S53	12	256	64	32	1	7	3×16	32
AT89S8252	8	256	64	32	1	7	3×16	32
AT88SC54C	8	128	64	32	1	5	2×16	24

3. Silicon Lab 公司的 C8051 系列

Silicon Lab(原 Cygnal 公司)的 C805lF 系列单片机是集成的混合信号片上系统 SOC (System On Chip),具有与 MCS-51 单片机内核指令集完全兼容的微控制器。C8051F 系列单片机采用具有专利的 CIP-51 内核,而 Silicon Lab 专利与 MCS-5l 单片机指令系统完全兼容,运行速度高达 25MIPS,除具有标准 8051 的数字外设部件之外,片内还集成了数据采集和控制系统中常用的模拟部件和其他数字外设及功能部件。

C8051F 单片机在以下三个方面有突出性能。

(1) 采用 CIP-51 内核大力提升 CISC 结构运行速度

Cygnal 公司在保持 CISC 结构及指令系统不变的情况下,对指令运行实行流水作业,推出了 CIP-51 的 CPU 模式。在这种模式中,废除了机器周期的概念,指令以时钟周期为运行单位。平均每个时钟可以执行完 1 条单周期指令,从而大大提高了指令运行速度,使 8051 兼容机系列进入了 8 位高速单片机行列。

(2) I/O 口从固定方式到交叉开关配置

C8051F 单片机中引入了数字交叉开关,改变了以往内部功能与外部引脚的固定对应关系。交叉开关是一个大的数字开关网络,允许将内部数字系统资源分配给 I/O 端口引脚。可通过设置交叉开关控制寄存器将片内的定时器/计数器、串行总线、硬件中断、ADC 启动输入、比较器输出以及单片机内部的其他数字信号配置到 I/O 端口引脚。这就允许用户根据自己的特定应用选择通用端口 I/O 和所需要数字资源的组合。

(3) 从系统时钟到时钟系统

C8051F 提供了一个完整而先进的时钟系统。在这个系统中,片内设置有一个可编程的时钟振荡器(无须外部器件),可提供 2、4、8 和 16MHz 时钟的编程设定。外部振荡器可选择 4 种方式。当程序运行时,可实现内外时钟的动态切换。编程选择的时钟输出除供片内使用外,还可从随意选择的 I/O 端口输出。

C8051F 系列的 C8051F000 系列单片机是高档型单片机的代表。每种芯片都有 4 个 8

位I/O端口、4个16位定时器、1个可编程增益放大器、2个12位D/A转换器、2路DAC输出；包含电压基准和温度传感器，有I²C/SMBus、UART、SPI多种串行接口和32KB的Flash存储器；包含1或2个电压比较器，1个真正的10～12位多通道A/D转换器，ADC最高速率达100Kb/s；片内RAM有256～2304B，指令执行速度达20～25MIPS，还具有JTAG调试功能；具有片内VDD监视器、WDT和时钟振荡器。工作电压为2.7～3.6V，温度范围为－45～＋85℃。芯片内其他功能部件参见表2-3所示。

表2-3 C8051F000系列单片机芯片功能

型　　号	引　　脚	存储器		MIPS	I/O口	定时器	模拟比较器	A/D	ADC输入
		RAM/B	Flash/KB						
C8051F000/1/2	64/48/32	256	32	25	32/16/8	4	2/2/2	12	8/8/4
C8051F005/6/7	64/48/32	2304	32	20	32/16/8	4	2/2/1	12	8/8/4
C8051F010/1/2	64/48/32	256	32	25	32/16/8	4	2/2/1	10	8/8/4
C8051F015/6/7	64/48/32	2304	32	20	32/16/8	4	2/2/1	10	8/8/4

C8051F12X/13X系列单片机在C8051F000系列单片机的基础上扩展了芯片性能。这个系列的单片机都包含外部存储器接口、电压基准、温度传感器、I²C/SMBus、SPI、2个UART、5个16位定时器和可编程计数器阵列以及2个模拟比较器。各种芯片还包含其他不相同的功能部件，如表2-4所示。

表2-4 C8051F12X/13X系列单片机芯片功能

型　　号	I/O口	Flash/KB	16×16 MAC	MIPS	12位 100Kb/s ADC输入	10位 100Kb/s ADC输入	8位 500Kb/s ADC输入	DAC	ADC输出
C8051F120/1	64/32	128	有	100	8	—	8	12	2
C8051F122/3	64/32	128	有	100	—	8	8	12	2
C8051F124/5	64/32	128	—	50	8	—	8	12	2
C8051F126/7	64/32	128	—	50	—	8	8	12	2
C8051F130/1	64/32	128	有	100	—	8	—	—	—
C8051F132/3	64/32	64	有	100	—	8	—	—	—

4. Philips公司的增强型80C51系列和LPC系列

Philips公司首先购买了8051内核的使用权，在此基础上增加了具有自身特点的I²C总线，推出了一系列增强型80C51系列单片机和LPC系列单片机。

Philips的8位单片机产品具有如下特点：

- 除了基本的中断功能之外，特别增加了一个4级中断优先级；
- 可以通过关闭不用的ALE，大大改善单片机的EMI电磁兼容性能，不仅可以在上电初始化时静态关闭ALE，还可以在运行中动态关闭ALE；
- 特有双DPTR指针，使设计查表程序更加灵活方便；
- UART串行口增加了从地址自动识别和帧错误检测功能，特别适合于单片机的多机通信；
- 可提供1.8～3.3V供电电源，适合于便携式产品；

- LPC 系列十分适用于要求低功耗、低价格、小引脚的应用场合，这是 Philips 单片机的主要发展趋势；
- Philips 80C51 系列单片机均有 3 个定时器/计数器。

Philips 公司的 LPC900 系列的主要芯片及特性如表 2-5 所示。

表 2-5　LPC900 系列单片机主要芯片及特性

型　　号	存储器		串行接口	I/O	中断	比较器	ADC	DAC
	RAM/B	Flash/KB	UART，I^2C		（外部）			
P89LPC901	128	1	—	6	6(3)	1	—	—
P89LPC902	128	1	—	6	6(3)	2	—	—
P89LPC904	128	1	UART	6	9(3)	1	2	1
P89LPC912	128	1	—	12	7(1)	2	—	—
P89LPC914	128	1	UART	12	10(1)	2	—	—
P89LPC916	256	2	UART，I^2C	14	10(1)	2	4	1
P89LPC920	256	2	UART，I^2C	18	12(3)	2	—	—
P89LPC922	256	8	UART，I^2C	18	12(3)	2	—	—
P89LPC924	256	4	UART，I^2C	18	13(3)	2	4	1
P89LPC931	256	8	UART，I^2C	26	13(3)	2	—	—
P89LPC933	256	4	UART，I^2C	26	15(3)	2	4	1

2.3　基于 ARM 内核的单片机

2.3.1　ARM 简介

ARM(Advanced RISC Machines)公司是英国的著名半导体设计公司，ARM 公司设计的 ARM 结构是基于精简指令集计算机(RISC)原理而设计的。指令集和相关的译码机制比复杂指令集计算机要简单得多。ARM 公司不生产芯片，它将技术授权给世界范围的半导体公司和系统公司。半导体公司和系统公司专注于制造、应用和市场运作。ARM 公司设计的 32 位处理器，以内核耗电少、成本低、功能强、特有 16/32 位双指令集，使 ARM 芯片具有高性能、廉价、低耗能的特征，广泛应用于嵌入式控制、消费、教育类多媒体、DSP 和移动式系统。其市场占有率超过 75%，许多著名的处理器公司都推出了自己的基于 ARM 处理器产品，越来越多的开发人员开始针对 ARM 平台开发设计。

ARM 处理器核当前有 6 个系列产品：ARM7、ARM9、ARM9E、ARM10E、SecurCore 以及最新的 ARM11 系列。市场上 ARM7 和 ARM9E 比较常见，下面对 ARM7 进行简单介绍。

ARM7 是业界最广泛使用的 32 位 RISC 微处理器，由于无须收取授权费用，其产品数目已超过千万。单片机中最常用的 ARM7 内核是 ARM7TDMI。ARM7TDMI 处理器使用了 ARM 结构 v4T，ARM7TDMI 可执行 ARMv4T 指令集及所有 32 位 ARM7 指令和所有 16 位 Thumb 指令。Thumb 指令集是最通用的 ARM 指令的子集，Thumb 指令长度为 16 位，每条指令都对应一条 32 位 ARM 指令。Thumb 指令使用标准的 ARM 寄存器配置进行操作，这样 ARM 和 Thumb 状态之间具有极好的互用性。在执行方面 Thumb 具有 32 位内核所有的优点。

ARM7TDMI 具体特点如下：

- ARM7TDMI 处理器采用冯·诺依曼结构，指令和数据共用一条 32 位数据总线；
- 32/16 位 RISC 架构；
- 32 位 ARMv4T 指令集；
- 16 位 Thumb 指令集；
- 32 位运算逻辑单元（ALU）；
- 3 级流水线；
- 32 位外部总线接口；
- 嵌入式实时调试接口和 JTAG 接口。

2.3.2 ARM 内核的单片机

常见的具有 ARM 内核的单片机有 Atmel 公司的 AT91 系列微处理器和 Philips 公司的 LPC2100、LPC2200 系列的 ARM 微处理器以及 Cirrus Logic 公司的 EP 系列和 Samsung 公司的 ARM7、ARM9 系列微处理器。下面对部分芯片作简要的介绍。

1. AT91 系列 ARM 芯片

Atmel 公司的 AT91 系列微控制器是基于 ARM7TDMI 嵌入式微处理器的 16/32 位微控制器，它是目前国内市场应用最广泛的 ARM 芯片之一。AT91 系列微控制器定位在低功耗和实时控制应用领域，已成功地应用在工业自动化控制、MP3/WMA 播放器、数据采集产品、医疗设备、GPS 和网络系统产品中。

AT91 系列微控制器具有下列特点：

- ARM7TDMI 及以上 32 位 RSIC 微处理器核；
- 内置 SRAM、ROM 和 Flash 存储器；
- 丰富的片内外围设备；
- 10 位 ADC/DAC；
- 功耗低于其他公司同类产品；
- 先进的电源管理提供空闲模式及外围禁止；
- 快速、先进的向量中断控制器；
- 段寄存器提供分离的栈和中断模式调用返回。

表 2-6 给出部分 AT91 系列 ARM 芯片的基本特性。

2. LPC2100 系列 ARM 芯片

Philips 公司的 LPC2100 系列芯片基于一个支持实时仿真和跟踪的 16/32 位 ARM7TDMI-S CPU，并带有 128/256KB 的高速 Flash 存储器。128 位宽度的存储器接口和独特的加速结构使 32 位代码能够在最大时钟速率下运行。对代码规模有严格控制的应用，可使用 16 位 Thumb 模式将代码规模降低超过 30%，而性能的损失却很小。

表 2-6 常用 AT91 系列 ARM 处理器特性表

型号	存储器		外部总线接口	I/O	特殊功能	最大频率/MHz	A/D	D/A
	RAM/KB	Flash/KB						
AT91FR40162S	256	2048	1	32	3 定时器,4 通道 DMA	75	—	—
AT91M40800	8	—	1	32	3 定时器,4 通道 DMA	40	—	—
AT91RM3400	96	—	—	63	6 定时器,USB	66	—	—
AT91SAM7A3	32	256	—	62	CAN,USB,DMA	60	16	—
AT91M55800A	8	—	1	58	6 定时器,8 通道 DMA	33	8	2
AT91RM9200	16	—	1	94	EMAC10/100,USB,20 通道 DMA	180	—	—
AT91SAM9260	2×4	—	1	96	3 定时器,24 通道 DMA	180	4	
AT91SAM9261	160	—	1	160	LCD,USB,20 通道 DMA	200	—	—

由于 LPC2100 系列采用非常小的 64 脚封装、极低的功耗、多个 32 位定时器、4 路 10 位 ADC、PWM 输出以及多达 9 个外部中断,使得它们特别适用于工业控制、医疗系统、访问控制和电子收款机(POS)等应用领域。由于内置了宽范围的串行通信接口,它们也非常适合于通信网关、协议转换器、嵌入式软件调制解调器以及其他各种类型的应用。后续的器件还将提供以太网、802.11 以及 USB 功能。

主要特性:

- 16/32 位 ARM7TDMI-S 核,超小 LQFP 和 HVQFN 封装;
- 16/32/64KB 片内 SRAM;
- 128/256KB 片内 Flash 程序存储器;
- 128 位宽度接口/加速器可实现高达 60MHz 工作频率;
- 通过片内 boot 装载程序实现在系统编程(ISP)和在应用编程(IAP);
- Embedded ICE 可实现断点和观察点;
- 嵌入式跟踪宏单元(ETM)支持对执行代码进行无干扰的高速实时跟踪;
- 10 位 A/D 转换器,转换时间低至 2.44μs;
- CAN 接口,带有先进的验收滤波器;
- 多个串行接口,包括 2 个 16C550 工业标准 UART、高速 I^2C 接口(400kHz)和 2 个 SPI 接口。

表 2-7 给出部分 LPC2100 系列 ARM 芯片的基本特性。

表 2-7 常用 LPC2100 系列 ARM 处理器特性表

型号	存储器		串行接口	I/O	中断(外部)/优先级	最大频率/MHz	A/D	D/A
	RAM/KB	Flash/KB						
LPC2101	2	8	2×UART 2×I^2C	32	16(3)/16	70	8 通道 10 位	—
LPC2103	8	32	2×UART 2×I^2C	32	16(3)/16	70	8 通道 10 位	—
LPC2105	32	128	2×UART I^2C	32	16(3)/16	60	—	—

续表

型号	存储器		串行接口	I/O	中断(外部)/优先级	最大频率/MHz	A/D	D/A
	RAM/KB	Flash/KB						
LPC2106	64	128	2×UART I^2C	32	16(3)/16	60	—	—
LPC2119	16	128	2xUART I^2C 2×CAN	46	19(4)/16	60	4 通道 10 位	—
LPC2132	16	64	2×UART 2×I^2C 1×SSP	46	21(4)/16	60	8 通道 10 位	1 通道 0 位
LPC2134	16	128	2×UART 2×I^2C 1×SSP	46	22(4)/16	60	8 通道 10 位	1 通道 10 位
LPC2136	32	256	2×UART 2×I^2C 1×SSP	46	22(4)/16	60	Dual 8 通道 10 位	1 通道 10 位
LPC2194	16	256	2×UART I^2C 4×CAN	46	19(4)/16	60	4 通道 10 位	—

注：以上芯片全部具有 SPI 接口。

3. ARM 芯片的选择

一般按照以下几个方面考虑 ARM 芯片的选择。

① ARM 核心：ARM720T 以上及 ARM9，带有内存管理单元，支持嵌入式操作系统，如 Windows CE、大多数的 Linux 等。ARM7TDMI 不带内存管理单元，只有少数 uClinux 不需要内存管理单元支持。

② 系统时钟：系统时钟决定芯片的处理速度，ARM7 的速度一般为 20～133MHz，ARM9 时钟频率一般为 100～233MHz。

③ 内部存储器容量：当系统存储器容量不大时可以采用内置存储器 ARM 芯片。

④ I/O 接口功能包括是否带有 USB 接口，LCD 微控制器以及数模、模数转换等接口。

⑤ 总线扩展及总线接口：不同的 ARM 芯片扩展能力不同，外部数据总线宽度也不相同，部分 ARM 芯片没有外部总线扩展能力。

⑥ DSP 处理能力：为了增加科学计算功能及多媒体功能，ARM 芯片又增加了 DSP 内核，以满足不同要求。

2.4 DSP 型单片机

数字信号处理器 DSP 是一种特别适合于进行数字信号运算、处理的微处理器，其主要应用是能够实时快速地实现各种数字信号处理算法。DSP 芯片的内部采用程序和数据分开的哈佛结构，具有专门的硬件乘法器，广泛采用流水线操作，提供特殊的 DSP 指令，可以用来快速地实现各种数字信号处理算法。

根据数字信号处理的要求，DSP 芯片一般具有如下特点：

- 在一个指令周期内可完成一次乘法和一次加法；
- 程序和数据空间分开，可以同时访问指令和数据；
- 片内具有快速 RAM，通常可通过独立的数据总线在两种 RAM 中同时访问；
- 具有低开销或无开销循环及跳转的硬件支持；
- 快速的中断处理和硬件 I/O 支持；
- 具有在单周期内操作的多个硬件地址产生器；
- 可以并行执行多个操作；
- 支持流水线操作，使取指、译码和执行等操作可以重叠执行。

智能仪器中常常使用 DSP 型单片机。所谓 DSP 型单片机是单片机的 CPU 采用 DSP 内核，而片内的存储器、输入输出模块和其他的单片机没有什么区别。DSP 型单片机广泛应用于工业控制、汽车电子、电动机变频控制、音频压缩与解码、图像处理等方面。

作为 DSP 型单片机的代表，下面对 Microchip 公司的 dsPIC 数字信号控制器作一简单介绍。dsPIC 数字信号控制器拥有 16 位闪存单片机的高性能，具有丰富的外围设备和快速中断处理能力，融合了可进行高速计算的数字信号处理器的功能。

基本的 dsPIC 数字信号控制器兼容单片机和 DSP 芯片两类产品的优点，它具有下列具体特点。

- 改进的中断能力；最高达 33 个中断源；
- 强大的开发环境；具有类似单片机的用户开发平台；
- 方便 PIC 系列单片机用户移植现有的代码；
- 改进的 RISC；
- 改进的哈佛结构；
- 优化的 C 编译器指令系统；
- 84 条指令，所有 DSP 指令均为单周期；
- 24 位宽指令，16 位宽数据地址；
- 最高 48KB Flash 程序存储器；
- 2KB RAM；
- 1KB EEPROM；
- 16×16 位工作寄存器阵列；
- 指令执行速度最高到 30MIPS；
- 最高 40MHz 外部时钟输入；
- 4～10MHz 晶振输入并带有 PLL 倍频(4×/8×/16×)；
- 8 个用户可选的优先级。

需要说明的是带 DSP 内核的单片机在性能上远远比不上 DSP 芯片的性能，其所做的也是一些相对简单的算法，要完成复杂快速的计算还是需要采用高性能的 DSP 芯片。

2.5 带有不同专用接口的单片机

为了适应于不同的应用领域，单片机设置了不同的专用接口。下面介绍具有不同专用接口的单片机。

2.5.1 具有 USB 接口的单片机

目前，大部分具有 USB 接口的单片机都是针对个人计算机外围设备和消费市场需求而设计的。USB 单片机系列可使 USB 的优势应用到嵌入式系统中。新型 USB 单片机可将 USB 集成为一个基本串行接口，从而满足工作在恶劣环境中的要求。

应用较为广泛的 USB PIC 单片机系列芯片，配备了 16KB 可自编程增强型闪存，可以通过 USB 端口对最终应用进行现场升级。芯片还具有 Microchip 的 PMOS 电可擦除单元(PEEC)闪存技术，耐擦写次数达 10 万次，数据保存期可超过 40 年。此外，芯片的全速 USB 2.0 接口还包括一个片上收发器，能把数据直接传送到外部设备，以降低 CPU 的负荷。

USB PIC 单片机芯片具有的其他特性如下：

- 768B RAM，可将其中的 256B 分配给 USB 缓冲器；
- 支持 RS-232 和 RS-485 串行接口的可寻址通用同步异步收发器 AUSART 模块；
- 10 位模数转换器，精度高达±1LSB，多达 13 个输入通道；
- 具备 16 位数据捕捉功能和分辨率的捕捉/比较/PWM 模块；
- 3 个定时器(2 个 16 位，1 个 8 位)；
- 可编程欠压复位及低压检测电路；
- 增强型在线调试功能，最多可加入三个硬件断点。

USB 型单片机应用广泛，主要应用包括：工业(制造工具、数据记录仪、扫描仪、机器人控制器接口、流量分析仪和线缆测试设备等)；医疗(声控应用、高级轮椅等)；汽车(车内网络总线诊断工具、俗称“黑盒子”的车内跟踪记录仪和超声波传感器)以及消费类电器(图片扫描仪、录音机、UPS 系统、MP3 播放器、火灾报警器等)。

2.5.2 具有以太网接口的单片机

以太网是一种先进的局域网(LAN)联网技术，能够通过 LAN 将单片机(嵌入式系统)与互联网进行连接。通过在单片机中加入以太网连接功能，单片机便可以在网络上进行数据传送和远程控制。由于以太网的架构、互操作性、可扩展性及易于开发的特性，使得具有以太网接口的单片机成为嵌入式通信应用的理想选择。

目前此类单片机能提供用户数据报协议 UDP 的数据收发，可以实现以太网转串口的 UDP 数据转发，也可以跨网关，支持所有 TCP/IP 协议。它可以轻松完成嵌入式设备的网络功能，可用于串口设备与以太网之间的数据传输；也可用于串口设备与 PC 机之间，或者多个串口设备之间的远程通信。同时单片机内部具有 A/D、输入脉冲捕捉、定时器以及脉宽 PWM 输出等功能，可以根据用户的需要随时对功能加以扩展。

作为此类单片机的实例，下面介绍 Microchip 公司的 PIC18 单片机的特性。PIC18 单片机是一个具有 128KB 程序存储器、指令执行速率达 10MIPS 的单片机，内部集成了一个 10Base-T 以太网控制器，非常适宜实现远程监控和控制。Microchip 公司已形成 PIC18F97J60 高性能单片机系列。

PIC18F97J60 单片机系列同时包括了 MAC、PHY 和 RAM 收发缓冲器，使设计人员能利用这一器件系列享受完善的网络连接功能，实现低成本效益、简单易用的以太网方案。Microchip 还提供免费的 TCP/IP 软件栈，从而缩短开发时间。

PIC18F97J60 单片机系列有以下主要特性：

- 无缝移植：以最少的成本和最短的开发时间，在现有 PIC18 设计中灵活地加入以太网连接功能。
- 符合 IEEE 802.3 标准：片上 10Base-T MAC 和 PHY 以符合以太网标准的形式实现可靠的信息包数据传送/接收功能。
- 专用 8KB 以太网缓冲器：灵活的缓冲器可对信息包进行高效的存储、检索及修改，降低对集成单片机存储容量的需求。
- 128KB 闪存及 4KB SRAM：大容量存储器能装载含网络服务器的 TCP/IP 栈，还留有足够空间来存储用户应用代码。

Microchip PIC18F97J60 单片机系列非常适合于需要借助以太网连接进行通信或监控的嵌入式应用方面。其具体应用有：工业自动化(工业控制、电源监控、网络/服务器监控及环境监控)、楼宇自动化(消防与安保、出入控制、防盗锁等)、商用系统控制(厨房电器、销售终端)以及家居控制(安防及网络化设备)。

2.5.3 具有 CAN 接口的单片机

控制器局域网 CAN 是由 ISO 定义的串行通信总线。最初，CAN 是为汽车环境中电子控制网络而设计的。现今具有 CAN 功能的单片机都是针对需要可靠性高、抗噪性能强的各种领域而设计。在它的基本设计要求中，要求具有高的位速率、高抗电磁干扰性，而且能够检测出任何错误。因此，具有 CAN 功能的单片机非常适宜于汽车制造业以及航空工业中的应用，如发动机管理系统、变速箱控制器、转向系统、气囊、气候控制、防撞/倒车警告系统、仪表装备等。

CAN 接口单片机品种较多，其中 P87C591 是一个具有 CAN 控制器的 8 位高性能微控制器，它从 80C51 微控制器家族派生而来，采用了强大的 80C51 指令集并成功地包含了 NXP 半导体公司 SJA1000 CAN 控制器强大的 PeliCAN 功能。

P87C591 的全静态内核提供了扩展的节电方式。振荡器可停止和恢复而不会丢失数据；改进的 1∶1 内部时钟预分频器在 12MHz 外部时钟速率时实现 500ns 指令周期；微控制器采用先进的 CMOS 工艺，除了 80C51 的标准特性之外，器件还为汽车和通用的工业应用提供许多专用的硬件功能。

P87C591 组合了 P87C554(微控制器)和 SJA1000(CAN 控制器)的功能，并具有下面的增强特性：增强的 CAN 接收中断；扩展的验收滤波器；验收滤波器可“在运行中改变”。

P87C591 的具体特性如下：

- 16KB 内部程序存储器，512B 片内数据 RAM；
- 3 个 16 位定时器/计数器：T0、T1 和 T2（捕获和比较），1 个片内看门狗定时器 T3；
- 带 6 路模拟输入的 10 位 ADC，可选择快速 8 位 ADC；
- 2 个 8 位分辨率的脉宽调制输出（PWM）；
- 具有 32 个可编程 I/O 口（准双向、推挽、高阻和开漏）；
- 带硬件 I^2C 总线接口；
- 全双工增强型 UART，带有可编程波特率发生器；
- 双数据指针 DPTR；
- 增强型 PeliCAN 内核。

2.6 80C51 单片机构成的主机电路

2.6.1 主机电路概述

主机电路是智能仪器仪表硬件的核心。主机电路一般由单片机、存储器、译码电路、总线驱动器、I/O 接口等部件组成。设计主机电路就是根据仪器功能要求确定这些器件的型号、参数。

1. 单片机

单片机型号不同，其内核电路和芯片提供的 I/O 接口就不同，组成的主机电路系统结构、存储器组织也就不同。在系统设计中，应合理分配各种外部功能部件的地址范围，以达到简化译码，使 CPU 有效地访问外部 I/O 接口的目的。单片机型号的选择应根据系统的功能要求、单片机的性能指标及开发手段等因素确定。

2. 存储器

单片机一般都带有程序存储器和数据存储器，当存储器容量不能满足系统要求时，需要进行外部存储器的扩展。

3. 译码电路

系统在进行外部扩展时，需要译码。译码电路要尽可能地简单，译码方式也要选择适当。通常，译码电路可以使用门电路实现，如果考虑到修改和保密性的要求还可以利用只读存储器和可编程逻辑器件实现。译码方式根据系统扩展的部件数量不同，可以采取全译码、部分译码、线选译码等译码方式。

4. 总线驱动器

如果单片机外部扩展功能部件较多，负载较大，就应该对总线驱动能力进行设计。如 MCS-51 单片机 P0 口负载能力为 8 个 TTL 芯片，P2 口扩展能力为四个 TTL 芯片。如果 P0 口、P2 口实际连接的芯片数目超出上述的规定，就必须在 P0 口、P2 口增加总线驱动器，以提高它们的驱动能力。

5. I/O 接口

由于外设多种多样，单片机与外设之间的接口电路也各不相同。在具体设计中，应根据外设的特点，选择不同的 I/O 接口芯片。随着单片机技术的发展，一些通用的 I/O 接口如并行接口、串行接口、模拟量输入输出通道等接口部件可以集成到单片机内部，使 I/O 接口设计大大简化。

2.6.2 80C51 系列单片机构成的主机电路

80C51 系列单片机在我国应用非常广泛，具有存储器容量大，I/O 接口丰富，使用灵活等特点，对于要求测量控制过程较复杂，程序和表格较庞大，测量数据较多以及实时数据处理较复杂的场合非常适用。用户只需要增加少量的接口电路就可以构成智能仪器的主机电路。

下面介绍以 80C51 单片机为核心构成的主机电路，如图 2-1 所示，电路中扩展了一片 RAM(62128)和一个并行 I/O 接口 8155。

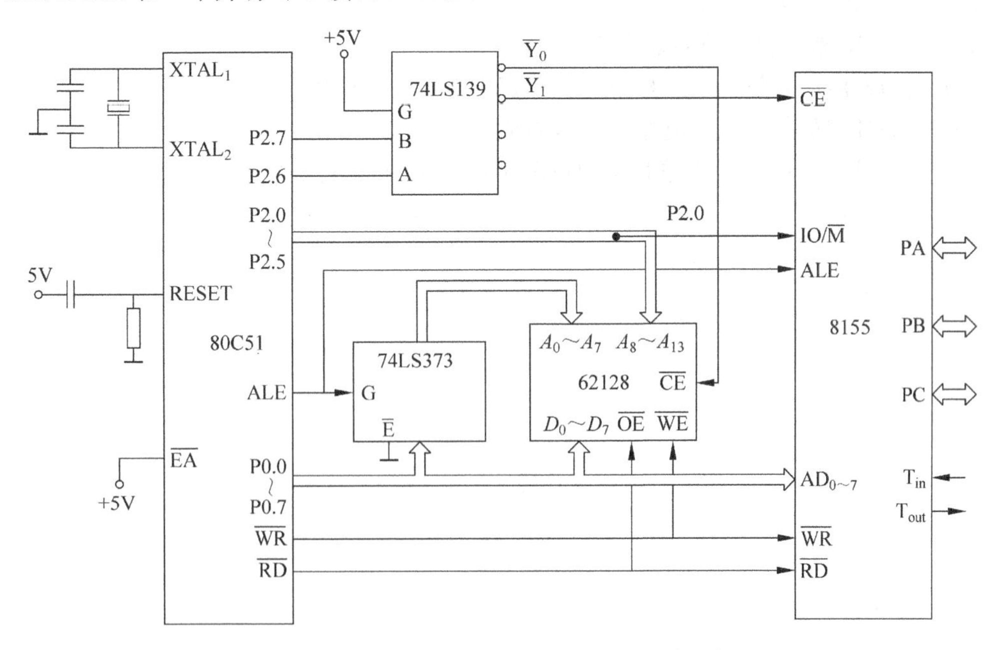

图 2-1 80C51 单片机为核心的主机电路硬件

80C51 的 P2.7、P2.6 经 74LS139 译码后得到 62128 及 8155 的片选信号。62128 的低 8 位地址 $A_0 \sim A_7$ 由 P0.0～P0.7 经锁存器 74LS373 得到，高 6 位地址 $A_8 \sim A_{13}$ 由 P2.0～P2.5 提供。62128 的数据端 $D_0 \sim D_7$ 及 8155 的地址/数据端 $AD_0 \sim AD_7$ 接至 P0.0～P0.7。8155 的 IO/M 信号由 P2.0 提供。62128 及 8155 的读写控制信号分别与 80C51 对应端相连。

RAM62128 及 I/O 接口 8155 的地址分配如下：

RAM(62128)：0000000000000000B～0011111111111111B。

RAM(8155)：0100000000000000B～0100000011111111B。

I/O(8155)：0100000100000000B～0100000100000101B。

地址用十六进制数表示：RAM62128 地址为 0000H～3FFFH。8155 RAM 地址为 4000H～40FFH,I/O 地址为 4100H～4105H。

思考题与习题

2-1 简述 CISC 和 RISC 指令集的特点与区别。

2-2 单片机主要有哪些系列？以 80C51 为内核的单片机制造公司主要有哪些？它们各自生产的单片机有什么特点？

2-3 C8051F 系列的高档型单片机增加了哪些附件？在实际应用中有什么优势？

2-4 简述带有不同专用接口的单片机的主要应用领域。

2-5 ARM 采用什么结构？有什么特点？

2-6 选择 ARM 芯片应考虑哪些因素？

2-7 DSP 芯片的主要用途是什么？有什么特点？

2-8 ds PIC 数字信号控制器有什么特点？

2-9 在智能仪器系统中，选择单片机主要应考虑哪些因素？

2-10 简述智能仪器主机电路的基本构成。

2-11 设计一个用 80C51 单片机构成的主机电路(参数自定)。

第3章

智能仪器的信号输入输出通道

信号输入输出通道是智能仪器的重要组成部分，本章阐述模拟量输入输出通道功能部件(测量放大器、ADC、DAC、S/H、MUX等)的结构、性能及其与微机的接口原理；集成数据采集系统及高速数据缓存技术；开关量输入输出通道信号调理及开关量输出信号的驱动方法。

3.1 测量放大器

智能仪器对物理量进行测量时，首先需要将物理量经过传感器转换为电信号。一般传感器输出信号很微弱，不能直接进行A/D转换，需要经过放大器放大到A/D转换器要求的幅度。由于通用运算放大器一般都具有毫伏级的失调电压及数微伏/℃的温度漂移，因此，它不能用于对微弱信号的放大。特别是当传感器工作环境较恶劣时，其输出两条线上经常会产生较大的干扰信号，有时是完全相同的干扰，即共模干扰，而通用运算放大器抑制共模干扰能力有限，在这种情况下很难满足要求。

3.1.1 测量放大器原理

测量放大器又称仪用放大器，是一种具有精密差动电压增益的器件。由于其具有高共模抑制比、高稳定增益、高输入阻抗、低输出阻抗、低温漂、低失调电压等优点，因此，非常适合于对微弱信号的放大，以及有较大共模干扰的场合。

测量放大器的原理电路如图3-1所示，它是一个由三个放大器组成的两级电路，第一级由两个对称的同相放大器组成，第二级为差动放大器。为了提高电路的抗共模干扰能力和抑制漂移的影响，电路采用上、下对称结构，即取$R_1=R_2$、$R_3=R_4$、$R_5=R_6$。

电路闭环增益分析，有

$$U_{o1}=U_{i1}+I_gR_1 \tag{3-1}$$

$$U_{o2}=U_{i2}-I_gR_2 \tag{3-2}$$

$$I_g=\frac{U_{i1}-U_{i2}}{R_g} \tag{3-3}$$

由上述3式得

$$U_{o1}+U_{o2}=U_{i1}+U_{i2} \tag{3-4}$$

$$A_{u1}=\frac{U_{o1}-U_{o2}}{U_{i1}-U_{i2}}=\frac{R_1+R_2+R_g}{R_g}=1+\frac{2R_1}{R_g} \tag{3-5}$$

$$\begin{aligned} U_o &= U_{o2}\left[\frac{R_6}{R_4+R_6}\left(1+\frac{R_5}{R_3}\right)\right]-U_{o1}\frac{R_5}{R_3} \\ &= (U_{o2}-U_{o1})\frac{R_5}{R_3} \end{aligned} \tag{3-6}$$

$$A_{u2}=\frac{U_o}{U_{o1}-U_{o2}}=-\frac{R_5}{R_3} \tag{3-7}$$

电路总增益

$$A_u=A_{u1}A_{u2}=-\left(1+\frac{2R_1}{R_g}\right)\frac{R_5}{R_3} \tag{3-8}$$

显然改变 R_g 的值,可以改变 A_u 的大小。在集成测量放大器中,R_g 为外接电阻。

对于共模信号,$U_{i1}=U_{i2}=U_{cm}$,由式(3-1)~式(3-3)有:$U_{o1}=U_{o2}=U_{cm}$,因此第一级的 R_1、R_2、R_g 对共模抑制能力无影响。但第二级两路电阻 R_3 与 R_5,R_4 与 R_6 的相对误差将引起电路不对称,从而降低共模抑制能力。因此在增益分配上,常取第一级增益为电路总增益,第二级增益为 1。

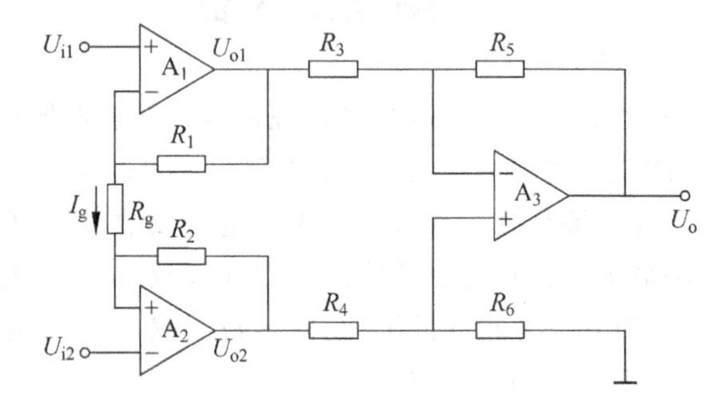

图 3-1 测量放大器原理电路

3.1.2 测量放大器的使用

1. 差动输入端的连接方法

测量放大器不论是三运放结构还是单片集成电路,它的两个输入端都是有偏置电流的,使用时要注意为偏置电流提供回路。如果没有回路,则这些电流将对分布电容充电,造成输出电压不可控制的漂移或饱和。因此,对于浮置的信号源,如变压器耦合、热电偶以及交流电容耦合信号源,必须对测量放大器每个输入端构成到电源地的直流通路,连接方法如图 3-2 所示。

2. 增加防护端

在实际应用中,为了防止空间电磁干扰,信号源往往通过电缆与测量放大器连接。如果电缆的屏蔽层接地,则对交流共模干扰 U_{cm} 就不能有效地抑制。因为电缆的信号传输线与

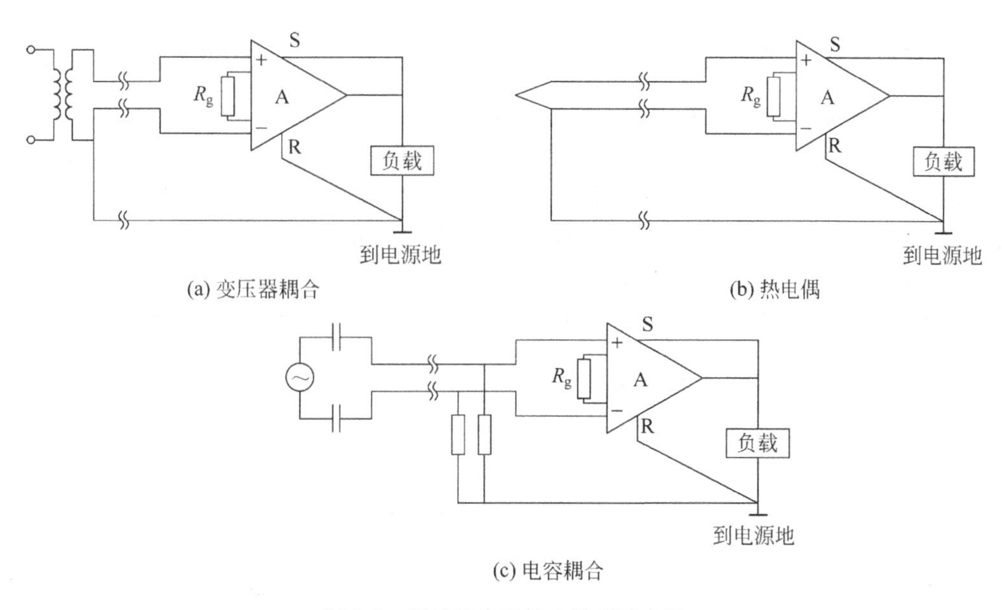

图 3-2　测量放大器输入端连接方法

屏蔽层之间存在分布电容 C_1、C_2，如图 3-3 所示。分布电容 C_1、C_2 与传输线电阻 R_{i1}、R_{i2} 分别构成的两个低通滤波器的时间常数 $R_{i1}C_1$、$R_{i2}C_2$ 不可能完全相等。这样就使共模信号通过两低通滤波器后产生不同的衰减，使共模干扰变成差模干扰，进而产生测量误差。为此，在测量放大器中增加两个等值电阻 R_7，如图 3-4 所示，并将两个 R_7 的中点引出，称为防护端，经过跟随器后接至电缆的屏蔽层。由于 $U_{01}=U_{02}=U_{cm}$，因此防护端的电位为共模电压 U_{cm}，屏蔽层的电位也就为 U_{cm}，这样 C_1、C_2 上没有共模电压降，有效地清除了它们对共模干扰的影响。

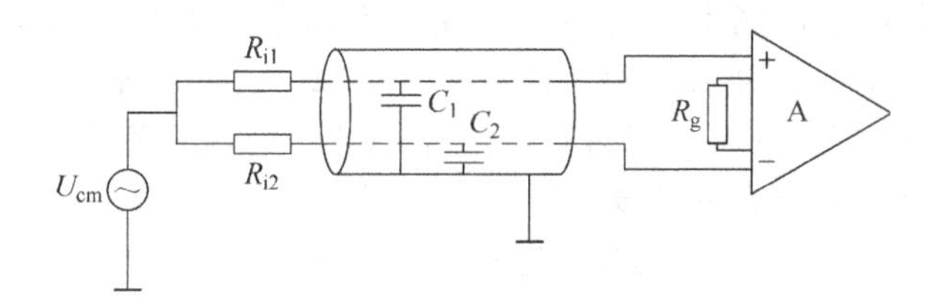

图 3-3　电缆屏蔽层接地的影响

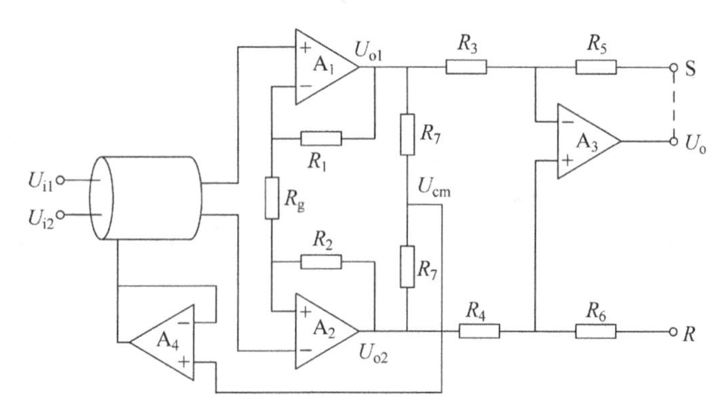

图 3-4　抑制交流共模干扰方法示意图

3. 增加敏感端 S，参考端 R

测量放大器通常设有敏感(sense)端和参考(reference)端，一般情况下，R 端接电源地，S 端接输出端，如图 3-4 所示。在测量放大器接远距离负载时，由于输出端与负载连线上会产生明显的压降，导致负载上的压降减少，如果将 S 端与负载端相连，可以消除这一影响。在后接跟随器时，也要将 S 端与负载端相连，以减少跟随器漂移的影响，如图 3-5 所示。R 端用于对输出电平进行偏移，产生偏移的参考电压 V_r 应经跟随器接到 R 端，以隔离参考源内阻，防止其破坏测量放大器末级电阻的上、下对称性而导致共模抑制比降低。

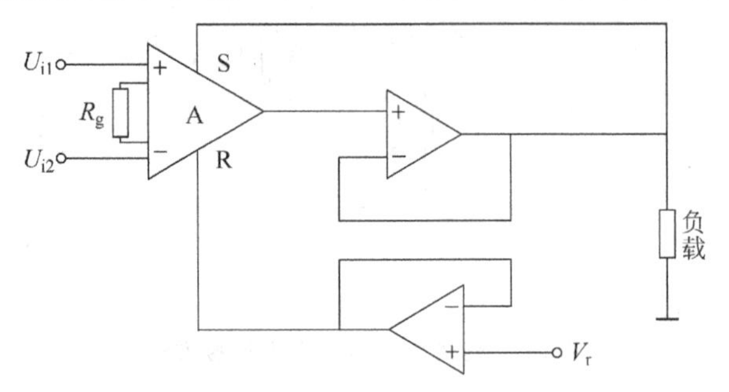

图 3-5 敏感端及参考端的连接方法

3.1.3 集成测量放大器

用普通运算放大器组成测量放大器时，要求测量放大器第一级放大器 A_1、A_2 参数完全匹配，测量放大器上、下两部分的对应电阻数值相等，实际中很难做到。为此，已研制、生产了集成测量放大器。目前市场上已有不少厂家生产的集成测量放大器芯片，如美国 AD (Analog Devices)公司提供的 AD521、AD522、AD612、AD605 等测量放大器，国产的如 ZF603、ZF604、ZF605、ZF606 等。下面简要介绍 AD522 的功能及其应用。

AD522 是一种高精度集成测量放大器，具有失调电流低(25nA)，输入阻抗高($10^9\Omega$)，非线性度低(0.005%，$G=100$)，共模抑制比高(120dB，$G=100$)等特点。可用在恶劣环境下要求进行高精度数据采集的场合。

AD522 采用 14 引脚双列直插 DIP 封装，引脚排列如图 3-6 所示。基本连接方法如图 3-7 所示。

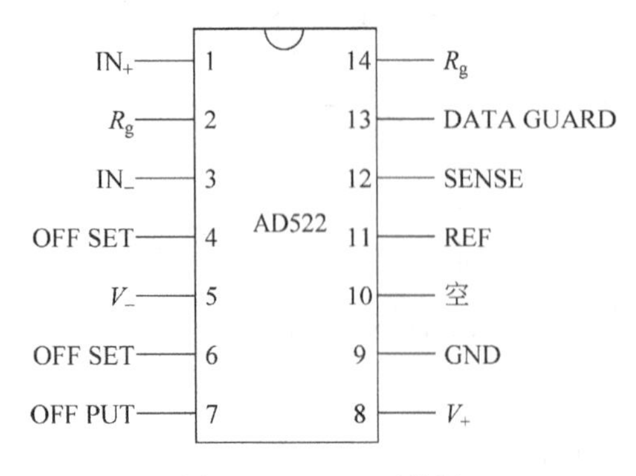

图 3-6 AD522 引脚图

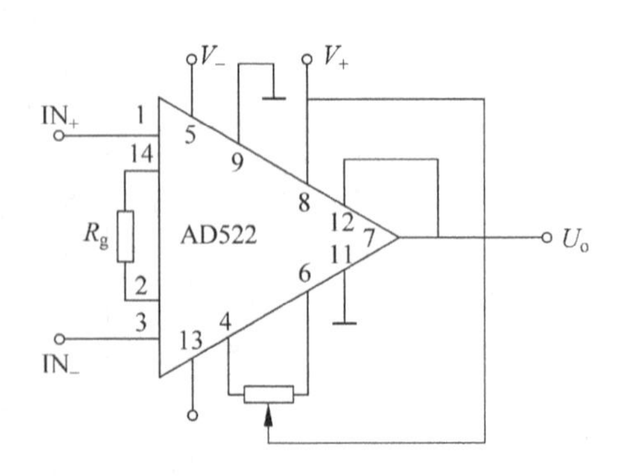

图 3-7 AD522 基本接法

AD522 主要引脚功能如下。

- IN_+、IN_-：差分信号输入端。
- OFF SET：测量放大器零点调整端。在引脚 4、6 端之间接入一个 10kΩ 电位器，电位器滑动端接正电源 V_+。
- R_g：测量放大器增益调整外接电阻。
- DATA GUARD：数据防护端，用于提高交流信号输入时的共模抑制比。实际使用中，将该引脚连接到信号传输线的屏蔽层。
- SENSE：敏感端或采样端、检测端。在输出端接有远距离负载或电流放大器时使用。
- REF：参考端，用于调节输出电平。如果在 REF 端加一参考电源，相当于在输出级放大器的同相端加一固定电压，从而改变了输出电平。一般利用参考源经一跟随器后再接入 REF 端，以隔离参考源内阻，防止测量放大器共模抑制比的减小。

图 3-8 所示为 AD522 用于测量电桥的连接方法，电路中信号地与电源地相连，为放大器输入偏置电流提供回路。AD522 的数据防护端(13 引脚)接至信号线及 R_g 引线的屏蔽层，使输入信号的共模分量传至屏蔽层，从而提高了对共模干扰的抑制能力。

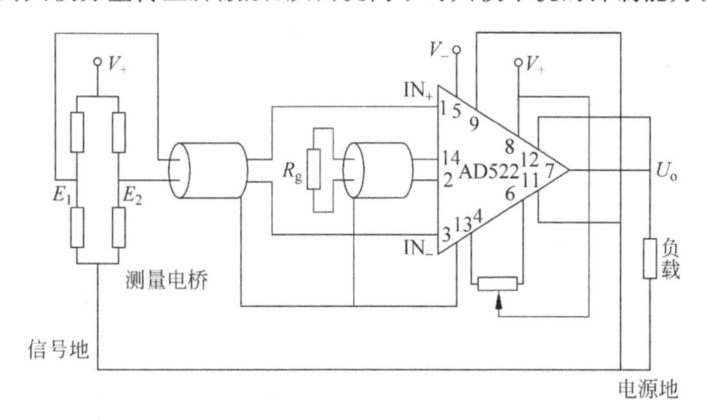

图 3-8　AD522 用于测量电桥的电路

3.2　程控增益放大器

在智能仪器中输入信号的变化幅度在不同的场合可能有不同的值，可以从微伏级到伏级。而 A/D 转换器(ADC)的输入满刻度值是确定的，例如±5V 或 10V，如果直接将被测信号电压作为 ADC 的输入，就会造成 ADC 的精度没有充分利用，或造成被测信号销顶，出现较大的测量误差。因此，必须根据被测信号的幅度改变放大器的增益，使放大器的输出与 ADC 输入满刻度值相匹配。智能仪器中通常使用程控增益放大器(Programmable Gain Amplifier，PGA)实现这一功能。

3.2.1　基本程控增益放大器

基本程控增益放大器由运放及模拟开关控制的电阻网络组成，模拟开关的地址由硬件电路或微机控制。基本程控增益放大器分为反相程控增益放大器和同相程控增益放大器。

图 3-9 所示的是一个反相程控增益放大器实例电路，电路中电阻网络接在运放的反相输入端与输出端之间，模拟开关为一个 8 选 1 模拟开关 CD4051。CD4051 某一路(如第 j 路，$j=0,1,\cdots,7$)接通时电路增益为

$$G_j=\frac{U_o}{U_i}\approx -\frac{R_j}{R_1} \tag{3-9}$$

电路的特点是结构简单，输入电阻不随增益的变化而变化。缺点是模拟开关的导通电阻及其漂移会影响增益的精度。

上述电路是在运放的反馈电路中接入电阻网络，通过改变反馈电阻值来改变增益。也可以使反馈支路为固定电阻，而将输入电阻 R_1 改变为电阻网络，同样可以得到不同的增益，但这种情况下增益表达式是式(3-9)的倒数。

图 3-10 所示为同相程控增益放大器的实例电路。信号从同相端输入，电阻网络接在运放反相端与输出端之间，当 CD4051 的 I_0 端接通时，电路是一个跟随器，当 CD4051 的其他端(如第 j 端)接通时，电路增益为

$$G_j=\frac{U_o}{U_i}=\frac{R_0+R_1+\cdots+R_7}{\sum_{k=j}^{7}R_k} \tag{3-10}$$

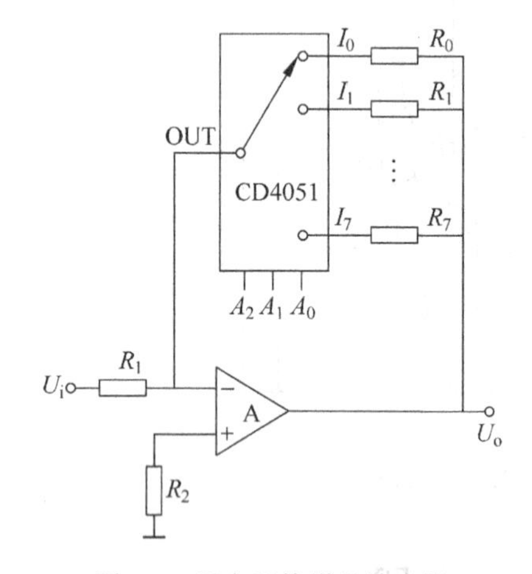

图 3-9 反向程控增益放大器

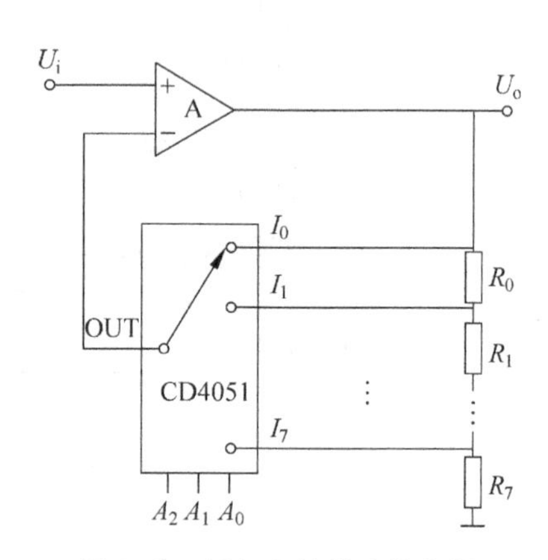

图 3-10 同相程控增益放大器

3.2.2 应用测量放大器实现的程控增益放大器

基本程控增益放大器测量精度较低，对于精度要求较高的场合，可以通过多路模拟开关切换测量放大器的增益电阻，实现增益的控制。图 3-11 是用单片集成测量放大器 AD521 实现的一种程控增益放大器。由 AD521、锁存器及模拟开关控制的电阻网络等组成。

锁存器在控制信号到来时锁存输入数码 $D_0\sim D_3$，模拟开关根据输入地址 A、B、C 选择一路接通，将电阻网络中的一个电阻 R_i 接在 AD521 的增益调整电阻引脚间(2，14 引脚)，AD521 根据提供的增益调整电阻对输入信号进行放大，放大倍数为 $G=R_s/R_i$，其中 R_s 为 AD521 的外接增益调整电阻。

上述电路由于采用了测量放大器 AD521，具有低失调电流、高输入阻抗、高共模抑制比等特点。

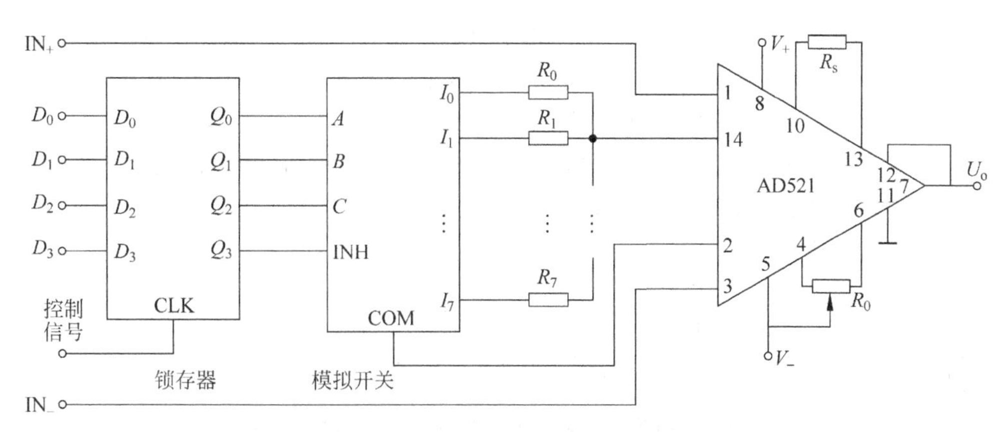

图 3-11 应用测量放大器实现的程控增益放大器

3.2.3 集成程控增益放大器

目前,市场上已有集成程控增益放大器芯片提供,如 AD 公司生产的 LH0084 芯片。LH0084 的原理电路如图 3-12 所示,由可变增益电压跟随输入级(A_1、A_2)及差动输出级(A_3)组成。输入级包括匹配的高速场效应管(FET)运放 A_1 和 A_2、高稳定度温度补偿电阻

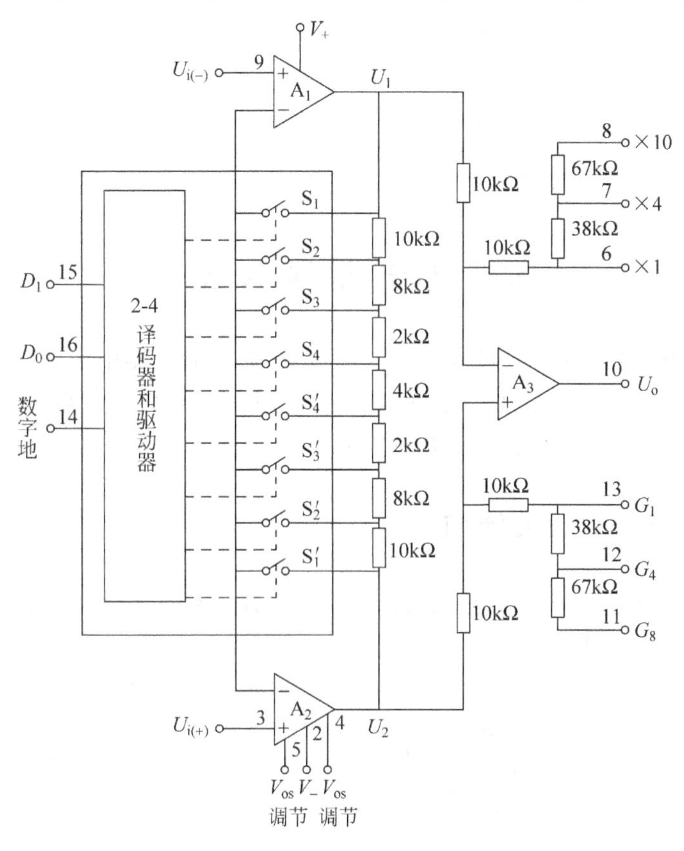

图 3-12 LH0084 程控放大器原理图

网络及开关网络组成。其中开关网络由译码—驱动器及双四通道模拟开关组成。对应控制数码 D_1D_0 的一组取值(如 01),有一组模拟开关(S_2、S_2')接通,运放 A_1、A_2 有一个相同的反馈电阻。改变 D_1D_0 的取值,则改变了 A_1、A_2 的反馈电阻,使第一级具有不同的增益。该电路还可以通过改变输出端的接线方法来改变第二级 A_3 的增益,当输出端(10 脚)分别与 6、7、8 脚相连,13、12、11 脚分别接地时,第二级 A_3 的增益分别为 1、4、10。

LH0084 的总增益为

$$A_u=\frac{U_o}{U_{i(+)}-U_{i(-)}}=\frac{U_2-U_1}{U_{i(+)}-U_{i(-)}}\cdot\frac{U_o}{U_2-U_1}=A_{u(1)}\cdot A_{u(2)} \tag{3-11}$$

增益大小与控制数码 D_1D_0 及输出级引脚连接的关系见表 3-1。

表 3-1 LH0084 增益与控制数码及引脚连接的关系

D_1 D_0	$A_{u(1)}$	引脚连接	$A_{u(2)}$	A_u
0 0	1	6—10,13—地	1	1
0 1	2			2
1 0	5			5
1 1	10			10
0 0	1	7—10,12—地	4	4
0 1	2			8
1 0	5			20
1 1	10			40
0 0	1	8—10,11—地	10	10
0 1	2			20
1 0	5			50
1 1	10			100

3.3 模拟量输入通道

工程中的被测量多数为由传感器转换的模拟量,而智能仪器中微处理器处理的是数字量,因此,应把被测模拟信号经过放大、滤波、采样/保持、A/D 转换之后,输入微处理器进行处理。实现这些功能的电路称为模拟量输入通道。

3.3.1 模拟量输入通道的结构

模拟量输入通道有多种形式,按照被采集信号路数的不同,分为单通道模拟量输入通道和多通道模拟量输入通道。

单通道模拟量输入通道的基本结构如图 3-13 所示。由信号调理电路(放大器、滤波器等)、采样/保持器(S/H)及 A/D 转换器等组成。

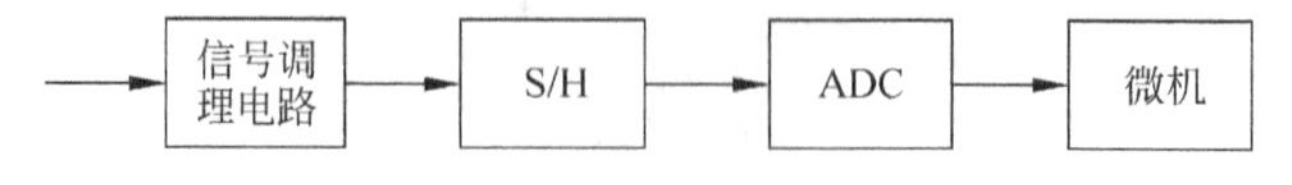

图 3-13 单通道模拟量输入通道

多通道模拟量输入通道按照对多路信号采集的同步性及速度的不同，分为多通道共享 S/H、ADC 型，多通道共享 ADC 型，多通道独立 S/H、ADC 型，如图 3-14 所示。

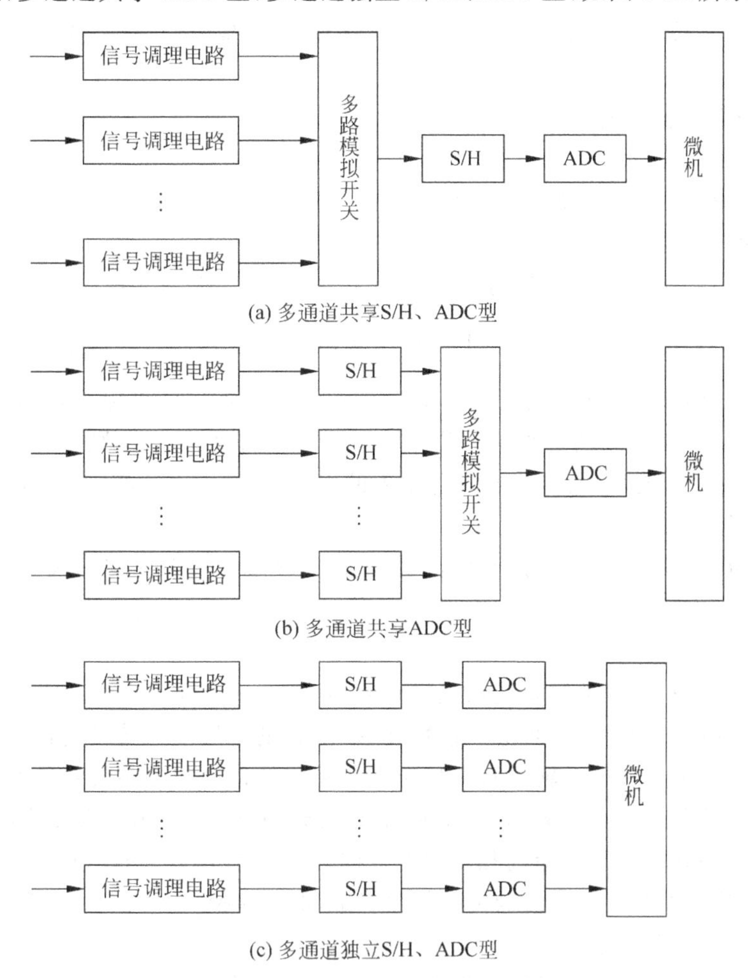

(a) 多通道共享S/H、ADC型

(b) 多通道共享ADC型

(c) 多通道独立S/H、ADC型

图 3-14　多通道模拟量输入通道

多通道共享 S/H、ADC 型结构中，多路模拟信号经各自的信号调理电路后，通过多路模拟开关的切换，分别进行采样/保持及 A/D 转换。它的优点是多路信号共用一个 S/H 和 ADC 电路，电路结构简单、成本低。缺点是由于多路信号是分时进行采集和 A/D 转换的，因此，采集速度低。此外，由于是分时采集，不能获得多路信号同一时刻的数据，对于要求多路信号严格同步采集的系统是不适用的。

多通道共享 ADC 结构中，由于各通道有独立的 S/H 电路，因此，可以实现同步采集分时 A/D 转换。这种结构的缺点是由于多路信号的 A/D 转换仍然是分时进行的，工作速度仍然较低。

多通道独立 S/H、ADC 结构中，每一通道有独立的 S/H、ADC 电路，可以实现同步采集和高速采集。

模拟量输入通道的放大器、滤波器、多路模拟开关、S/H、ADC，在实际系统中并非都需要。例如，如果输入信号电平较高，就可以省去放大器；如果输入信号的变化速率比 ADC

转换速率低得多,就不必使用 S/H。

A/D 转换器是模拟量输入通道的关键部件,它的转换精度及转换速率决定了数据采集的质量和效率。本节重点介绍 A/D 转换器的功能及其与微处理器的接口方法。

3.3.2 A/D 转换器的性能指标

ADC 的质量常用下列性能指标进行衡量。

(1) 分辨率

分辨率指 ADC 输出数字量最低位变化一个数码时,要求输入模拟量的最小变化值与输入满量程值的百分比。一个 n 位 ADC 的分辨率为 $\frac{1}{2^n}\times 100\%$。分辨率与 ADC 的位数有关,$n$ 越大,分辨能力越强,通常也用输出位数 n 表示分辨率。ADC 能分辨出输入电压的最小变化值称为 ADC 的分辨力。如果 n 位 ADC 输入满量程值为 U_m,则分辨力为 $U_m/2^n$。

ADC 由于分辨力有限,总是存在量化误差的,不同的量化方法产生不同的量化误差。

(2) 转换时间

转换时间指 ADC 从启动转换开始,至输出端出现稳定的数字量所需要的时间。转换时间的倒数称为转换速率。

(3) 转换误差

转换误差指 A/D 转换器除量化误差之外因其他非理想因素而产生的误差,在数值上等于 A/D 转换器实际转换特性与理想转换特性(指仅有量化误差的转换特性)之间的最大偏差,也等于 A/D 转换器在任一输出数字量时在实际转换特性与理想转换特性下,输入电压量化值之差的最大值。这一偏差称为 ADC 的绝对转换误差,其相对误差为绝对误差与输入满量程值的百分比。绝对误差与相对误差也称为绝对精度与相对精度。

ADC 的转换误差常用输出最低位的倍数表示,例如转换误差≤1LSB,表明转换误差小于、等于 ADC 的量化阶梯。

ADC 的转换误差包括偏移误差、非线性误差、满刻度误差等。

- 偏移误差:定义为使 A/D 转换器输出最低位为 1 时,施加到输入端的实际电压值与理论值之差。
- 增益误差:指在偏移误差调零的情况下,A/D 转换器输出达到满刻度时实际输入模拟电压与理论输入值之间的差值。
- 非线性误差:定义为偏移误差及增益误差均已调零的情况下,实际转换特性与理想转换特性的最大偏差。

通常,手册上给出的 A/D 转换器的转换误差不包括量化误差。

常用的 A/D 转换器的性能指标如表 3-2 所示。

A/D 转换器的种类繁多,用于智能仪器仪表设计的 ADC 主要有逐次比较型、积分型、并行比较型、Σ-Δ 型等。

逐次比较型 ADC 的转换时间与转换精度比较适中,转换时间一般在 μs 级,转换精度一般在 0.1%以下,适用于一般场合。

表 3-2　几种常用 A/D 芯片的性能指标

型号	分辨率	转换时间	转换方法	输入范围/V	生产工艺	端子数量	生产单位
ADC0809	8 位 (8 通道)	100μs	SA	0～5	CMOS	28	NS
ADC1210	10/12 位	30/100μs	SA	0～5 0～±15	CMOS	24	NS
AD574	8/12 位	15/35μs	SA	0～5 0～±5	CMOS	28	AD
AD572	8/12 位 (串或并输出)	17/25μs	SA	0～10 0～±5		32	AD
5G14433	11 位	>100ms	INTEG	0～2 0～0.2	CMOS	24	上海五厂
ICL7135	14 位	>1.5ms	INTEG	0～2 0～0.2	CMOS	28	Harris
MAX187	12 位(串出)	8.5μs	SA	0～5		8	Maxim
ADC530	12 位	0.35μs	DC	0～±5		32	Datel
HS9576	16 位	17μs	SA	0～20 0～±10		32	Sipex
AD7703	20 位(串出)	250μs	Σ－Δ	0～2.5 0～±2.5	LC^2MOS	20	AD

积分型 ADC 由于采用积分器,因此速度较慢,转换时间一般在 ms 级或更长,但抗干扰能力强,转换精度可达 0.01%或更高。适用于在数字电压表类仪器中使用。

并行比较型 ADC 由于采用并行比较,因而转换速率可以达到很高,其转换时间可达 ns 级。但抗干扰性能差,由于工艺限制,其分辨率一般不高于 8 位。这类 ADC 可用于数字示波器等仪器。

Σ-Δ 型 ADC 是一种新型的 A/D 转换器,采用了过采样技术和Σ-Δ 调制技术,具有很高的分辨率(24 位)和抗噪声能力,适用于高精度仪器。

3.3.3　逐次比较型 ADC 与微机的接口

目前使用的 ADC 几乎全部是集成电路 A/D 转换器。常用的逐次比较型集成电路 ADC 芯片有 ADC0809、ADC1210、AD574、MAX187、HS9576 等。

1. ADC0809 功能简介及其与微机的接口

(1) ADC0809 功能简介

ADC0809 是 8 位 8 通道逐次比较型 A/D 转换器,其转换时间为 100μs,转换误差为 ±1LSB,模拟输入电压范围为 0～5V,由单+5V 电源供电,典型时钟频率为 640kHz,时钟信号由外部提供。

ADC0809 的内部结构如图 3-15 所示,由 8 选 1 模拟开关、地址锁存与译码电路、比较器、逐次逼近寄存器、开关树型 D/A 转换器、控制和时序逻辑以及三态输出锁存器等组成。其中比较器、逐次逼近寄存器及 D/A 转换器组成基本 A/D 转换器。

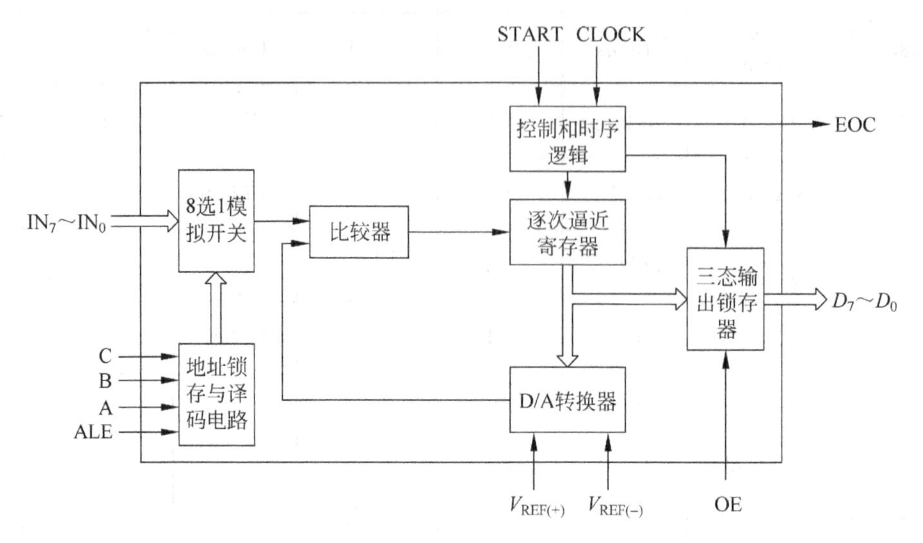

图 3-15 ADC0809 结构原理图

ADC0809 的引脚图如图 3-16 所示。各引脚功能如下：

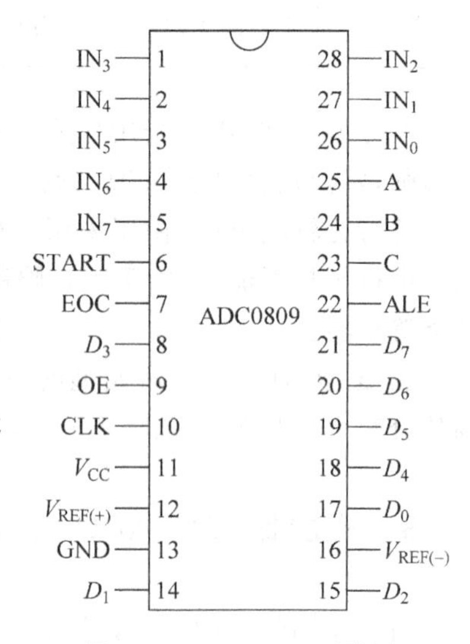

图 3-16 ADC0809 引脚图

- $IN_7 \sim IN_0$：8 路模拟信号输入端。
- $D_7 \sim D_0$：8 位数字量输出端。
- C、B、A：3 位通道地址输入端，当 CBA＝000，001，…，111 时，分别选通 IN_0，IN_1，…，IN_7 通道。
- ALE：地址锁存信号，上升沿锁存地址。
- START：启动信号，上升沿将所有内部寄存器清零，下降沿开始转换，通常 ALE 和 START 连在一起。
- EOC：转换结束标志，高电平有效。通常用 EOC 作为中断请求信号或查询方式的状态信号。
- OE：输出使能信号，高电平有效。当 OE 为高电平时，开放三态输出锁存器，将转换结果从 $D_7 \sim D_0$ 输出。
- CLK：时钟输入端，典型的频率为 640kHz，最高不超过 1.2MHz。
- $V_{REF(+)}$、$V_{REF(-)}$：参考电压输入端。
- V_{CC}：5V 电源输入端。
- GND：接地端。

(2) ADC0809 与 80C51 单片机的接口

一般单片机对 ADC 的控制有三种方式：中断方式、延时等待方式及查询方式。图 3-17 所示是中断方式下的 ADC0809 与 80C51 单片机的接口电路。

中断方式下 8 路模拟电压连续采样的程序如下，转换结果存放在 40H～47H 单元。

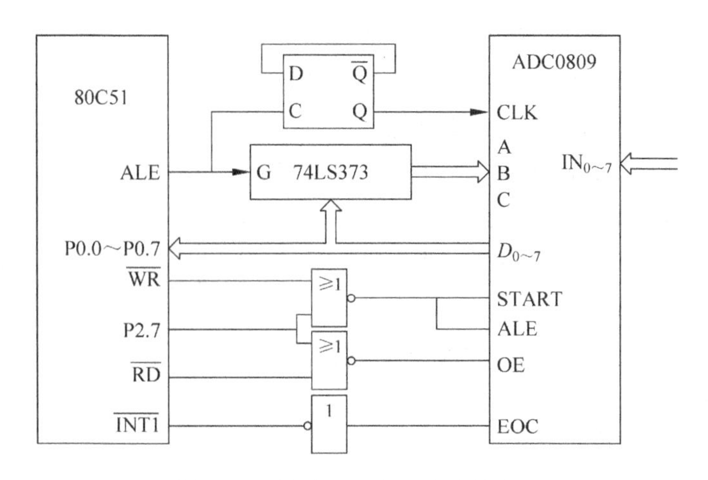

图 3-17　ADC0809 与 80C51 的接口

主程序：

```
        MOV     DPTR,#7FF8H             ;设置 IN0 通道地址
        MOV     R0,#40H                 ;设置数据区首地址
        MOV     IE,#84H                 ;允许 INT1 中断
        SETB    IT1                     ;置 INT1 为边沿触发方式
        MOVX    @DPTR,A                 ;启动 ADC 转换
LOOP:   CJNE    R0,#48H,LOOP            ;判断 8 个通道是否转换完毕
        RET
```

中断服务程序：

```
MOVX    A,@DPTR         ;读转换结果
MOV     @R0,A
INC     DPTR            ;指向下一通道
INC     R0              ;数据区地址加 1
MOVX    @DPTR,A         ;启动下一通道转换
```

2. AD574 功能简介及其与微机的接口

(1) AD574 功能简介

AD574 是 AD 公司生产的速度和精度均较高的逐次比较型 ADC，输出位数 12 位，转换时间 25μs，转换误差±1LSB，可采用+5V、±12V、±15V 电源供电。片内有输出三态缓冲器，可与 8 位或 16 位单片机直接相连。输入模拟信号可以是单极性 0～+10V 或 0～+20V，也可以是双极性−5～+5V 或−10～+10V。片内含有时钟电路，不需要外接时钟信号。

AD574 的引脚图如图 3-18 所示。

- $\overline{CS}$：片选信号，低电平有效。
- CE：片使能信号，高电平有效。
- R/$\overline{C}$：读/控制转换信号，高电平时读 A/D 转换结果，低电平时启动 A/D 转换。
- 12/$\overline{8}$：数据输出格式选择信号。高电平时双字节输出，即 12 位数据同时输出；低电平时单字节输出，即只有高 8 位或低 4 位有效。

- A_0：字节选择控制线，有两种意义。当 R/$\overline{C}$ 为低电平时，A_0 为高电平，进行 8 位 A/D 转换；A_0 为低电平，进行 12 位 A/D 转换。当 R/$\overline{C}$ 为高电平时，A_0 为高电平，输出低 4 位数据；A_0 为低电平，输出高 8 位数据。
- STS：工作状态信号，高电平时表示正在转换，低电平时表示转换结束。
- REF IN、REF OUT：参考输入、输出端。
- BIP OFF：双极性偏移端。
- DB_{11}～DB_0：12 位数据输出端。
- $10V_{IN}$、$20V_{IN}$：10V、20V 档输入端。

AD574 的控制信号功能表如表 3-3 所示。

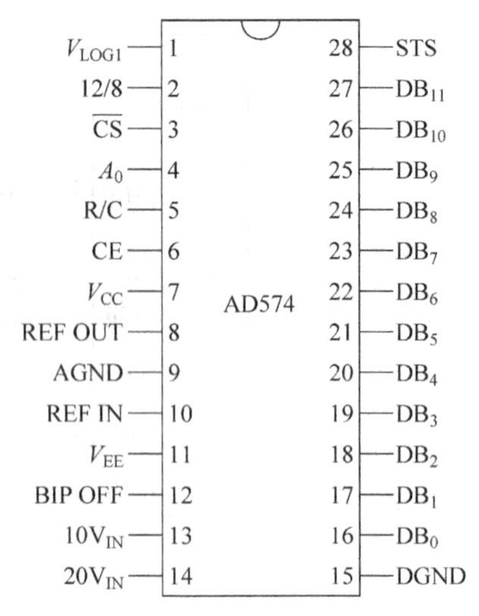

图 3-18　AD574 的引脚图

表 3-3　AD574 控制信号功能表

CE	$\overline{CS}$	R/$\overline{C}$	12/$\overline{8}$	A_0	功　能
1	0	0	×	0	初始化为 12 位转换器
1	0	0	×	1	初始化为 8 位转换器
1	0	1	接+5V	0	允许 12 位并行输出
1	0	1	接地	0	允许高 8 位输出
1	0	1	接地	1	允许低 4 位输出

(2) AD574 与 80C51 单片机的接口

AD574 与 80C51 的接口电路如图 3-19 所示。采用 12 位转换方式，输入为单极性电压，输出为字节输出方式。80C51 对 AD574 的访问采用寄存器间接寻址方式，其中启动 A/D 转换的地址为 1FH，读输出低 4 位的地址为 7FH，读输出高 8 位的地址为 3FH。

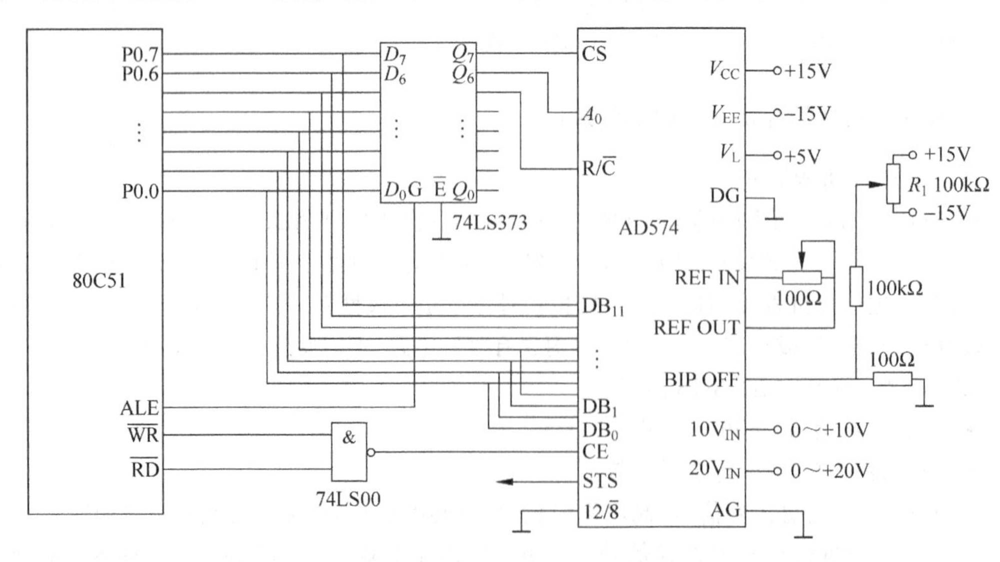

图 3-19　AD574 与 80C51 单片机的接口

采用延时方式的 A/D 转换程序如下，转换结果存储于 R_3、R_2 中。

```
MOV     R0,#1FH         ;启动 A/D 转换
MOVX    @R0,A
MOV     R7,#10H         ;延时
DJNZ    R7,$
MOV     R1,#7FH         ;读低 4 位
MOVX    A,@R1
MOV     R2,A            ;存低 4 位
MOV     R1,#3FH         ;读高 8 位
MOVX    A,@R1
MOV     R3,A            ;存高 8 位
SJMP    $
```

(3) AD574 的零点和满刻度调整

AD574 在单极性输入方式下的调零及调满刻度接线方法如图 3-20 所示。$10V_{IN}$端的输入范围为 0～+10V，1LSB=2.44mV；$20V_{IN}$端的输入范围为 0～+20V，1LSB=4.88mV。图中 R_1 及 R_2 分别用于零点及满刻度调整。调整方法为：如果输入电压接 $10V_{IN}$端，调整 R_1 使输入电压为 1.22mV(即 1/2LSB)时，输出数字量从 0000 0000 0000 变到 0000 0000 0001；调整 R_2 使输入电压为 9.99634V$\left(即 10V-1\frac{1}{2}LSB\right)$时，输出数字量从 1111 1111 1110 变到 1111 1111 1111，即认为零点及满刻度调整好了。在输入电压接 $20V_{IN}$端时，调整方法相似，但应该注意此时 1LSB=4.88mV。

双极性输入方式的接线方法如图 3-21 所示。图中 R_1、R_2 分别用于零点及满刻度调整，调整方法与单极性输入的调整方法相似，不再赘述。需要注意的是输入模拟量与输出数字量的对应关系。

- $10V_{IN}$端输入时：−5V→0V→+5V　对应　000H→800H→FFFH。
- $20V_{IN}$端输入时：−10V→0V→+10V　对应　000H→800H→FFFH。

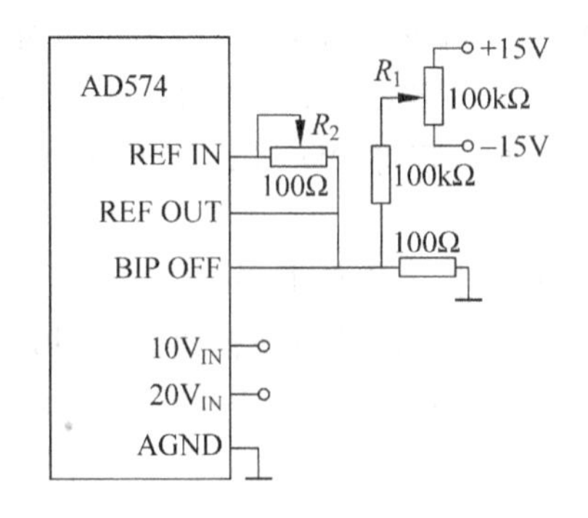

图 3-20　单极性输入接线方法

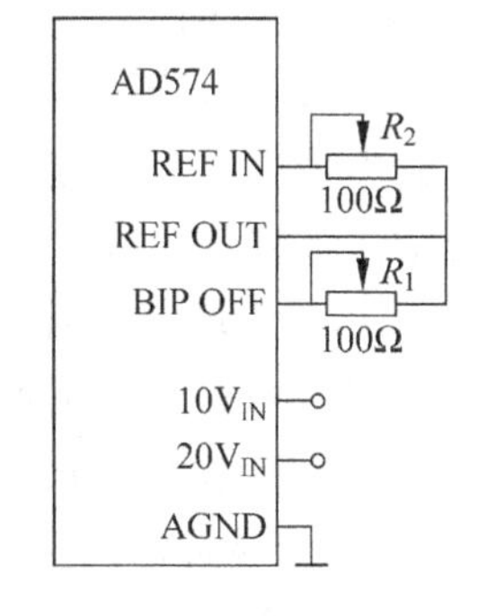

图 3-21　双极性输入接线方法

3.3.4　积分式 ADC 与微机的接口

常用的积分式 ADC 芯片有 MC14433$\left(3\frac{1}{2}位\right)$、ICL7135$\left(4\frac{1}{2}位\right)$、AD7555$\left(5\frac{1}{2}位\right)$。下面以 MC14433 为例介绍积分式 ADC 与微机的接口方法。

1. MC14433 功能简介

MC14433 是 Motorola 公司生产的 $3\frac{1}{2}$ 位双积分式 A/D 转换器。全部电路采用 CMOS 工艺且具有零漂补偿。片内提供时钟发生电路，使用时外接一只电阻，也可以采用外部输入时钟，外接晶体振荡电路。主要技术指标为：转换速率(4～10)次/秒，转换误差±1LSB，输入模拟电压范围为 0～±1.999V 或 0～199.9mV，输入阻抗大于 100MΩ。

MC14433 采用 24 脚双列直插式封装，引脚排列如图 3-22 所示。

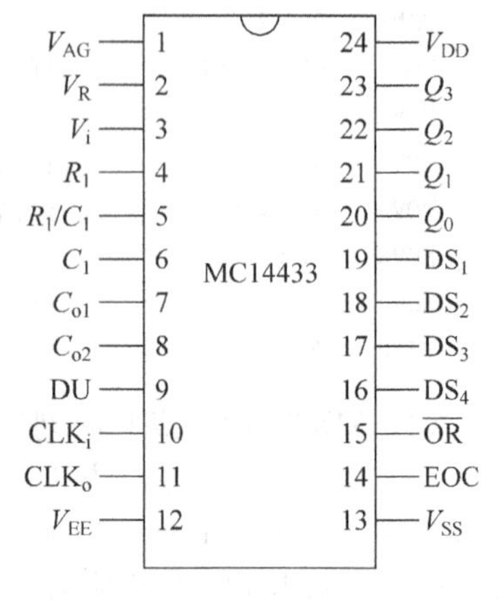

图 3-22 MC14433 引脚图

引脚功能如下。

- V_{DD}、V_{EE}：正、负电源端，电压范围为±4.5～±8V，一般取±5V。
- V_{AG}：被测电压 V_i 和基准电压 V_R 的接地端。
- V_{SS}：输出端的低电平基准。当 V_{SS} 接 V_{AG}，输出电压幅度为 V_{AG}～V_{DD}；当 V_{SS} 接 V_{EE}，输出电压幅度为 V_{EE}～V_{DD}。
- V_i：被测电压输入端。
- V_R：基准电压输入端。基准电压为+2V 或+200mV，可由 MC1403 通过分压提供。
- R_1、R_1/C_1、C_1：外接积分电阻、电容端。外接电阻、电容典型值为：当量程为 2V 时，$C_1=0.1\mu F$，$R_1=470k\Omega$；当量程为 200mV 时，$C_1=0.1\mu F$，$R_1=27k\Omega$。
- C_{o1}、C_{o2}：外接失调补偿电容端。补偿电容的典型值为 0.1μF。
- CLK_i、CLK_o：时钟振荡器外接电阻 R_C 端。当 $R_C=470k\Omega$ 时，$f_{CLK}\approx 66kHz$；$R_C=200k\Omega$ 时，$f_{CLK}\approx 140kHz$。
- EOC：转换结束标志。每一转换周期结束后，该端输出一脉宽为 1/2 时钟周期的正脉冲。
- DU：转换结果更新控制端。当向该端输入一正脉冲时，当前周期的转换结果将被送到输出锁存器，否则锁存器仍为原来的数据。若将 DU 与 EOC 端连接，则每一次转换结果都将自动送出。
- $\overline{OR}$：溢出标志端。平时为高电平，当 $V_i>V_R$ 时，输出低电平。
- DS_1～DS_4：多路选通脉冲输出端。当 DS_1～DS_4 分时顺序输出正脉冲时，Q_3～Q_0 分时输出转换结果的千、百、十、个位 BCD 码。每个选通脉冲的宽度为 18 个时钟周期，相邻两个脉冲的间隔为 2 个时钟周期。
- Q_3～Q_0：转换结果输出端。采用 BCD 码输出，Q_0 为最低位。在 DS_2、DS_3、DS_4 选通期间分时输出三个完整的 BCD 码，分别代表百位、十位、个位的信息，但在 DS_1 选通期间，输出端 Q_3～Q_0 除表示千位信息外，还有超欠量程及极性标志信号，具体规定为：Q_3 表示千位数，低表示千位为 1，高表示千位为 0；Q_2 表示被测电压的极性，高表示正极性，低表示负极性；Q_0 为超欠量程标志，高表示超或欠量程，其中 Q_3 低时为超量程，Q_3 高时为欠量程。

MC14433 的输出时序如图 3-23 所示。

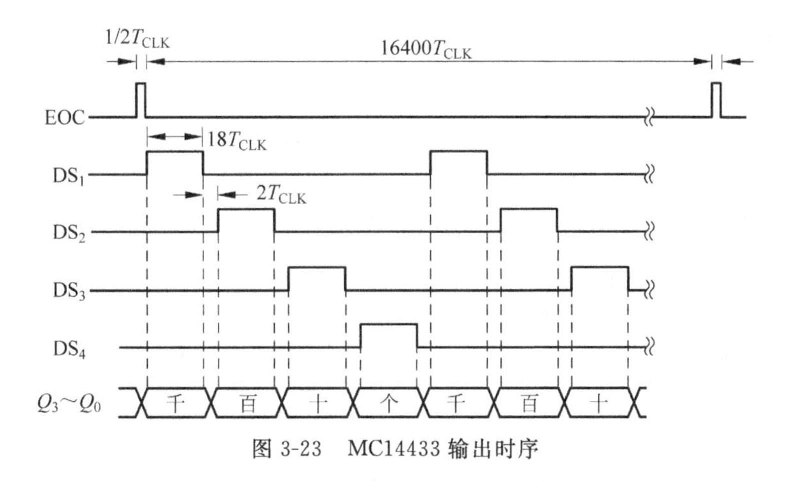

图 3-23　MC14433 输出时序

2. MC14433 与 80C51 单片机的接口

MC14433 与 80C51 的接口电路如图 3-24 所示。转换器的输出端连至 80C51 的 P0 口。转换器的 EOC 信号反相后，作为中断请求信号 INT1。EOC 与 DU 端相连，使每次转换结果的 BCD 码按照选通信号 DS_1～DS_4 的顺序输出。设外部中断为边沿触发方式，转换结果存储在 20H、21H 中，存储格式如下：

	D_7	D_6	D_5	D_4	D_3	D_2	D_1	D_0
20H	符号	×	×	千位	百位			
21H	十位				个位			

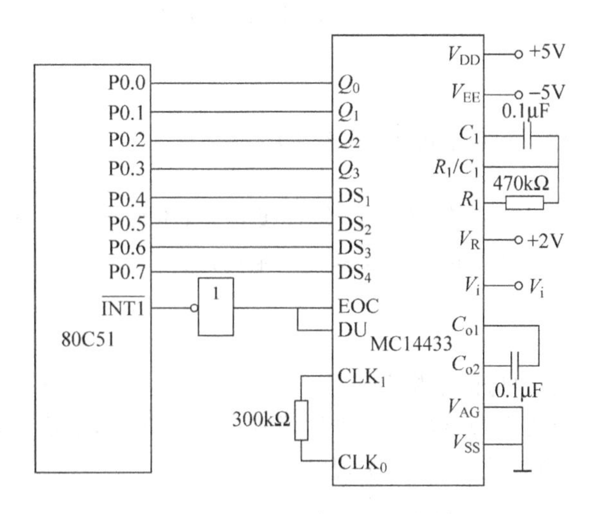

图 3-24　MC14433 与 80C51 的接口

实现 A/D 转换的程序如下：

```
;主程序
  MAIN: SETB        IT1               ;置外部中断 1 为边沿触发方式
        MOV         IE,#84H           ;开放 CPU 中断,外部中断 1 允许
        ⋮
```

```
; 中断服务程序
  AINT: MOV     A,P0
        JNB     ACC.4,AINT      ;等待 DS1 选通信号
        JB      ACC.0,AER       ;若超、欠量程,转 AER
        JB      ACC.2,PL1       ;若极性为正,转 PL1
        SETB    07H             ;极性为负,20H 单元 D7 置 1
        AJMP    PL2
PL1:    CLR     07H             ;极性为正,20H 单元 D7 置 0
PL2:    JB      ACC.3,PL3       ;千位为零转 PL3
        SETB    04H             ;千位为 1,20H 单元 D4 置 1
        AJMP    PL4
PL3:    CLR     04H             ;千位为 0,20H 单元 D4 置 0
PL4:    MOV     A,P0
        JNB     ACC.5,PL4       ;等待 DS2 选通信号
        MOV     R0,#20H
        XCHD    A,@R0           ;百位数送 20H 低四位
PL5:    MOV     A,P0
        JNB     ACC.6,PL5       ;等待 DS3 选通信号
        SWAP    A               ;高低四位交换
        INC     R0
        MOV     @R0,A           ;十位数送 21H 的高 4 位
PL6:    MOV     A,P0
        JNB     ACC.7,PL6       ;等待 DS4 选通信号
        XCHD    A,@R0           ;个位数送 21H 的低 4 位
        RETI
AER:    SETB    10H             ;置超欠量程标志
RETI
```

3.3.5 Σ-Δ 型 ADC 及其与微机的接口

近年来,Σ-Δ 型 ADC 以其分辨率高、线性度好、成本低等特点,得到越来越广泛的应用,特别是在既有模拟又有数字信号处理场合更是如此。

1. Σ-Δ 型 ADC 的原理

Σ-Δ 型 ADC 首先以很低的采样分辨率(1 位)和很高的采样速率将模拟信号数字化,通过使用过采样、噪声整形和数字滤波等方法增加有效分辨率,然后对 A/D 转换器输出进行采样抽取处理以降低有效采样速率,实现 A/D 转换。

(1) 过采样

ADC 是一种数字输出与模拟输入成正比的电路。一个理想的 ADC,第一位的变迁发生在$\frac{1}{2}$LSB 的模拟电压上,以后每隔 1LSB 都发生一次变迁,直至距离满刻度的 $1\frac{1}{2}$LSB。由于 ADC 模拟量输入可以是任何值,但数字量输出是量化的,所以实际的模拟输入与数字输出之间存在±1/2LSB 的量化误差。在交流采样中,这种量化误差会产生量化噪声。

如果对理想 ADC 加一个恒定直流电压,那么多次采样得到的数字输出值总是相同的,

而且分辨率受量化误差的限制。如果在这个直流信号上叠加一个交流信号，并用比交流信号频率高得多的采样频率进行采样，得到的数字输出值将是变化的，用这些采样结果的平均值表示 ADC 转换结果，能得到比用同样 ADC 高得多的采样分辨率，这种方法称作过采样(over sampling)。如果模拟输入电压本身就是交流信号，则不必另叠加一个交流信号，采用过采样方法(采样频率远高于输入信号频率)也同样可提高 ADC 的分辨率。

由信号采样理论可知，若输入信号的最小幅度大于量化器的量化阶梯 q，并且输入信号的幅度随机分布，则量化噪声的总功率为一常数，$\sigma_q^2=\frac{q^2}{12}$，均匀地分布在 $0\sim f_s/2$(f_s 为采样频率)的频带范围，噪声功率谱密度为 $P_N(f)=\frac{q^2}{6f_s}$。提高采样频率 f_s，可以降低量化噪声功率谱密度，提高了信噪比。图 3-25 所示为以 f_s 及 kf_s 进行采样时的量化噪声分布示意图。

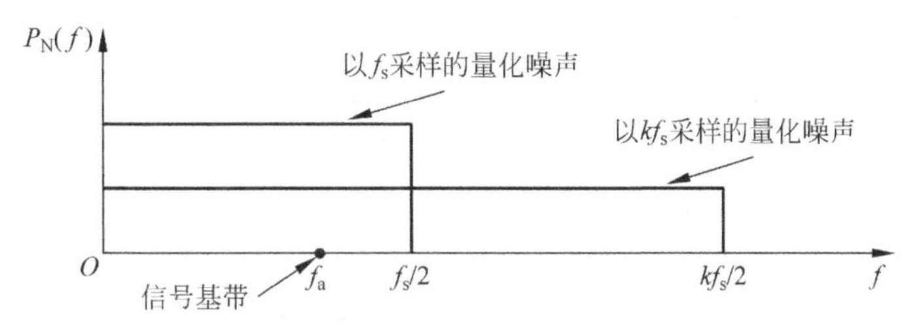

图 3-25　不同采样频率时的量化噪声分布

如果采样量化后接一个低通滤波器，滤除基带外的高频量化噪声，则由于采样频率提高后基带内的量化噪声功率减小，使得输出的信噪比增加，等效于提高了量化精度或采样分辨率。由信号采样理论可知，通过普通的过采样技术欲使采样分辨率提高 N 位，必须进行 $k=2^{2N}$倍过采样。由于实际条件的限制，不能无限制地增加采样频率。为此，考虑对量化噪声的频谱进行整形，使得大部分噪声位于 $f_s/2$ 至 $kf_s/2$ 之间，仅仅一小部分留在直流至 f_s 内，过采样Σ-Δ 调制正好能解决这一问题。

(2) Σ-Δ 调制及噪声整形

Σ-Δ 型 A/D 转换器框图如图 3-26 所示，由Σ-Δ 调制器及数字抽取滤波器组成。Σ-Δ 调制器由积分器、量化编码电路、一位 DAC 组成。积分器对输入 $x(t)$和 1 位 DAC 输出的差值进行积分。量化编码电路实际上是一个锁存比较器，采样脉冲到来时将 $e(t)$与 0 电平比较输出一位数字量 0 或 1。

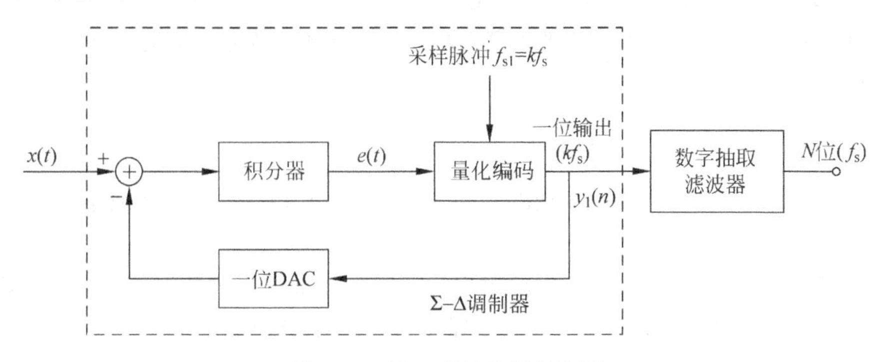

图 3-26　Σ-Δ 型转换器结构图

为了分析Σ-Δ调制器对信号及量化噪声的传输特性,作出其频域线性化模型,如图3-27所示。积分器假设为理想积分器,传递函数为G/f(G为积分器的增益)。Q为量化噪声平均电平,$X(f)$、$Y_1(f)$分别为$x(t)$、$y_1(t)$的频谱,则

$$Y_1(f)=[X(f)-Y_1(f)]G/f+Q \tag{3-12}$$

整理得

$$Y_1(f)=\frac{X(f)G}{f+G}+\frac{Qf}{f+G} \tag{3-13}$$

式(3-13)中第一项代表有用信号,第二项代表量化噪声,显然,当f趋近于零时$Y_1(f)$趋近于$X(f)$并且无噪声分量。随着频率增高,有用信号减小,而噪声增大。这表明,Σ-Δ调制器对输入信号表现为低通滤波,而对量化噪声表现为高通滤波。因此,Σ-Δ调制器对量化噪声有整形作用,整形后的量化噪声分布如图3-28所示。

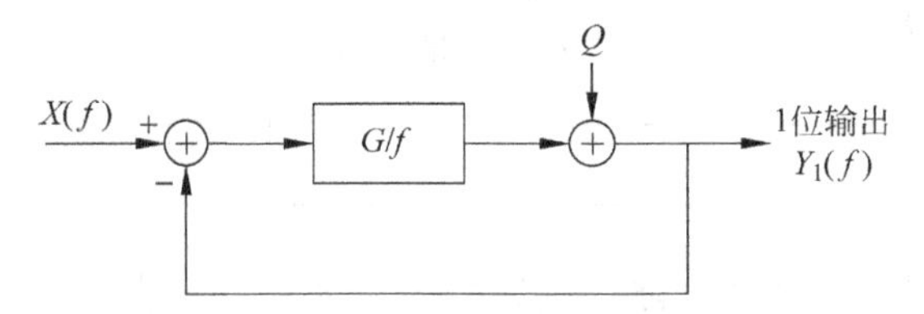

图3-27　Σ-Δ调制器的频域线性模型

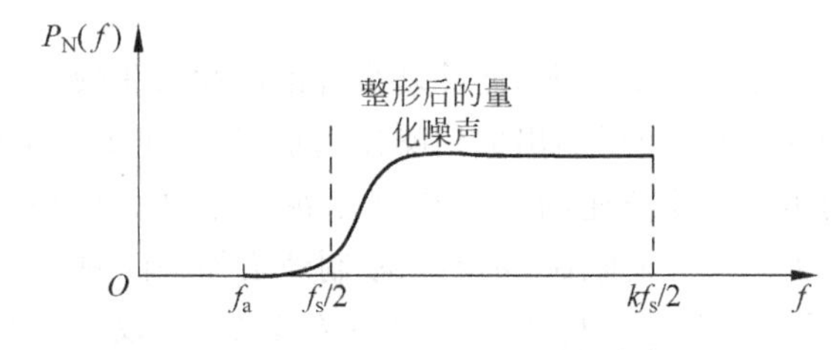

图3-28　整形后的量化噪声分布

(3) 数字抽取滤波

数字抽取滤波器具有低通滤波和数字抽取(第二次采样)的双重功能。它具体有三个作用:其一,滤除Σ-Δ调制器在噪声整形过程中产生的高频噪声。其二,相对于最终采样频率f_s,起到抗混叠滤波器的作用。其三,进行抽取和滤波运算,减小数据速率(输出速率降为输入的$1/K$),将一位数字信号转换为高位数字信号。

滤波抽取过程实际上是进行下述运算,设滤波器的单位脉冲响应为$h(n)$,$n=0,1,\cdots,N-1$,则有

$$y(n)=\sum_{i=0}^{N-1}Y_1(nK-i)h(i) \tag{3-14}$$

式中:N为滤波器的级数;K等于抽取比(即$K=f_{s1}/f_s$),由于$y_1(n)$的取值实际上只有0或1,所以上式实际为累加运算。

由上式可以看出,Σ-Δ型ADC的输出变成了高位低抽取率的数字信号,从而实现了高分辨率的A/D转换,转换的位数由数字滤波器的有限字长来保证。

2. Σ-Δ 型 ADC 与微机的接口

单片集成Σ-Δ 型 ADC 产品较多，例如 AD7703(16 位)、AD7705/06(16 位)、AD7723(16 位)、AD7730(24 位)等。下面以 AD7705 为例介绍Σ-Δ 型 ADC 与微机的接口技术。

AD7705 是 AD 公司推出的 16 位Σ-Δ 型 ADC，可用于测量低频模拟信号。它带有增益可编程放大器，可通过软件编程来直接测量传感器输出的各种微弱信号。AD7705 具有分辨率高、动态范围宽、自校准等特点，因而非常适合于高精度仪器仪表。

AD7705 的主要性能及技术指标如下：

- 具有 16 位无丢失代码；
- 非线性度为 0.003%；
- 增益可编程，其可调整范围为 1～128；
- 输出数据更新率可编程；
- 可进行自校准和系统校准；
- 带有三线串行口；
- 采用 3V 或 5V 工作电压；
- 功耗低；
- 2 通道差分输入。

AD7705 的基本结构由多路模拟开关、缓冲器、可编程增益放大器(PGA)、Σ-Δ 调制器、数字滤波器、时钟电路及串行口组成，如图 3-29 所示。其中 PGA 可通过软件编程选择 1、2、4、8、16、32、64、128 八种增益之一，能将不同幅度范围的输入信号放大到接近 ADC 的满量程。串行口包括了寄存器组，它由通信寄存器、设置寄存器、时钟寄存器、数据输出寄存器、零点校正寄存器及满量程校正寄存器等组成。

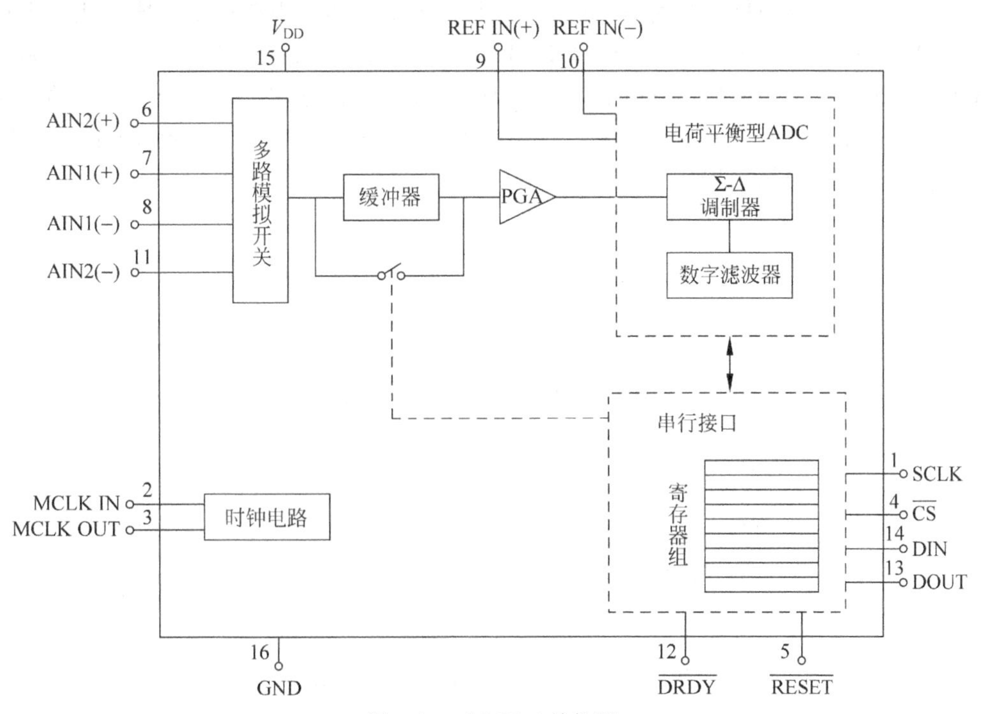

图 3-29　AD7705 结构图

AD7705 引脚功能如下。

- SCLK：串行接口时钟输入端。
- MCLK IN：芯片工作时钟输入端。可以是晶振或外部时钟，频率范围为 500kHz 到 5MHz。
- MCLK OUT：时钟信号输出端。当用晶振作为芯片的工作时钟时，晶振必须接在 MCLK IN 和 MCLK OUT 之间。如果采用外部时钟，则 MCLK OUT 可用于输出反相时钟信号，以作为其他芯片的时钟源，时钟输出可以通过编程来关闭。
- $\overline{\text{CS}}$：片选端。
- $\overline{\text{RESET}}$：复位端。当$\overline{\text{RESET}}$为低电平时，AD7705 芯片内的接口逻辑、自校准、数据滤波器等均为上电状态。
- AIN1(＋)、AIN1(－)：分别为第一个差分输入通道的正、负端。
- AIN2(＋)、AIN2(－)：分别为第二个差分输入通道的正、负端。
- DIN：串行数据输入端。
- DOUT：转换结果输出端。
- $\overline{\text{DRDY}}$：ADC 转换结束标志。

REF IN(＋)、REF IN(－)分别为参考电压的正、负端。当电源电压为 5V，参考电压为 2.5V 时，器件可直接接受从 0～20mV 至 0～2.5V 范围的单极性信号和从 0～±20mV 至 0～±2.5V 范围的双极性信号。

AD7705 可以方便地与各种单片机及 DSP 连接。图 3-30 是 AD7705 与 80C51 单片机的接口电路，用于实现对某压力传感器输出信号的 A/D 转换。传感器的输出为 0～10V 的电压信号，而 AD7705 在增益为 1 时的满量程为 2.5V，因此，需要对输入电压进行分压。80C51 利用串行口与 AD7705 通信，串行口工作于方式 0，即同步移位寄存器方式。串行口数据线 RXD(P3.0)与 AD7705 的 DIN、DOUT 连在一起，并接一个 10kΩ 的上拉电阻。移位脉冲线 TXD(P3.1)与 AD7705 的 SCLK 相连，为传输数据提供时钟。AD7705 的转换结束标志$\overline{\text{DRDY}}$连至 80C51 的$\overline{\text{INT0}}$(P3.2)端。AD7705 转换结束以后，80C51 进入中断服务，通过串行口获取转换结果。

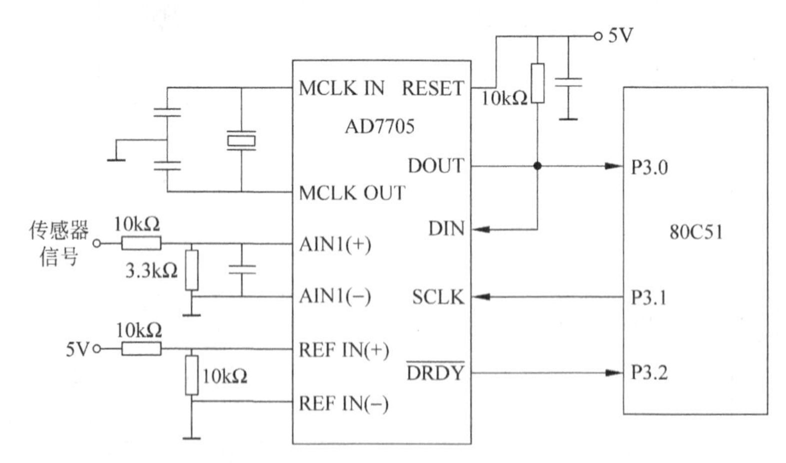

图 3-30　AD7705 与 80C51 的接口电路

3.3.6　模拟量输入通道的其他器件

模拟量输入通道除测量放大器、A/D 转换器以外，在进行多路数据采集时需要多路模拟开关轮流切换各通道模拟信号。在模拟信号频率较高时还需要增加采样/保持电路。

1. 多路模拟开关

模拟开关分为两类：第一类是机械触点式开关，包括干簧继电器、水银继电器和机械振子继电器。这类开关具有接通电阻小(10～150Ω)、断开电阻大(10^{12}Ω)、驱动部分和开关元件隔开等优点，但开关速度慢(200～500 次/s)；第二类是电子式开关，包括晶体管、场效应管、光电耦合元件以及集成电路开关等。这类开关的特点是速度快、体积小但导通电阻大。

在数据采集系统中，一般使用 CMOS 场效应管开关，其特点是：由于开关的 P 沟道和 N 沟道提供对称的电阻，当输入信号变化时导通电阻保持稳定。CMOS 场效应管的导通电阻为 50～800Ω，截止电阻达 10^9Ω，工作速度大于 10^5 次/s。

常用的 CMOS 多路开关有：CD4051(双向单 8 选 1)、CD4052(双向双 4 选 1)、CD4067(双向单 16 选 1)、AD7501(单向单 8 选 1)、AD7502(单向双 4 选 1)、AD7506(单向单 16 选 1)。

AD7506 的结构如图 3-31 所示。其中 EN 为使能端，A_3～A_0 为地址端，IN_0～IN_{15} 为输入端，OUT 为输出端。EN=1 时，芯片允许通道接通。在 A_3～A_0 分别为 0000,0001,…,1111 时，IN_0～IN_{15} 端分别与 OUT 端接通，选择一路输入送至输出。当 EN=0 时，禁止通道接通，各输入端与输出端之间呈现高阻状态。

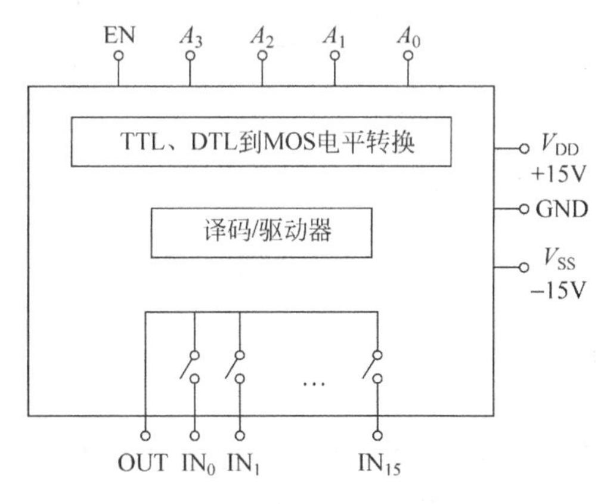

图 3-31　AD7506 结构图

2. 采样/保持(S/H)电路

采样/保持电路的作用是在某个规定的时刻接收输入电压并在输出端保持该电压值，直至下次采样为止。

采样/保持电路的原理图如图 3-32 所示。包括输入、输出缓冲放大器 A_1、A_2，保持电容 C，模拟开关 S，驱动器等。其工作过程为，在采样阶段，驱动器使开关 S 闭合，保持电容 C 迅速充电达到输入电压 V_i 的幅度，并对 V_i 进行跟踪。在保持阶段，驱动器使开关 S 断开，由于保持电容 C 的漏电流极小，其上的电压基本保持不变，所以，输出电压也保持不变，输出保持了采样结束前的输入电压幅值。

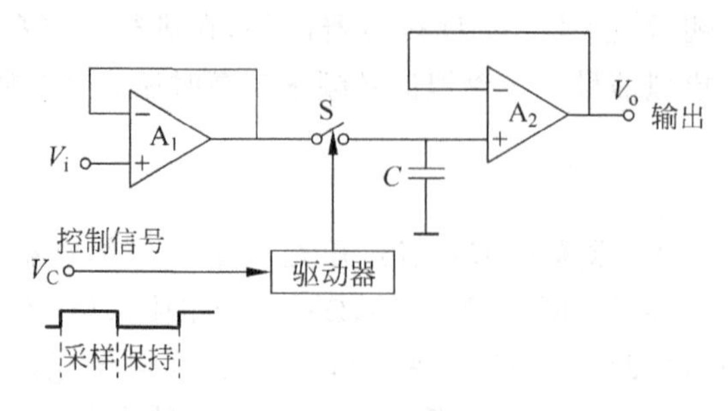

图 3-32 采样/保持电路原理图

采样/保持电路的工作波形如图 3-33 所示。

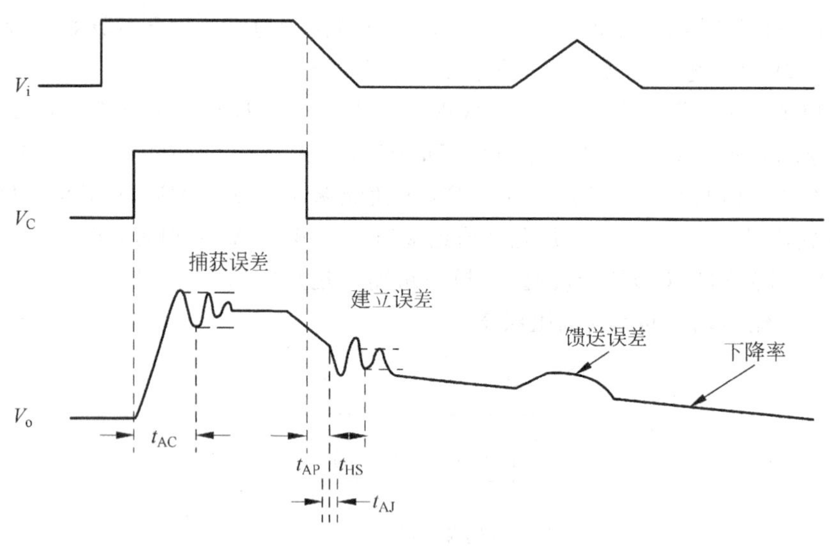

图 3-33 采样/保持电路工作波形

采样/保持器的主要性能参数：

(1) 捕获时间 t_{AC}

捕获时间 t_{AC} 指从采样命令发出至输出电压按照一定的误差(捕获误差)逼近输入值所需要的时间。它与保持电容的电容值、放大器的响应时间及输入信号的变化幅度等有关。一般，采样保持器在 0.01%捕获误差下的捕获时间为 30ns～15μs。

(2) 孔径时间 t_{AP}

孔径时间 t_{AP} 指从保持命令发出到开关 S 完全断开的一段时间，孔径时间一般为 10～20ns。在孔径时间内输出仍跟踪输入信号的变化。由于孔径时间的存在，使保持命令发出的输出值与孔径时间结束时的输出值产生一个误差，称为孔径误差。

如果采样保持器具有恒定的孔径时间，可以采取措施消除其影响，把保持命令比预定时刻提前 t_{AP} 时间发出，则电路的实际输出值就是预定时刻的输入值。

(3) 孔径抖动时间 t_{AJ}

孔径抖动也称孔径不确定度。由于开关的截止时间在连续多次切换时存在某种涨落现象,以及电路中各种因素的影响,使 t_{AP}存在一定的不确定性,这种现象称为孔径抖动。孔径抖动时间 t_{AJ}等于多次采样中,孔径时间 t_{AP}的最大值与最小值之差。t_{AJ}约为 2%~10%t_{AP}。

(4) 保持建立时间 t_{HS}

保持建立时间指孔径时间之后,输出按照一定的误差(保持建立误差)达到稳定所需的时间,一般 t_{HS}约为 1μs 左右。为了测量方便,有人把 t_{AP}包括在 t_{HS}之内。

(5) 保持电压下降率

在保持阶段,由于保持电容漏电流及其他杂散漏电流的存在,使保持电压出现了下降。下降速率为 0.1~1μV/s。

(6) 馈通误差

在保持模式下,由于跨接在开关两端的分布电容及其他因素的影响,使输出随输入变化出现微小变化,这种现象称为馈通,所产生的误差称为馈通误差。

对于一个单通道的数据采集系统而言,其最小的采样周期 T_{smin}应为 t_{AC}、t_{AP}、t_{HS}及 ADC 转换时间 t_C 之和。一般 t_{AP}很小可以忽略,因此

$$T_{smin} = t_{AC} + t_{HS} + t_C \tag{3-15}$$

数据采集系统的最大采集速率为

$$f_{smax} = 1/T_{smin} \tag{3-16}$$

对于 N 通道数据采集系统,如果多路模拟开关每次的转换时间为 t_{max},则其最大采集速率为

$$f_{smax} = \frac{1}{N(t_{max} + t_{AC} + t_{HS} + t_C)} \tag{3-17}$$

应用采样保持器后,ADC 输入信号的频率得到提高,分析如下:为了保证 ADC 的转换精度(如转换误差为±1/2LSB),在转换时间内,输入信号的变化量不应超过 1/2LSB,设输入信号为正弦信号,即

$$V_i = V_m \sin\omega_i t \tag{3-18}$$

则应有

$$\left(\frac{dV_i}{dt}\right)_{max} \times t_C \leqslant \frac{1}{2} \times \frac{V_{FS}}{2^n} \tag{3-19}$$

式中:t_C 为 ADC 的转换时间;V_{FS}为 ADC 的输入满量程值;n 为 ADC 的位数。将式(3-18)代入式(3-19)得

$$f_i \leqslant \frac{V_{FS}}{2^{n+2}\pi V_m t_C} \tag{3-20}$$

若 $V_m = V_{FS}$,则

$$f_i \leqslant \frac{1}{2^{n+2}\pi t_C} \tag{3-21}$$

例如 ADC0809,$n=8$,$t_C=100\mu s$,则有 $f_i \leqslant 3.1Hz$。

可见,如果不用采样/保持器,ADC 在保证转换精度的条件下,可以直接转换的输入信号频率很低。

使用采样保持器后,ADC 在保持命令到来后进行转换。由于在保持模式下,S/H 仅在

孔径时间 t_{AP} 内，输出仍跟踪输入信号变化，因此只要在 t_{AP} 内输入信号的变化量不超过 1/2LSB，就能够保证 ADC 的转换精度。所以将式(3-21)中的 t_C 换为 t_{AP}，就可以得到输入信号的最高频率

$$f_i \leqslant \frac{1}{2^{n+2}\pi t_{AP}} \tag{3-22}$$

由于 $t_{AP} \ll t_C$，所以采用 S/H 后大大提高了 ADC 输入信号的频率。例如，若 $t_{AP}=35\mu s$，则对于 ADC0809，$f_i \leqslant 8857\text{Hz}$。

常用的集成采样保持器有 AD582、LF398、SHA-2A、HTS-0025、SHA114、SHA-6 等。

AD582 是一种具有捕获时间短、下降速率小，又能差动输入的单片集成 S/H。图 3-34 是 AD582 的结构图。由结型场效应管输入放大器、低泄露电阻模拟开关及高性能输出运算放大器组成。

AD582 的主要引脚功能如下。

- IN_+、IN_-：差分信号输入的正、负端。
- NULL×2：输入运放调零端。
- C_H：保持电容连接端。
- LG_+、LG_-：控制逻辑差动输入端，LG_+ 为高电平，LG_- 为低电平是保持模式，除此之外的任何状态，芯片都处于采样模式。
- OUT：输出端。

图 3-35 是 AD582 的典型接法。

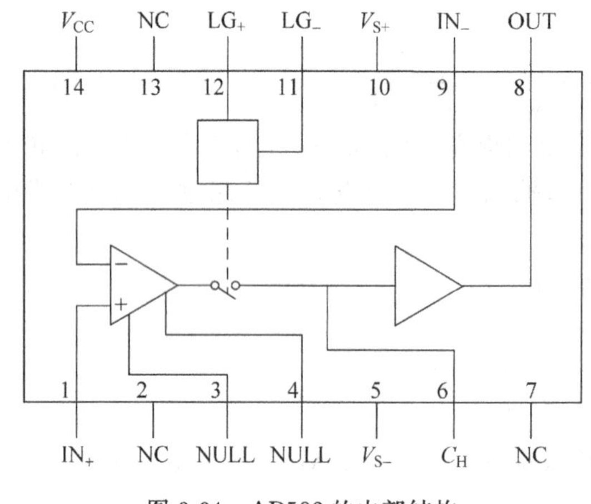

图 3-34　AD582 的内部结构

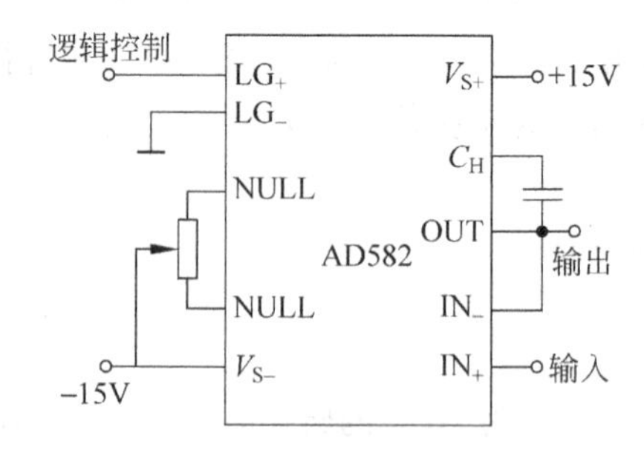

图 3-35　AD582 典型接法

AD582 的主要特性：

- 具有较低的捕获时间。$C_H=100\text{pF}$，捕获时间为 $6\mu s$；$C_H=1000\text{pF}$，捕获时间为 $25\mu s$。有较高的采样/保持电流比，可高达 107。此值是 C_H 充电电流与保持状态时漏电流之比，它是采样保持器质量的标志。
- 输入阻抗高，$R_i=30\text{M}\Omega$；输出阻抗低，保持状态下 $R_o=12\Omega$。
- 模拟地与数字地相互隔离，具有较强的抗干扰能力。
- 电源 V_{S+}、V_{S-} 在 ±9V～±18V 范围内选择。输入信号幅度可达电源电压。

LF398 采用双极型-结型场效应管工艺，将整个电路集成在一块芯片上。该芯片具有高

的直流精度、较高的采样速率、低的保持电压下降率、高的输入阻抗和较高的宽带特性等优点。LF398 由输入缓冲器 A_1、输出缓冲器 A_2 及比较器 A_3 组成，如图 3-36 所示。输出电压经反馈电阻 R_1 接到运放 A_1 输入端，使得采样期间保持电容 C_H 包含在反馈环内，保持电压具有较高的精度和线性度。与 C_H 串联的电阻 R_2，用来抑制电路可能产生的振荡，并使运放 A_1 驱动较大的 C_H 时有平坦的频率特性。但 R_2 的存在限制了 C_H 的充电速度，增大了捕获时间 t_{AC}，所以 R_2 的取值较小。图 3-37 为 LF398 的典型接法。

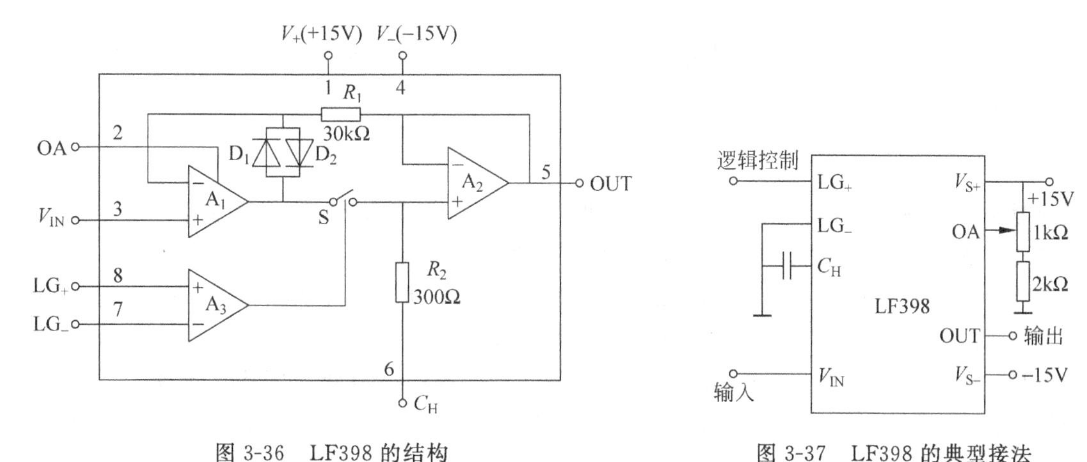

图 3-36　LF398 的结构　　图 3-37　LF398 的典型接法

LF398 的主要引脚功能。

- LG_+，LG_-：分别为逻辑控制端，参考电平端。当 LG_+ 为低电平（小于 1.4V）时，处于保持模式，当 LG_+ 变到高电平（大于 1.4V）时转换到采样模式。
- V_{IN}、OUT：模拟量输入、输出端。
- OA：输入缓冲器调零端。
- C_H：保持电容连接端。

LF398 的主要参数：

- 电源电压：±5V～±18V。
- 捕获时间：20μs（0.1%精度，C_H=0.01μF）。
- 输入电压≤电源电压。

3.3.7　模拟量输入通道设计

模拟量输入通道的设计步骤是：根据仪器性能要求，选择合适的 A/D 转换器、多路模拟开关、采样/保持器和放大器；并编制软件调试程序进行调试，经试验表明电路正确后加工印刷电路板。

下面是与 80C51 单片机接口的模拟量输入通道设计实例。

设计要求：8 路模拟量输入（交变信号，f=100Hz），电压范围为 0～10V，转换时间小于 50μs，分辨率 5mV（满量程的 0.05%），通道误差小于 0.1%。

ADC 的选择：选择 12 位 A/D 转换器 AD574，其转换时间为 25μs，分辨率为满量程的 0.025%，转换误差为 0.05%，输入信号范围为 0～10V 或 0～20V，均满足设计要求。

多路模拟开关：选择8路模拟开关CD4051，开关漏电流约为0.08nA，当信号源内阻为10kΩ时，误差电压是0.8μV，可忽略不计。开关接通电阻约为200Ω，由于采样保持器的输入电阻一般在10MΩ以上，因此当最大电压为10V时，开关电阻上的压降仅为0.2mV，也可忽略不计。

采样保持器：如果不接入采样保持器，由式(3-21)可知，输入信号最高频率为

$$f_{\max}=\frac{1}{2^{n+2}\pi t_C}=0.78\text{Hz}$$

其中，转换时间 $t_C=25\mu s$，因此应增加采样保持器，选择LF398。LF398的孔径时间 $t_{AP}=35\mu s$，输入信号最高频率为

$$f_{\max}=\frac{1}{2^{n+2}\pi t_{AP}}=550\text{Hz}$$

满足输入信号频率要求。LF398的非线性度为±0.01%，即为±0.1mV，也符合设计要求。保持电容选取聚苯乙烯或聚四氟乙烯电容，容量为1000～2000pF。

由上述器件构成的模拟量输入通道电路如图3-38所示。采样保持器的工作模式由AD574的状态信号线STS控制。AD574转换期间STS=1，LF398处于保持模式，转换结束STS=0，LF398转为采样模式。74LS373用来锁存各通道地址。AD574选择12位转换双字节输出，启动转换地址为7EFFH，读转换结果高8位及低4位的地址分别为7EFFH、7FFFH。

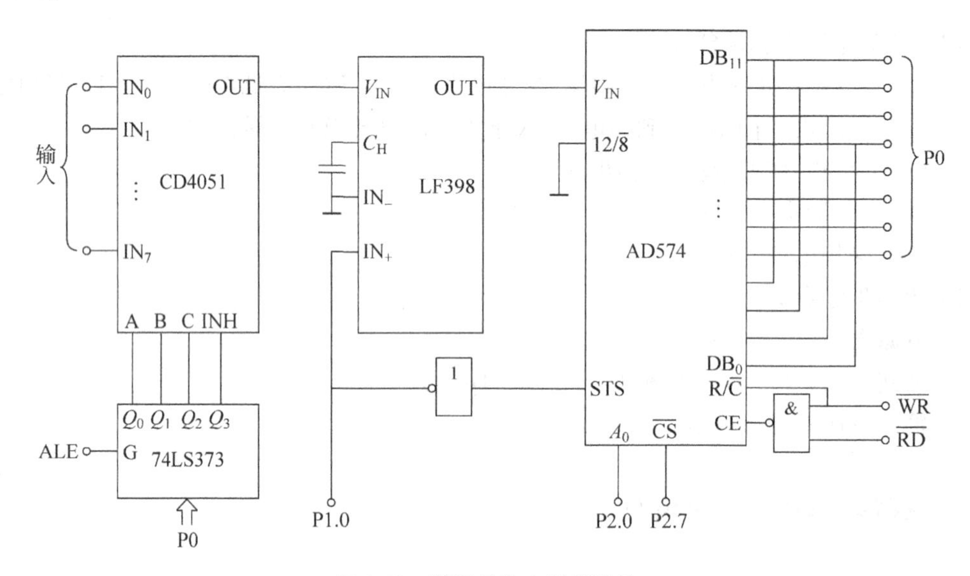

图3-38 模拟量输入通道设计

模拟量输入通道数据采集的调试程序如下(设采样数据存储在30H为起始地址的单元中)

```
       MOV     R0,#30H          ;置存储区首地址
       MOV     R2,#00H          ;置0通道号
       MOV     R3,#08H          ;置通道号计数值
LOOP:  MOV     R1,R2            ;送通道地址
       MOVX    @R1,A
       MOV     DPTR,#7EFFH      ;启动ADC进行12位转换
```

```
        MOVX    @DPTR,A
LOOP1:  JNB     P1.0,LOOP1          ;判转换是否结束
        MOVX    A,@DPTR             ;读高 8 位转换结果
        MOV     @R0,A               ;存高 8 位转换结果
        INC     R0                  ;修改存储指针
        INC     DPH                 ;读低 4 位转换结果
        MOVX    A,@DPTR
        MOV     @R0,A               ;存低四位转换结果
        INC     R0                  ;修改存储区指针
        INC     R2                  ;修改通道号
        DJNZ    R3,LOOP             ;判 8 个通道是否转换完毕
        RET
```

3.4 模拟量输出通道

模拟量输出通道的作用是将经智能仪器处理后的数据转换成模拟量输出。模拟量输出通道一般由 D/A 转换器(DAC)、多路模拟开关、采样/保持器等组成。DAC 是模拟量输出通道的关键部件,本节主要讨论 DAC 的性能及其与微机的接口。

3.4.1 模拟量输出通道的结构

模拟量输出通道有单通道和多通道之分。多通道又分为下列两种。

① 各通道有独立 DAC 的结构。如图 3-39 所示,这种结构中各路采用独立的 DAC,各路输出信号的保持由各自的数字锁存器实现。各路输出可以单独刷新,工作速度快。

② 各通道共享 DAC 的结构。如图 3-40 所示,这种结构中各路共享一个 DAC,分时输出到采样保持器中。这种结构的特点是仅用一个 DAC,但是由于每个通道要有足够的采样时间,因此工作速度慢。由于多路模拟开关和 S/H 电路要引入一定的误差,因此输出精度较低。

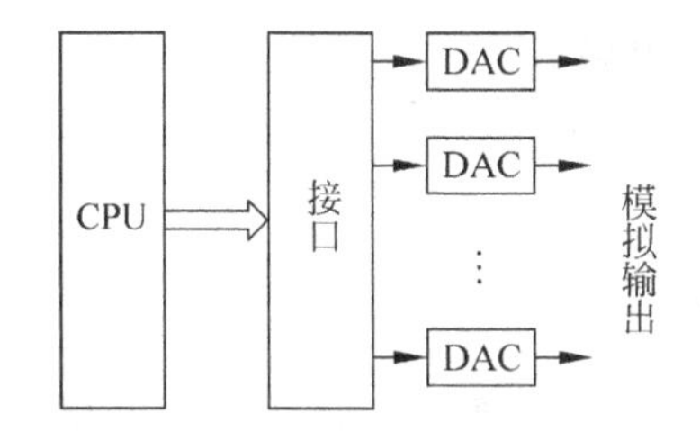

图 3-39　各通道有独立 DAC 的结构

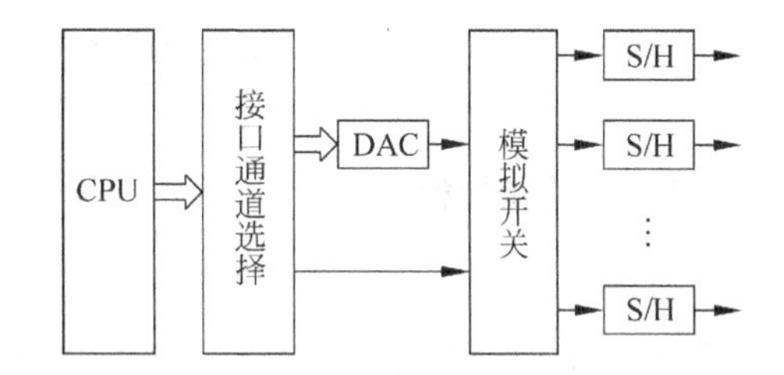

图 3-40　各通道共享 DAC 的结构

3.4.2 D/A 转换器的特性

1. DAC 的分类

DAC 的种类较多,按照转换位数的不同分为 8 位、10 位、12 位、16 位 DAC 等。按照内

部有无锁存器分为有锁存器型 DAC 及无锁存器型 DAC。按照数字量输入方式的不同分为并行 DAC 和串行 DAC。按照输出信号的不同分为电流输出 DAC 及电压输出 DAC。按照数/模转换过程的不同分为直接 DAC(数字量直接转换为模拟量)和间接 DAC(数字量先转换为中间量,如脉宽或频率后再转换成模拟电压)。电压输出的 DAC 输出电阻很小,外接负载电阻应较大;电流输出的 DAC,输出电阻较大,外接电阻应较小,容易实现。因此在实际应用中常选用电流输出的 DAC,并附加电路将电流输出转换为电压输出。

图 3-41(a)是将电流输出 DAC0832 转换为单极性电压输出的电路,输出与输入间的关系成为

$$U_{\mathrm{OUT}}=-\frac{V_{\mathrm{REF}}}{2^8}\times D \tag{3-23}$$

输出 U_{OUT} 的极性取决于基准电压 V_{REF} 的极性。

图 3-41(b)是应用 DAC0832 实现双极性电压输出的电路。输出与输入间的关系为

$$U_{\mathrm{OUT}}=2R\times\left(-\frac{U_{01}}{R}-\frac{V_{\mathrm{REF}}}{2R}\right)=-(2U_{01}+V_{\mathrm{REF}}) \tag{3-24}$$

当数字量 D 为 0 时,$U_{01}=-\frac{V_{\mathrm{REF}}}{2^8}\times D=0$,$U_{\mathrm{OUT}}=-V_{\mathrm{REF}}$;而当数字量为 $D=255$ 时,$U_{01}\approx-V_{\mathrm{REF}}$,$U_{\mathrm{OUT}}=V_{\mathrm{REF}}$。

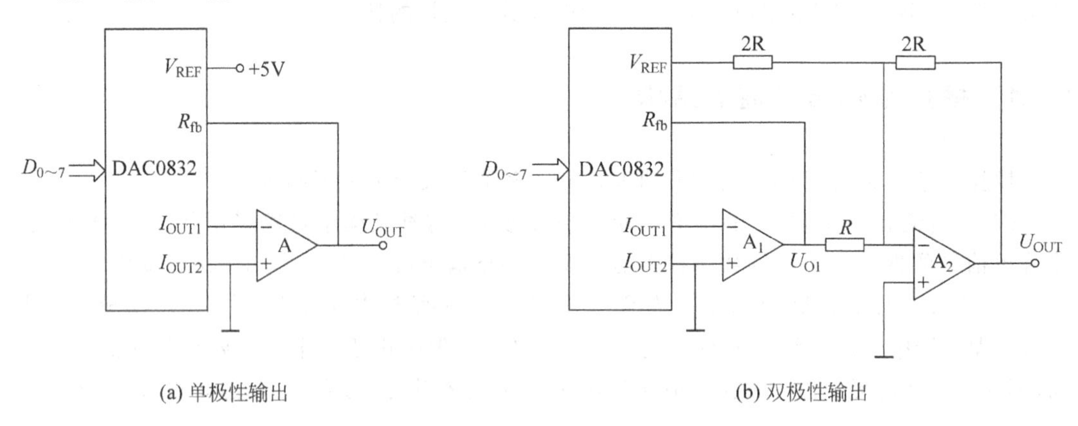

(a) 单极性输出　　(b) 双极性输出

图 3-41　应用电流型 DAC 实现电压输出

2. DAC 的性能指标

(1) 分辨率

分辨率指 DAC 输入数字量最低位产生一个数码变化时输出模拟量的变化量与输出满刻度值的百分比。n 位 DAC 的分辨率为$\frac{1}{2^n}\times100\%$,分辨率的大小与 DAC 位数有关,因此,常用位数表示分辨率。分辨率表示了 DAC 理论上可以达到的精度。

(2) 建立时间

建立时间指从输入数字量变化时开始到输出模拟量达到稳定值所需的时间,一般用输入数字量从全 0 变为全 1 时,输出模拟量达到允许误差范围(±1/2LSB)以内的终值所需时间来表示。在不含运放的集成 DAC 中,建立时间最短可达 0.1μs,在含有运放的集成 DAC

中，建立时间最短可达 1.5μs 以内。

在外加运放组成完整的 DAC 时，完成一次转换的时间应包括建立时间与运放的上升时间（或下降时间），若运放输出电压的变化率为 S_R，则完成一次转换的最大时间为

$$T_{max} = t_S + V_{o(max)}/S_R \tag{3-25}$$

式中，$V_{o(max)}$ 为输出电压的最大值；t_s 为建立时间。

(3) 转换误差

转换误差指 DAC 实际转换特性与理论转换特性的最大偏差。就是对于所有数字量，实际转换的模拟量与理论转换的模拟量之差的最大值。转换误差常用最低有效位的倍数表示，例如，转换误差为 1LSB，表明输出电压的实际值与理论值之差小于、等于输入为单位数字量（0…01）时的输出电压。

DAC 的转换误差也可以用输出电压满刻度（FSR）的百分比表示，例如，转换误差为 0.2%FSR，说明实际输出电压与理论值的最大差值是满刻度的 0.2%。

造成 DAC 转换误差的原因有参考电压的波动、运放的零点漂移、模拟开关的导通内阻和导通压降、电阻网络中电阻值的偏差等因素。不同因素引起的转换误差各有特点，根据误差特点的不同将其分为：比例系数误差、失调误差、非线性误差等。

常用 DAC 的性能指标如表 3-4 所示。

表 3-4 常用 DAC 的性能指标

芯片型号	位数	建立时间（转换时间）/ns	非线性误差/%	工作电压/V	基准电压/V	功耗/mW	与 TTL 兼容
DAC0832	8	1000	0.2～0.05	+5～+15	−10～+10	20	是
AD7524	8	500	0.1	+5～+15	−10～+10	20	是
AD7520	10	500	0.2～0.05	+5～+15	−25～+25	20	是
AD561	10	250	0.05～0.025	V_{CC} +5～+16 V_{EE} −10～−16	—	正电源 8～10 负电源 12～14	是
AD7521	12	500	0.2～0.05	+5～+15	−25～+25	20	是
DAC1210	12	1000	0.05	+5～+15	−10～+10	20	是

3.4.3 D/A 转换器与微机的接口

DAC 与微机的接口电路有两种基本形式。一种是通过 I/O 接口（输入输出接口或锁存器）与微机数据总线相连；另一种是与微机数据总线直接相连。采用哪一种接口电路主要取决于 DAC 芯片内部是否设置了数据锁存器，对于设置了锁存器的芯片，则可以直接连接，也可以用并行接口或锁存器连接，应用较灵活。但没有设置锁存器的 DAC，必须使用并行接口或锁存器进行连接。目前，多数 DAC 芯片都设置了锁存器，给应用带来了极大的方便。

1. 并行 DAC1208 与微机的接口

DAC1208 是一种带双缓冲器（锁存器）的 12 位并行 DAC。它包含 2 个输入寄存器（高 8 位和低 4 位）、一个 12 位的 DAC 寄存器和一个 12 位的 D/A 转换器，其内部结构如图 3-42 所示。

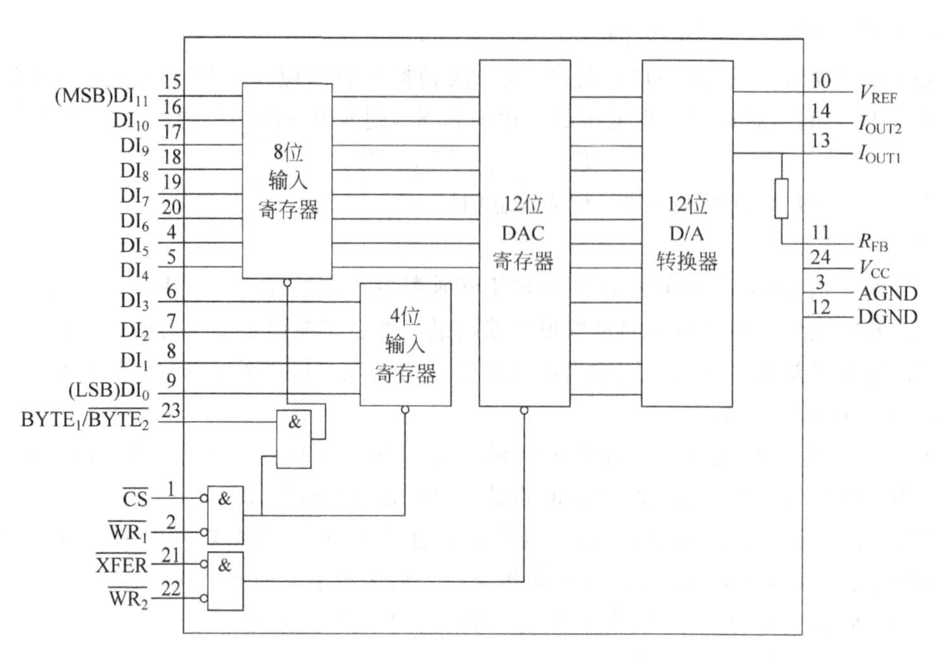

图 3-42　DAC1208 的结构

DAC1208 的引脚功能如下。

- $DI_{0\sim11}$：输入数据端。
- $\overline{CS}$：输入寄存器选择信号。
- $\overline{WR_1}$：输入寄存器写选通信号。
- $BYTE_1/\overline{BYTE_2}$：字节控制信号。$BYTE_1/\overline{BYTE_2}=1$ 时，两个输入寄存器都被选中，$BYTE_1/\overline{BYTE_2}=0$ 时，只选中 4 位输入寄存器。当 $BYTE_1/\overline{BYTE_2}=1$，$\overline{CS}$、$\overline{WR_1}$有效时，12 位数字量同时送入两个输入寄存器；当 $BYTE_1/\overline{BYTE_2}=0$，$\overline{CS}$、$\overline{WR_1}$有效时，将 12 位中的低 4 位送入 4 位输入寄存器。两输入寄存器在使能端为高电平时送数，低电平时锁存。
- $\overline{XFER}$：数据传送信号。当$\overline{XFER}$、$\overline{WR_2}$有效时，输入寄存器的数字量送入 DAC 寄存器。
- $\overline{WR_2}$：DAC 寄存器写选通信号。
- I_{OUT1}、I_{OUT2}：转换电流输出端。
- R_{FB}：反馈信号输入端。

DAC1208 与微机接口时可以采用双缓冲方式(即两级锁存方式)，也可以采用单缓冲方式(即只用一级锁存，另一级直通)或者接成全直通方式。图 3-43 是 DAC1208 与 80C51 单片机连接成双缓冲方式的接口电路。

由于 80C51 的数据线是 8 位，因此 12 位数字量需两次送出。高 8 位数据送至 DAC1208 高 8 位输入寄存器的地址是 FDFFH，低 4 位数据送至 DAC1208 低 4 位输入寄存器的地址是 FCFFH。12 位数据从输入寄存器送至 DAC 寄存器的地址为 7FFFH。

假设欲转换的 12 位数据存放在 DATA 及 DATA+1 单元，其中 DATA 单元存放高 8 位，DATA+1 单元的低半字节存放低 4 位数据。则实现 12 位 D/A 转换的程序为

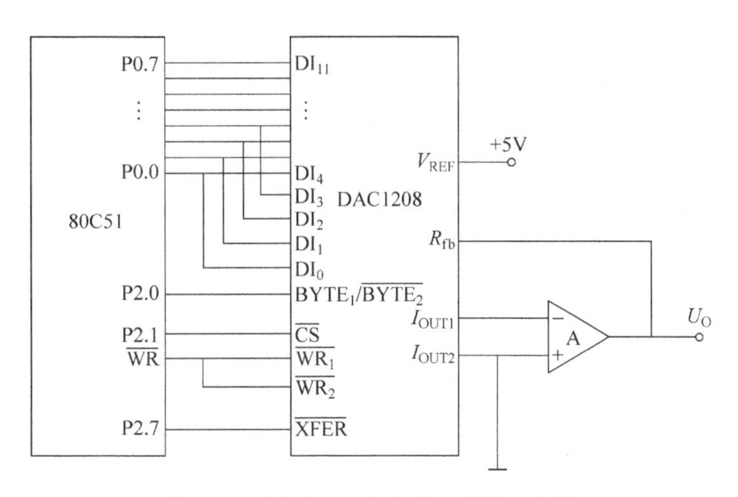

图 3-43　DAC1208 与 80C51 的接口电路

```
MOV     DPTR,#0FDFFH
MOV     A,DATA
MOVX    @DPTR,A          ;输出高 8 位数据
DEC     DPH
MOV     A,DATA+1
MOVX    @DPTR,A          ;输出低 4 位数据
MOV     DPTR,#7FFFH
MOV     @DPTR,A          ;将 12 位数据同时送至 DAC 寄存器
```

2. 串行多路 DAC8420 与微机的接口

DAC8420 是一种 4 路电压输出的 12 位串行 D/A 转换芯片。

它的特点是高速串行接口，功耗很低，可选择为单极性或双极性模式，复位后输出置 0 或置中间值，电源电压值范围宽等。

DAC8420 引脚功能如下。

- CLK：系统串行时钟输入端，在时钟上升沿，SDI 端的串行数据进入 DAC8420 内部的串/并转换寄存器。
- $\overline{\text{CLR}}$：复位输入端。用于将内部 4 路寄存器置 0 或置中间值（具体方式由$\overline{\text{CLSEL}}$信号决定）。
- $\overline{\text{CLSEL}}$：复位方式控制端。该端为低电平时，复位时将 4 路寄存器置 0；为高电平时，复位时将 4 路寄存器置为中间值。
- $\overline{\text{CS}}$：片选信号输入端。
- $\overline{\text{LD}}$：异步 DAC 寄存器载入控制端。在$\overline{\text{LD}}$的下降沿串行输入寄存器的数据被送到对应通道的 DAC 寄存器中。
- SDI：串行数据输入端。在输入的 16 位数据中，前两位 D_{15}、D_{14} 用于选择通道，D_{13} 和 D_{12} 无效，后 12 位 $D_{11} \sim D_0$ 是具体数值。输入的数据先进入内部的串/并转换寄存器。
- V_{REFHI}：参考电压高值端。取值范围是 $V_{DD}-2.5\text{V} \sim V_{REFLO}+2.5\text{V}$。

- V_{REFLO}：参考电压低值端。取值范围是 $V_{SS} \sim V_{REFHI}-2.5V$。
- $V_{OUTA} \sim V_{OUTD}$：4 路电压输出端。当数字量是 000H～FFFH 时，对应输出电压为 $V_{REFLO} \sim V_{REFHI}$。

V_{DD}、V_{SS}：正、负电源接入端，范围分别为 +5～+15V，0～−15V。

DAC8420 与 80C51 单片机的接口电路如图 3-44 所示。

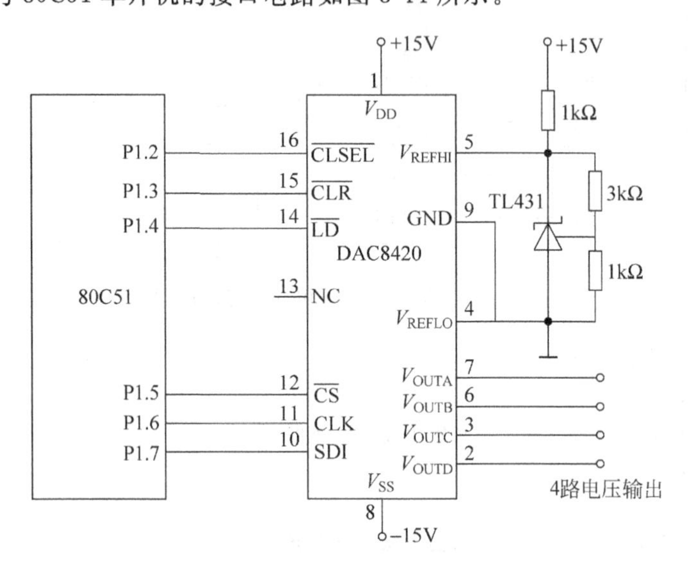

图 3-44 DAC8420 与 80C51 单片机的接口

为了降低电压噪声对输出的影响，各种电压（V_{DD}、V_{SS}、V_{REFHI}）均需接入滤波电容。由于 TL431（三端可调分流基准源）为 V_{REFHI} 提供了 10V 基准电压，V_{REFLO} 接地，因此 4 路电压信号的输出范围为 0～10V。如果输出电压的复位方式固定，可将 $\overline{CLSEL}$ 端接地或接 +5V，单片机的 P1.2 端可改作其他用途。如果不需要复位操作（用具体数据对 4 路输出进行初始化），可将 $\overline{CLR}$ 端接 +5V，单片机的 P1.3 端也可改作其他用途，这在单片机端口紧张时是可行的。

下面是将 4 路数据传送到 DAC8420 中的程序。

```
DACN:   SETB    P1.5        ;暂时关闭 DAC8420
        SETB    P1.6        ;时钟脉冲为高电平
        SETB    P1.4        ;载入控制端为高电平
        MOV     R0,#DBUF    ;置数据存放指针
        MOV     R7,#04H     ;置需要转换的通道数目
        MOV     R6,#00H     ;初始化为 0 通道
        CLR     P1.5        ;选通 DAC
DACN1:  MOV     A,@R0       ;取某通道数据的高字节
        INC     R0
        ANL     A,#0FH      ;高字节数据的低 4 位有效
        ORL     A,R6        ;拼装通道代码
        LCALL   DACS        ;传送 1 字节
        MOV     A,@R0       ;取该通道数据的低字节
        INC     R0
        LCALL   DACS        ;再传送 1 字节
```

```
        CLR     P1.4            ;数据载入对应的通道寄存器
        SETB    P1.4            ;恢复LD为高电平
        MOV     A,R6            ;调整为下一通道
        ADD     A,#40H
        MOV     R6,A
        DJNZ    R7,DACN1        ;判 4 个通道转换完毕否
        SETB    P1.5            ;关闭 DAC8420
        RET
DACS:   MOV     R5,#08H         ;发送 1 字节数据
DACS1:  CLR     P1.3            ;置时钟电平为低电平
        RLC     A               ;将数据高位移出
        MOV     P1.7,C          ;放到 DAC 的数据输入端
        SETB    P1.3            ;置时钟为高电平,1 位数据移入 DAC
```

3.4.4 数字波形合成技术

DAC 输出的模拟电压或电流取决于 DAC 的输入数字量,利用程序控制的方法不断地给 DAC 输入不同的数字量,就可以在 DAC 输出端得到连续变化的波形,这就是微机数字波形合成的基本原理。

利用数字波形合成技术可以产生锯齿波、阶梯波、矩形波及正弦波等信号。作为实例,下面介绍锯齿波及正弦波合成的硬件及程序。

1. 锯齿波的合成

锯齿波的应用非常广泛,例如控制 CRT 中电子束的扫描、控制双坐记录仪中记录笔的移动等。图 3-45 是通过 80C51 单片机控制 DAC 产生锯齿波的电路。DAC0832 是一个带双缓冲器的 8 位并行 DAC,它与 DAC1208 的结构相似,但只有一个 8 位输入寄存器、一个 8 位 DAC 寄存器及一个 8 位的 D/A 转换器。在 DAC0832 引脚中,I_{LE}为输入寄存器允许锁存信号,而引脚$\overline{CS}$、$\overline{WR_1}$、$\overline{XFER}$、$\overline{WR_2}$与 DAC1208 中的意义相同,$\overline{CS}$、$\overline{WR_1}$用来控制输入寄存器,$\overline{XFER}$、$\overline{WR_2}$用来控制 DAC 寄存器。

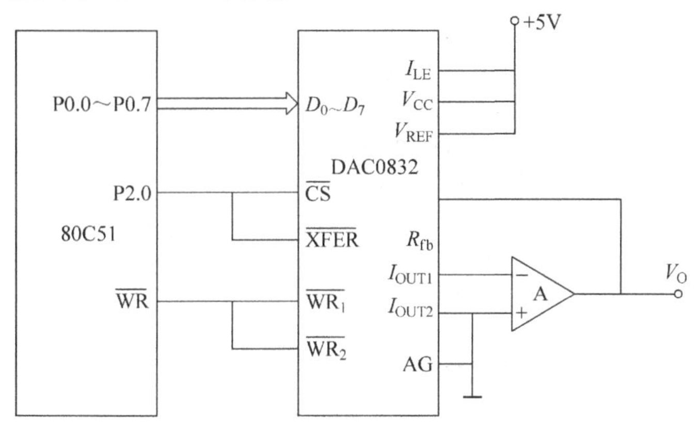

图 3-45　锯齿波合成电路

DAC0832 与 DAC1208 相同，在和 80C51 单片机接口时，有三种方式（双缓冲方式、单缓冲方式、全直通方式）。

在图 3-45 中，采用单缓冲方式。DAC0832 的地址为 FEFFH。产生锯齿波的程序如下：

```
        MOV    DPTR, # 0FEFFH          ;置 DAC0832 口地址
        MOV    A, # 00H
LOOP:   MOVX   @DPTR, A
        INC    A
        MOV    R0, # DATA              ;置延时参数
        DJNZ   R0, $                   ;延时
        SJMP   LOOP
```

上述程序执行后，在示波器上可以观察到如图 3-46 所示的连续锯齿波。实际上该锯齿波的一个周期有 256 个台阶电压。但从宏观上看则是线性增长的锯齿波形。调整程序中的延时参数，可以改变锯齿波的斜率及周期。

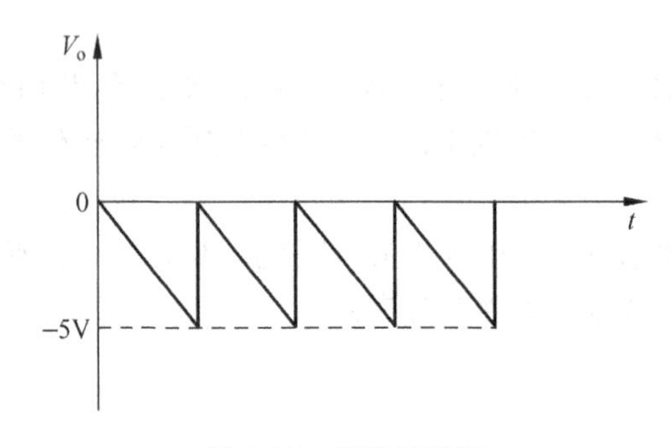

图 3-46　锯齿波形图

2. 正弦波的合成

图 3-47 所示的是应用 DAC0832 与单片机 80C51 连接，实现正弦波合成的电路。DAC0832 输入采用单缓冲方式，输出通过两级运放接成双极性电压输出形式。

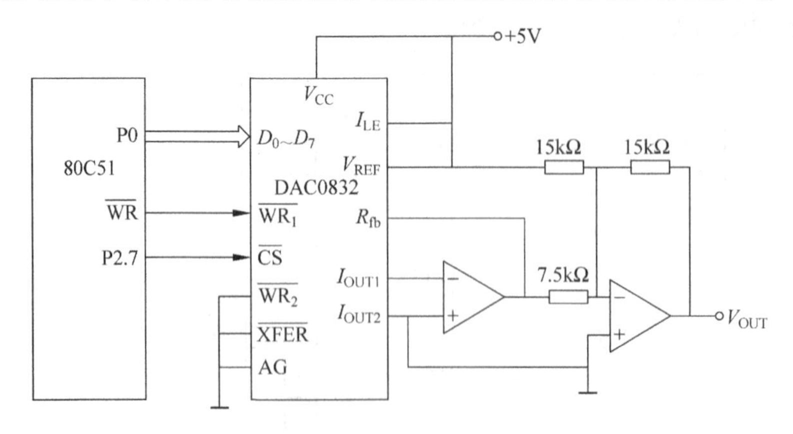

图 3-47　正弦波合成电路

工作前，先在存储区建立一张正弦编码表，具体方法是将波形的一个周期等分成 N 个点，由正弦函数表示式计算出 N 个离散函数值，根据 DAC 的位数对这些离散值进行量化编码，将编码结果顺序存入存储区。工作时，循环取出 N 个编码值送至 DAC，在 DAC 输出端就得到连续变化的正弦波。在实际计算编码表时，利用正弦波的对称性还可以使计算简化。先计算 $0\sim\pi/2$ 区间的 $N/4$ 个编码值，根据对称关系就可以复制出 $\pi/2\sim\pi$ 区间的编码值，再将 $0\sim\pi$ 区间各编码值求补就可以得到 $\pi\sim2\pi$ 区间的编码值。

产生正弦波的程序如下，在计算正弦编码表时，一个波形周期被分为 $N=256$ 个点，相邻两点间隔为 $\frac{360°}{256}\approx1.4°$。正弦波波谷及波峰对应的编码分别为 00H、FFH，正弦波过零点对应的编码为 80H，上述几个点为正弦波一个周期的特征点，在此基础上可以计算出其他点对应的编码。

```
        MOV    R5,#00H              ;计数器赋初值
SIN:    MOV    A,R5
        MOV    DPTR,#TABH           ;置编码表首地址
        MOVC   A,@A+ DPTR           ;查表取编码值
        MOV    DPTR,#7FFFH          ;置 DAC0832 口地址
        MOVX   @ DPTR,A             ;启动 D/A 转换器
        INC    R5
        AJMP   SIN
TAB:    DB     80H,83H,86H,89H,80H,90H,93H,96H ;编码表
        DB     99H,9CH,9FH,A2H,A5H,A8H,ABH,AEH
        DB     B1H,B4H,B7H,BAH,BCH,BFH,C2H,C5H
        DB     C7H,CAH,CCH,CFH,D1H,D4H,D6H,D8H
        ⋮
```

上述波形合成方法，由于单片机输出编码数据需要几个机器周期，因此，不适于高频信号的波形合成。如果要用数字方法产生高频信号的波形，可以采用直接频率合成(DDS)技术。

3.5　数据采集系统

3.5.1　数据采集系统集成电路

数据采集就是将被测对象的各种参量通过各种传感器变换后，再经信号调理、采样、保持、量化、编码、传输等步骤，送到微机进行数据处理或存储记录的过程。用于数据采集的成套设备称为数据采集系统(Data Acquisition System，DAS)。

数据采集系统一般由传感器、多路模拟开关、测量放大器、采样/保持电路、A/D 转换器、微机等构成。实际上就是一个由模拟量输入通道与微机构成的系统。

随着大规模集成电路工艺的发展，许多厂家已生产了各种专用的数据采集集成电路芯片，将多路开关、放大器、S/H、ADC 以及与微机的接口电路都集成在一块芯片中。构成数据采集系统时只需要将这种芯片与微机直接连接就可以了。市场上这种芯片较多。例如

AD363、MAX197、DAS1128、MN7150-16、ADAM-12 等。作为代表下面介绍 MN7150-16 的功能及其应用。

MN7150-16 是 Micro Networks 公司推出的全功能 12 位数据采集系统，内部结构如图 3-48 所示。由 16 路模拟开关、多路地址/锁存计数器、仪用放大器、S/H 电路、控制逻辑、+10V 参考电压电路及带三态缓冲输出的 12 位 ADC 等组成。

MN7150-16 具有下列特点：

- 输入为单 16 路或差分 8 路信号。
- 仪用放大器的增益可通过外接电阻设置为 1～1000；S/H 电路采样时间为 10μs，可通过外加电容改变保持电压下降率。
- 开关地址在需要时可以读出。

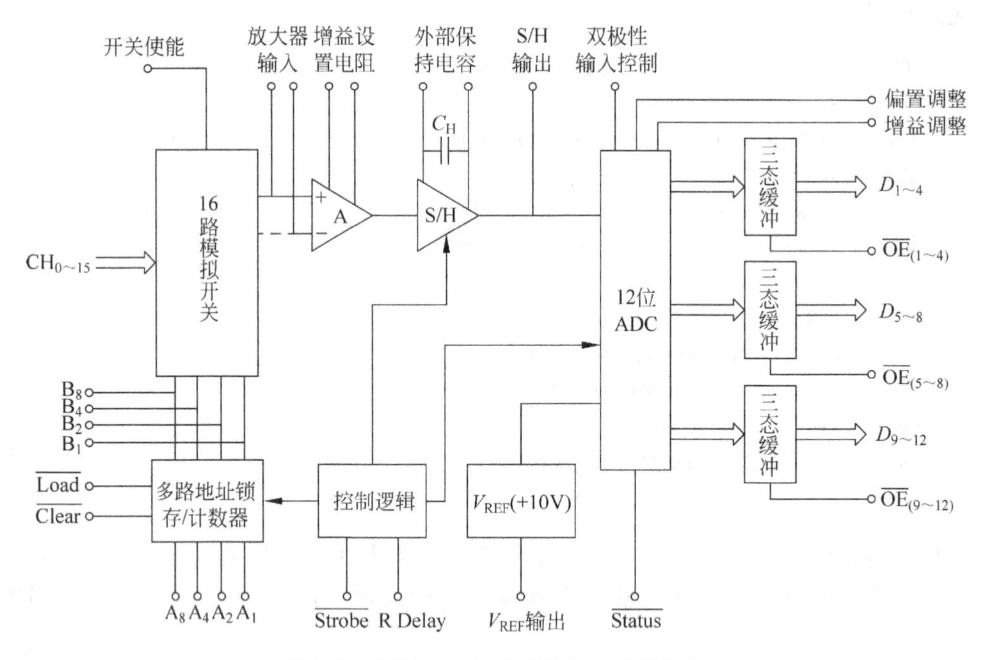

图 3-48　MN7150-16 数据采集电路结构图

MN7150-16 的引脚如图 3-49 所示。引脚名称见表 3-5。

MN7150-16 特殊引脚的功能如下。

- Mux Eable：开关使能信号，高电平有效。
- $\overline{Status}$：ADC 状态信号。1 表示转换，从 1 变为 0 表示转换结束，进入采样阶段。
- B_8、B_4、B_2、B_1：开关地址输出端。
- A_8、A_4、A_2、A_1：开关地址输入端。
- $\overline{Strobe}$：选通信号。在它的下降沿锁存新的通道地址（或者使通道地址加 1 后锁存），并启动采样与转换。
- $\overline{Load}$：地址加载控制端，0 为随机地址模式，即将输入地址加载到锁存器输入端。1 为顺序地址模式，即将锁存器输出地址加 1 后加载到锁存器输入端。

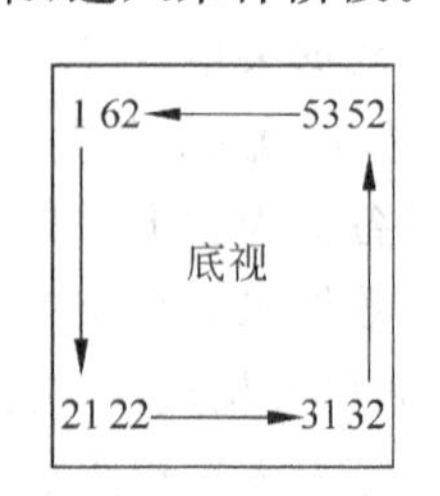

图 3-49　MN7150-16 的引脚图

表 3-5　MN7150-16 引脚

引脚号	引 脚 名 称	引脚号	引 脚 名 称	引脚号	引 脚 名 称
1	CH_3(+)/CH_3	22	D_{12}(LSB)	43	+15Supply
2	CH_2(+)/CH_2	23	D_{11}	44	−15Supply
3	CH_1(+)/CH_1	24	D_{10}	45	External Hold Cap(外部保持电容)
4	CH_0(+)/CH_0	25	D_9	46	External Hold Cap(外部保持电容)
5	Mux Eable(开关使能)	26	$\overline{OE}_{(5\sim8)}$	47	Gain Setting Resistor(增益设置电阻)
6	R Delay	27	D_8	48	Gain Setting Resistor(增益设置电阻)
7	$\overline{\text{Status}}$	28	D_7	49	Amp Input(+)(放大器输入)
8	$\overline{\text{Strobe}}$	29	D_6	50	Amp Input(−)(放大器输入)
9	B_8	30	D_5	51	CH_7(−)/CH_{15}
10	B_4	31	$\overline{OE}_{(1\sim4)}$	52	CH_6(−)/CH_{14}
11	B_2	32	D_4	53	CH_5(−)/CH_{13}
12	B_1	33	D_3	54	CH_4(−)/CH_{12}
13	A_8	34	D_2	55	CH_3(−)/CH_{11}
14	A_4	35	D_1(MSB)	56	CH_2(−)/CH_{10}
15	A_2	36	Gain Adjust(增益调整)	57	CH_1(−)/CH_9
16	A_1	37	Offset Adjust(偏置调整)	58	CH_0(−)/CH_8
17	Digital	38	Bipolar Input(双极性输入控制)	59	CH_7(+)/CH_7
18	+5V Supply	39	S/H OUT	60	CH_6(+)/CH_6
19	$\overline{\text{Load}}$	40	+10V,V_{REF} OUT	61	CH_5(+)/CH_5
20	$\overline{\text{Clear}}$	41	Analog Signal Ground(模拟信号地)	62	CH_4(+)/CH_4
21	$\overline{OE}_{(9\text{-}12)}$	42	Analog Power Ground(模拟电源地)		

- $\overline{\text{Clear}}$：返回 0 通道控制端。为 0 时，在$\overline{\text{Strobe}}$脉冲的下降沿开关地址返回 0 通道。为 1 时无效。
- R Delay：延长采样时间外接电阻。当测量放大器设置为高增益时，在该端外接一电阻以延长采样时间。正常情况下，该端接+5V 电源。
- Gain Adjust：增益调整端。接至外部 20kΩ 电位器的滑动端，电位器两端分别接−15V、+15V，用于调整满刻度。
- Off Set Adjust：偏置调整端。与 Gain Adjust 接法相同，用于调整零点。
- Bipolar Input：双极性输入控制端。双极性操作时该端接 V_{REF}(+10V)；单极性操作时，该端接 S/H OUT 端。
- External Hold Capacitor：外部保持电容端。为了改变 S/H 电路的下降速率，增加一个外部保持电容器。
- Gain Setting Resistor：增益设置电阻端。选择电阻的公式为 R=20kΩ/(G−1)。

其中 G 为仪用放大器增益。

- Instrumentation Amp Inputs：仪用放大器输入端。当增加附加的多路传输时使用该端。放大器负端接模拟地。

MN7150-16 具有三种工作方式，即随机寻址方式、顺序寻址方式和顺序寻址连续转换工作方式。

① 随机寻址工作方式：就是对输入地址指定的通道模拟量进行转换。这种工作方式的条件是：$\overline{\text{Load}}=0$，$\overline{\text{Clear}}=1$。在这种工作方式下，MN7150 的地址锁存/计数器作为 4 位并行寄存器工作，在$\overline{\text{Strobe}}$脉冲的下降沿锁存通道地址，并启动数据采集与转换。

② 顺序寻址方式：就是当前工作的模拟量通道是上一次工作的模拟量通道号加 1。其工作条件是$\overline{\text{Load}}=1$，$\overline{\text{Clear}}=1$。在这种工作方式下，内部地址锁存/计数器作为计数器工作。在选通脉冲$\overline{\text{Strobe}}$的下降沿使通道地址加 1，并启动数据采集和转换。在通道 15 被访问后，返回到通道 0。如果从随机寻址转换到顺序寻址，则下一次访问的通道号是最后一次随机访问的通道号加 1。

③ 顺序寻址连续转换工作方式：指不需要外加启动信号就能按照通道号顺序、连续地对所有通道进行采样和转换。其工作条件是：把状态输出端$\overline{\text{Status}}$接到选通输入端$\overline{\text{Strobe}}$；$\overline{\text{Clear}}=1$，$\overline{\text{Load}}=1$。在这种工作方式下，每当一个通道采集与转换结束时，$\overline{\text{Status}}$变低，在$\overline{\text{Strobe}}$端产生一负脉冲，启动顺序的下一通道进行采集和转换。

MN7150-16 可以方便地用于巡回检测系统中的数据采集，所谓巡回检测，就是按照一定的周期，对多个被测量进行连续自动的检测。应用于巡回检测时，如果所配的微处理器读取速度跟得上 MN7150-16 输出数字量的速度，可设置 MN7150 工作于顺序寻址连续转换方式。否则，可采用顺序寻址工作方式。

图 3-50 是 MN7150-16 应用于巡回检测系统时与 80C51 单片机的接口电路。此系统采用顺序寻址工作方式。$\overline{\text{Status}}$端通过跳转线，既可以接 P1.7 端通过查询来启动一次新的转换，也可以接 P3.2($\overline{\text{INT0}}$)端采用中断工作方式。以下是按照查询方式进行巡回检测的程序清单。

```
        ANL     P2,#1FH         ;禁止 MN7150 输出
        MOV     P1,# 0EFH       ;置随机寻址方式，通道地址 1111B
        CLR     P1.6            ;使当前通道为CH15
        MOV     P1,#0FFH        ;置顺序寻址方式
BEGIN:  MOV     R1,#20H         ;置采样缓冲区首址
        MOV     R2,#10H
SAMP:   CLR     P1.6            ;启动 CH0 通道转换
        SETB    P1.6
WAIT:   JB      P1.7,WAIT       ;等待转换结束
        SETB    P2.6            ;允许读高 4 位
        MOVX    A,@R0           ;读高 4 位
        CLR     P2.6            ;禁止读高 4 位
        MOV     @R1,A           ;保存高 4 位
        INC     R1
        SETB    P2.5            ;允许读低 8 位
```

```
MOVX    A,@R0           ;读低 8 位
CLR     P2.5            ;禁止读低 8 位
MOVX    @R1,A           ;保存低 8 位
INC     R1
DJNZ    R2,SAMP         ;是否采样了 16 通道
 ⋮                      ;其他处理
LJMP    BEGIN           ;循环
```

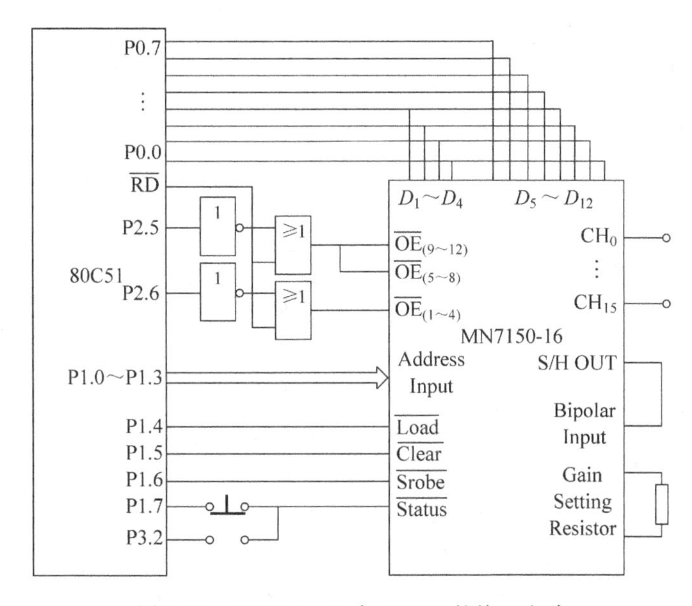

图 3-50　MN7150-16 与 80C51 的接口电路

3.5.2　高速数据缓存技术

在一般的高速数据采集系统中，微处理器控制的数据传输速率及数据处理的速度与前端 A/D 转换器的采集速度往往是不一致的，为了协调它们之间的工作，可以在两者中间加入数据缓存器进行缓冲，使前端采集数据与后级数据处理异步工作。另外，在多微处理器系统应用场合，各微处理器系统的工作也不可能完全同步，当它们之间需要高速传输数据时，也可以采用高速数据缓存技术。总之，在系统或模块之间，如果没有能够高速传输数据的接口，极易造成瓶颈堵塞现象，影响整个系统的处理能力。

目前采用比较多的数据缓存方式是：基于双口 RAM 的高速数据缓存方式和基于 FIFO 的高速数据缓存方式。

1. 基于双口 RAM 的高速数据缓存方式

双口 RAM 即双端口存储器，它具有两套完全独立的数据线、地址线、读/写控制线，允许两个独立的系统或模块同时对双口 RAM 进行读/写操作。因此，不管是在流水方式下的高速数据传输，还是在多处理器系统中的数据共享应用中，双口 RAM 都在其中发挥重要作用。下面以 IDT7024 为例，介绍双口 RAM 的组成原理及其典型应用。

IDT7024为4×1024×16位静态双口RAM，其最快存取时间有20、25、35、55、75ns多个等级，可与大多数高速处理器配合使用，无须插入等待状态。IDT7024的组成框图如图3-51所示。

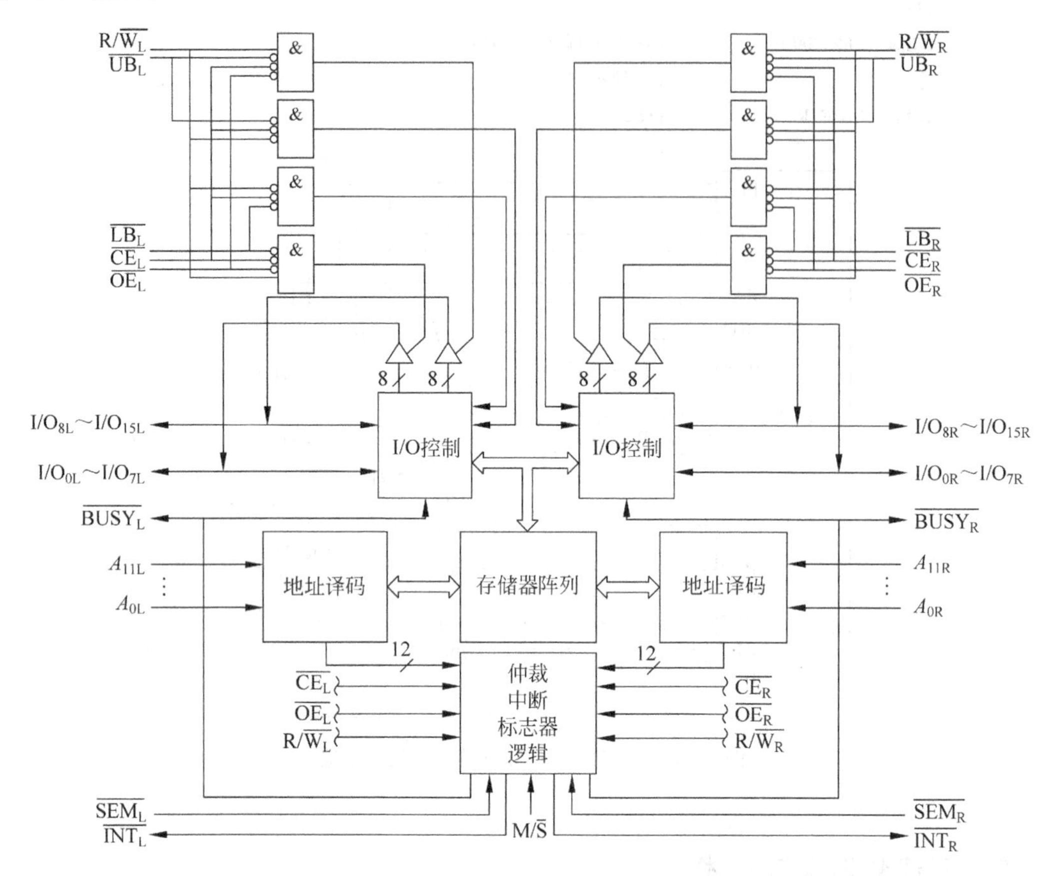

图3-51 双口RAM IDT7024的结构图

IDT7024的核心部分是一个左右两个端口共享的存储器阵列。位于该器件两边的处理单元可以分别通过控制左右两组地址线A_{0L}~A_{11L}和A_{0R}~A_{11R}、数据线I/O_{0L}~I/O_{15L}和I/O_{0R}~I/O_{15R}、使能信号线$\overline{CE}_L$和$\overline{CE}_R$、读/写控制线R/$\overline{W}_L$和R/$\overline{W}_R$，共享同一组存储器阵列。IDT7024还提供高位使能信号$\overline{UB}_L$和$\overline{UB}_R$及低位使能信号$\overline{LB}_L$和$\overline{LB}_R$，用以分别对同一地址的高8位和低8位存储单元进行操作，以支持双口RAM与不同宽度数据总线的接口。而$\overline{INT}_L$、$\overline{SEM}_L$及$\overline{INT}_R$、$\overline{SEM}_R$分别为左、右端的中断请求信号、标志器使能信号。M/$\overline{S}$为主/次装置控制信号。

当两个端口同时对同一地址单元写入数据，或者在对同一地址单元的一个端口写入数据的同时从另一个端口读出数据，可能会出现错误。IDT7024芯片设计的“硬件BUSY输出”功能可避免此类错误，其工作原理如下：当左右两端口对同一地址单元存取时，就会有一个端口的$\overline{BUSY}$为低，禁止数据的存取。定义存取请求信号出现在前的端口其对应的$\overline{BUSY}$为高，允许存取；存取请求信号出现在后的那个端口，则对应的$\overline{BUSY}$为低，禁止写入数据。需要注意的是，两端口间的存取请求信号出现时间必须要相差5ns以上，否则仲裁逻辑无法判定哪一个端口的存取请求在前。当仲裁逻辑无法判定哪个端口首先提出了存取请求时，控制线$\overline{BUSY}_L$和$\overline{BUSY}_R$也会只有一个为低电平，这样，就避免了双端口对同一地址存取时所出现的错误。除“硬件 BUSY 输出”之外，IDT7024 还具有中断功能和标志器功能等，以构成功能更强大的数据接口功能。

基于双口 RAM 的高速数据缓存方式有很广泛的实际应用。例如要求设计一个 MCS-51 单片机控制的数据采集与传输系统，系统每隔 20ms 采集并处理一帧数据，但是实时采样的最高速率要求达到 500kHz、转换分辨率为 14 位、每帧数据量为 14×1KB，即采集一帧数据的时间约为 2.1ms。很显然，直接采用 MCS-51 单片机控制采集全过程是不可行的，这是因为，一方面 MCS-51 单片机是 8 位机，不能直接接收 14 位数据；另一方面，单片机的程序控制方式不可能在 2.5ms 内完成上述采集任务。但是 MCS-51 单片机在 20ms 时间内接收并处理完一帧数据是宽裕的。根据以上分析，若采用双口 RAM 进行数据缓冲，则可以很好地完成上述任务。

设计的基于双口 RAM 的数据采集与传输系统如图 3-52 所示。其中 A/D 转换器采用 14 位 A/D 转换器 LTC1419，其最高转换速率为 800kHz，能满足实时采样的要求。双口 RAM 采用 IDT7024，其右端口作为采集数据输入端口，16 位数据线直接与 A/D 转换器的 14 位输出数据线相连(高两位数据线接地)，写地址及控制信号由可编程逻辑器件 EPM7064 产生；其左端口作为采集数据输出端口，输出数据线分高 8 位和低 8 位分别与单片机的 8 位数据线相连，读地址及控制信号由单片机给出，每一个数据分高 8 位和低 8 位两次读取。

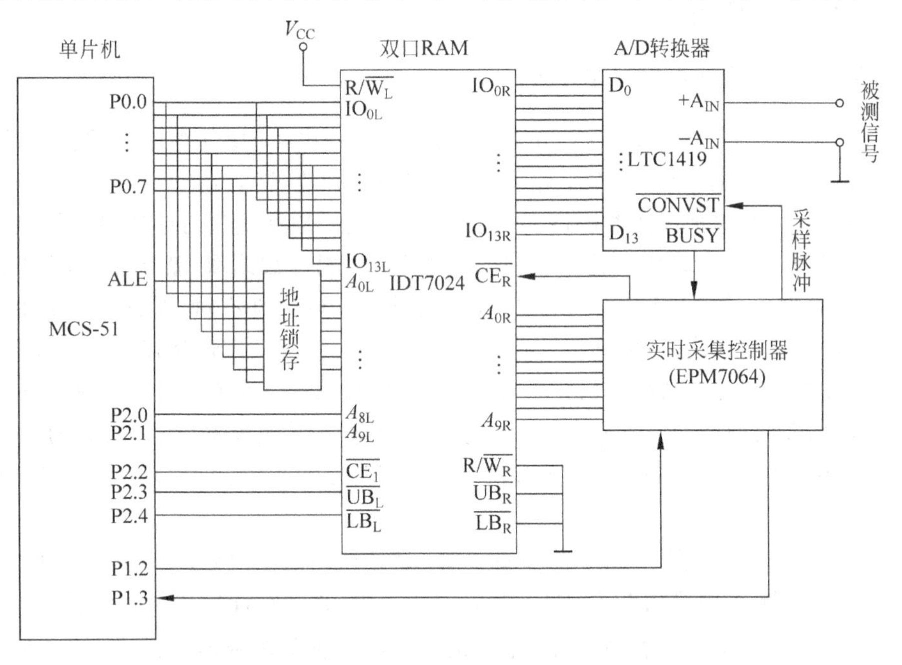

图 3-52　基于双口 RAM 的数据采集与传输系统

工作时，单片机首先通过 P1.2 脚向 EPM7064 组成的实时采集控制电路发送“采集开始”信号，启动一次实时采集与存储的过程。这时，A/D 转换器便在 EPM7064 提供的采样脉冲信号的驱动下进行 A/D 转换，每个采样脉冲信号的下降沿启动转换，转换后的数据通过$\overline{BUSY}$的上升沿锁存在 A/D 转换器的数据输出端。为了将转换后的数据可靠、实时地写入到双口 RAM 中,根据 IDT7024 的时序要求,EPM7064 送到$\overline{CE_R}$引脚的写信号最少应滞后$\overline{BUSY}$信号上升沿 4ns,为此将$\overline{BUSY}$信号经两次反相(约延时 14ns)再送至 IDT7024 的$\overline{CE_R}$引脚,作为写信号。双口 RAM 写入端地址由 EPM7064 内的地址计数器给出,地址计数器的初值为 0,采集开始后,对应每个采样脉冲的上升沿,地址计数器加 1,从而保证产生的写地址与 A/D 转换的过程同步。上述过程将重复 1024 次,此时双口 RAM 已经存储了一帧数据,EPM7064 停止地址的增加,至此完成了一次采集与存储的过程。当写入双口 RAM 的数据达到一定数目时(例如 10 个),EPM7064 向单片机 P1.3 脚发出"取数据信号",启动单片机从双口 RAM 的首地址开始读取数据,当单片机将双口 RAM 中数据全部取走后,就对该帧数据进行有关处理,然后再进行新一轮数据采集。

在上述过程中,向双口 RAM 写入数据和读出数据是同时进行的,由于单片机指令执行周期较长,且读取一个数据要分高 8 位和低 8 位两次读取,所以从左端读取一个数据的时间较长;而从双口 RAM 右端写入一个数据只需 2μs 左右的时间,即写入速率比读取速率快得多,不会出现读/写地址重叠的情况。所以没有使用 IDT7024 的"硬件 BUSY 输出"功能。

在上述设计方案中,双口 RAM 发挥了很重要的作用。在双口 RAM 的右侧,它以 500kHz 的速率将 14 位 A/D 转换器采集的数据实时写入;在左侧,它又允许单片机以程控的方式,以字节为单位读取数据,以做进一步的处理。因此,双口 RAM 不仅解决了前端高速采集与后级数据传输、处理之间的矛盾,完成了 16 位与 8 位数据之间的转换;而且也使系统的电路结构得到简化。

2. 基于 FIFO 的高速数据缓存方式

FIFO 的全称是 First In First Out,意思就是先进先出。FIFO 存储器的特点是:同一存储器配备有两个数据端口,一个是输入端口,只负责数据的写入;另一个是输出端口,只负责数据的输出。对这种存储器进行读/写操作时不需要地址线参与寻址,数据的读取遵从先进先出的规则,并且读取某个数据后,这个数据就不能再被读取,就像永远消失了一样。FIFO 内部的存储单元是一个双口 RAM,除此之外,FIFO 内部有读、写两个地址指针和一个标志逻辑控制单元。读、写地址指针在读、写时钟的控制下顺序地从存储单元读、写数据,它的数据是按照一种环形结构依次进行存放和读取的,从第一个存储单元开始到最后一个存储单元,然后又回到第一个存储单元。标志逻辑控制单元能根据读、写指针的状态,给出 RAM 的空、满等内部状态的指示。下面以 IDT72251 为例,介绍 FIFO 的使用及典型应用实例。

IDT72251 是一个 8KB×9 的 FIFO 存储器,最高存储速率可达 100MHz。其功能结构如图 3-53 所示。输入端口由写时钟信号 WCLK 和两个写允许信号$\overline{WEN_1}$、WEN_2 控制。当$\overline{WEN_1}$和WEN_2 有效时,对应 WCLK 上升沿输入的数据从输入端 $D_0 \sim D_8$ 顺序写入到存储器阵列中。同样,输出端口由读时钟 RCLK 和两个读允许信号$\overline{REN_1}$、REN_2 控制。当$\overline{REN_1}$和REN_2 有效时,对应 RCLK 的上升沿,FIFO 中的数据顺序地读出并送到输出寄存器中。$\overline{OE}$为输出允许信号,当$\overline{OE}$为高电平时,数据输出端 $Q_0 \sim Q_8$ 为高阻态,只有当$\overline{OR}$为低电平时,输出寄存器中的数据才能送到输出数据线 $Q_0 \sim Q_8$ 上。IDT72251 有两个固定的标志,空标志$\overline{EF}$和满标志$\overline{FF}$。为了增强控制功能,IDT72251 还提供两个偏移值可编程预置的即将空标志$\overline{PAE}$和即将满标志$\overline{PAF}$，$\overline{PAE}$和$\overline{PAF}$的预设偏移值通过控制$\overline{LD}$有效而装载到偏移寄存器中，$\overline{PAE}$和$\overline{PAF}$默认的偏移值为7(即 Empty+7 和 Full−7)。

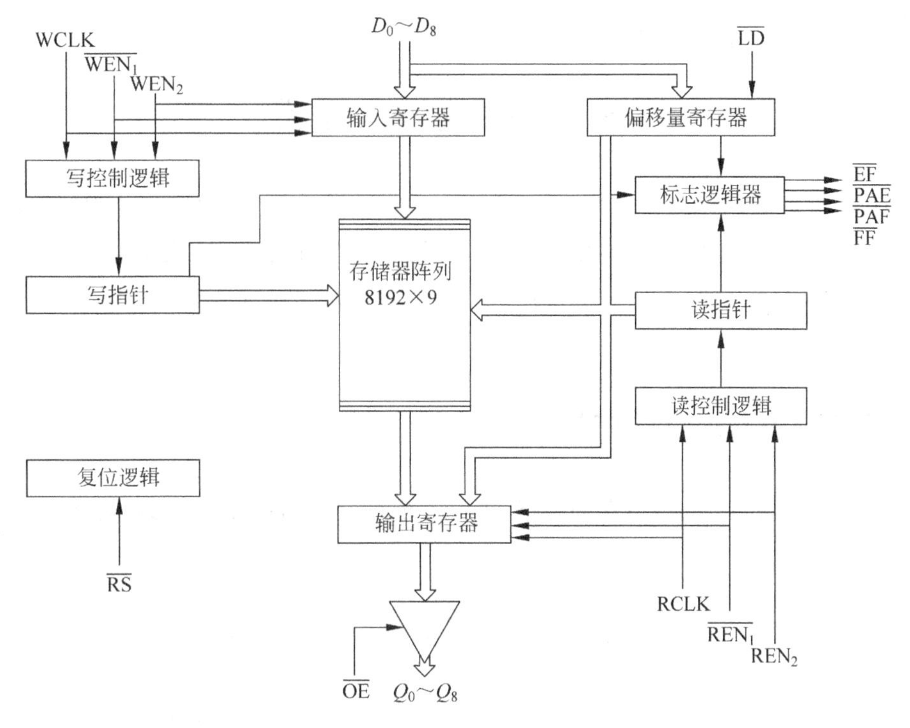

图 3-53 IDT72251 功能结构图

一个简单的以单片机为控制器的基于 FIFO 的数据采集系统的电路如图 3-54 所示，该电路没有使用$\overline{PAE}$和$\overline{PAF}$标志，并且采用先写满之后再读数据的简单处理方法。

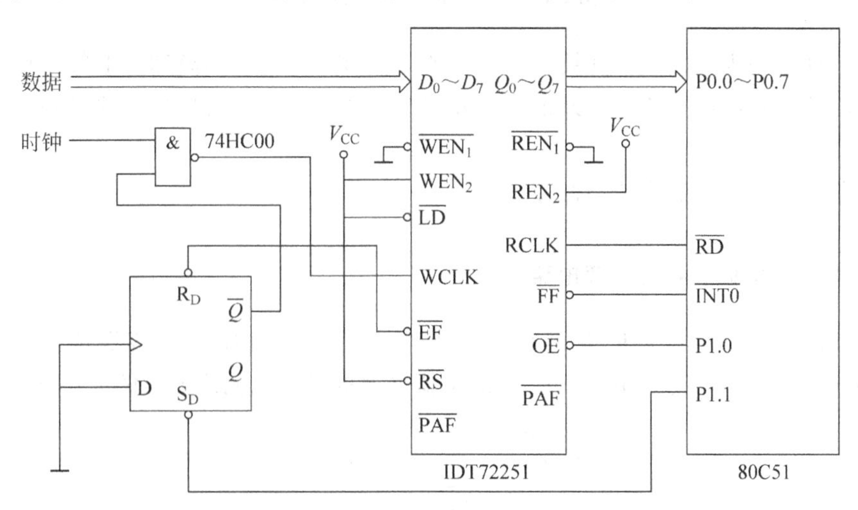

图 3-54 基于 FIFO 的数据采集与传输系统

在写操作过程中，写操作通过加在 WCLK 端的时钟信号控制，对应每个时钟信号的上升沿，采集的数据从 $D_0 \sim D_7$ 端顺序写入到存储器阵列中。当数据写满后，$\overline{FF}$变为低电平，

$\overline{FF}$的低电平信号通过单片机关闭时钟门 74HC00 而中止写操作，以后电路便可以进入读数过程，读数操作过程由单片机控制。当数据被读空后，$\overline{EF}$变为低电平。这时，$\overline{EF}$信号就会打开时钟门，于是电路就进入新的一轮写数据操作。

3.6 开关量输入通道

智能仪器在检测和控制中，常常需要处理一些开关量信号，例如接收外部装置的状态，通过微处理器分析和处理后，输出开关量信号控制外部装置的操作。把接收开关量信号的电路称为开关量输入通道，而把输出具有一定驱动能力的开关量信号的电路称为开关量输出通道。

3.6.1 开关量输入通道的结构

开关量输入通道主要由信号调理电路、输入缓冲器、地址译码器等组成，其结构如图 3-55 所示。

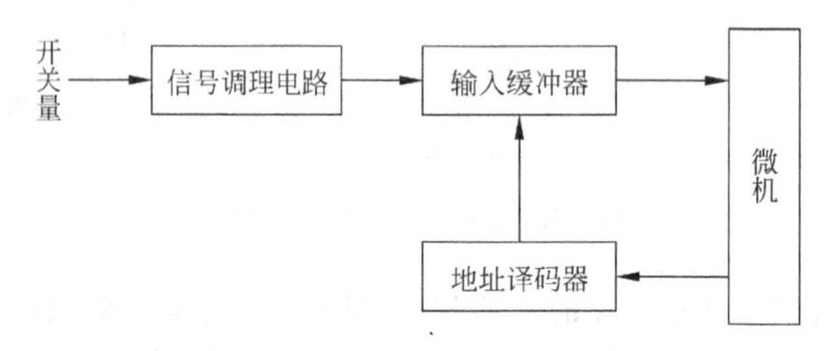

图 3-55 开关量输入通道的结构

信号调理电路主要完成对现场开关信号的滤波、电平转换、隔离和整形等。输入缓冲器用于缓冲或选通外部输入信号。地址译码器用于完成开关量输入通道的选通和关闭。

3.6.2 开关量输入信号的调理

1. 小功率开关量信号的调理电路

电路如图 3-56 所示，该电路可将输入的小电流或小电压信号转换成 TTL 电平或 CMOS 电平以与微机相连。电阻 R_1、R_2 的阻值可根据输入电流或电压的大小来确定。

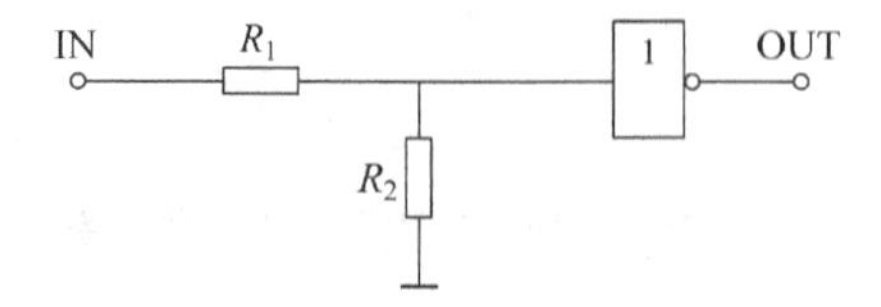

图 3-56 小功率开关量信号调理电路

2. 大功率开关量信号调理电路

在大功率系统中，需要从电磁离合等大功率器件的接点输入信号，通常为了使接点工作可靠，接点两端至少要加 24V 以上的直流电压。由于这种电路电压高，又来自现场，有可能带有干扰信号，通常采用光电耦合器进行隔离，其电路如图 3-57 所示。

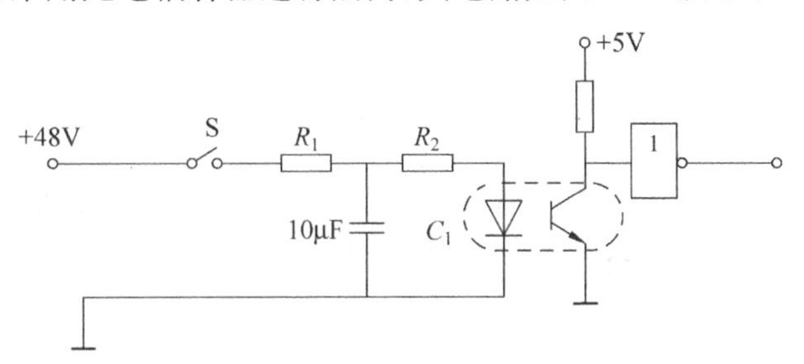

图 3-57　大功率开关量信号调理电路

光电耦合器是以光为媒介传输信号的器件，内部集成了一个发光二极管和一个光敏三极管。发光二极管作输入电路；输出电路有的采用光敏三极管，有的采用达林顿晶体管、TTL 逻辑电路或光敏晶闸管。输入与输出电路之间相互绝缘，形成光电发射和接收电路。当在发光二极管输入端加上电压信号时，发光二极管就会发光，光信号照射到输出端的光敏三极管上产生光电流，使三极管导通并输出电信号。

3. 触点型信号调理电路

电路如图 3-58 所示，它为开关、继电器等触点输入信号的转换电路，该电路将触点的接通与断开动作转换为 TTL 电平或 CMOS 电平。为了消除触点的抖动，通常使用 RC 滤波器或 RS 触发器，如图 3-58、图 3-59 所示。

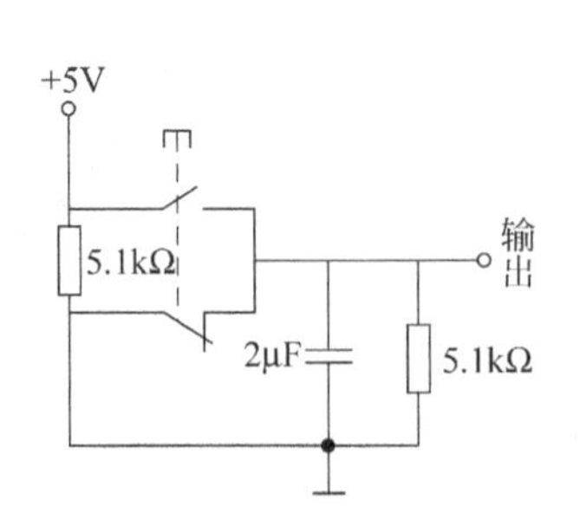

图 3-58　RC 滤波消抖电路

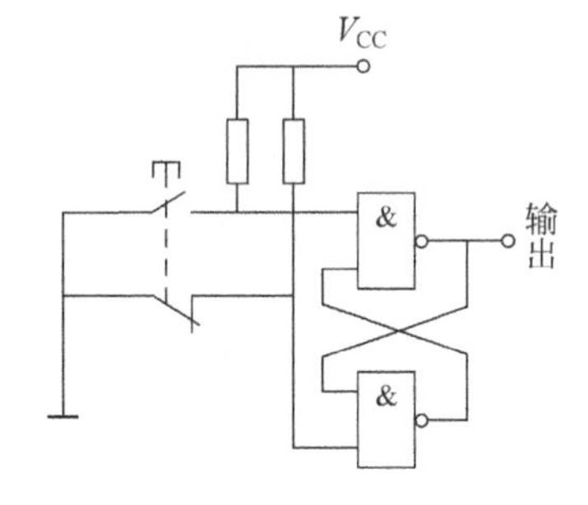

图 3-59　RS 触发器消抖电路

3.7　开关量输出通道

3.7.1　开关量输出通道的基本组成

开关量输出通道主要由输出锁存器、输出驱动电路、地址译码器等组成，如图 3-60 所示。

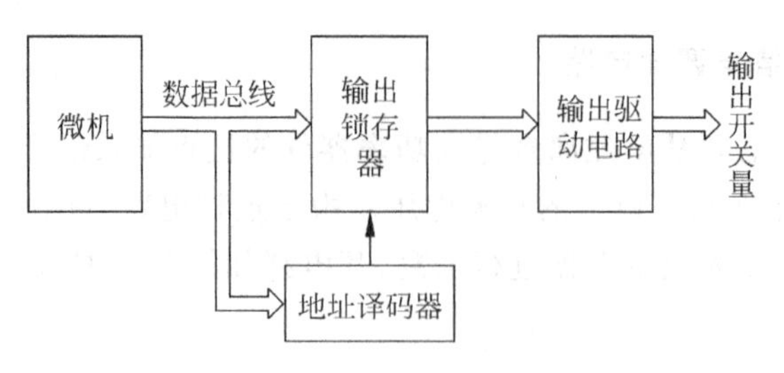

图 3-60 开关量输出通道组成

地址译码器主要完成开关量输出通道的选通。输出锁存器的作用是保持微机输出数据在未刷新前稳定，以供外部设备使用。输出驱动电路主要完成电平转换、隔离和功率驱动等。

3.7.2 开关量输出驱动电路

1. 直流负载驱动电路

小功率直流负载主要有发光二极管、LED数码显示器、小功率继电器和晶闸管等器件，要求提供5～40mA的驱动电流。通常采用小功率三极管(如9013、9014、8550和8050等)、集成电路(如75451、74LS245和SN75466等)作驱动电路。图3-61是采用小功率三极管的驱动电路，图中9013三极管作开关用，驱动电流在100mA以下，适用于驱动要求负载电流不大的场合。图3-62是采用驱动器75451的驱动电路、当单片机的P1.0、P1.1输出低电平时，LED指示灯被点亮。

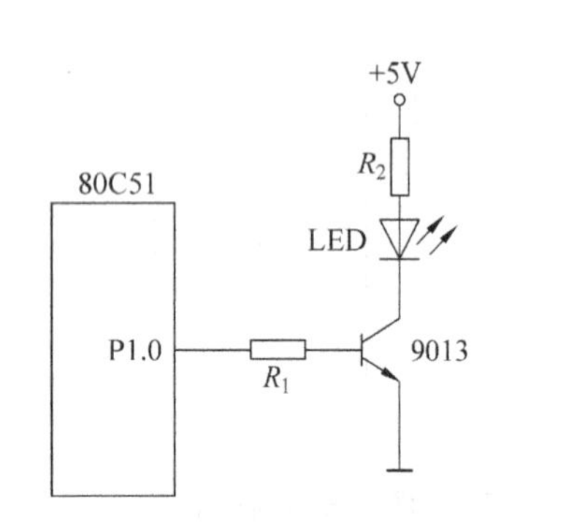

图 3-61 采用三极管的驱动电器

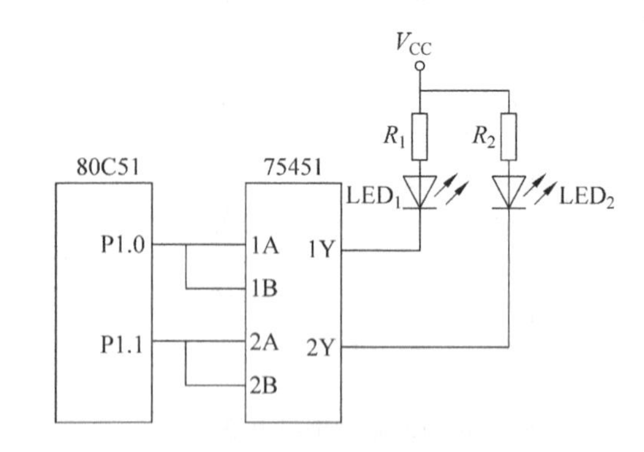

图 3-62 采用驱动器的驱动电器

中功率直流负载驱动电路主要用于驱动功率较大的继电器和电磁开关等控制对象，要求能提供50～500mA的电流驱动能力，可以采用达林顿管、中功率三极管来驱动。采用开关晶体管作驱动电路时，必须增大输入驱动电流，以保证有足够大的输出电流，否则晶体管会因为管压降的增加而限制负载电流。这样有可能使晶体管超过允许功耗而损坏。对于达林顿管，其特点是高输入阻抗、极高的增益和大功率输出，只需较小的输入电流就能获得较大的功率输出。常用的达林顿管有MC1412、MC1413和MC1416等，其集电极电流可达

500mA，输出端的耐压可达100V，很适合驱动继电器和接触器。图3-63是采用达林顿管驱动继电器的实例。

2. 交流负载驱动电路

交流负载的功率驱动电路，通常采用晶闸管来构成。晶闸管有单向晶闸管（也称单向可控硅）和双向晶闸管（也称双向可控硅）两种类型。晶闸管只工作在导通和截止状态，使晶闸管导通只需要极小的驱动电流，一般输出负载电流与输入驱动电流之比大于1000，它是较为理想的大功率开关器件，通常用来控制交流大电压开关负载。

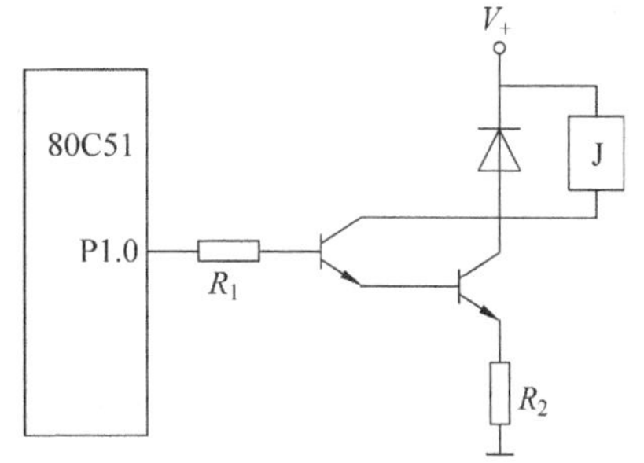

图3-63　采用达林顿管的驱动电路

图3-64是采用双向晶闸管的交流负载驱动电路。为了防止交流电干扰，晶闸管驱动电路与数字电路间通过光电耦合器隔离。V_{D1}～V_{D4}构成的整流桥电路为光敏三极管及三极管T提供集电极电源电压。图中P1.0为输出开关量，当P1.0=0时，光电耦合器中的发光二极管导通，三极管T截止，双向晶闸管导通，交流电源给负载加电。反之，当P1.0=1时，双向晶闸管截止、负载断电。外接发光二极管LED用作开关指示。如果将图中双向晶闸管改为单向晶闸管，则在P1.0=0期间，负载得到的不再是双向交流电压，而是单向脉动电压。

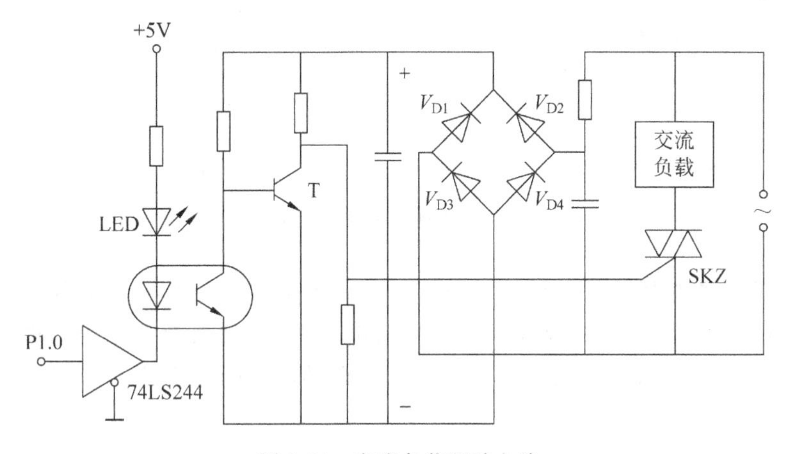

图3-64　交流负载驱动电路

3. 固体继电器驱动电路

固体继电器（SSR）是一种无触点通断功率型电子开关，当在输入端施加（去除）触发信号后，其输出端主回路呈现导通（阻断）状态。由于器件内部采用了光电耦合器，从而实现了输入与输出之间的电隔离及信号耦合。SSR的控制电流较小，一般用TTL、HTL、CMOS等集成电路或晶体管就可以直接驱动，适用于在微机测控系统中作输出通道的控制元件。SSR与普通电磁式继电器和磁力开关相比，具有无机械触点噪声，不会产生抖动和回跳，开关速度快，体积小，质量轻，寿命长，工作可靠等优点，特别适于控制大功率设备的场合。

固体继电器分为直流固体继电器（DC-SSR）和交流固体继电器（AC-SSR）两种，DC-SSR输出端用功率晶体管做开关元件，如图3-65(a)所示，主要用于直流大功率控制场合；

AC-SSR 的输出端用双向可控硅做开关元件，如图 3-65(b)所示，主要用于交流大功率驱动场合。

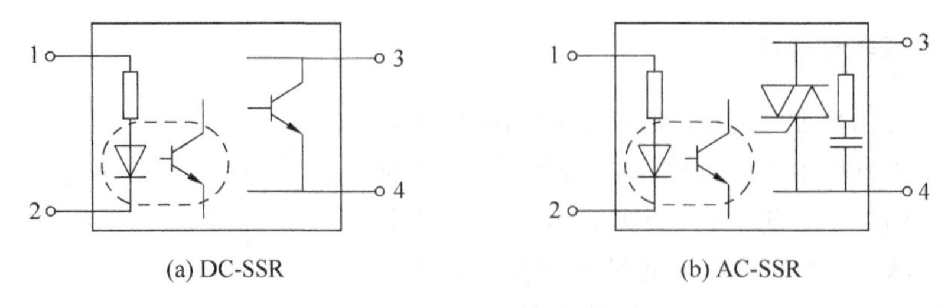

(a) DC-SSR (b) AC-SSR

图 3-65 直流 SSR 与交流 SSR

固体继电器的驱动电路如图 3-66 所示。DC-SSR 的驱动电流小于 15mA，因此要选用适当的电压 U_{CC}和限流电阻 R。DC-SSR 可以采用逻辑门电路或晶体管直接驱动。DC-SSR 的输出断态电流一般小于 5mA，输出工作电压为 30～180V。当控制感性负载时，要加保护二极管，以防止 DC-SSR 因突然截止产生的高电压而损坏继电器。当控制一般电阻性负载时可直接加负载设备。

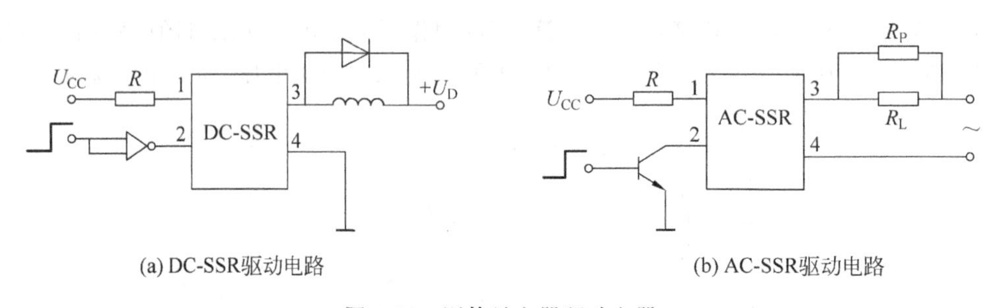

(a) DC-SSR驱动电路 (b) AC-SSR驱动电路

图 3-66 固体继电器驱动电器

AC-SSR 的驱动电路如图 3-66(b)所示。AC-SSR 的输入电流小于 500mA，采用功率晶体管驱动。AC-SSR 可用于 220V、380V 等常用市电场合，输出断态电流一般小于 10mA，一般应使 AC-SSR 的开关电流至少为断态电流的 10 倍，负载电流若低于该值，应并联电阻 R_P，以提高开关电流。

思考题与习题

3-1 在图 3-1 所示的测量放大器原理电路中，为什么通常取第一级增益为电路总增益，第二级增益为 1?

3-2 实际应用中，为什么要给测量放大器两输入端提供到地的直流通路?

3-3 简述同相及反相程控增益放大器的构成方法。

3-4 在图 3-12 所示的程控增益放大器 LH0084 中，分析计算当输入控制代码 $D_1D_0=10$，输出端 U_0 接 7 脚，12 脚接地时的放大倍数。

3-5 模拟量输入通道主要有哪几种类型? 各有何特点?

3-6 简述 ADC 的主要技术指标。

3-7　设计 AD574 与 80C51 单片机的接口电路，要求采用中断方式控制 A/D 转换，画出接口电路图并编写相应的控制程序。

3-8　设计双积分式 A/D 转换器 MC14433 与 80C51 单片机的接口电路。要求采用查询方式控制 A/D 转换，画出接口电路图并编写相应的控制程序。

3-9　简述 Σ-Δ 型 ADC 中，过采样、噪声整形及数字抽取滤波的原理。

3-10　采样保持器 S/H 的作用是什么？试分析利用 S/H 提高被测信号频率的原理。

3-11　设计一个模拟量输入通道，输入为交变信号，$f=200\text{Hz}$，电压范围为 0～20V，转换时间小于 50μs，分辨率为 10mV，通道误差小于 0.1%。

3-12　应用两片 DAC1208 与 80C51 单片机设计一个两路模拟量输出通道，两路 12 位数字量存于单片机内部 RAM 的 $DATA_1$～$DATA_4$ 单元(高 8 位在前，低 4 位在后)，要求两路模拟量同时输出。

3-13　应用 80C51 单片机控制 DAC1208 及运算放大器以实现三角波输出，编写其控制程序，要求产生波形的起始及终止电压分别为－5V 及＋5V。

3-14　应用 80C51 单片机控制数据采集集成电路 MN7150-16 以实现 16 路数据采集，要求用中断方式。画出硬件连接图，并编写相应的控制程序。

3-15　应用 80C51 单片机控制 ADC0809，构成一个 8 通道自动巡回检测系统，单片机时钟频率为 12MHz。要求系统每隔 100ms 对 8 个直流电源(0～5V)自动巡回检测一次，测量结果对应存于 60H～67H 中。画出系统连接图，并编写相应的控制程序。

3-16　简述双口 RAM IDT7024 及 FIFO 存储器 IDT72251 的高速数据缓存原理。

3-17　简述开关量输入信号调理原理。

3-18　简述开关量输出电路中交流负载驱动电路(见图 3-64)的原理。

第 4 章

智能仪器人-机接口技术

本章介绍智能仪器中人-机接口的方法与技术，包括键盘、LED 显示器接口技术及可编程键盘、显示器接口芯片的应用；段式及点阵式液晶显示器的原理及接口技术；微型打印机接口方法及程序设计；触摸屏的检测原理及接口方法。

4.1 键盘接口技术

键盘是一组开关的集合，是智能仪器常见的输入设备之一。键盘与 CPU 的接口包括硬件和软件两部分，硬件是指键盘的结构及其与主机的连接方式；软件是指对按键的识别与分析，称为键盘管理程序。键盘管理程序主要完成下列任务。

① 识键：判断是否有键按下。若有，则进行译键；若无，则等待或转做别的工作。

② 译键：在有键按下的情况下，识别出是哪个键，并求出该键的键值。

③ 键义分析：在单义键的情况下，CPU 根据键值执行相应的程序。在多义键的情况下，译出按键序列的含义，并执行相应的键盘处理程序。

4.1.1 键抖动、键连击及串键的处理

1. 键抖动处理

键盘中的按键一般都采用触点式按键开关。从键按下到接触稳定，触点的弹性会产生数毫秒的抖动时间，键释放时也存在同样的问题，如图 4-1 所示。键抖动时间的长短与键的材料有关，一般为 5～10ms。

键抖动可能导致 CPU 将一次按键操作识别为多次操作，因此，按键必须进行去抖动处理。去抖动通常有硬件和软件两种方法。

硬件去抖动的方法可采用 RS 触发器或单稳态电路，RS 触发器的去抖动电路如图 4-2 所示，利用 RS 触发器的互锁功能去抖动，可得到理想的按键波形。但该方案要求一个键应有一套硬件电路，因此只能用于按键数目较小的场合。

软件去抖动的方法是，当首次检测到按键按下或按键释放信号时，用软件延时一段时间(10～20ms)，再次判断按键的状态，显然这次读入的是按键稳定后的状态。软件去抖动不用额外的硬件开销，软件也不复杂，因此在智能仪器中被广泛使用。

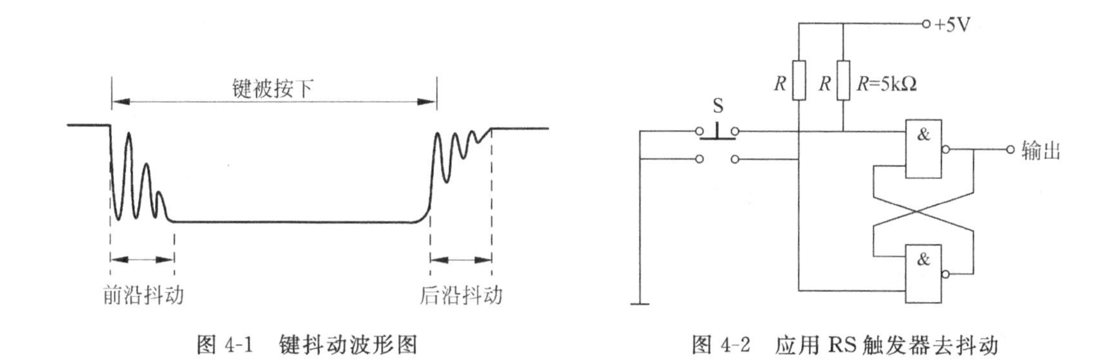

图 4-1　键抖动波形图

图 4-2　应用 RS 触发器去抖动

2. 键连击处理

操作者一次按键操作过程(按下键,观察到系统响应,再松开键)的时间为秒级,而 CPU 即使考虑延时去抖动的时间,处理按键操作的速度也很快。这样会造成单次按键而 CPU 多次响应的问题。这在理论上相当于多次按键的结果。这种现象称为键连击。通常通过软件方法解决键连击问题,如图 4-3(a)所示。当某键被按下时,首先进行去抖动处理,确认键被按下时,执行相应的功能,执行完之后不是立即返回,而是等待按键释放之后再返回。这样就避免了连击现象。

如果把连击现象加以合理利用,有时也会给操作者带来方便。例如在某简易仪器中,设计的按键很少,通过调整键来调整有关参数(加 1 或减 1),但当调整量较大时,就需要按多次按键,使操作很不方便,如果这时允许调整键存在连击现象,只要按住调整键不放,参数就会不停地加 1(减 1),这就给操作者带来很大的方便。具体实现的软件流程如图 4-3(b)所示,程序中的延时环节是为了控制连击的速度。

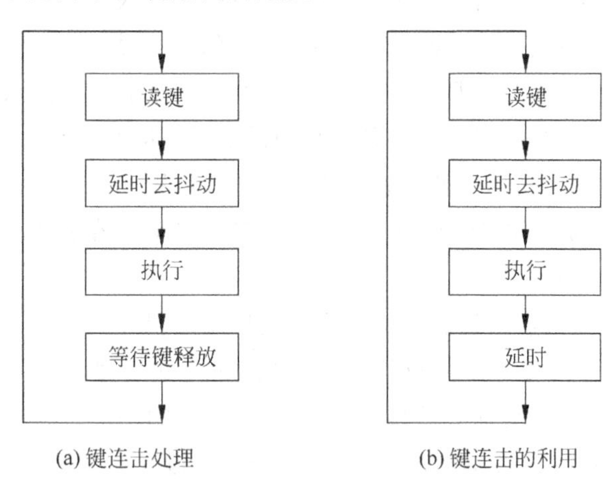

图 4-3　键连击的处理及利用

3. 串键处理

由于操作不慎,可能会造成同时有几个键被按下,这种情况称为串键,通常有两种处理串键的技术,即 N 键锁定技术及 N 键有效技术。

N键锁定技术是在多个键按下时，只识别第一个按键或最后一个释放的键。这种方法较简单，经常使用。

N键有效技术是将所有按键信息都存入缓存器中，然后逐个识别。这种方法成本较高。

4.1.2 键盘的结构及控制方式

1. 键盘的结构

键盘按其工作原理可分为编码式键盘和非编码式键盘。

编码式键盘由键盘和专用编码器两部分构成。当键盘中某一按键按下时，编码器自动产生对应按键的代码，并输出一选通脉冲与CPU进行信息联络。编码式键盘的优点是CPU不需要扫描键盘，编码器自动提供按键的代码，缺点是编码器成本较高。

非编码式键盘不含编码器，当某键按下时，键盘仅送出一个简单的闭合信号，对应按键的代码必须通过软件来确定。因此非编码式键盘可以任意组合，成本低、使用灵活，因而智能仪器大多采用非编码式键盘。

非编码式键盘按照与主机连接方式的不同，分为独立式键盘、矩阵式键盘和交互式键盘。

独立式键盘结构的特点是一键一线，即一个按键单独使用一根检测线与主机输入三态缓冲器连接，如图4-4(a)所示。图中当某键被按下时，对应检测线就变成了低电平，而与其他键对应的检测线仍为高电平，因而很容易识别被按下的键。图中的上拉电阻用以保证键未按下时对应检测线有稳定的高电平。这种连接方式的优点是键盘结构简单，各检测线相互独立，按键识别容易，缺点是占用较多的检测线，不便于组成大型键盘。

矩阵式键盘结构的特点是把检测线分为两组，一组为行线，另一组为列线，按键置于行线与列线的交叉处。如图4-4(b)所示，它是一个4×4矩阵结构的键盘接口电路。CPU通过行扫描、列回馈法识别按键，即逐次使某一行为低电平，其他行为高电平，并读回列线的状态，根据送出的行码与读回的列码就可确定被按下键的位置。与独立式键盘电路相比，矩阵式键盘电路在使用相同数目检测线时可以安排更多的按键。在智能仪器中当按键数较多(大于8)时，都采用矩阵式键盘。

交互式键盘结构的特点是，任意两检测线之间均可放置一个按键，但要求每一条检测线必须是具有位控功能的双向I/O端口线。很显然，交互式键盘所占用的检测线比矩阵式少。图4-4(c)是一个典型的交互式键盘接口电路。该电路使用80C51单片机P1口的8条I/O线作为检测线，可放置的按键数多达28个。交互式键盘的识别采用一种类似于矩阵式键盘分析所使用的逐行扫描法。对键盘中的每个按键安排一个2位数的代码，其中第一位代表按键所在的列线号，第二位代表按键所在的行线号。具体识别方法是，轮流使某一I/O端口线为输出，并输出低电平，记录其对应的列线号i；同时使其他I/O端口线为输入，以判别对应列中是否有键按下，若有键按下就记录对应的行线号j。根据记录的i、j，可以求出按下键的代码，其值为$KD=i\times 10H+j$。

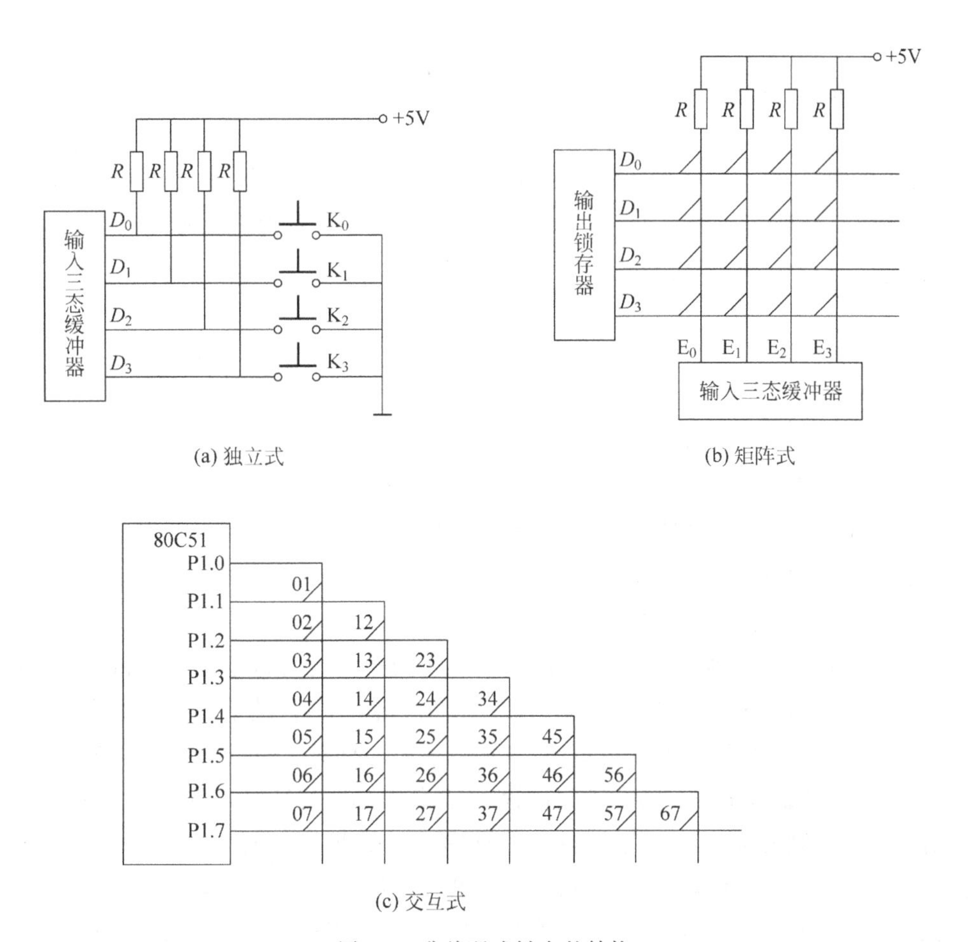

图 4-4 非编码式键盘的结构

2. 控制方式

CPU 对键盘的控制有三种方式，即程序控制方式，定时控制方式及中断控制方式。

程序控制方式：该方式是利用 CPU 在完成其他工作的空余，调用键盘扫描程序，以响应键输入的要求。当 CPU 在运行其他程序时，就不再响应键输入要求。因此，采用该方式编程时，应考虑程序是否对每次按键都会做出及时的响应。

定时控制方式：该方式是利用一个专门的定时器，在定时时间到时提出定时中断申请，CPU 响应后对键盘进行扫描，若有键按下则转入相应的键功能处理程序。由于按键时间一般不小于 100ms，为了不漏检，定时中断周期应小于 100ms。

中断控制方式：在这种方式下，当键盘中有键按下时，硬件产生中断请求信号，CPU 响应中断后对键盘进行扫描，并在有键按下时转入相应的键功能处理程序。该方式的优点是能确保对用户的每次按键操作都能做出迅速的响应，而且由于在无键按下时不进行扫描，因而提高了 CPU 的工作效率。

4.1.3 非编码式键盘接口

在智能仪器中,应用最多的非编码式键盘结构形式是矩阵式键盘。识别矩阵式键盘按键的基本方法有两种:一种是行扫描(row-scanning)法,另一种是线反转(line-reverse)法。

1. 行扫描法

行扫描法步骤如下:

① 各行同时送低电平,检查是否有键按下。为了提高识别按键的效率,CPU 同时给各行送出低电平,然后读回全部列线的状态,若列线中有低电平存在,说明有键按下;若列线均为高电平,说明无键按下。

② 消除键抖动。若有键按下,则通过软件延时几十毫秒,再判断是否有键按下,若某列线仍为低电平,说明确实有键按下。

③ 逐行扫描,求出按下键的键值。

如果确实有键按下,则对键盘进行逐行扫描,先使第一行为低电平,然后读回列线的状态,若列线状态全为高电平,说明该行无键按下,再扫描下一行,使下一行为低电平,并读回列线状态,若某一列(如第一列)为低电平,说明处于第二行第一列交叉处的键被按下。行线状态与列线状态的组合确定了闭合键的位置,称为位置码或特征码,在矩阵键盘中为了编程方便,需要求出按键的键值。键值就是键盘中按键按一定顺序排列的编号。以 4×8 矩阵键盘为例,说明键值求取方法,设置一行值寄存器及一列值寄存器,初值均为 0,每扫描完一行后,若无键按下,则行值寄存器加 08H;若有键按下,行值寄存器保持原值,转而求相应的列值,列值为状态是低电平的列线号,求列值的具体方法是,将读入的列线状态带进位右移(或左移),每移位一次列值寄存器加 1,直至移入进位位是 0 为止。最后将行值和列值相加,即得对应的十六进制键值。

④ 等待闭合键释放。

为保证按键每闭合一次,CPU 只做一次处理,程序需等待闭合键释放后再做其他处理,以克服键连击现象。

图 4-5 所示为一个 4×8 矩阵键盘与单片机接口的实例,并行接口芯片 8155 的 PC 口工作于输出方式,用于行扫描。PA 口工作于输入方式,用来读取列线状态。由图可知,8155 的命令/状态寄存器、PA 口、PB 口、PC 的地址分别为 0100H、0101H、0102H、0103H。

CPU 对键盘的控制采用程序控制方式,对按键识别采用行扫描法,行扫描法具体步骤如下:

① 判断是否有键按下。使 8155 的 PC 口输出线均为低电平,从 PA 口读入列线状态。如果没有键按下,读入值为 FFH,如果有键按下,则读入值不为 FFH。

② 若有键按下,则延时 10ms,再判断是否确实有键按下。

③ 若确实有键按下,则逐行扫描键盘,求取闭合键的键值。

④ 执行延时程序,等待闭合键释放。

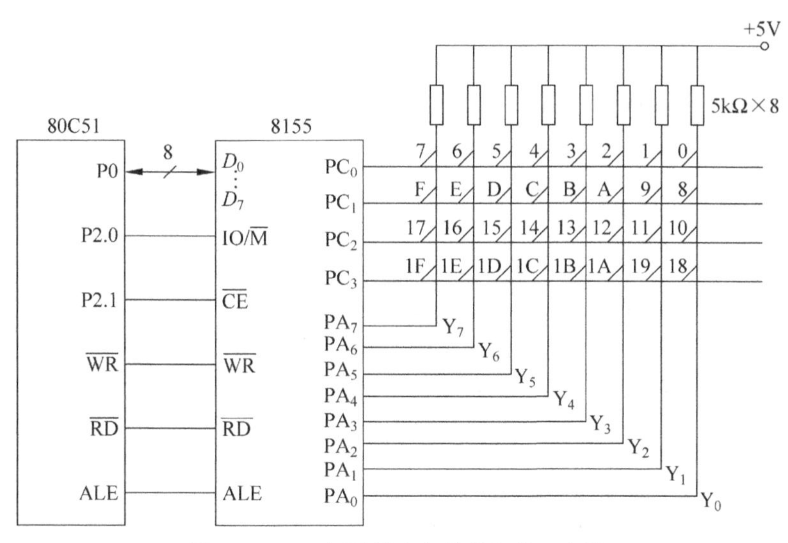

图 4-5　4×8 矩阵键盘与单片机接口电路

采用行扫描法确定键值的程序如下：

```
        ORG     0200H
KEYPR:  MOV     DPTR,#0100H     ;8155 初始化
        MOV     A,#0CH
        MOVX    @DPTR,A         ;控制字写入
        MOV     R3,#00H         ;列值寄存器清零
        MOV     R4,#00H         ;行值寄存器清零
        ACALL   KEXAM           ;检查有无键按下
        JZ      KEND            ;无键按下返回
        ACALL   D10ms
        ACALL   KEXAM           ;再次检查有无键按下
        JZ      KEND
        MOV     R2 #0FEH        ;置扫描初值
KEY1:   MOV     DPTR,#0103H     ;送 C 口地址
        MOV     A,R2
        MOVX    @DPTR,A         ;扫描某一行
        MOV     DPTR,#0101H     ;送 A 口地址
        MOVX    A,@DPTR         ;读列值模型
        CPL     A
        ANL     A,#0FFH
        JNZ     KEY2            ;有键按下,求列值
        MOV     A,R4            ;无键按下,行值加 8
        ADD     A,#08H
        MOV     R4,A
        MOV     A,R2            ;求下一行扫描值
        RL      A               ;A 左移一位
        MOV     R2,A
        JB      ACC.4,KEY1      ;判是否已全扫描
        AJMP    KEND
```

```
KEY2:    CPL     A              ;恢复列模型
KEY3:    RRC     A              ;A 带进位右移一位
         JNC     KEY4
         INC     R3
         AJMP    KEY3
KEY4:    ACALL   D10ms
         ACALL   KEXAM
         JNZ     KEY4           ;等待键释放
         MOV     A,R4           ;计算键值
         ADD     A,R3
         MOV     BUFF,A         ;键值存入 BUFF
KEND:    RET
BUFF:    EQU     30H

D10ms:   MOV     R5,#14H        ;延时子程序
DL:      MOV     R6,#0FFH
DL0:     DJNZ    R6,DL0
         DJNZ    R5,DL
         RET

KEXAM:   MOV     DPTR,#0103H    ;检查是否有键按下子程序
         MOV     A,#00H
         MOV     @DPTR,A
         MOV     DPTR,#0101H
         MOVX    A,@DPTR
         CPL     A
         ANL     A,#0FFH
         RET
```

2. 线反转法

线反转法要求连接矩阵键盘行线和列线的接口为双向口。它比行扫描法译键的速度快。以图 4-6 所示的 4×4 矩阵键盘与单片机的接口为例说明线反转法的原理。

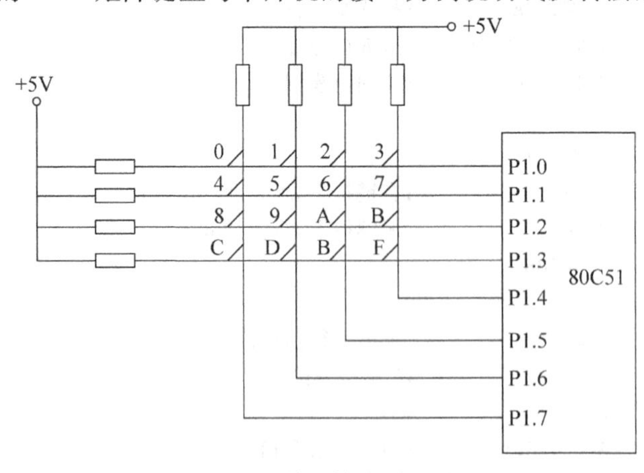

图 4-6　线反转法原理图

译键过程分为两步。第一步，使P1口的低四位为全0输出，高四位为输入，设图中某键（如D键）按下，则从P1口高四位输入的代码为1011，其中的“0”对应于被按下键所在的列。第二步，进行线路反转，使P1口的高四位为全0输出，低四位为输入，此时从P1口低四位输入的结果为0111，其中的“0”对应于被按下键所在的行。两次读入数码的组合10110111称为闭合键的位置码或特征码，它确定了被按下键的位置。

由于特征码离散性大，不便于散转处理，因此应建立一张特征码与顺序码（键值）的关系表，称为键码转换表，如表4-1所示。在表4-1，FFH被定义为空键的特征码和键值。获得特征码后通过查键码转换表得到顺序码，通过顺序码可以方便地进行分支处理。

表4-1 键码转换表

键 名	特征码	顺序码	键 名	特征码	顺序码
0	7EH	00H	9	BBH	09H
1	BEH	01H	A	DBH	0AH
2	DEH	02H	B	EBH	0BH
3	EEH	03H	C	77H	0CH
4	7DH	04H	D	B7H	0DH
5	BDH	05H	E	D7H	0EH
6	DDH	06H	F	E7H	0FH
7	EDH	07H	空键	FFH	FFH
8	7BH	08H			

采用线反转法求取键值的程序如下：

```
KEY1:   MOV     P1,#0F0H        ;从P1低四位输出0
        MOV     A,P1
        ANL     A,#0F0H
        MOV     B,A             ;P1高四位送入B
        MOV     P1,#0FH         ;从P1高四位输出0
        MOV     A,P1
        ANL     A,#0FH          ;P1低四位送入A
        ORL     A,B             ;合成特征码
        CJNE    A,#0FFH,KEYI1
        RET                     ;未按键返回
KEYI1:  MOV     B,A             ;取特征码
        MOV     DPTR,#KEYCD
        MOV     R3,#0FFH        ;顺序码初始化
KEYI2:  INC     R3
        MOV     A,R3
        MOVC    A,@A+DPTR
        CJNE    A,B,KEYI3       ;未找到,判是否已查完
        MOV     A,R3            ;找到,取顺序码
        RET
KEYI3:  CJNE    A,#0FFH,KEYI2   ;未完,再查
        MOV     A,#0FFH         ;无键按下处理
        RET
KEYCD:  DB      7EH,0BEH,0DEH,0EEH
```

```
DB      7DH,0BDH,0DDH,0EDH
DB      7BH,0BBH,0DBH,0EBH
DB      77H,0B7H,0D7H,0E7H
DB      0FFH
```

4.1.4 编码式键盘接口

编码键盘的基本任务是识别按键,提供代码。一个高质量的编码键盘应具有防抖动,处理同时按键等功能。目前市场上已有可编程编码键盘/显示器接口芯片出售,如 Intel8279、HD7279、Zlg7289A 等。

由于编码键盘在按下某一键时,能自动给出按键的代码。因此,可使仪器设计者免除一部分软件编程,并可使 CPU 减轻用软件扫描键盘的负担,提高 CPU 的利用率。

图 4-7 所示为一个矩阵式编码键盘电路。其中键盘是一个 8×8 矩阵式键盘。电路中时钟发生器的输出脉冲送给 6 位计数器进行计数。计数器的高 3 位经过译码后进行列扫描,低 3 位经过译码后进行行扫描。当列扫描到某列时,行扫描对所有 8 行进行逐行扫描。若没有发现键闭合,则计数器周而复始地进行计数,反复进行扫描,一旦发现有键闭合,就发出一脉冲使时钟发生器停止振荡,计数器停止计数,微处理器读取计数器的状态就知道了闭合键所在的行列位置。计数器的状态就是按键的位置码,通过在内存中查按键位置码与键值关系表,就可以得到闭合键的键值。

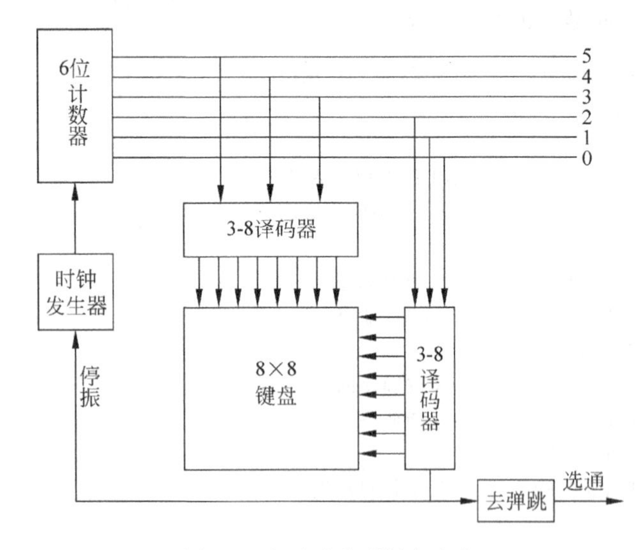

图 4-7 矩阵式编码键盘电路

4.2 LED 显示器接口技术

发光二极管(LED)显示器,是一种由某些特殊半导体材料制作成的 PN 结,由于掺杂浓度很高,当正向偏置时,会产生大量的电子—空穴复合,把多余的能量释放变为光能。

LED显示器具有工作电压低、体积小、寿命长(约十万小时)、响应速度快(小于1μs)、颜色丰富(红、黄、绿等)等特点,是智能仪器最常用的显示器。

LED的正向工作压降一般为1.2～2.6V,发光工作电流为5～20mA,发光强度基本与正向电流成正比。实际应用中,电路应串联适当的限流电阻。LED非常适合于脉冲工作状态,在平均电流相同的情况下,脉冲工作状态产生的亮度增强20%左右。

LED显示器按照结构的不同,分为单个LED显示器、七段LED显示器及点阵式LED显示器。智能仪器中应用较多的是七段LED显示器及点阵式LED显示器。

4.2.1　七段LED显示器及接口

1. 七段LED显示器

七段LED显示器由七个条形LED组成,分别称作a、b、c、d、e、f、g段,点亮不同的段,可显示出数字0～9及多个字母、符号。七段LED显示器的段排列及引脚说明如图4-8(a)所示,其中引脚COM为公共端。为了能够显示出小数点,一般在右下角设置一圆形LED,称为dp段。

根据内部电路连接方式的不同,七段LED显示器有两种结构,即共阴极及共阳极结构,分别如图4-8(b)、(c)所示。在共阴极结构中,所有LED的阴极连接在一起引出(叫公共端)接地,阳极经限流电阻后连到管脚。各段阳极接高电平时,段点亮;接低电平时,段熄灭。共阳极结构中,所有LED的阳极连接在一起接+5V电源,当各段阴极接低电平时,段点亮;接高电平时,段熄灭。

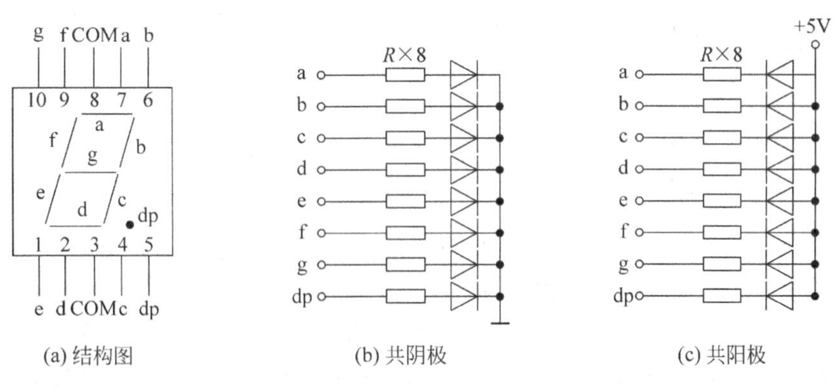

(a) 结构图　(b) 共阴极　(c) 共阳极

图4-8　七段LED显示器

为了用七段LED显示器显示数字,必须将要显示的数字译成相应的段码。译码有两种方法,即硬件译码和软件译码。

硬件译码电路由锁存器、译码器、驱动器等组成。译码器一般有两种,即十六进制型和BCD型。图4-9所示的译码电路用于将BCD码译为7段字型码(简称段码),其中74LS173为锁存器,74LS47为BCD码-7段字型码译码/驱动器。硬件译码的优点是可以节省CPU的时间。但成本高,而且只能译出十进制或十六进制的字符,无法显示除此之外的其他字符。

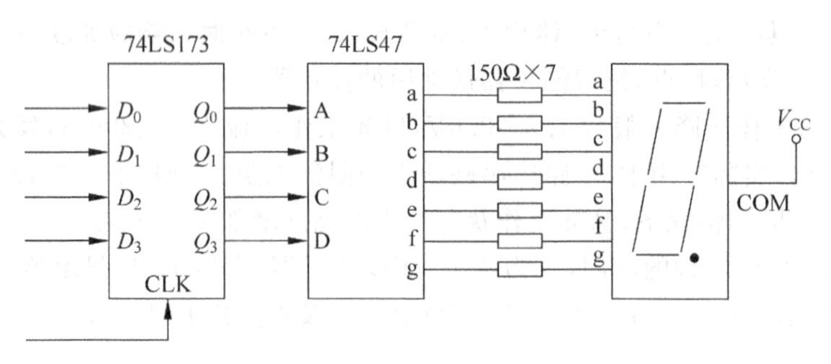

图 4-9 硬件译码显示电路

软件译码的基本思想是预先在内存中建立一张如表 4-2 所示的段码表，根据要显示的数字或字符去查表获得对应的段码，将查得的段码经过驱动器后送至七段 LED 显示器，就可以显示出对应的数字或字符。

表 4-2 七段 LED 显示器段码表

显示字符	共阴极段码	共阳极段码	显示字符	共阴极段码	共阳极段码
0	3FH	C0H	C	39H	C6H
1	06H	F9H	D	5EH	A1H
2	5BH	A4H	E	79H	86H
3	4FH	B0H	F	71H	8EH
4	66H	99H	P	73H	8CH
5	6DH	92H	U	3EH	C1H
6	7DH	82H	Γ	31H	CEH
7	07H	F8H	y	6EH	91H
8	7FH	80H	8.	FFH	00H
9	6FH	90H	“灭”	00H	FFH
A	77H	88H	⋮	⋮	⋮
B	7CH	83H			

七段 LED 显示器的显示方式有两种，一种为静态显示方式，就是各位 LED 恒定地显示对应的数字、字符。在这种显示方式中，每位 LED 需要一个锁存器锁存段码信号。静态显示方式的优点是显示程序简单，占用 CPU 工作时间少，缺点是当显示位数增加时，硬件成本增加，功耗增大。另一种为动态显示方式，就是各位 LED 轮流显示对应数字、字符。由于人眼存在视觉残留现象，只要各位 LED 轮流显示的时间间隔足够短，就会造成各位 LED 同时显示的视觉。动态显示方式硬件开支小、功耗低，但需要 CPU 以扫描的方式送出各位 LED 的段码及位码，占用 CPU 一定的工作时间。在智能仪器仪表中常用动态显示方式。

2. 动态显示接口电路及程序

采用动态显示方式的 6 位七段 LED 显示器接口电路如图 4-10 所示。LED 显示器采用共阴极接法，接口芯片采用 8155，其中 A 口用于输出段码，B 口用于输出位码，其地址分别为 FD01H 和 FD02H。

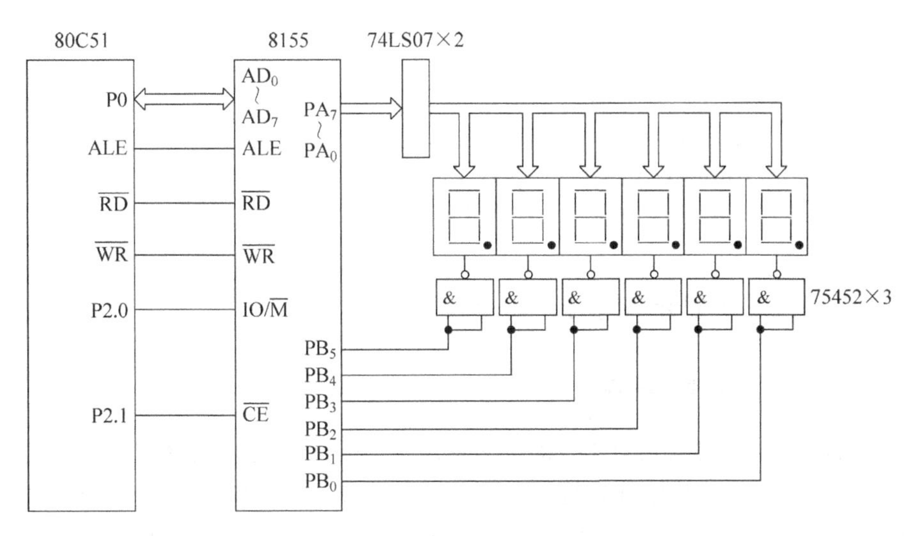

图 4-10　动态扫描显示接口电路

设显示缓冲区为 30H～35H，工作时，先取出一位要显示的数（十六进制数），利用软件译码的方法求出待显示数的段码，送至 8155 的 A 口，再将位码送至 8155 的 B 口，于是选中的显示器点亮。若将各位从左至右依次进行显示，每位数码管显示 3～5ms，显示完最后一位后，再重复上述过程，则可得到连续的显示效果。

设对 8155 的初始化工作已在主程序中完成，则完成上述显示任务的子程序流程图如图 4-11 所示，程序清单如下：

```
DIS:   MOV     R0,#30H        ;R0 指向显缓区
       MOV     R2,#20H        ;R2 存位码
DIS1:  MOV     A,@R0          ;取数进行译码
       MOV     DPTR,#SEG
       MOVC    A,@A+DPTR      ;取段码
       MOV     DPTR,#0FD01H
       MOVX    @DPTR,A        ;段码送 A 口
       MOV     A,R2
       INC     DPTR
       MOVX    @DPTR,A        ;位码送 B 口
       ACALL   DIMS           ;延时 3～5ms
       MOV     A,R2
       JB      ACC.0,DIS2     ;是否显示完毕
       INC     R0             ;未完，取下一位
       MOV     A,R2
       RR      A              ;下一位位码
       MOV     R2,A
       AJMP    DIS1
DIS2:  RET
DIMS:  MOV     R3,#70H        ;延时子程序
DL1:   NOP
       NOP
```

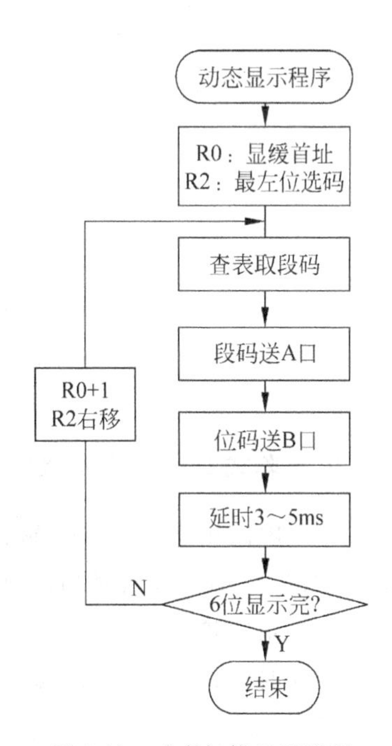

图 4-11　动态扫描显示流程

```
        DJNZ    R3,DL1
        RET
SEG:    DB      3FH,06H,5BH,4FH     ;0,1,2,3
        DB      66H,6DH,7DH,07H     ;4,5,6,7
        DB      7FH,6FH,77H,7CH     ;8,9,A,B
        DB      39H,5EH,79H,71H     ;C,D,E,F
```

4.2.2 点阵式 LED 显示器及接口

1. 点阵式 LED 显示器的结构

七段 LED 显示器只能显示数字及部分字符，不能显示任意字符及图形。点阵式 LED 显示器克服了这个缺点。点阵式 LED 显示器的格式有 4×7，5×7，7×9 等几种，常用的是 5×7 点阵。5×7 点阵显示器由 35 只 LED 分别连接在 5 列 7 行线的交叉处构成，如图 4-12(a)所示。图中每一行的 LED 按共阳极连接，每一列的 LED 按共阴极连接。这种显示器很适宜于按扫描方式动态显示字符。例如，若显示字符“A”，可将图 4-12(b)所示字形代码(或称列码)并行依次送入，同时依次选通对应的列，然后重复进行，便可在显示器上出现稳定的字符“A”。

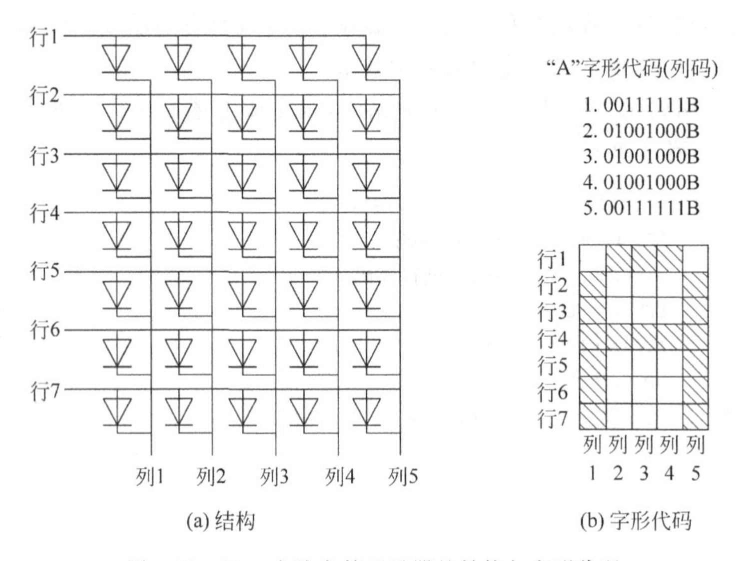

图 4-12 5×7 点阵字符显示器的结构与字形代码

2. 点阵式 LED 显示器接口电路

接口电路由字符 ROM、输出口、点阵式显示器、五分频器、译码器等组成，如图 4-13 所示。字符 ROM 用于存放所有被显示字符的字形代码，高 7 位地址信号 $A_9 \sim A_3$ 是输出口送出的被显示字符的 ASCII 码。低 3 位地址信号由五分频计数器输出得到。五分频计数器的输出同时经译码器以选择显示器的某一列。欲显示某一字符(如“A”)时，输出口送出字符“A”的 ASCII 码 0100001，它选中了 ROM 中字符“A”字形代码所在的区域。当分频器输出为 000 时，ROM 输出字符“A”的第一列字形码 00111111，同时译码器输出选择显示器的第一列，第一列的 LED 在对应字形码为 1 时被点亮。当分频器输出为 001 时，ROM 输出字符“A”的第 2 列字形码 01001000，译码器输出选择显示器第二列。当分频器连续工作时，ROM 依次输出字符“A”的全部字形码，译码器也依次选中显示器的所有列，从而显示器显示出字符“A”。

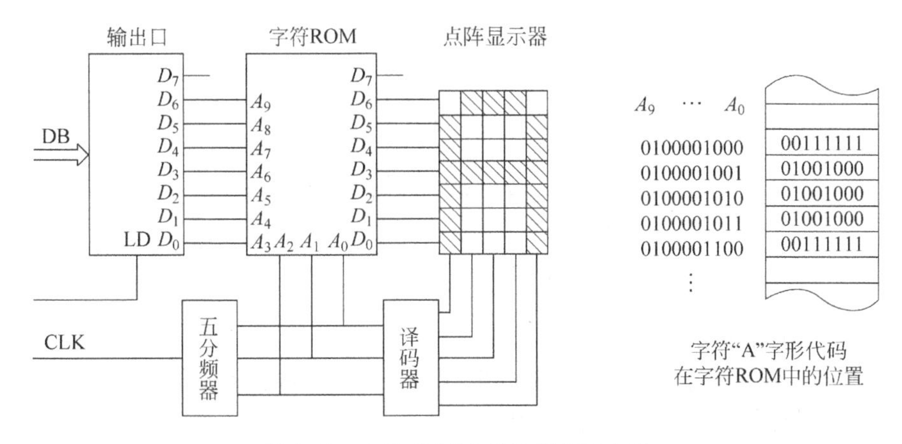

图 4-13 点阵式 LED 显示器接口电路

4.3 可编程键盘/显示器接口电路

智能仪器仪表中键盘显示器是不可缺少的组成部分，为了减轻 CPU 的负担，少占用它的工作时间，已出现了专供键盘及显示器用的可编程接口芯片，如 Intel 8279、HD7279A、Zlg7289 等，也出现了串行接口 LED 驱动芯片，如 MAX7219、PS7219 等。下面介绍常用的 Intel 8279 和 MAX7219 的功能及其应用。

4.3.1 可编程键盘/显示器接口电路 8279

1. 8279 的功能

8279 的功能如下：

- 能同时进行键盘与显示器操作；
- 扫描式键盘与显示器工作方式；
- 自动消除键抖动；
- 具有双键互锁及 N 键有效功能；
- 键盘可扩充为 128 个按键；
- 显示器位数最多可为 16 位；
- 具有左端输入或右端输入的显示格式。

2. 8279 引脚介绍

8279 的逻辑图如图 4-14 所示，内部包含一个 16×8 位显示 RAM、一个 8×8 位 FIFO/

传感器 RAM、一组命令寄存器等部件。

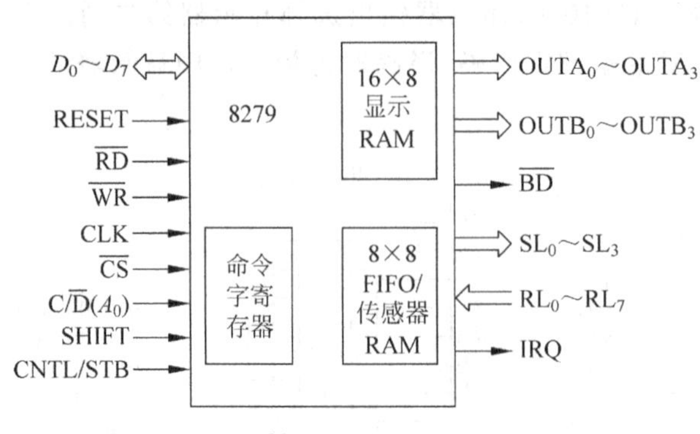

图 4-14 8279 逻辑图

8279 的引脚功能如下：

- $D_0 \sim D_7$：双向数据线，用于传输 CPU 和 8279 间的数据及命令。
- CLK：时钟信号。为 8279 提供内部时钟。
- RESET：复位信号，高电平有效。
- $\overline{\text{CS}}$：片选信号，低电平时允许 CPU 对其读写。
- $\overline{\text{RD}}$、$\overline{\text{WR}}$：读、写信号，低电平有效。
- IRQ：中断请求信号，高电平有效。在键盘方式下，当 FIFO/传感器 RAM 中有数据时，IRQ=1。CPU 每次从 RAM 中读出数据时，IRQ 变为 0；如果读后 RAM 中仍有数据，则 IRQ 再次恢复为 1。在传感器方式下，每当检测到传感器状态变化时 IRQ 为 1。
- $SL_0 \sim SL_3$：扫描信号。用来扫描键盘或传感器以及显示器。它们可以设定为编码(16 选 1)或译码(4 选 1)输出。
- $RL_0 \sim RL_7$：回馈信号。它们是键盘矩阵或传感器矩阵的列(或行)信号输入线。但在选通方式下，它们为 8 位输入数据线。
- $OUTA_0 \sim OUTA_3$；$OUTB_0 \sim OUTB_3$：显示数据输出线。两组可以独立使用，也可以合并使用。合并使用时，$OUTA_3$ 是最高位，$OUTB_0$ 是最低位，合并后用作 8 位数字段码输出。
- SHIFT：换档输入信号。在键盘工作方式时，用来扩充键开关的功能，作为换档功能键的输入。在传感器方式和选通方式 SHIFT 无效。
- CNTL/STB：控制/选通信号。在键盘工作方式时用来扩充键开关的功能，作为控制功能键的输入。在选通方式时在该信号的上升沿，把来自 $RL_0 \sim RL_7$ 的数据存入 FIFO RAM 中。在传感器方式下，该信号无效。
- $\overline{\text{BD}}$：显示消隐信号。在更换显示数字或使用消隐命令时，该信号可使显示器熄灭。
- $C/\overline{D}$：命令/数据选择端。$C/\overline{D}=1$ 时，CPU 写入的信息为命令，CPU 读出的信息为状态。$C/\overline{D}=0$ 时，CPU 读写的字节均为数据。

3. 数据输入方式

8279 数据输入有 3 种方式，即键扫描方式、传感器扫描方式和选通输入方式。

采用键扫描方式时，扫描线为 $SL_0 \sim SL_3$，回馈线为 $RL_0 \sim RL_7$。每按下一个键，便由 8279 自动编码，并送入先进先出堆栈 FIFO，同时产生中断请求信号 IRQ。键的编码格式如下：

D_7	D_6	D_5 D_4 D_3	D_2 D_1 D_0
CNTL	SHIFT	扫描行序号	回馈列序号

如果芯片的控制脚 CNTL 和换档脚 SHIFT 接地，则 D7 和 D6 均为"0"。例如，若被按下键的位置在第 2 行（扫描行序号为 010）与第 4 列（回馈列序号为 100）相交处，则该键所对应的代码为 00010100，即 14H。

8279 的扫描输出有两种方式：译码扫描和编码扫描。所谓译码扫描，即 4 条扫描线在同一时刻只有一条是低电平，并且以一定的频率轮流更换。如果用户键盘的扫描线多于4 条，则需采用编码扫描方式。此时 $SL_0 \sim SL_3$ 输出的是 0000～1111 的二进制代码。它们不能直接用于键盘扫描，而必须经过低电平有效输出的译码器译码。例如，将 $SL_0 \sim SL_2$ 输入到 3-8 线译码器 74LS138，即可得到可用的扫描信号（由 8279 内部逻辑所决定，不能直接用 4-16 线译码器对 $SL_0 \sim SL_3$ 进行译码以扫描键盘/传感器阵列，即在编码扫描时 SL_3 仅用于显示器）。

在传感器扫描方式工作时，扫描线及回馈线分别为 $SL_0 \sim SL_2$、$RL_0 \sim RL_3$。将对开关阵列中每个结点的通断状态（传感器状态）进行扫描，回馈数据存于 FIFO 的 8 个存储单元，存储单元的地址与扫描信号的顺序一致。当开关阵列中任何一位状态改变时，便自动产生中断请求信号 IRQ，中断服务程序将 FIFO 的内容读入 CPU，并与原有状态比较后便可确定哪一位的状态发生了变化。所以用 8279 检测开关的通断状态非常方便。

在选通输入方式工作时，$RL_0 \sim RL_7$ 与 8255 的选通并行输入端口的功能完全一样。此时，CNTL/STB 端作为选通信号 STB 输入端，STB 为高电平有效。

此外，在使用 8279 时，不必考虑按键的抖动问题。因为在芯片内部已设置了消除键抖动和串键的逻辑电路，当消抖电路检测到有键闭合时，等待 10ms 再次检测，若该键仍然闭合，则将闭合键的编码送入 FIFO 堆栈。8279 消除串键的方法有两种，一种为两键互锁方式，即当第一键按下未释放时，第二键又被按下，则第二键为无效键；而当两键同时按下时，后释放的键为有效键。第二种为多键有效方式，指若多个键同时按下时，所有键依扫描顺序被识别，代码依次写入 FIFO 堆栈。

4. 显示输出方式

8279 内部设置了 16×8 显示 RAM，每个单元存储一个字符的 8 位段码。当向显示 RAM 某一单元写入显示字符段码后，8279 的硬件自动管理显示 RAM 的输出及同步扫描信号。显示 RAM 每一单元的字符段码 $D_7 \sim D_0$ 从 $OUTA_3 \sim OUTB_0$ 端输出。显示器的位扫描信号由 $SL_0 \sim SL_3$ 得到。

显示器的扫描信号与键盘输入扫描信号是公用的，当实际的显示位数多于 4 时，必须采用编码扫描输出。

8279 可外接 8 个或 16 个 LED 显示器，当实际的显示器数目少于 8 时，也必须设置成 8 字符或 16 字符显示模式之一。

显示器的数字输入方式有两种，即左端输入方式及右端输入方式。

左端输入方式中，显示器的位置编号与显示 RAM 的地址一一对应，即显示 RAM 中

“0”地址的内容在“0”号(最左端)位置显示，CPU 依次从“0”地址或某一地址开始将字符段码写入显示 RAM。地址大于“15”时，再从 0 地址开始写入。写入过程如图 4-15 所示。

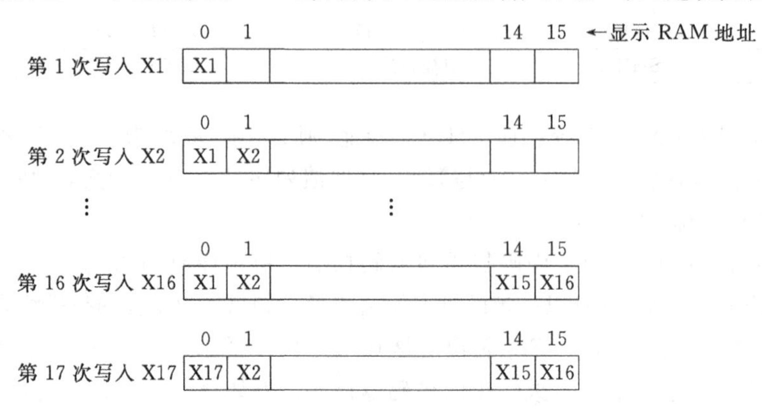

图 4-15 左端输入过程

右端输入方式中显示 RAM 的地址与显示器的位置不是一一对应的，而是每写入一个字符，左移 1 位，显示器最左端的内容被移出丢失。写入过程如图 4-16 所示。

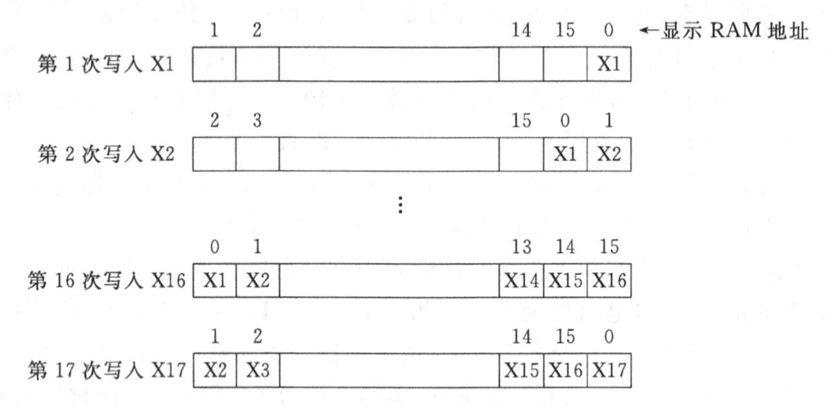

图 4-16 右端输入过程

5. 命令字功能

8279 的工作方式是由各种操作命令决定的。共有 8 条命令。命令功能如表 4-3 所示。

表 4-3 8279 的命令字功能表

命令名称	D_7 D_6 D_5 D_4 D_3 D_2 D_1 D_0	功能说明
键盘、显示器方式设置命令	0 0 0 D_1 D_0 K_2 K_1 K_0	000 是命令特征位 D_1D_0用于设定显示方式：00、01 分别为 8、16 字符显示，左端输入；10、11 分别为 8、16 字符显示，右端输入 $K_2K_1K_0$ 用于设定键盘工作方式： 000、001 为编码、译码扫描键盘，双键互锁 010、011 为编码、译码扫描键盘，N 键有效 100、101 为编码、译码扫描传感器矩阵 110、111 为选通输入，编码、译码扫描显示器

续表

命令名称	D_7 D_6 D_5 D_4 D_3 D_2 D_1 D_0	功能说明
时钟编程命令	0 0 1 P_4 P_3 P_2 P_1 P_0	001 是命令特征位 P_4～P_0 用于设置对时钟的分频系数(2～31)
读 FIFO 命令	0 1 0 AI× A_2 A_1 A_0	010 是命令特征位 传感器方式中，$A_2A_1A_0$ 为被寻址单元地址，AI 是地址自动增 1 标志。键扫描方式中，每次从栈顶读出数据，故 AI 取 0，而 A_2～A_0 任意
读显示 RAM 命令	0 1 1 AI A_3 A_2 A_1 A_0	011 是命令特征位 A_3～A_0 为显示 RAM 单元地址，AI=1，地址自动增 1
写显示 RAM 命令	1 0 0 AI A_3 A_2 A_1 A_0	100 是命令特征位 A_3～A_0 为显示 RAM 单元地址，AI=1，地址自动增 1
显示禁止写入/消隐命令	1 0 1 ×IWA IWB BLA BLB	101 为命令特征位 IWA、IWB 用于禁止向显示 RAM 的 A 组、B 组写入，1 有效 BLA、BLB 用于消隐 A、B 组的显示输出，1 有效
消除命令	1 1 0 C_{D2} C_{D1} C_{D0} C_F C_A	110 为命令特征位 C_{D2} C_{D1} C_{D0} 为设定清除显示 RAM 的方式： 10× 为显示 RAM 所有单元置 0 110 为显示 RAM 所有单元置 20H 111 为显示 RAM 所有单元置 1 0×× 为不清除(CA=0 时) C_F 为用于清除 FIFO RAM。$C_F=1$ 时，使 FIFO RAM 置空，中断输出线复位，传感器 RAM 的读地址置 0 C_A 为总清位。$C_A=1$，清除 FIFO 和显示 RAM(方式仍由 $C_{D1}C_{D0}$ 决定)
结束中断/错误方式设置命令	1 1 1 E × × × ×	111 为命令特征位 在传感器方式：每当传感器状态变化时，状态被写入传感器 RAM，并使 IRQ 变高。若 RAM 读出地址的自动增量 AI=0，则 CPU 第一次读 RAM 时，IRQ 变低；若 AI=1，则读 RAM 不能清除 IRQ，须通过写入本命令字才能使 IRQ 变低，结束中断 在键盘扫描、N 键有效方式：若 $E=1$，则在消抖期内，若有多键同时按下，则状态字的错误特征位 S/E 置 1，并产生中断请求且阻止对 FIFO RAM 写入

6. 8279 的状态字

状态字用来指出 FIFO RAM 中字符个数、出错信息以及能否对显示 RAM 进行写操作。状态字格式如下：

D_7	D_6	D_5	D_4	D_3	D_2	D_1	D_0
DU	S/E	O	U	F	N_2	N_1	N_0

- $N_2N_1N_0$：用来表示 FIFO RAM 中的字符个数。
- F：FIFO RAM 满标志位。当 $F=1$ 时，表示 FIFO RAM 已满。
- O、U：超出、不足标志位。当 FIFO 已装满，其他键数据还企图写入 FIFO RAM 时，O 置 1。当 FIFO RAM 已置空，CPU 还企图读时，U 置 1。
- S/E：传感器信号结束/错误标志位。当 8279 工作在传感器方式时，若 S/E=1，表示最后一个传感器信号已进入传感器 RAM。当 8279 工作在特殊错误方式时，则表示出现了多键同时按下错误。
- DU：显示无效标志位。在清除显示 RAM 和总清时，DU=1. 此时对显示 RAM 写无效。

7. 8279 与单片机的接口

图 4-17 是一个 8279 与键盘、显示器以及 80C51 单片机的接口电路。其中键盘为 4×8 矩阵结构，显示器为 8 位 LED。键盘与显示器采用编码扫描方式，$SL_2 \sim SL_0$ 经 3/8 线译码器 74LS138 后作为键盘的列扫描信号及显示器的位扫描信号。键盘的行回馈线接至 $RL_3 \sim RL_0$ 端。显示器的段码信号由 $OUTA_3 \sim OUTB_0$ 提供。75451 及 7407 分别为显示器的位驱动器及段驱动器。显示消隐信号 $\overline{BD}$ 接 74LS138 的一个使能端，当显示位更换时，$\overline{BD}=0$，译码器输出端均为高电平，使显示器消隐。80C51 的 P2.7 接到 8279 的片选端 $\overline{CS}$，最低位地址 A_0 接 8279 的 $C/\overline{D}$，因此 8279 的命令口地址为 7FFFH，数据口地址为 7FFEH。

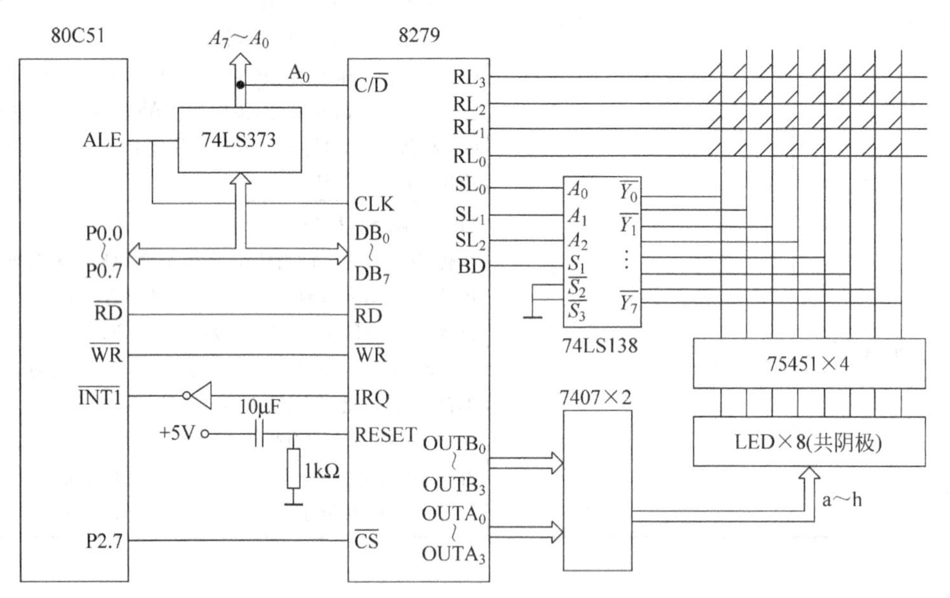

图 4-17　8279 与键盘、显示器的接口

在这种接口中，单片机的工作仅是对 8279 初始化，送出要显示的字符，接到中断请求后读取按键的编码，其他工作均由 8279 自动完成。

实现接口初始化、显示器更新及键盘输入中断服务的程序如下：

```
;8279 初始化程序
INI79:   MOV    DPTR,#7FFFH        ;清除命令送 8279(清 FIFO RAM 和显示 RAM)
```

```
        MOV     A,#0D1H
        MOVX    @DPTR,A
WNDU:   MOVX    A,@DPTR         ;读8279状态字,等清除结束
        JB      ACC.7,WNDU
        MOV     A,#00H          ;键盘/显示器工作方式命令送8279(设置为编码扫描,8字符
                                显示左端输入)
        MOVX    @DPTR,A
        MOV     A,#34H          ;时钟编程命令字送8279(置分频系数为20)
        MOVX    @DPTR,A
        MOV     IE,#84H         ;允许8279中断
        RET
;显示器更新程序
RDIR:   MOV     DPTR,#7FFFH     ;写显示RAM命令送8279
        MOV     A,#90H
        MOVX    @DPTR,A
        MOV     R0,#78H         ;显示缓冲区首地址送R0
        MOV     R7,#08H         ;置计数器初值
        MOV     DPTR,#7FFEH
RDLO:   MOV     A,@R0           ;取显示数据
        ADD     A,#05H          ;加偏移量
        MOVC    A,@A+PC         ;查表转换为段码送8279
        MOVX    @DPTR,A
        INC     R0
        DJNZ    R7,RDLO
        RET
SEG:    DB      3FH,06H,5BH,4FH ;根据硬件线路设计的字形数据
        DB      66H,6DH,7DH,07H
        DB      7FH,6FH,77H,7CH
        DB      39H,5EH,79H,71H
;键输入中断服务程序
PKEYI:  PUSH    PSW
        PUSH    DPL
        PUSH    DPH
        PUSH    ACC
        PUSH    B
        CLR     PSW.4
        SETB    PSW.3           ;选工作寄存器1区
        MOV     DPTR,#7FFFH     ;读FIFO状态字
        MOVX    A,@DPTR
        ANL     A,#0FH
        JZ      PKYR            ;判FIFO中是否有数据?
        MOV     A,#40H          ;读FIFO命令送8279
        MOVX    @DPTR,A
        MOV     DPTR,#7FFEH
        MOVX    A,@DPTR         ;读数据
```

```
        MOV     R2,A
        ANL     A,#38H          ;计算键值
        RR      A
        RR      A
        RR      A
        MOV     B,#04H
        MUL     AB
        XCH     A,R2
        ANL     A,#07H
        ADD     A,R2
        MOV     R0,40H          ;键值送(40H)指出的环形缓冲区单元
        MOV     @R0,A
        INC     R0
        MOV     A,R0
        ANL     A,#3FH          ;环形缓冲区指针处理(设缓冲区为30H～3FH)
        ORL     A,#30H
        MOV     40H,A
        SETB    00H             ;置标志供主程序查询处理
PKYR:   POP     B
        POP     ACC
        POP     DPH
        POP     DPL
        POP     PSW
        RETI
```

4.3.2 串行接口 LED 驱动器 MAX7219

MAX7219 是 MAXIM 公司生产的一种串行接口方式 7 段共阴极 LED 显示驱动器。其片内包含一个 BCD 码到段码的译码器、多路复用扫描电路、字段和字位驱动器，以及存储每个数字的 8×8 RAM。每位数字都可以被寻址和更新，允许对每一位数字选择段码译码或不译码。采用三线串行方式与单片机接口。电路十分简单，只需要一个 10kΩ 左右的外接电阻来设置所有 LED 的段电流。

1. 引脚功能

MAX7219 的引脚排列如图 4-18 所示。

各引脚功能如下：

- DIN：串行数据输入。在 CLK 时钟的上升沿，串行数据被移入内部移位寄存器。移入时最高位(MSB)在前。
- $DIG_{0\sim7}$：8 根字位驱动引脚，它从 LED 显示器吸入电流。
- GND：地，两根 GND 引脚必须相连。

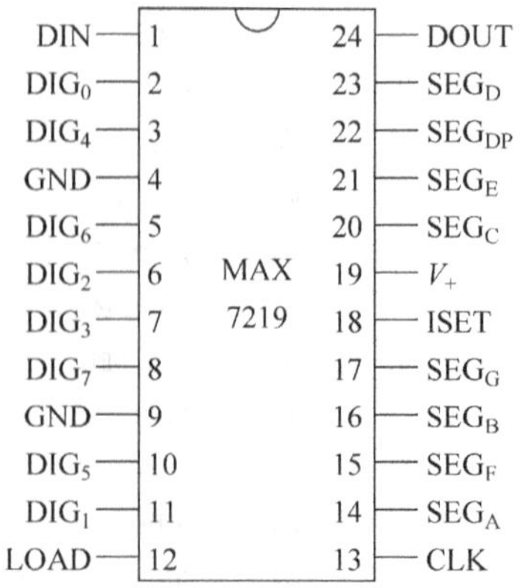

引脚	编号	MAX 7219	编号	引脚
DIN	1		24	DOUT
DIG_0	2		23	SEG_D
DIG_4	3		22	SEG_{DP}
GND	4		21	SEG_E
DIG_6	5		20	SEG_C
DIG_2	6		19	V_+
DIG_3	7		18	ISET
DIG_7	8		17	SEG_G
GND	9		16	SEG_B
DIG_5	10		15	SEG_F
DIG_1	11		14	SEG_A
LOAD	12		13	CLK

图 4-18 MAX7219 的引脚排列

- LOAD：装载数据输入。在 LOAD 的上升沿，串行输入数据的最后 16 位被锁存。
- CLK：时钟输入。它是串行数据输入时所需的移位脉冲。最高时钟频率为 10MHz，在 CLK 的上升沿串行数据被移入内部移位寄存器。
- $SEG_{A\sim G,DP}$：7 段和小数点驱动输出，它提供 LED 显示器源电流。
- ISET：通过一个 10kΩ 电阻 R_{SET} 接到 V_+ 以设置峰值段电流。
- V_+：+5V 电源电压。
- DOUT：串行数据输出。输入到 DIN 的数据经过 16.5 个时钟周期后，在 DOUT 端有效。

2. 串行数据格式

MAX7219 采用串行数据传输方式，由 16 位数据包发送到 DIN 引脚的串行数据在每个 CLK 的上升沿被移入到内部 16 位移位寄存器中，然后在 LOAD 的上升沿将数据锁存到数字或控制寄存器中。LOAD 信号必须在第 16 个时钟上升沿同时或之后，但在下一个时钟上升沿之前变高；否则将会丢失数据。DIN 端的数据通过移位寄存器传送，并在 16.5 个时钟周期后出现在 DOUT 端。DOUT 端的数据在 CLK 的下降沿输出。串行数据以 16 位为一帧，其中，$D_{15}\sim D_{12}$ 可以任意，$D_{11}\sim D_8$ 为内部寄存器地址，$D_7\sim D_0$ 为寄存器数据，格式如表 4-4 所示。

表 4-4 MAX7219 的串行数据格式

D_{15}	D_{14}	D_{13}	D_{12}	D_{11}	D_{10}	D_9	D_8	D_7	D_6	D_5	D_4	D_3	D_2	D_1	D_0
×	×	×	×	地址				MSB			数据				LSB

MAX7219 的数据传输时序如图 4-19 所示。

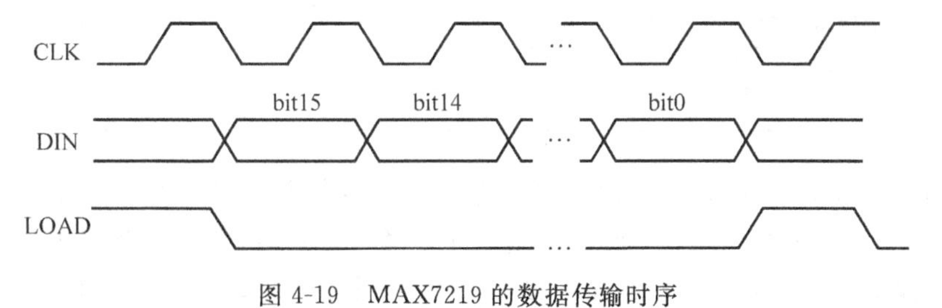

图 4-19 MAX7219 的数据传输时序

3. 数字和控制寄存器

MAX7219 具有 14 个可寻址的内部数字和控制寄存器。8 个数字寄存器由一个片内 8×8 双端口 SRAM 实现，它们可以直接寻址；因此，可以对单个数字进行更新；并且只要 V_+ 超过 2V，数据就可以保持下去。控制寄存器有 5 个，分别为译码方式、显示亮度、扫描界限(扫描数位的个数)、停机和显示测试寄存器。另外还有一个空操作寄存器(NO-OP)，在不改变显示或影响任一控制寄存器的条件下器件级联时，它允许数据从 DIN 传送到 DOUT。MAX7219 的内部寄存器及其地址见表 4-5。

表 4-5 MAX7219 的内部寄存器及其地址

寄存器＼地址	D_{11}	D_{10}	D_9	D_8	十六进制代码
空操作(NO-OP)	0	0	0	0	×0H
数字 0	0	0	0	1	×1H
数字 1	0	0	1	0	×2H
数字 2	0	0	1	1	×3H
数字 3	0	1	0	0	×4H
数字 4	0	1	0	1	×5H
数字 5	0	1	1	0	×6H
数字 6	0	1	1	1	×7H
数字 7	1	0	0	0	×8H
译码方式	1	0	0	1	×9H
亮 度	1	0	1	0	×AH
扫描界限	1	0	1	1	×BH
停 机	1	1	0	0	×CH
显示测试	1	1	1	1	×FH

(1) 译码方式寄存器

译码方式寄存器用于设置每个数字位是否进行译码(译为 0～9,E,H,L,P,－ 的段码)。寄存器中的每一位与一个数字位相对应,逻辑高电平选择译码,而逻辑低电平不译码,寄存器格式如表 4-6 所示。

表 4-6 译码方式寄存器(地址＝×9H)

含 义	D_7	D_6	D_5	D_4	D_3	D_2	D_1	D_0	十六进制代码
7～0 位均不译码	0	0	0	0	0	0	0	0	00H
0 位译码,7～1 位均不译码	0	0	0	0	0	0	0	1	01H
3～0 位译码,7～4 位均不译码	0	0	0	0	1	1	1	1	0FH
7～0 位均译码	1	1	1	1	1	1	1	1	FFH

当采用译码方式时,译码器将数字寄存器中的低四位 BCD 码 $D_3 \sim D_0$ 译成段码,而不考虑 $D_4 \sim D_6$。译码关系如表 4-7 所示。当选择非译码方式时,数字寄存器中的 $D_6 \sim D_0$ 位分别对应 7 段 LED 的 A～G 段,某位数据为 1,则点亮对应的 LED 段；数据为 0,则熄灭该段。两种方式中,D_7 位均对应于 LED 的小数点 DP。

表 4-7 译码关系表

7 段字形	数字寄存器数据						段 码							
	D_7	$D_6 \sim D_4$	D_3	D_2	D_1	D_0	DP	A	B	C	D	E	F	G
0		×	0	0	0	0		1	1	1	1	1	1	0
1		×	0	0	0	1		0	1	1	0	0	0	0
2		×	0	0	1	0		1	1	0	1	1	0	1
3		×	0	0	1	1		1	1	1	1	0	0	1
4		×	0	1	0	0		0	1	1	0	0	1	1
5		×	0	1	0	1		1	0	1	1	0	1	1

续表

7段字形	数字寄存器数据						段　码							
	D_7	$D_6 \sim D_4$	D_3	D_2	D_1	D_0	DP	A	B	C	D	E	F	G
6		×	0	1	1	0		1	0	1	1	1	1	1
7		×	0	1	1	1		1	1	1	0	0	0	0
8		×	1	0	0	0		1	1	1	1	1	1	1
9		×	1	0	0	1		1	1	1	1	0	1	1
—		×	1	0	1	0		0	0	0	0	0	0	1
E		×	1	0	1	1		1	0	0	1	1	1	1
H		×	1	1	0	0		0	1	1	0	1	1	1
L		×	1	1	0	1		0	0	0	1	1	1	0
P		×	1	1	1	0		1	1	0	0	1	1	1
暗		×	1	1	1	1		0	0	0	0	0	0	0

注：小数点DP由D_7位控制，$D_7=1$点亮小数点。

(2) 亮度寄存器

亮度寄存器用于设置显示亮度，通过寄存器低四位设置相邻数字间显示时间的占空比来实现亮度的控制。占空比按照16级设计，最小亮度出现在1/32的占空比，最大亮度出现在31/32占空比。亮度寄存器的格式如表4-8所示。

表4-8　亮度寄存器(地址＝×AH)

占空比(亮度)	D_7	D_6	D_5	D_4	D_3	D_2	D_1	D_0	十六进制代码
1/32(最小亮度)	×	×	×	×	0	0	0	0	×0H
3/32	×	×	×	×	0	0	0	1	×1H
5/32	×	×	×	×	0	0	1	0	×2H
⋮				⋮					⋮
29/32	×	×	×	×	1	1	1	0	×EH
31/32(最大亮度)	×	×	×	×	1	1	1	1	×FH

(3) 扫描界限寄存器

扫描界限寄存器用于设置所显示的数字位，可以为1～8位，通常以扫描频率为1300Hz、8位数字、多路复用方式显示。因为所扫描数字的多少会影响显示亮度，所以要注意调整。如果扫描界限寄存器被设置为3个数字或更少，各数字驱动器将消耗过量的功率。因此R_{SET}电阻的值必须按所显示数字的位数多少适当调整，以限制各个数字驱动器的功耗。扫描界限寄存器的格式如表4-9所示。

表4-9　扫描界限寄存器(地址＝×BH)

显示数字位	D_7	D_6	D_5	D_4	D_3	D_2	D_1	D_0	十六进制代码
只显示第0位数字	×	×	×	×	×	0	0	0	×0H
显示第0位～第1位数字	×	×	×	×	×	0	0	1	×1H
显示第0位～第2位数字	×	×	×	×	×	0	1	0	×2H
⋮				⋮					⋮
显示第0位～第6位数字	×	×	×	×	×	0	1	1	×6H
显示第0位～第7位数字	×	×	×	×	×	1	1	1	×7H

(4) 停机寄存器

当MAX7219处于停机方式时，扫描振荡器停止工作，所有的段电流源被拉到地，而所有的位驱动器被拉到 V_+，此时LED将不显示。在数字和控制寄存器中的数据保持不变。停机方式可用于节省功耗或使LED处于闪烁。MAX7219退出停机方式的时间不到250μs，在停机方式下显示驱动器还可以进行编程。停机方式可以被显示测试功能取消。表4-10为停机寄存器格式。

表4-10 停机寄存器(地址=×CH)

工作方式	D_7	D_6	D_5	D_4	D_3	D_2	D_1	D_0	十六进制代码
停机	×	×	×	×	×	×	×	0	×0H
正常	×	×	×	×	×	×	×	1	×1H

(5) 显示测试寄存器

显示测试寄存器有两种工作方式：正常和显示测试。在显示测试方式下，8位数字被扫描，占空比为31/32。通常不考虑(但不改变)所有控制寄存器和数据寄存器(包括停机寄存器)内的控制字来接通所有的LED。MAX7219保持显示测试方式直到显示测试寄存器被重新置为正常工作为止。表4-11为显示测试寄存器的格式。

表4-11 显示测试寄存器(地址=×FH)

工作方式	D_7	D_6	D_5	D_4	D_3	D_2	D_1	D_0	十六进制代码
正常	×	×	×	×	×	×	×	0	×0H
显示测试	×	×	×	×	×	×	×	1	×1H

(6) 空操作寄存器

MAX7219级联使用时，需要用到空操作寄存器(NO-OP)，空操作寄存器的地址为×0H。将所有级联器件的LOAD端连接在一起，将DOUT端连接到相邻MAX7219的DIN端。例如，将4个MAX7219级联使用，那么要对第1片MAX7219写入时，先发送所需要的16位字，其后跟3个空操作代码(×0××H)。当LOAD变高时，数据被锁存在所有器件中。后3个芯片接受空操作命令，而第1个芯片将接受预期的数据。

4. MAX7219与微机的接口

MAX7219可方便地与各种单片机接口。

图4-20所示为80C51单片机与MAX7219的一种接口。80C51的P1.0连接到MAX7219的DIN端，P1.1连接到LOAD端，P1.2连接到CLK端。采用软件模拟方式产生MAX7219所需的工作时序。下面给出根据图4.20所设计的MAX7219显示驱动程序，程序执行后在LED上显示8051字样。

```
          ORG     0000H        ;复位入口
          LJMP    MAIN
          ORG     0030H
MAIN:                          ;主程序
          MOV     SP,#60H      ;设置堆栈指针
          MOV     R7,#0AH      ;亮度寄存器地址
          MOV     R5,#07H      ;亮度值
          LCALL   DINPUT       ;调用7219命令写入子程序
```

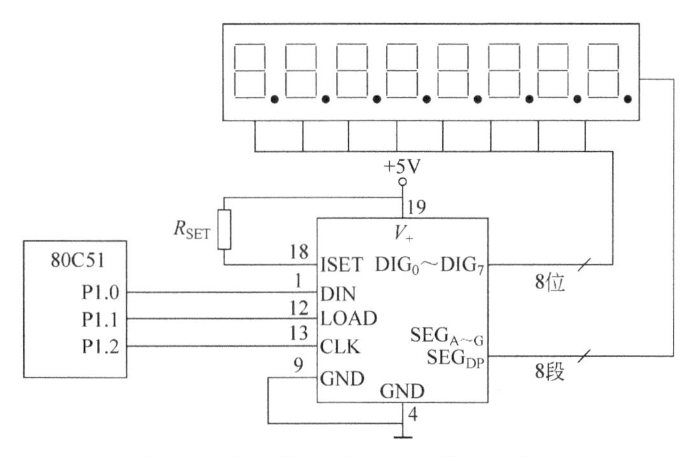

图 4-20　MAX7219 与 80C51 单片机接口

```
        MOV     R7,#0BH     ;扫描界限寄存器地址
        MOV     R5,#07H     ;显示 7 位数字
        LCALL   DINPUT
        MOV     R7,#09H     ;译码方式寄存器地址
        MOV     R5,#0FFH    ;7～0 位均译码
        LCALL   DINPUT
        MOV     R7,#0CH     ;停机寄存器地址
        MOV     R5,#01H     ;正常工作
        LACLL   DINPUT
        MOV     30H,#08H    ;显示 8051
        MOV     31H,#00H
        MOV     32H,#05H
        MOV     33H,#01H
        MOV     R7,#30H
        LCALL   DISPLY      ;调用 7219 显示子程序
HERE:   SJMP    HERE
DINPUT:                     ;7219 命令写入子程序
        MOV     A,R7        ;传送来的第一个参数保存在 R7 中,作为 7219
                            ;控制寄存器的 8 位地址
        MOV     R2,#08H
LOOP1:  RLC     A           ;A 的 D7 位移至 P1.0,依次为 D6～D0
        MOV     P1.0,C      ;8 位地址输入 DIN
        CLR     P1.2        ;P1.2 输出时钟信号
        SETB    P1.2
        DJNZ    R2,LOOP1
        MOV     A,R5        ;传送来的第二个参数保存在 R5 中,作为写入 7219
                            ;控制寄存器的 8 位命令数据
        MOV     R2,#08H
LOOP2:  RLC     A           ;A 的 D7 位移至 P1.0,依次为 D6～D0
        MOV     P1.0,C      ;8 位数据输入 DIN
        CLR     P1.2        ;P1.2 输出时钟信号
        SETB    P1.2
        DJNZ    R2,LOOP2
        CLR     P1.1        ;P1.1 输出 LOAD 信号,上升沿装载寄存器数据
        SETB    P1.1
```

```
        RET
DISPLY:                              ;7219 显示子程序
        MOV     A,R7                 ;R7 内容为 7219 显示缓冲区入口地址
        MOV     R0,A                 ;R0 指向显示缓冲区首地址
        MOV     R1,#01H              ;R1 指向 7219 的 8 字节显示 RAM 首地址
        MOV     R3,#08H
LOOP3:  MOV     A,@R0                ;取出显示数据保存到 R5
        MOV     R5,A
        MOV     A,R1                 ;取出显示 RAM 地址保存到 R7
        MOV     R7,A
        LCALL   DINPUT               ;调用 7219 命令写入子程序
        INC     R0
        INC     R1
        DJNZ    R3,LOOP3
        RET
```

4.4 LCD 显示器接口技术

液晶显示器(Liquid Crystal Diode,LCD)是一种功耗极低、体积小、重量轻的显示器件,是袖珍式仪表和低功耗系统中的首选器件,随着制造技术的发展,液晶显示器的性价比不断提高,在智能仪器仪表中的应用日益广泛。

4.4.1 液晶显示器的原理及驱动方式

液晶是一种介于固体与液体之间的一种特殊有机化合物。液晶显示器是利用液晶的扭曲——向列效应原理制成的。图 4-21 是常用的反射式液晶显示器原理示意图。由偏极方向垂直的上下偏光片、玻璃基板、配向膜、电极、反射板及填充于上、下配向膜间的液晶构成。

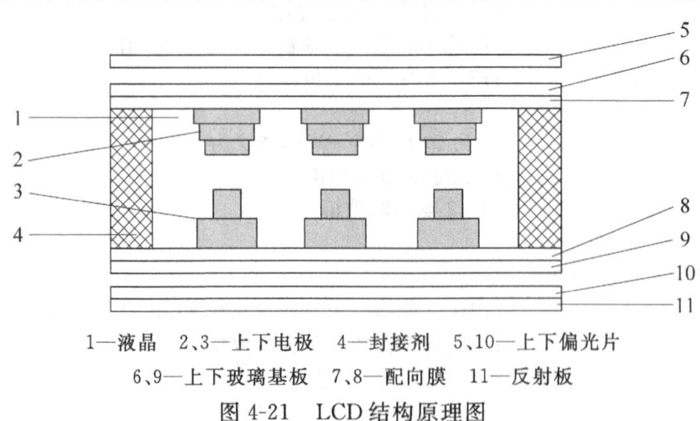

1—液晶　2、3—上下电极　4—封接剂　5、10—上下偏光片

6、9—上下玻璃基板　7、8—配向膜　11—反射板

图 4-21　LCD 结构原理图

偏光片用来选择某一偏极方向的偏极光,配向膜是渡在玻璃基板上的配向剂,它具有相互平行的细沟槽。处在配向膜附近的液晶分子按配向膜进行配向,由于上、下配向膜沟槽偏离 90°,所以处在上、下配向膜间的液晶分子扭转成 90°。当上、下电极没有加电压时,偏极光经过偏光片进入液晶区后,跟着液晶做 90°扭转,由于上、下偏光片偏极方向成 90°,所以

光线就会通过下偏光片,并经过反射板反射回来,液晶显示器看起来就呈现“亮”的白色状态。当上下电极间加一定电压时,电极部分对应的液晶分子受到极化,转成上、下垂直排列,失去扭转特性。由于上、下偏光片偏极方向垂直。所以从上偏光片通过的偏极光就无法通过下偏光片,因而器件就呈现“暗”的黑色状态。根据需要,将电极做成字段、点阵,就可以构成字段式、字符点阵式及图像点阵式液晶显示器。

LCD的一个重要特点是必须采用交流驱动方式(一般用矩形波驱动)。若交流电压中含有直流成分,其值应小于100mV,否则会使液晶材料在长时间直流电压作用下发生电解,大大缩短LCD寿命。交流电压的频率不应低于30Hz,以免造成显示数字闪烁,但也不应高于200Hz,因为较高的频率增大了LCD的功耗。而且对比度会变差。图4-22所示是一种基本的LCD驱动电路及其波形。驱动电路由一个简单的异或门构成。当控制信号A为低电平时,LCD两端电压为0,LCD不显示。而当控制信号A为高电平时,LCD两端呈现交变电压,LCD显示。常用的扭曲——向列型LCD,驱动电压范围是3~6V。

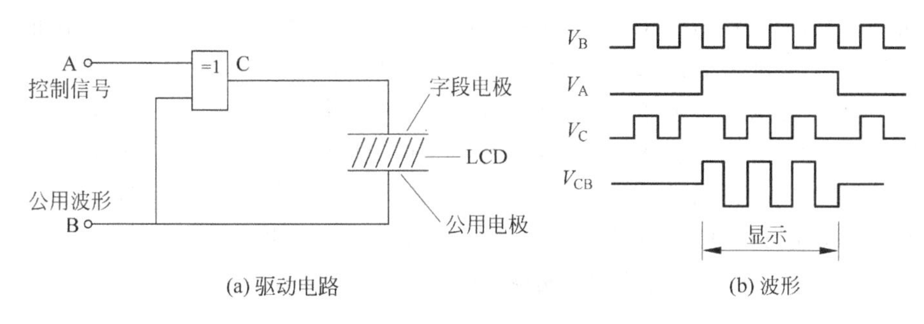

(a) 驱动电路 (b) 波形

图4-22 LCD的基本驱动电路及波形

LCD的驱动方式有静态驱动法和动态驱动法。静态驱动法是指在每个像素(如段式显示器的一个字段或矩阵显示器的一个点)的前后电极上施加交变电压时呈显示状态,不施加交变电压时则呈非显示状态的一种驱动方法。静态驱动法中,每个像素的像素电极均需引出,而所有像素的公用电极连在一起引出,显示的像素越多,引出线也越多,相应的驱动电路也越多,故它适应于像素较少的场合。

动态驱动法也称时间分割驱动法或多路驱动法。为了适应多像素显示,将显示器件的电极制作成矩阵结构,把水平一组像素的背电极连在一起引出,称之为行电极(或公共电极COM),把纵向一组像素的像素电极连在一起引出,称之为列电极(或像素电极PIX),每个显示像素都由其所在的行与列的位置唯一确定。其驱动方法是循环地给每行电极施加选择脉冲,同时所有列电极给出该行像素的选择或非选择驱动脉冲,从而实现所有显示像素的驱动。这种行扫描是逐行顺序进行的,循环周期很短,使得液晶显示屏上呈现稳定的图像效果。

动态驱动法既可以驱动点阵式液晶显示器,也可以驱动字段式液晶显示器。对于字段式液晶显示器,将字段的像素电极分为若干组,并将每一组像素电极相连作为矩阵的一列,同时,将字段的背电极也分为若干组,每组背电极相连作为矩阵的一行,如图4-23所示。任一组像素电极与任一组背

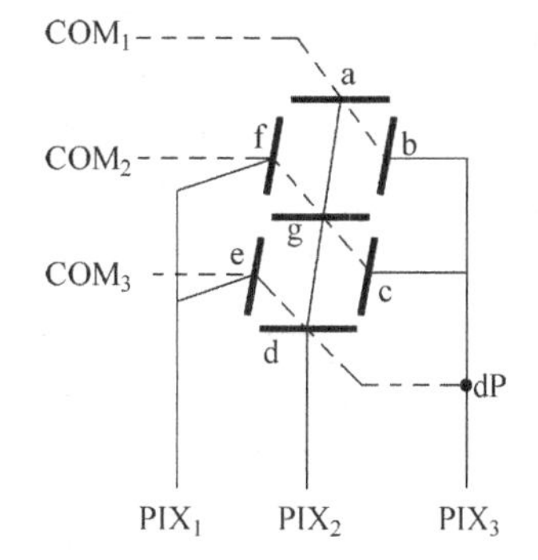

图4-23 字段式LCD显示器动态驱动的连线方法

电极中，最多只有一个像素电极与背电极为同一像素所有。所构成的矩阵式电极结构，便可以用上述动态驱动方法驱动。

4.4.2 段式 LCD 显示器接口

段式 LCD 显示器是以条状像素组成的液晶显示器，其中 7 段显示方式最为常见。段式 LCD 显示器可以采用静态驱动方式或动态驱动方式，取决于显示器件各个像素外引线的引出和排列方式。段式 LCD 显示器的静态驱动方式有两种，一种是采用由硬件译码驱动器，将欲显示的数字译为段码，再转换为交变信号送到 LCD 显示器。另一种是采用软件译码加驱动器的方法，译码通过单片机查译码表完成。

图 4-24 所示为采用硬件译码驱动器的 LCD 显示器接口电路，图中 4N07 为 4 位段式 LCD 显示器，工作电压为 3～6V，阈值电压为 1.5V，工作频率为 50～200Hz，采用静态工作方式。四组 a1～g1 分别为 4 位 LCD 显示器的 7 个字段电极，COM 为所有字段的公共电极。MC14543 是带锁存器的 CMOS 型译码驱动器，可以将输入的 BCD 码转换为 7 个字段电极信号。PH 为驱动方式控制端，驱动 LCD 时，PH 端输入方波信号。A、B、C、D 为 BCD 码输入端。LD 为锁存信号输入端。LD 为高电平时，输入的 BCD 码进入锁存器，LD 跳变为低电平时，锁存输入代码。a～g 为输出的 7 个字段电极信号，某段显示时，对应字段电极信号相位与 PH 端反相，使加在该字段正、背面电极的信号反相。字段不显示时，字段电极信号相位与 PH 端同相。BI 为消隐控制端，BI 为高电平时消隐，即输出端 a～g 信号的相位与 PH 端相同。

在图 4-24 中，80C51 的 P1.0～P1.3 接到 MC14543 的 BCD 码输入端 A～D，P1.4～P1.7 提供 4 片 MC14543 的锁存信号 LD。P3.7 提供 MC14543 的方式控制信号 PH 及 4N07 的公共电极信号 COM，它是一个供显示用的低频方波信号。方波信号由 80C51 定时器 T1 的定时中断产生，频率为 50Hz。

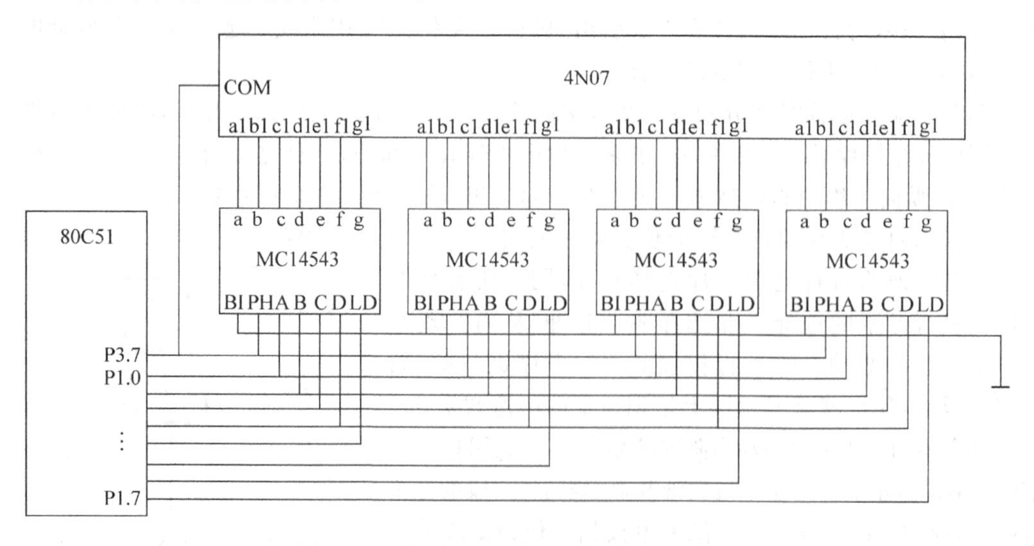

图 4-24 采用译码驱动器的段式 LCD 接口

下面给出将显示缓冲区中的内容显示在 LCD 上的程序。

```
;主程序
DISB    EQU     60H             ;定义显示缓冲区
        ORG     0000
HINIT:  LJMP    START           ;主程序入口
        ORG     001BH
        LJMP    INTT1           ;定时器 T1 中断入口
        ORG     0030H
START:  MOV     TMOD,#10H       ;置定时器 T1 为方式 1
        MOV     TH1,# 0ECH      ;10ms 定时,fosc = 6MHz
        MOV     TL1,#78H
        SETB    TR1             ;启动 T1
        SETB    EA              ;开中断
        SETB    ET1
        ⋮                       ;其他工作
        LCALL   DISP            ;调用显示子程序
        ⋮                       ;其他工作
;显示子程序
DISP:   MOV     R0,#DISB        ;R0 指向显示缓冲区首地址
        MOV     R2,#10H         ;设定最高位锁存控制标志
DISP1:  MOV     A,@R0           ;取显示数据
        ANL     A,#0FH          ;保留 BCD 码
        ORL     A,R2            ;加上锁存控制位
        MOV     P1,A            ;送入 MC14543
        ANL     P1,#0FH         ;置所有 MC14543 为锁存状态
        INC     R0              ;R0 指向显示缓冲区下一位
        MOV     A,R2            ;锁存端控制标志送 A
        RL      A
        MOV     R2,A
        JNB     ACC.7,DISP1     ;未完成 4 位则继续
        RET                     ;已更新显示,返回

;定时器 1 中断服务程序
INTT1:  CPL     P3.7            ;P3.7 输出电平取反
        MOV     TH1,#0ECH       ;置定时器计数初值
        MOV     TL1,#78H
        RETI                    ;中断返回
```

上述程序中,显示缓冲区的最高位对应 LCD 显示器的最左端。

4.4.3　点阵式 LCD 显示器接口

段式 LCD 显示器仅能显示数字及少量字符,而点阵式 LCD 显示器可以显示任意字符及图形。点阵式 LCD 显示器按照显示原理的不同分为字符点阵式和图形点阵式两类。点

阵式 LCD 显示器品种较多，下面介绍一种常用的由 EPSON 公司生产的 20×4 字符点阵式 LCD 显示器 EA-D20040AR。

1. EA-D20040AR 的结构及工作原理

EA-D20040AR 由扭曲向列型（TN）液晶显示面板、集成控制器 SED1278、驱动电路等组成，内部结构及引脚如图 4-25 所示，内部有能显示 96 个 ASCII 字符和 92 个特殊字符的字库，并可以经过编程自定义 8 个字符（5×7 点阵）。

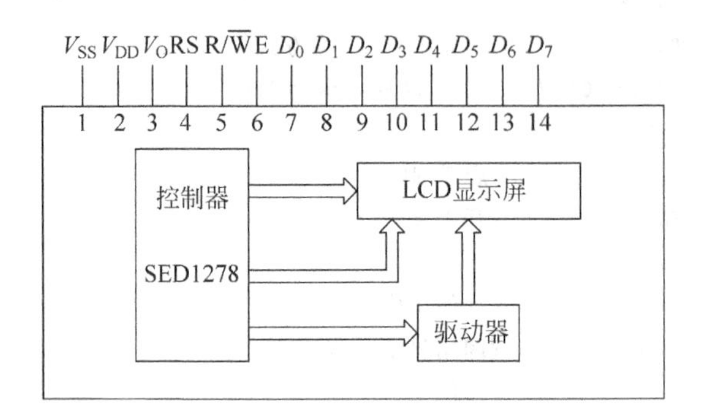

图 4-25 EA-D20040AR 内部结构及引脚

EA-D20040AR 引脚功能如下。

- V_{SS}：参考地端。
- V_{DD}：+5V 电源输入端。
- V_O：LCD 面板亮度调节端。接至电位器（20kΩ）可调端，电位器两端分别接 V_{DD}、地。
- RS：寄存器选择信号输入端。RS=0 选择指令寄存器，RS=1 选择数据寄存器。
- R/$\overline{W}$：读/写信号输入端。R/$\overline{W}$=0 写有效，R/$\overline{W}$=1 读有效。
- E：片选信号输入端，高电平有效。
- D_0～D_7：数据总线。

下面介绍 EA-D20040AR 工作原理。

EA-D20040AR 液晶显示模块采用 5×7 点阵图形显示字符。显示时，微处理器先送出被显示字符在液晶显示模块上的地址（位置），存储在液晶显示模块的指令寄存器中，然后微处理器送出被显示字符的代码，存储在液晶显示模块的显示数据 RAM（DDRAM）中，控制器根据此代码从字符发生存储器（字库）中取出对应的字符点阵（5×7），送到由指令寄存器中地址指定的显示屏位置上，显示出该字符。字符发生存储器有随机存储器 CGRAM 和只读存储器 CGROM 两种。

2. 寄存器及存储器

（1）指令寄存器 IR、数据寄存器 DR

EA-D20040AR 内部有两个 8 位寄存器：指令寄存器和数据寄存器。用户可以通过 RS 和 R/$\overline{W}$ 信号的组合选择指定的寄存器，进行相应的操作。寄存器的选择及功能如表 4-12 所示。

表 4-12　寄存器的选择及功能

RS	R/$\overline{W}$	说　明
0	0	将指令写入指令寄存器
0	1	分别将忙标志 BF 和地址计数器 AC 内容读到 DB7 和 DB_6～DB_0
1	0	将数据写入数据寄存器中，模块的内部操作自动将数据写到 DDRAM 或者 CGRAM 中
1	1	将数据寄存器内的数据读出，模块的内部操作自动将 DDRAM 或者 CGRAM 的数据送入数据寄存器

(2) 忙标志 BF 及地址计数器 AC

忙标志 BF：当 BF＝1 时，表明液晶显示模块正在进行内部操作，不会接受任何命令。在 RS＝0，R/$\overline{W}$＝1 时，BF 输出到 DB_7。每次操作之前应进行状态检测，只有在确认 BF＝0 时，CPU 才能访问液晶显示模块。

地址计数器 AC：地址计数器的内容是显示数据 RAM(DDRAM)或字符发生存储器 CGRAM 单元的地址。当设置地址指令写入指令寄存器后，DDRAM 或 CGRAM 单元的地址就送入地址计数器 AC。当对 DDRAM 或 CGRAM 进行读写数据时，地址计数器自动加 1 或自动减 1。当 RS＝0、R/$\overline{W}$＝1 时，地址计数器的内容从 DB_6～DB_0 输出。

(3) 显示数据 RAM(DDRAM)

显示数据 RAM 是 80×8 位的 RAM，能够存储 80 个 8 位字符代码。没用上的 DDRAM 单元被 CPU 当作一般 RAM 使用。DDRAM 的地址用 7 位二进制数 A_6～A_0 表示，程序中用 2 位十六进制数表示。DDRAM 地址与 LCD 显示屏上显示位置的关系如表 4-13 所示。要注意的是第二行地址与第一行地址并没有连续，而是第一、第三行地址连续，第二、第四行地址连续。该液晶显示模块实质上为独立两行显示。

表 4-13　DDRAM 地址与显示屏上显示位置的关系

屏列号 / DDRAM 地址 / 屏行号	1	2	3	4	5	6	7	8	9	10	11	12	13	14	15	16	17	18	19	20
1	00	01	02	03	04	05	06	07	08	09	0A	0B	0C	0D	0E	0F	10	11	12	13
2	40	41	42	43	44	45	46	47	48	49	4A	4B	4C	4D	4E	4F	50	51	52	53
3	14	15	16	17	18	19	1A	1B	1C	1D	1E	1F	20	21	22	23	24	25	26	27
4	54	55	56	57	58	59	5A	5B	5C	5D	5E	5F	60	61	62	63	64	65	66	67

字符代码与字符的关系如表 4-14 所示。在液晶显示模块中，表中第一列由 CGRAM 产生(可自定义)，其余各列由 CGROM 产生。

表 4-14　字符代码与字符的关系

低位 \ 高位	0000	0010	0011	0100	0101	0110	0111	1010	1011	1100	1101	1110	1111
(CGRAM产生)													
0000	(1)		0	@	P	\	p		—	々	ミ	α	p
0001	(2)	!	1	A	Q	a	q	•	ヌ	チ	ム	a	q
0010	(3)	"	2	B	R	b	r	┌	イ	ツ	メ	β	θ
0011	(4)	#	3	C	S	c	s	┘	ウ	チ	モ	ε	∞
0100	(5)	$	4	D	T	d	t	、	エ	ト	ヤ	μ	Ω
0101	(6)	%	5	E	U	e	u	。	オ	ナ	ユ	σ	O
0110	(7)	&	6	F	V	f	v	ラ	カ	ニ	ヨ	ρ	Σ
0111	(8)	,	7	G	W	g	w	ァ	キ	ヌ	ラ	g	π
1000	(1)	(	8	H	X	h	x	ィ	ク	ネ	リ	∫	X
1001	(2)	)	9	I	Y	i	y	ゥ	ケ	ノ	ル	−1	Y
1010	(3)	*	:	J	Z	j	z	ェ	コ	ハ	レ	j	千
1011	(4)	+	;	K	[	k	{	ォ	サ	ヒ	ロ	×	万
1100	(5)	,	<	L	¥	l	|	セ	シ	フ	ワ	Φ	⊕
1101	(6)	—	=	M	]	m	}	コ	ス	ヘ	ン	£	÷
1110	(7)	.	>	N	^	n	→	ョ	セ	ホ	ハ	n	
1111	(8)	/	?	O	—	o	←	ッ	ソ	マ	ロ	O	■

(4) 字符发生器 ROM(CGROM)

在 CGROM 中，液晶显示模块已经生成了所有字符的字符字模(一个字符字模为一个 5×7 点阵图形)。CGROM 的单元地址与字符字模的关系如图 4-26 所示。CGROM 的单元地址(字符字模一行的地址)为 12 位，高 8 位为字符代码，低 4 位由内部电路产生。字符字模数据位的 $D_4 \sim D_0$ 用于表示字符，$D_7 \sim D_5$ 位为 0，第八行表示光标位置，数据位均为 0，第九行以下数据全为 0。

CGROM 地址												数据					
A_{11}	A_{10}	A_9	A_8	A_7	A_6	A_5	A_4	A_3	A_2	A_1	A_0	D_4	D_3	D_2	D_1	D_0	
								0	0	0	0	1	0	0	0	0	
								0	0	0	1	1	0	0	0	0	
								0	0	1	0	1	0	0	0	0	
								0	0	1	1	1	1	1	1	1	
								0	1	0	0	1	0	0	0	1	
								0	1	0	1	1	0	0	0	1	
								0	1	1	0	1	1	1	1	1	
0	1	1	0	0	0	1	0	0	1	1	1	0	0	0	0	0	←光标位置
								1	0	0	0	0	0	0	0	0	
								1	0	0	1	0	0	0	0	0	
								1	0	1	0	0	0	0	0	0	
								1	0	1	1	0	0	0	0	0	
								1	1	0	0	0	0	0	0	0	
								1	1	0	1	0	0	0	0	0	
								1	1	1	0	0	0	0	0	0	
								1	1	1	1	0	0	0	0	0	

字符代码　　　　行地址

图 4-26　CGROM 的地址与字符字模的关系

(5) 字符发生器 RAM(CGRAM)

CGRAM 用于产生用户自定义的字符字模，可以生成 5×7 点阵的字符字模 8 个，相对应的字符代码范围为 00H～07H(或 08H～0FH)。CGRAM 的地址与字符字模、字符代码的关系如表 4-15 所示，该表右列是自定义自符“上”的自模。CGRAM 地址共 6 位，高 3 位地址为字符代码的低 3 位，CGRAM 地址的低 3 位用于选择字模的不同行。字符字模的第八行是光标位置，第八行数据为 0 时显示光标，为 1 时不显示光标。字符字模仅用 D_4～D_0 位表示字符，因此 D_7～D_5 位可用作一般数据 RAM。在产生字符字模时，液晶模块对字符代码的 D_3 位未作确定，所以字符代码 00H～07H 与 08H～0FH 选中相同的 8 个自定义自模。如字符代码 00H 与 08H 均选择了表 4-15 中字符“上”的字模。

表 4-15 CGRAM 地址与字符字模、字符代码的关系

字符代码(DDRAM 数据)								CGRAM 地址						字符字模(CGRAM 数据)							
C_7	C_6	C_5	C_4	C_3	C_2	C_1	C_0	A_5	A_4	A_3	A_2	A_1	A_0	D_7	D_6	D_5	D_4	D_3	D_2	D_1	D_0
											0	0	0	×	×	×	0	0	1	0	0
											0	0	1	×	×	×	0	0	1	0	0
											0	1	0	×	×	×	0	0	1	0	0
0	0	0	0	×	0	0	0	0	0	0	0	1	1	×	×	×	0	0	1	1	1
											1	0	0	×	×	×	0	0	1	0	0
											1	0	1	×	×	×	0	0	1	0	0
											1	1	0	×	×	×	1	1	1	1	1
											1	1	1	×	×	×	0	0	0	0	0

3. 命令功能

液晶模块的显示命令有 11 条。

(1) 清显示命令

命令代码如下：

RS	R/$\overline{W}$	D_7	D_6	D_5	D_4	D_3	D_2	D_1	D_0
0	0	0	0	0	0	0	0	0	1

将空格字符代码 20H 送入全部 DDRAM 中；地址计数器 AC 复位为零；光标/闪烁回到显示屏左上角(起始位置)；不改变移位设置模式；并设置输入模式为地址自动增 1(I/D=1)，整个显示移动(S=1)。

(2) 返回命令

命令代码如下：

RS	R/$\overline{W}$	D_7	D_6	D_5	D_4	D_3	D_2	D_1	D_0
0	0	0	0	0	0	0	0	1	×

置地址计数器 AC=0；光标/闪烁回到起始位置；DDRAM 中的内容不变。

(3) 输入模式设置命令

命令代码如下：

RS	R/$\overline{W}$	D_7	D_6	D_5	D_4	D_3	D_2	D_1	D_0
0	0	0	0	0	0	0	1	I/D	S

- I/D：对 DDRAM、CGRAM 读/写时，地址计数器 AC 变化趋势标志。I/D=1，对 DDRAM 读/写一个字符代码后，光标右移，AC 自动加 1。I/D=0，对 DDRAM 读/写一个字符代码时，光标左移，AC 自动减 1。对 CGRAM 进行读/写操作时，AC 变化趋势与 DDRAM 相同，但与光标无关。
- S：显示移位标志。S=1，将全部显示右移(I/D=0)或者左移(I/D=1)一位。S=0，显示不发生移位。

(4) 显示开/关控制命令

命令代码如下：

RS	R/$\overline{W}$	D_7	D_6	D_5	D_4	D_3	D_2	D_1	D_0
0	0	0	0	0	0	1	D	C	B

- D：显示开/关控制标志。D=1，开显示；D=0，关显示，关显示后 DDRAM 中的数据不变。
- C：光标显示控制标志。C=1，光标显示；C=0，光标不显示。
- B：光标闪烁控制标志。B=1，光标闪烁，而且光标所指位置上交替显示字符和全黑点阵。

(5) 光标或显示移位命令

命令代码如下：

RS	R/$\overline{W}$	D_7	D_6	D_5	D_4	D_3	D_2	D_1	D_0
0	0	0	0	0	1	S/C	R/L	×	×

光标或显示移位命令可使光标或显示在没有读/写显示数据的情况下，向左或向右移动。运用此指令可以实现显示的查找和替换。在双行显示方式下，光标可以从第一行 40 位移到第二行首位，但不能从第二行 40 位移到第一行首位，而是回到第二行首位；显示字符只能在本行移动。移位方式如表 4-16 所示。

表 4-16 光标或显示移位方式

S/C	R/L	功　能
0	0	光标左移，AC 自动减 1
0	1	光标右移，AC 自动增 1
1	0	光标和字符一起左移，AC 值不变
1	1	光标和字符一起右移，AC 值不变

(6) 功能设置命令

命令代码如下：

RS	R/$\overline{W}$	D_7	D_6	D_5	D_4	D_3	D_2	D_1	D_0
0	0	0	0	1	IF	N	F	×	×

- IF：用于设置接口数据宽度。IF=1，接口数据为 8 位；IF=0 接口数据宽度为 4 位，$D_7 \sim D_4$ 为有效数据位，$D_3 \sim D_0$ 未用。
- N：用于设置显示行数。N=1，显示两行；N=0，显示一行。

• F：用于设置显示字符点阵格式。$F=1$，为 5×10 点阵；$F=0$，为 5×7 点阵。

(7) CGRAM 地址设置命令

命令代码如下：

RS	R/$\overline{W}$	D_7	D_6	D_5	D_4	D_3	D_2	D_1	D_0
0	0	0	1	A_5	A_4	A_3	A_2	A_1	A_0

该命令的功能是设置 CGRAM 的地址指针。把 6 位 CGRAM 地址 $A_5 \sim A_0$ 送到地址计数器 AC 中。命令执行后，CPU 可以对 CGRAM 连续进行读/写操作。

(8) DDRAM 地址设置命令

命令代码如下：

RS	R/$\overline{W}$	D_7	D_6	D_5	D_4	D_3	D_2	D_1	D_0
0	0	1	A_6	A_5	A_4	A_3	A_2	A_1	A_0

该命令用于设置 DDRAM 的地址指针。把 7 位 DDRAM 地址 $A_6 \sim A_0$ 送到地址计数器 AC。命令执行后，CPU 可以对 DDRAM 进行读/写操作。

(9) 读忙标志和地址命令

命令代码如下：

RS	R/$\overline{W}$	D_7	D_6	D_5	D_4	D_3	D_2	D_1	D_0
0	1	BF	A_6	A_5	A_4	A_3	A_2	A_1	A_0

该命令的功能是将忙标志 BF 及地址计数器 AC 当前值读出。若读出的 BF=1，说明系统内部正在进行操作，不能接收下一条命令。读出的 AC 值为 CPU 当前进行访问的 DDRAM 或 CGRAM 的地址。

(10) CGRAM 或 DDRAM 写数据命令

命令代码如下：

RS	R/$\overline{W}$	D_7	D_6	D_5	D_4	D_3	D_2	D_1	D_0
1	0	D	D	D	D	D	D	D	D

该命令的功能是将 1 字节二进制数 DDDDDDDD，写到当前地址计数器 AC 指定的 CGRAM 或 DDRAM 中。在执行本命令前，应将地址计数器 AC 设置或调整到需要写数的 CGRAM 或 DDRAM 地址上。

(11) CGRAM 或 DDRAM 读数据命令

命令代码如下：

RS	R/$\overline{W}$	D_7	D_6	D_5	D_4	D_3	D_2	D_1	D_0
1	1	D	D	D	D	D	D	D	D

该命令的功能是从当前地址计数器 AC 指定的 CGRAM 或 DDRAM 单元中读出数据。执行本命令前，应将 AC 设置或调整到需要读数的 CGRAM 或 DDRAM 地址上。

4. 接口电路及程序

图 4-27 所示的是 EA-D20040AR 与 80C51 单片机的接口电路，液晶显示模块的 R/$\overline{W}$

信号由单片机的$\overline{RD}$、$\overline{WR}$组合得到，液晶模块的命令寄存器地址为 8000H，数据寄存器地址为 8001H。初始化、显示字符串及自定义字符的程序如下：

```
;初始化程序
START:  MOV     DPTR,#8000H     ;8000H为命令寄存器地址
        MOV     A,#38H          ;置功能,2行,5×7点阵,8位数据
        MOVX    @DPTR,A
        LCALL   WAIT
        MOV     A,#06H          ;置输入模式,光标左移
        MOVX    @DPTR,A
        LCALL   WAIT
        MOV     A,#0FH          ;置显示开/关控制
        MOVX    @DPTR,A
        LCALL   WAIT
        MOV     A,#01H          ;总清
        MOVX    @PDTR,A
        LCALL   WAIT
        RET
WAIT:   MOV     DPTR,#8000H     ;置命令寄存器地址
        MOV     A,@DPTR
        JB      ACC.7,WAIT      ;读忙标志
        RET
```

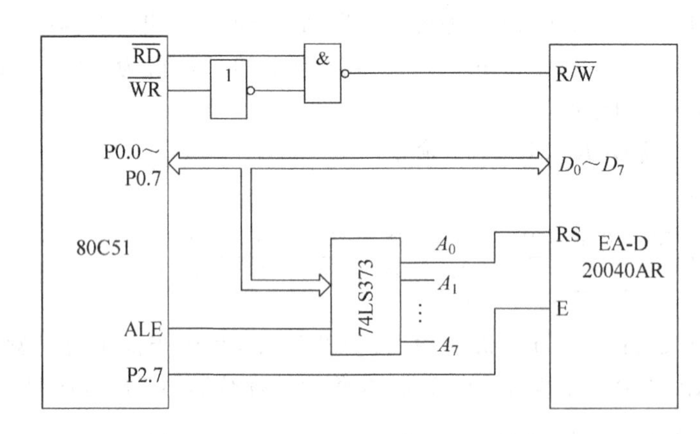

图 4-27 EA-D20040AR 与 80C51 的接口

显示字符串 SINGLE 的程序，程序执行后，从第一个字符位置上开始显示。

```
SINGLE: MOV     DPTR,#8000H     ;置命令寄存器地址
        MOV     A,#84H          ;置DDRAM地址初值04H
        MOV     @DPTR,A
        LCALL   WAIT
        MOV     A,#53H          ;S
        LCALL   CHAR1
        MOV     A,#49H          ;I
        LCALL   CHAR1
```

```
        MOV     A,#4EH          ;N
        LCALL   CHAR1
        MOV     A,#47H          ;G
        LCALL   CHAR1
        MOV     A,#4CH          ;I
        LCALL   CHAR1
        MOV     A,#45H          ;L
        LCALL   CHAR1
        LJMP    SINGLE
CHAR1:  DPTR    #8001H          ;8001H为数据寄存器地址
        MOVX    @DPTR,A
        LCALL   WAIT
        RET
```

自定义字符“上”及其显示的程序:

```
CHAR1:  MOV     DPTR,#8000H     ;置命令寄存器地址
        MOV     A,#40H          ;置CGRAM地址初值00H
        MOVX    @DPTR,A
        LCALL   WAIT
        MOV     A,#04H          ;置字符点阵
        LCALL   CHAR1
        MOV     A,#04H
        LCALL   CHAR1
        MOV     A,#04H
        LCALL   CHAR1
        MOV     A,#07H
        LCALL   CHAR1
        MOV     A,#04H
        LCALL   CHAR1
        MOV     A,#04H
        LCALL   CHAR1
        MOV     A,#1FH
        LCALL   CHAR1
        MOV     A,#00H
        LCALL   CHAR1
SHG:    MOV     DPTR,#8000H     ;置命令寄存器地址
        MOV     A,#88H          ;置DDRAM地址初值08H
        MOVX    @DPTR,A
        LCALL   WAIT
        MOV     A,#00H          ;显示“上”
        LCALL   CHAR1
        LJMP    SHG
```

程序中从标号CHAR1到SHG是定义字符“上”(5×7点阵)的程序段。标号SHG开始的程序段用于把定义好的字符进行显示。

4.5 微型打印机接口技术

智能仪器仪表往往需要把测量数据打印输出，因此有必要设计打印机接口电路。在智能仪器仪表中，使用较多的是具有结构简单、体积小、成本低以及便于安装于仪器内部的微型打印机。微型打印机内部一般都有控制器，能与主机之间实现命令、数据、状态的传递。本节介绍较为流行的 TPμP-40B 微型打印机原理及接口方法。

4.5.1 TPμP-40B 的性能及接口信号

TPμP-40B 是一种微型点阵式打印机。它内部采用单片机控制，打印命令丰富，命令代码均为单字节。可打印全部(96)个 ASCII 代码字符、128 个非标准字符和图符、16 个用户自定义代码字符；还具有打印图形(汉字或图案)的功能。代码字符和点阵图形可在一行中混合打印，字符和点阵图形可以在宽和高的方向放大为×2、×3 和×4 倍。带有命令格式检错功能。当输入错误命令时，立即打印出错误代码。

TPμP-40B 采用 Cetronics 标准接口，打印机背面配有接口需要的 20 芯插座。插座中各插孔的名称及排列如图 4-28 所示。

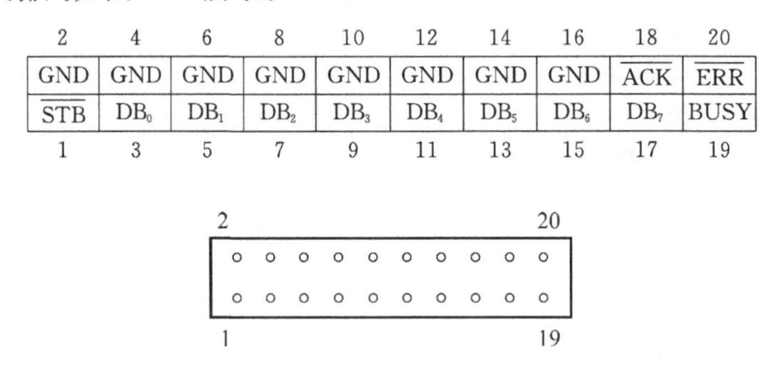

2	4	6	8	10	12	14	16	18	20
GND	GND	GND	GND	GND	GND	GND	GND	$\overline{ACK}$	$\overline{ERR}$
$\overline{STB}$	DB_0	DB_1	DB_2	DB_3	DB_4	DB_5	DB_6	DB_7	BUSY
1	3	5	7	9	11	13	15	17	19

图 4-28 TPμP-40B 接口插孔排列

接口信号功能如下：

- DB_0～DB_7：单向数据线。由主机输入打印机。
- $\overline{STB}$：数据选通信号。$\overline{STB}$为低电平时，把数据送入打印机锁存器，在$\overline{STB}$上升沿，数据被锁存。
- $\overline{ACK}$：打印机应答信号。$\overline{ACK}$为低电平时，表示打印机已取走数据线上的数据。
- BUSY：打印机"忙"信号。该信号为高电平时，表示打印机正忙于处理打印数据，此时主机不得向打印机送入新的数据字节。
- $\overline{ERR}$："出错"信号。如果主机送给打印机的命令有错误，打印机首先输出一个宽度约 30ms 的低电平脉冲，然后打印出错误代码。

TPμP-40B 打印机的接口信号时序如图 4-29 所示。当 TPμP-40B 收到主机送来的选通信号$\overline{STB}$后，读取数据线上的命令或数据，并进行打印记录，在此期间"忙"信号 BUSY 有效。当打印记录任务完成后，便发出应答信号$\overline{ACK}$，向主机表示可以接收新的数据。

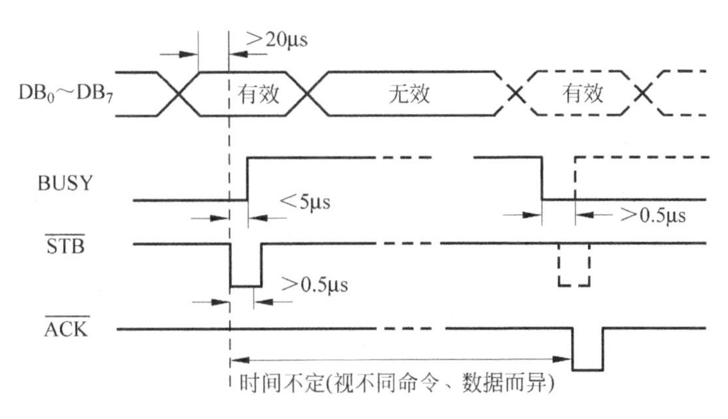

图 4-29 TPμP-40B 打印机接口时序

4.5.2 TPμP-40B 字符代码及打印命令代码

TPμP-40B 打印机共有 256 个代码，分配如下：

- 00H：无效代码；
- 01H～0FH：打印命令代码；
- 10H～1FH：用户自定义代码；
- 20H～7FH：标准 ASCII 代码，其代码表见表 4-17。
- 80H～FFH：非标准 ASCII 代码，其中包含少量的汉字、希腊字母和一些特殊字符。

表 4-17 TPμP-40B 的标准 ASCII 代码

	0	1	2	3	4	5	6	7	8	9	A	B	C	D	E	F
2		!	"	#	$	%	&	,	(	)	*	+	,	—	.	/
3	0	1	2	3	4	5	6	7	8	9	:	;	<	=	>	?
4	@	A	B	C	D	E	F	G	H	I	J	K	L	M	N	O
5	P	Q	R	S	T	U	V	W	X	Y	Z	[	/	]	↑	↓
6	/	a	b	c	d	e	f	g	h	i	j	k	l	m	n	o
7	p	q	r	s	t	u	v	w	x	y	z	{	|	}	~	■

TPμP-40B 的控制打印命令由一个命令代码字节和若干个参数字节组成，格式如下：

$$CCXX_0 \cdots XX_n$$

其中 CC 为命令代码字节(01H～0FH)，XX_n 为 n 个参数字节(n=0～250)。TPμP-40B 的命令代码及功能如表 4-18 所示。

表 4-18 TPμP-40B 的命令代码及其功能

命令代码	命令格式	功　能
01	01XX	字符(图)增宽，系数为 XX，XX 取值 01、02、03、04
02	02XX	字符(图)增高，系数为 XX，XX 取值 01、02、03、04
03	03XX	字符(图)增宽、增高，系数为 XX，XX 取值 01、02、03、04
04	04XX	更换/定义行间距为 XX 点阵行，XX 取值 00H～FFH

续表

命令代码	命令格式	功　能
05	$05XXYY_1\cdots YY_6$	自定义代码 XX 的点阵式样为 $YY_1\cdots YY_6$(共 6 字节)XX 为 10H～1FH
06	06XXYY	用代码 XX 替换代码 YY,XX 为 10H～1FH,YY 为 20H～FFH
07	07	水平跳区,此命令使从下一区开始打印,每行分为 0、1、2、3 共 4 个区
08	08XX	垂直跳行,XX 为空行数(1～255)
09	09	把用自定义代码替换的代码进行恢复,并清除已输入打印机但未打印的字符串
0A	0A	送空格符代码 20H 后回车换行
0B、0C		无效
0D	0D	回车换行或 06 命令的结束码
0E	0EXXYY	重复打印 XX 代码字符 YY 个,YY 为 00H～FFH
0F	$0F\mathit{nn}YY_1\cdots YY_n$	打印 *nn* 列点阵图,*nn* 为 01H～F0H(1～240),$YY_1\cdots YY_n$ 为 *nn* 列字节(每一字节打印点阵的一列)

说明：表 4-18 中命令代码为 01、02、03 的命令,是在基准字符的基础上增宽、增高的,基准字符格式为 5×7 点阵。

当主机向 TPμP-40B 输入非法命令时,打印机立即打印出出错代码。出错代码共有 5 种,它们的含义如下。

ERROR 0：放大系数出界,即放大倍数是 1、2、3、4 以外的数字。

ERROR 1：定义代码非法,即用户自定义的代码不是 10H～1FH。

ERROR 2：非法换码命令。换码命令只能用 10H～1FH(自定义代码)去代换驻留在 EPROM 中的字符代码(20H～FFH),否则非法。

ERROR 3：绘图命令错误。即指定图形字节数为 0 或大于 240。

ERROR 4：垂直制表命令错误。即指定空行数为 0。

4.5.3 TPμP-40B 接口方法及管理程序

TPμP-40B 是一种智能式打印机。它的内部输入电路中有锁存器,输出电路中有三态门控制,因此它可以直接与单片机的数据总线连接。图 4-30 所示是 TPμP-40B 与 80C51 单片机的直接接口电路。打印机地址为 7FFFH。

下面通过一个实例,介绍 TPμP-40B 接口管理程序的编程方法。设某一按时计价的智能仪器,存放记录时间的缓冲区为 80C51 片内的 20H～24H,其中 24H 存时,23H 和 22H 存分,21H 和 20H 存秒(设本例已存入 1 小时 26 分 32 秒)。按上述时间计算好的价格存放在 50H～54H 单元内,其中 54H,53H,52H 存放元；51H 存放角；50H 存放分(设本例已存放 12.25 元)。要求打印格式如下：

```
时间：1：26：32
计费：12.25 元
OK
```

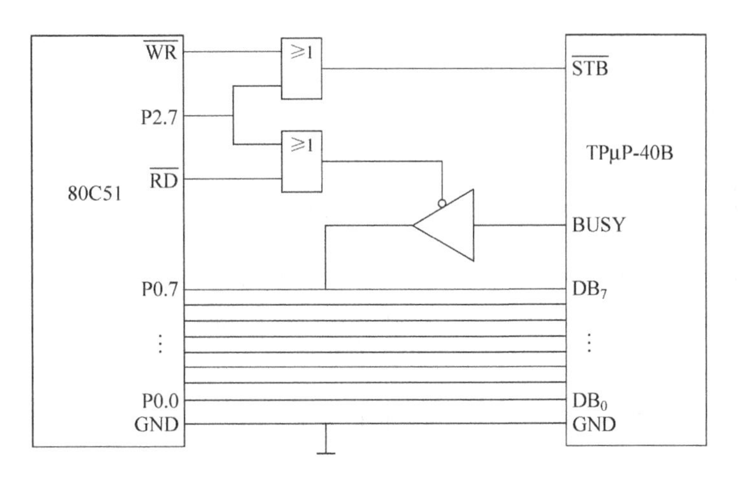

图 4-30　TPμP-40B 与 80C51 的接口电路

按上述要求编写的打印子程序如下：

```
        ORC     3000H
PRTER:  MOV     DPTR,#7FFFH     ;选中打印机
        MOV     R1,#01H         ;字符增宽系数为 01H
        LCALL   PSUB1
        MOV     R1,#01H
        LCALL   PSUB1
        MOV     R1,#04H         ;定义行间距为 00H 点阵行
        LCALL   PSUB1
        MOV     R1,#00H
        LCALL   PSUB1
        MOV     R1,#0DH         ;送回车换行命令代码
        LCALL   PSUB1
        MOV     R1,#0FH         ;打印"时间"上半部分点阵图(由 20H 列字节构成)
        LCALL   PSUB1
        MOV     R1,#20H
        LCALL   PSUB1
        MOV     R4,#0DH         ;送表首偏移量
        MOV     R3,#2DH         ;送表末偏移量
        LCALL   PSUB3
        MOV     R1,#0DH         ;回车换行
        LCALL   PSUB1
        MOV     R1,#0FH         ;打印"时间"下半部分点阵图(由 20H 列字节构成)
        LCALL   PSUB1
        MOV     R1,#20H
        LCALL   PSUB1
        MOV     R4,#2DH         ;送表首偏移量
        MOV     R3,#4DH         ;送表末偏移量
        LCALL   PSUB3
        MOV     R1,#01H         ;字符增宽系数为 02H
```

```
        LCALL   PSUB1
        MOV     R1, # 02H
        LCALL   PSUB1
        MOV     R1, # 3AH           ;送":"的代码
        LCALL   PSUB1
        MOV     R1, # 20H           ;送"空格"的代码
        LCALL   PSUB1
        MOV     R0, # 24H           ;缓冲区地址 24H 送 R0
        LCAL    PSUB2               ;打印 BCD 数据(小时数)
        MOV     R1, # 3AH           ;送":"的代码
        LCALL   PSUB1
        MOV     R0, # 23H           ;打印 BCD 数据(分)
        LCALL   PSUB2
        MOV     R0, # 22H
        LCALL   PSUB2
        MOV     R1, # 3AH           ;送":"的代码
        LCALL   PSUB1
        MOV     R0, # 21H           ;打印 BCD 数据(秒)
        LCALL   PSUB2
        MOV     R0, # 20H
        LCALL   PSUB2
        MOV     R1, # 0DH           ;送命令代码 0DH
        LCALL   PSUB1
        ⋮                           ;送"计费"汉字及计费数据(同上,略)
        MOV     R1, # 4FH           ;送 OK 代码
        LCALL   PSUB1
        MOV     R1, # 4BH
        LCALL   PSUB1
PPPE:   MOV     R1, # 0DH
        LCALL   PSUB1
        RET

        ORG     33DAH               ;送命令、数据子程序
PSUB1:  MOVX    A,@DPTR             ;查打印机 BUSY
        JB      ACC.7,PSUB1
        MOV     A,R1                ;送命令、数据
        MOVX    @DPTR,A
        RET

        ORG     33F1H               ;打印 BCD 数字程序
PSUB2:  MOVX    A,@DPTR             ;查打印机 BUSY
        JB      JCC.7,PSUB2
        MOV     A,@R0               ;R0: BCD 数的地址
        ANL     A, # 0FH
        ADD     A, # 30H            ;变 BCD 数为 ASCII 代码
        MOVX    @DPTR,A             ;送打印机
```

```
        RET

        ORG     3411H                   ;打印字符串字程序
PSUB3:  MOVX    A,@DPTR                 ;查打印机 BUSY
        JB      ACC.7,PSUB3
PS1:    MOV     A,R4                    ;R4:表首偏移量
        MOVC    A,@A+PC                 ;查表,取打印数据
        MOVX    @DPTR,A                 ;送打印机
PS2:    MOVX    A,@DPTR                 ;查打印机 BUSY
        JB      ACC.7,PS2
        INC     R4                      ;打完,指下一字符
        MOV     A,R4
        XRL     A,R3
        JNZ     PS1                     ;未打完,继续
        RET
        DB      00H,FCH,04H,04H,04H,FCH,00H,10H,10H,10H
                10H,FEH,10H,10H,00H,00H,00H,F0H,06H,0CH,
                C0H,48H,48H,48H,48H,C8H,08H,08H,08H,F8H
                00H,00H,00H,FFH,41H,41H,41H,FFH,00H,01H
                03H,42H,80H,FFH,00H,00H,00H,00H,00H,7FH
                00H,00H,0FH,09H,09H,09H,09H,0FH,00H,40H
                80H,FFH,00H,00H,   ;"时间"的点阵码
                00H,10H,F6H,00H,00H,40H,48H,48H,48H,F8H
                48H,48H,44H,40H,00H,00H,70H,54H,54H,D4H
                7EH,54H,54H,54H,FEH,54H,5CH,40H,C0H,00H
                00H,00H,00H,00H,00H,FFH,80H,40H,00H,FEH,
                42H,42H,43H,42H,42H,FEH,00H,00H,00H,04H,
                82H,9FH,41H,21H,11H,0DH,21H,41H,DFH,80H,
                01H,00H,00H,00H    ;"计费"的点阵码
```

4.6　触摸屏技术

触摸屏是一种新型的智能仪器、仪表输入设备,具有简单、方便、自然的人-机交互方式。工作时,操作者首先用手指或其他工具触摸触摸屏,然后系统根据触摸的图标或菜单定位选择信息输入。触摸屏由检测部件和控制器组成,检测部件安装在显示器前面,用于检测用户触摸位置,并转换为触摸信号;控制器的作用是接收触摸信号,并转换成触摸坐标后送给CPU,它同时能接收CPU发来的命令并加以执行。

4.6.1　触摸屏的结构及特点

按照触摸屏的工作原理和传输信息介质的不同,触摸屏主要分为四类,即电阻式触摸屏、电容式触摸屏、红外线式触摸屏及表面声波触摸屏。下面介绍各类触摸屏的结构、原理

及特点。

1. 电阻式触摸屏

电阻式触摸屏的屏体部分(检测部件)是一块与显示器表面紧密配合的多层复合薄膜,由一层玻璃或有机玻璃作为基层,表面涂有一层阻性导体层(如铟锡氧化物 ITO),上面再盖有一层外表面被硬化处理、光滑防刮的塑料层,塑料层的内表面也涂有一层阻性导体层。在两层导体层之间有一层具有许多细小隔离点的隔离层,把两导体层隔开绝缘,如图 4-31 所示,当手指触摸屏幕时,两导体层在触摸点位置产生了接触,控制器检测到这个接通点后计算出 X、Y 轴坐标,这就是所有电阻式触摸屏的基本原理。

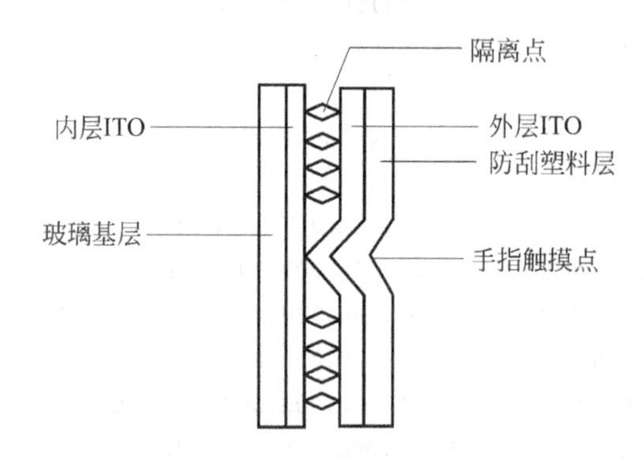

图 4-31 电阻式触摸屏结构

电阻式触摸屏根据引出线数的多少,分为四线、五线、六线、七线、八线等多种电阻式触摸屏。下面介绍最基本的四线电阻触摸屏,图 4-32 是四线电阻触摸屏的检测原理图。在一个 ITO 层(如外层)的上、下两边各渡上一个狭长电极,引出端为 Y_+、Y_-,在另一个 ITO 层(如内层)的左、右两边也分别渡上狭长电极,引出端为 X_+、X_-,为了获得触摸点在 X 轴方向的位置信号,在内 ITO 层的两电极 X_+、X_- 上分别加 V_{REF}、0V 电压,这样内 ITO 层上形成了 0V～V_{REF} 的电压梯度,触摸点至 X_- 端的电压为该两端的电阻对 V_{REF} 的分压,分压值代表了触摸点在 X 轴方向的位置,然后将外层 ITO 的一个电极(如 Y_-)端悬空,从另一电极(Y_+)就可以取出这一分压,将该分压进行 A/D 转换,并与 V_{REF} 进行比较,便可以得到触摸点的 X 轴坐标。

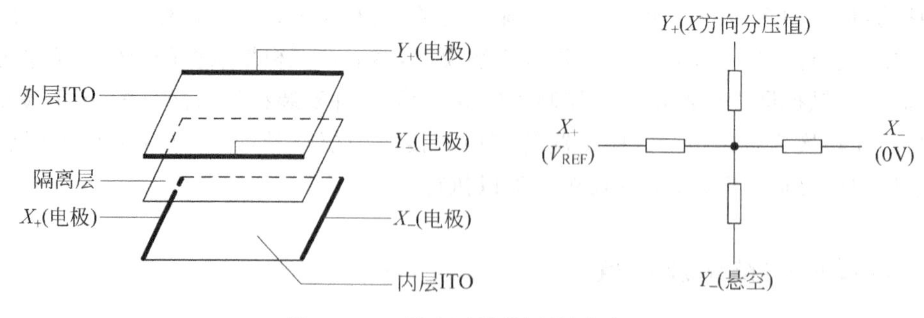

图 4-32 四线电阻触摸屏检测原理

为了获得触摸点在 Y 轴方向的位置信号，需要在外 ITO 层的两电极 Y_+、Y_- 上分别加 V_{REF}、0V 电压，而将内 ITO 层的一个电极（X_-）悬空，从另一电极（X_+）上取出触摸点在 Y 轴方向的分压。

电阻式触摸屏对外需要完全隔离，不怕油污、灰尘、水，而且经济性很好，供电要求简单，非常容易产业化。适应于各种领域，尤其在工控领域内，由于它对环境和条件要求不高，更显示出电阻屏的独特性，其产品在触摸屏产品中占到 90%的市场份额。

电阻式触摸屏的缺点是，由于复合薄膜的外层采用塑料材料，如果触摸用力过大或使用锐器工具触摸，可能会划伤整个触摸屏而导致报废。

2. 电容式触摸屏

电容式触摸屏的构造主要是在玻璃屏幕上镀一层透明的阻性导体层，再在导体层外加上一层保护玻璃。导体层作为工作面，四边镀有狭长电极，并从四个角引出电极引线。如图 4-33 所示。工作时从四个电极引线上引入高频信号，当手指触摸外层玻璃时，由于人体电场的存在，手指与导体层间会形成一个耦合电容，四个电极上的高频电流会经此耦合电容分流一部分，分去的电流与触摸点到电极的距离成反比，控制器据此比例就可以计算出触摸点坐标。

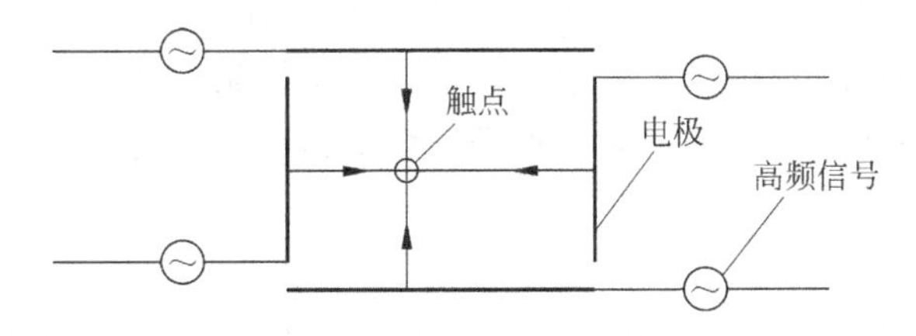

图 4-33　电容式触摸屏原理

电容式触摸屏是众多触摸屏中最可靠、最精确的一种，但价钱也是众多触摸屏中最昂贵的一种。电容式触摸屏感应度极高，能准确感应轻微且快速（约 3ms）的触碰。电容式触摸屏的双玻璃结构不但能保护导体层及感应器，而且能有效地防止环境因素给触摸屏造成的影响。电容式触摸屏的缺点是反光严重，而且电容技术的复合触摸屏对各波长的透光率不均匀，存在色彩失真的问题，由于光线在各层间反射，还易造成图像字符的模糊。电容式触摸屏的另一个缺点是用戴手套的手指或持不导电的工具触摸时没有反应，这是因为增加了更为绝缘的介质。电容式触摸屏更主要的缺点是漂移，当温度、湿度改变时，或者环境电场发生改变时，都会引起电容式触摸屏的漂移，造成不准确。

3. 红外线式触摸屏

红外线式触摸屏以光束阻断技术为基本原理，不需要在原来的显示器表面覆盖任何材料，而是在显示屏的四周安放一个光点距（opti-matrix）架框，光点距架框四边排放了红外线发射管及接收管，在屏幕表面形成一个红外线栅格，如图 4-34 所示。当用手指触摸屏幕某一点时，便会挡住经过该位置的两条红外线，红外线接收管会产生变化信号，计算机根据 X、Y 方向两个接收管变化的信号，就可以确定触摸点的位置。

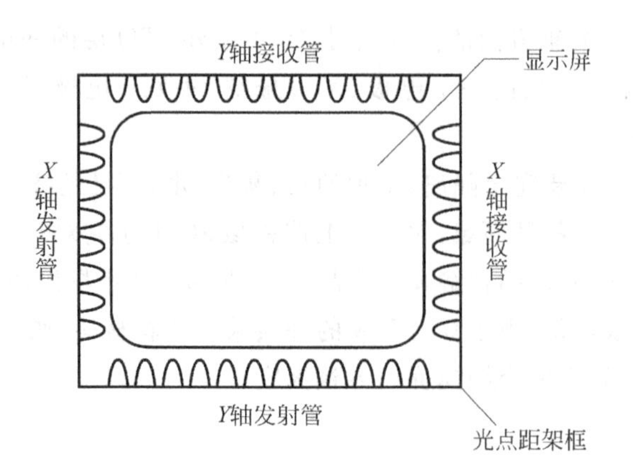

图 4-34 红外线式触摸屏

红外线式触摸屏的主要优点是价格低廉、安装方便，可以用在各档次的计算机上。另外它完全透光，不影响显示器的清晰度。而且由于没有电容的充放电过程，响应速度比电容式快。红外线式触摸屏的主要缺点是：由于发射、接收管排列有限，因此分辨率不高；由于发光二极管的寿命比较短，影响了整个触摸屏的寿命；由于依靠感应红外线工作，当外界光线发生变化，如阳光强弱或室内射灯的开、关均会影响其准确度；红外线触摸屏不防水防尘，甚至非常细小的外来物也会导致误差。红外线触摸屏曾经一度淡出过市场。近来红外线触摸屏技术有了较大的发展，克服了不少原来致命的问题。第二代红外线触摸屏部分解决了抗光干扰的问题，第三代和第四代产品在提升分辨率和稳定性上亦有所改进。

4. 表面声波触摸屏

表面声波触摸屏是在显示器屏幕的前面安装一块玻璃平板(玻璃屏)，玻璃屏的左上角和右下角各固定了垂直和水平方向的超声波发射换能器，右上角则固定了两个相应的超声波接收换能器，玻璃屏的四个周边则刻有 45°由疏到密间隔非常精密的反射条纹，如图 4-35 所示。

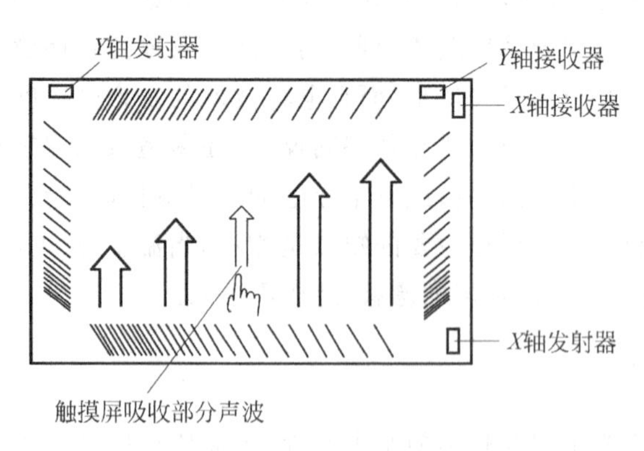

图 4-35 表面声波触摸屏

工作原理以右下角 X 轴发射器为例介绍：X 轴发射器发出的超声波经底部反射条纹后，形成向上传递的均匀波面，再由顶部反射条纹聚成向右传递的波束被 X 轴接收器接收，X 轴接收器将返回的声波能量转变为电信号。当发射器发射一个窄脉冲后，就有不同路径的声波能量到达接收器，不同路径的声波能量在 Y 轴经历的路程是相同的，但在 X 轴经历的路程是不同的，反映在接收器的输出端，不同路径的声波能量对应的电信号在时间上有先有后。当手指触摸玻璃屏时，某条途径上的声波能量被部分吸收，对应接收器输出的电信号在某一时间产生衰减，根据衰减时间就可以确定触摸点的 X 坐标，同样的方法可以判定触摸点的 Y 坐标。表面声波触摸屏除了能够确定代表触摸位置的 X、Y 坐标外，还能确定代表触摸压力大小的 Z 坐标，Z 坐标根据接收器输出信号的衰减量确定。

表面声波触摸屏的优点是：低辐射、不耀眼、不怕震、抗刮伤性好；不受温度、湿度等环境因素影响，寿命长；透光率高，能保持清晰透亮的图像质量；没有漂移，只需安装时一次校正；有第三轴(即压力轴)效应。

表面声波触摸屏的不足之处是需要经常维护，因为灰尘、油污甚至饮料的液体沾污在屏的表面，都会阻塞触摸屏表面的导波槽，使波不能正常发射，或使波形改变而控制器无法正常识别。另外它容易受到噪声干扰。

4.6.2 触摸屏控制器 ADS7843 及其与微机的接口

1. ADS7843 的引脚功能及其与微机的接口

ADS7843 是一个内置低导通电阻模拟开关、12 位模数转换器、异步串行数据输入输出电路的一个串行接口芯片。供电电源 V_{CC} 为 2.7～5V，参考电压 V_{REF} 为 1～V_{CC}，转换电压的输入范围为 0～V_{REF}，最高转换速率为 125kHz。

ADS7843 有 16 个引脚，其引脚配置如图 4-36 所示。引脚功能如表 4-19 所示。

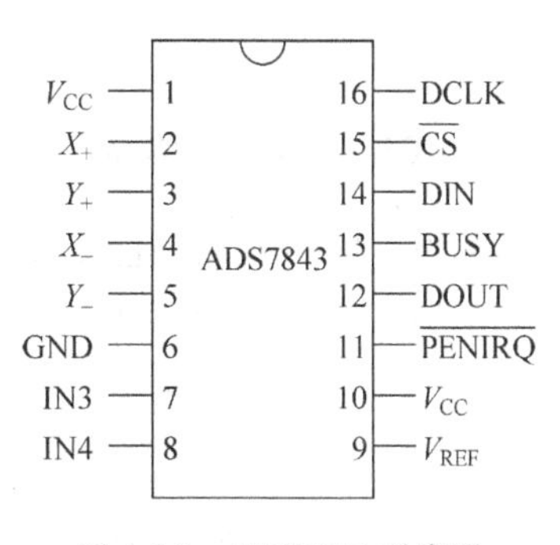

图 4-36 ADS7843 引脚图

表 4-19 ADS7843 引脚功能表

引脚号	引脚名称	功 能
1,10	V_{CC}	供电电源 2.7～5V
2,3	X_+、Y_+	接触摸屏正电极，信号送至内部 A/D 通道
4,5	X_-、Y_-	接触摸屏负电极
6	GND	电源地
7,8	IN3、IN4	两个附属 A/D 通道输入
9	V_{REF}	A/D 参考电压输入，1～V_{CC}
11	$\overline{PENIRQ}$	中断输出，须接外电阻(10kΩ 或 100kΩ)
12,14,16	DOUT、DIN、DCLK	串行接口输出、输入、时钟端，在时钟下降沿数据移出，上升沿移进
13	BUSY	忙指示
15	$\overline{CS}$	片选

ADS7843 与 80C51 单片机的接口如图 4-37 所示。

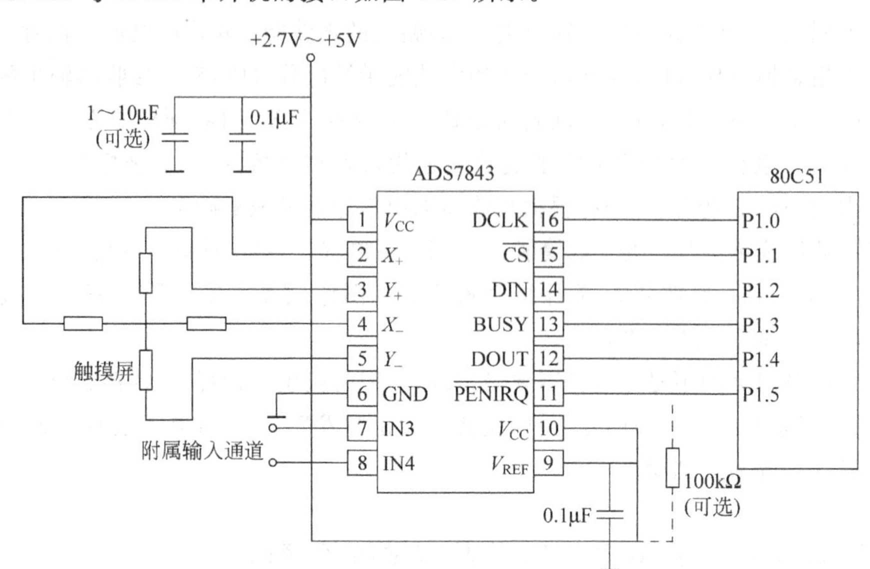

图 4-37 ADS7843 与 80C51 的接口

2. ADS7843 的控制字

ADS7843 的控制功能主要是实现触摸屏电极电压的切换及触摸点位置信号的 A/D 转换。ADS7843 的控制字如下。

D_7	D_6	D_5	D_4	D_3	D_2	D_1	D_0
S	A_2	A_1	A_0	MODE	SER/$\overline{DFR}$	PD1	PD0

- S：数据传输起始标志位，该位必须为 1。
- $A_2A_1A_0$：用来选择采集触摸点的 X 轴信号或 Y 轴信号。$A_2A_1A_0$＝001，采集 Y 轴信号；$A_2A_1A_0$＝101，采集 X 轴信号。
- MODE：用来选择 A/D 转换的精度。1 选择 8 位精度，0 选择 12 位精度。
- SER/$\overline{DFR}$：用来选择参考电压的输入模式。1 为参考电压非差动输入模式；0 为参考电压差动输入模式。
- PD1、PD0：用于选择省电模式，00 省电模式允许，在两次 A/D 转换期间掉电，且中断允许；01 同 00，但不允许中断；11 禁止省电模式。

3. ADS7843 的参考电压输入模式

ADS7843 支持两种参考电压输入模式：一种是参考电压固定为 V_{REF}，另一种采取差动输入模式，参考电压来自驱动电极。两种模式分别称为参考电压非差动输入模式及参考电压差动输入模式，两种模式的内部接法如图 4-38 所示，采用图 4-38(b)所示的差动模式可以消除开关导通压降带来的影响。表 4-20 和表 4-21 为两种参考电压输入模式所对应的内部开关状态。

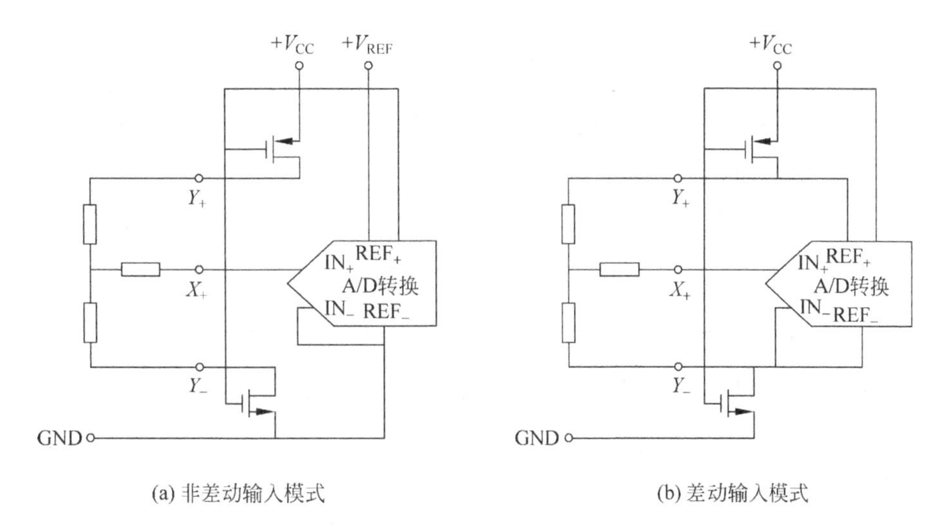

(a) 非差动输入模式　　(b) 差动输入模式

图 4-38　参考电压输入模式

表 4-20　参考电压非差动输入模式内部开关状态（SER/$\overline{\text{DFR}}$=1）

A_2	A_1	A_0	X_+	Y_+	IN_3	IN_4	IN_-	X开关	Y开关	REF_+	REF_-
0	0	1	IN_+				GND	OFF	ON	V_{REF}	GND
1	0	1		IN_+			GND	ON	OFF	V_{REF}	GND
0	1	0			IN_+		GND	OFF	OFF	V_{REF}	GND
1	1	0				IN_+	GND	OFF	OFF	V_{REF}	GND

表 4-21　参考电压差动输入模式内部开关状态（SER/$\overline{\text{DFR}}$=0）

A_2	A_1	A_0	X_+	Y_+	IN_3	IN_4	IN_-	X开关	Y开关	REF_+	REF_-
0	0	1	IN_+				Y_-	OFF	ON	Y_+	Y_-
1	0	1		IN_+			X_-	ON	OFF	X_+	X_-
0	1	0			IN_+		GND	OFF	OFF	V_{REF}	GND
1	1	0				IN_+	GND	OFF	OFF	V_{REF}	GND

4. ADS7843 时序及数据转换

为了完成一次电极电压切换和 A/D 转换，需要先通过串口往 ADS7843 发送控制字，转换完成后再通过串口读出电压转换值。标准的一次转换需要 24 个时钟周期，如图 4-39 所示。由于串口支持双向同时进行传送，并且在一次读数与下一次发控制字之间可以重叠，所以转换速率可以提高到每次 16 个时钟周期。如果条件允许，CPU 可以产生 15 个 CLK 的话，转换速率还可以提高到每次 15 个时钟周期。

由于四线电阻触摸屏中，Y 轴的位置电压从下向上逐渐增加，X 轴的位置电压从右向左逐渐增加，因此 Y 轴、X 轴位置电压对应的坐标原点在触摸屏的右下角，为了获得工程上使用的 X、Y 坐标值（即将坐标原点移为左下角）应将 X 轴位置电压转换值求补。另外 X、Y 轴位置电压转换值还必须与显示屏幕的点阵（设液晶为 320×240 点阵）相对应。因此校正后的 X、Y 轴坐标计算公式为

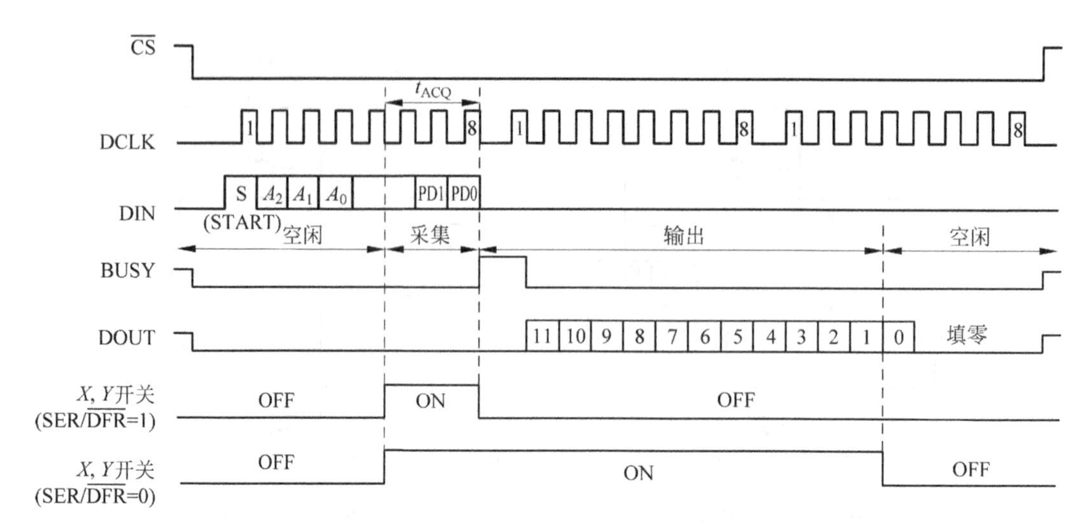

图 4-39 ADS7843 的 A/D 转换时序

$$y = (Y - Y_{min}) \times 320/(Y_{max} - Y_{min})$$

$$x = (X_{max} - X) \times 240/(X_{max} - X_{min})$$

其中 Y_{max}、Y_{min} 为 Y 轴位置电压转换结果的最大、最小值；X_{max}、X_{min} 为 X 轴位置电压转换结果的最大、最小值；Y、X 为触摸点位置电压的转换值；x、y 为校正后的触摸点坐标。

ADS7843 与单片机接口中，如果单片机是同步串口且每次发送 1 个字（16 位），由于 ADS7843 的控制字为 8 位，因此 DIN 端输入的后 8 位应为 0，Y 值转换的控制字为 ＃9000H，X 值转换的控制字为＃0D000H（选择 ADS7843 转换精度为 12 位，参考电压输入模式为差动模式，省电模式为省电）。BUSY 信号用作单片机同步串口的同步信号，BUSY 信号的下降沿启动串口输入。ADS7843 转换器的转换值为 12 位，而单片机同步串口一次接收 1 个字（16 位），因此将接收的一个字右移 4 位即可得到转换值。

思考题与习题

4-1 什么是键抖动、键连击及串键？如何消除？

4-2 独立式键盘、矩阵式键盘和交互式键盘各有什么特点？

4-3 如何用行扫描法确定矩阵键盘中按下键的键值？

4-4 简述用线反转法识别矩阵式键盘中按键的原理。

4-5 用 89C51 单片机、8155 并行接口芯片设计一个 4×8 矩阵键盘的接口电路及程序。要求：

① 用行扫描法识别按键；

② 用 8155 的 PA_0～PA_3 作为键盘的行扫描信号，PB_0～PB_7 作为键盘的列回馈端；

③ 89C51 的 P2.7、P2.0 作为 8155 的 $\overline{CE}$、$IO/\overline{M}$ 信号。

4-6 参照图 4-6，试编写用线路反转法获取键值的程序。要求：

① 键盘为 4×4 键盘；

② P1.0～P1.3 连接键盘列线，P1.4～P1.7 连接键盘行线。

4-7 什么是段式 LED 显示器的静态显示方式及动态显示方式？各有何特点？

4-8 参照图 4-10,设计一个动态扫描 LED 显示器的接口电路及程序。要求:

① 显示器位数为 8。

② 8155 的 A 口用作位码输出,B 口用作段码输出。

③ 8155 的$\overline{CE}$、IO/$\overline{M}$ 信号由 P2.7、P2.0 提供。

4-9 80C51 单片机与矩阵键盘及 LED 显示器的接口电路如图 4-40 所示,键盘采用行扫描法识别按键。试编写识别按键(求键值)及驱动显示器的程序。

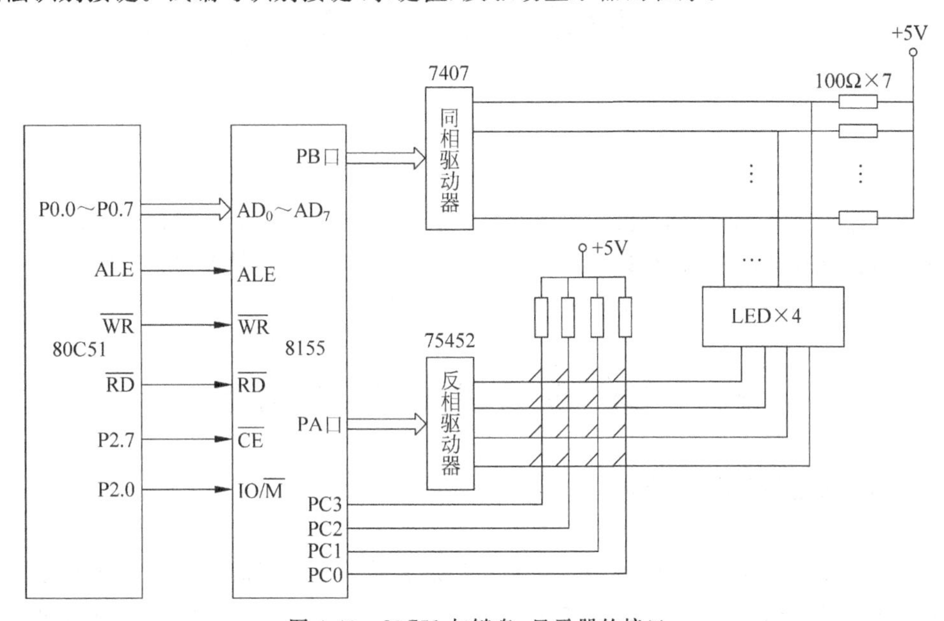

图 4-40 80C51 与键盘、显示器的接口

4-10 简述图 4-13 所示点阵式 LED 显示器接口电路的工作原理。

4-11 简述 8279 数据输入的键扫描方式、传感器扫描方式和选通输入方式的原理;显示器左端输入方式及右端输入方式的工作过程。

4-12 参照图 4-17,应用 8279 设计一个键盘、显示器接口电路。给定条件:

① 键盘为一个 4×4 的矩阵,LED 显示器为 4 位;

② 8279 的扫描输出为译码扫描。

要求作出接口电路图;编写 8279 初始化、显示器更新、键输入中断服务程序。

4-13 参照图 4-20,试编写一个用 MAX7219 驱动 8 个 LED 显示器显示数字 0～7 的程序。

4-14 简述液晶显示器的构造及显示原理。

4-15 简述液晶显示器静态驱动法及动态驱动法的原理。

4-16 参照表 4-15 及图 4-27,编写在字符点阵式液晶显示模块 EA-D20040AR 上显示字符“下”的程序。

4-17 参照图 4-30,试用中断法编写 TPμP-40B 打印机打印下列字符串“2008 年 8 月 8 日”的程序。

4-18 简述电阻式触摸屏、电容式触摸屏、红外线式触摸屏及表面声波式触摸屏确定触摸点坐标的原理及其特点、适应场合。

4-19 对于四线电阻触摸屏,要获得工程上普遍使用的触摸点坐标,如何对触摸点位置的 A/D 转换值进行变换。

第5章 智能仪器的标准数据通信接口

智能仪器一般都具有通信接口，以便和其他智能仪器或计算机组成自动测试系统。本章重点介绍智能仪器中常用的GP-IB、RS-232、PXI接口总线的特性及接口电路设计。简要介绍USB、CAN、以太网接口及蓝牙技术的特点及应用。

5.1 GP-IB通用并行接口总线

5.1.1 GP-IB接口总线概述

GP-IB(General Purpose Interface Bus)接口总线是国际通用的仪器接口标准总线。最初由美国HP公司研制，称为HP-IB标准，后经美国电子电气工程师学会(IEEE)改进，以IEEE-488标准加以推荐，但普遍使用的名称是GP-IB。

为了有效地实现通信功能，在GP-IB标准接口总线系统中，仪器设置了3种角色，即"讲者"、"听者"、"控者"。讲者是发出仪器消息的设备，在GP-IB系统中，可以设置多个讲者，任何时刻只能有一个讲者发出仪器消息。听者是接收讲者发出消息的设备，在GP-IB系统中，允许同时有多个听者。听者和讲者的身份由控者根据需要进行安排。控者是总线系统工作的管理设备。计算机通常担任控者的角色。系统中所有设备均具备听者功能，但必须在控者指定后才能进入听者角色，其听者角色也可根据需要被停止。而讲者功能不是所有设备均具有的。对于一台设备，它可能只有听者功能，也可能同时具有其他另外的一个或者两个功能。图5-1中的自动测试系统由若干讲者、听者、控者组成，讲者可以是信号发生器，听者可以是数字电压表、打印机等。计算机为控者，用以控制三台GP-IB仪器按照GP-IB协议规范协调地工作。

GP-IB标准接口总线系统的基本特性如下。

- 仪器容量：由于受发送器负载能力的限制，系统内仪器容量最多不得超过15台。
- 传输距离：最大传输距离为20m，或分段电缆长度总和不超过20m。如果距离超过20m，信号可能产生畸变，传输的可靠性下降，数据的传输速率降低。
- 总线构成：总线由16条信号线构成，其中8条为数据线，3条为挂钩线，5条为接口管理线。
- 数据传送：数据传送为并行比特、串行字节的双向异步方式，最高速率为1Mb/s。

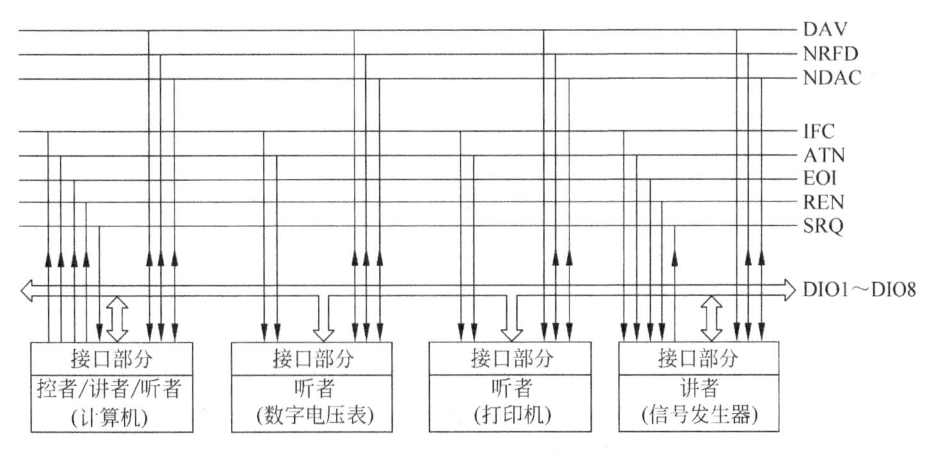

图 5-1　GPIB 标准接口总线系统

- 采用负逻辑：低电平(小于 0.8V)为 1；高电平(大于 2.0V)为 0。
- 地址容量：单字节地址为 31 个讲地址和 31 个听地址；双字节地址为 961 个讲地址和 961 个听地址。
- 适用环境：适用于电气干扰微弱的实验室或生产现场。

5.1.2　总线结构

GP-IB 总线为 24 芯电缆，每条电缆的两端都是一个插头或者插座的连接器。这样的连接器可将多台设备按串联和星形的形式连接。24 线中 16 条为信号线，8 条为逻辑地线和屏蔽线，具体分配如下。

(1) 数据总线

DIO1～DIO8：8 条数据输入输出线(DIO)，用来进行双向传递消息，可以输入也可以输出。

数据线上传递两种不同的消息，分为接口消息和仪器消息。仪器消息是与仪器自身工作密切相关的信息，它不改变接口功能的状态，包括传送的数据字节、状态字节、程控指令等。接口消息指用于管理接口部分完成各种接口功能的信息，包括用以控制接口功能的专用命令、讲地址、听地址、副地址等。仪器消息和接口消息传送范围如图 5-2 所示。

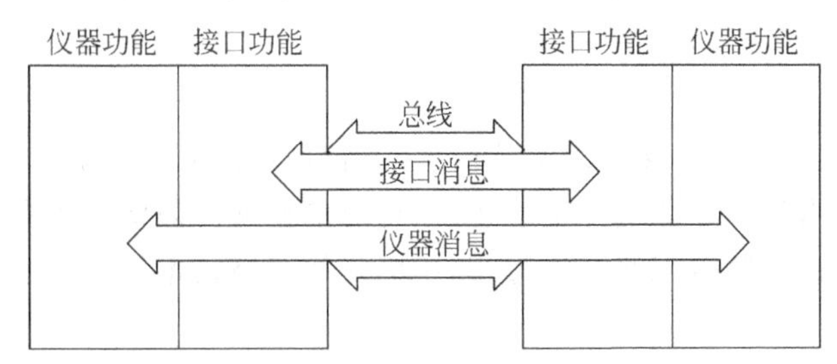

图 5-2　接口消息和仪器消息传送范围

(2) 挂钩联络线

- DAV(Data Valid)：数据有效线，表示 DIO 线上的数据是否有效。当 DAV 线处于低电平时，表示各 DIO 线上信息有效，听者可以接收；若 DAV 线处于高电平，表示信息无效。

- NRFD(Not Ready For Data)：未准备好接收数据线，当NRFD线处于高电平时，表示全部指定的听者都已准备好接收，讲者可以发送消息。若NRFD线处于低电平时，表示指定的听者中至少有一个未准备好接收。
- NDAC(Not Data Accepted)：未接收到数据线，当NDAC线处于高电平时，表示一切指定的听者均已接收到数据；当NDAC线处于低电平时，表示至少有一个听者未接收到数据。

(3) 接口管理总线

- ATN(Attention)：注意线，由控者使用，用它来区分DIO线上的消息是接口消息还是仪器消息。ATN处于低电平时，表示当前控者正向各设备发送接口消息；ATN处于高电平时，表示当前讲者正向已寻址的听者发送仪器消息。
- IFC(Interface Clear)：接口清除线，由控者使用，用来发布接口清除消息，通常在测试开始和结束时发出，IFC处于低电平时，系统中所有设备的接口功能置于初始状态。IFC处于高电平时，各设备的接口功能不受影响，仍按各自状态运行。IFC是一个瞬时消息，接口标准规定IFC有效时间小于等于100μs。
- REN(Remote Enable)：远程控制线，该线由控者使用，用来发布远控命令。REN处于低电平时，表示系统控者发出远控命令，使接于总线上的所有设备均可进入远控状态。此时，只要控者发出某设备的讲(或听)地址，该设备就被寻址，进入系统远控状态。REN处于高电平时，各设备回到本地(即面板控制)状态。
- SRQ(Service Request)：服务请求线，用来向系统控者提出服务请求(如溢出、程序不明、超量程等)。SRQ处于低电平时，表明系统中至少有一个设备工作不正常；SRQ处于高电平时，表示系统工作正常，没有任何设备有请求。
- EOI(End or Identify)：结束或识别线，此线与ATN线配合使用。当EOI=1且ATN=1时，表示控者发布点名(查询)消息，此时控者进行点名识别，各有关设备接收到识别信号后，开始响应；当EOI=1且ATN=0时，表明讲者已发送完一组数据。

以上这5条管理线，ATN、IFC、REN、EOI皆由控者发出，用来管理接口的工作方式，SRQ线由接在总线上的各种设备发出，用于向控者提出服务请求。

5.1.3 三线联络过程

GP-IB标准接口系统每传递一个字节信息，不管是仪器消息还是接口消息，都要进行一次三线联络过程，只有这样才能确保消息正确、可靠的传递。因此在源者和受者之间进行信息交换的过程中，也就伴随着三线联络过程，所以三线联络技术是接口系统中最基本的也是很重要的一项技术。

(1) 三线联络的基本原则

三线联络的基本原则是：对于多线消息发送者即源者而言，只有当接收者即受者都做好了接收消息的准备，才能宣布送到数据线上的消息是有效的；只有所有受者都接收完以后，才能撤销数据线上的消息。对于受者而言，只有确知数据线上的消息是自己应该接收的，并且在源者宣布数据有效时才能接收。三线联络实际上就是利用DAV、NRFD、NDAC

三根线的互锁联络操作来保证信息在总线上的准确、可靠、无误的传递。

(2) 三线联络的基本过程

三线联络的基本过程如图 5-3 所示，图中带圈的数字表示联络的时间顺序。下面说明三线联络的过程。

原始状态，讲者置 DAV 线为高①，听者置 NRFD 和 NDAC 线为低②，然后讲者检测 NRFD 和 NDAC，如均为低(不允许均为高)，讲者把要发送的数据字节送到 DIO1～DIO8 上③。当确认各听者都已做好接收数据的准备，即 NRFD 线为高④，且数据总线 DIO 上的数据稳定之后，讲者使 DAV 线变低⑤，告知听者在 DIO 线上有有效数据。作为对 DAV 变低的回答，最快的听者把 NRFD 线拉低⑥，表示它因当前的字节而变忙，即开始接收数据。最早接收完数据的听者欲使 NDAC 线变高(如图中虚线所示)，但因其他听者尚未接收完，故 NDAC 线仍保持为低，只有当所有的听者接收到此字节后，NDAC 线变高⑦。在讲者确认 NDAC 线为高后，升高 DAV 线⑧，并撤掉总线上的数据⑨。

听者确认 DAV 线为高之后，置 NDAC 为低⑩，至此完成了传送一个字节数据的三线联络过程。

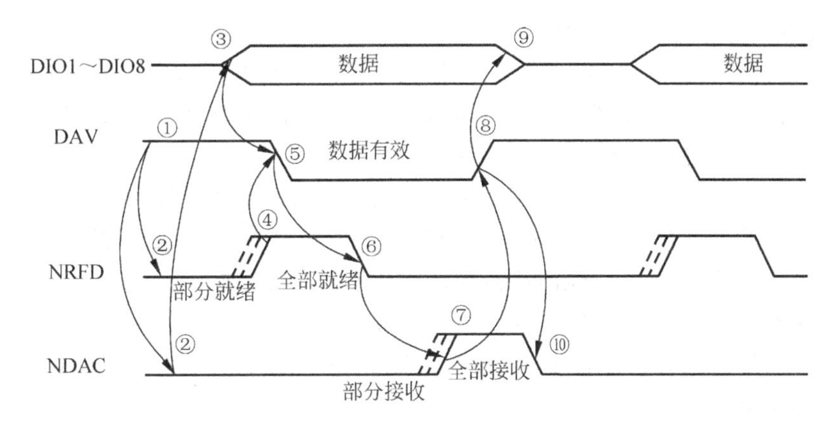

图 5-3　三线联络基本过程

5.1.4　基本接口功能

接口功能是指完成系统中各设备之间正确通信，确保系统正常工作的能力。接口功能由各设备内部的接口逻辑电路来实现，它是接口系统中最重要的组成部分。为保证系统正常工作，GP-IB 标准规定了十种接口功能。

(1) 源挂钩功能(Source Handshake Function)

源挂钩功能简称 SH 功能，SH 功能是讲者和控者必须配置的一种接口功能。其作用为：当检测到所有听者准备好接收数据时，讲者把数据送到数据总线，并使 DAV 信号有效，允许听者接收；检测听者向总线输出的 NDAC 信号，以决定数据传输是否完成。

(2) 受者挂钩功能(Acceptor Handshake Function)

受者挂钩功能简称 AH 功能，此功能是系统中所有听者必须配置的一种功能。它能够向总线输出 NRFD 消息和 NDAC 消息，能够检测由源挂钩功能发来的 DAV 信号的状态。

(3) 讲功能(Talk Function)

讲功能简称 T 功能,它将仪器的测量数据、状态字节、程控指令通过接口发送给其他仪器。只有控者指定仪器为讲者时它才具有此功能。

(4) 听功能(Listen Function)

听功能简称 L 功能,它接收从其他设备发来的测量数据、显示数据、程控指令或状态数据。只有当该仪器被指定为听者时,才能从总线上接受消息。这一功能是自动测试系统中每一设备必须具备的。

(5) 控功能(Control Function)

控功能简称 C 功能,该功能产生对系统的管理消息,接收各种仪器设备的服务请求和状态数据。它担负着系统的控制任务,发布各种通用命令,指定数据传输过程中的讲者和听者,进行串行或并行点名等。

(6) 服务请求功能(Service Request Function)

服务请求功能简称 SR 功能,指系统中某设备向控者提出服务请求的功能。请求主要包括:设备要求对测量数据的传输请求和仪器设备出现问题时请求控者处理。

(7) 并行查询功能(Parallel Poll Function)

并行查询功能简称 PP 功能,它是控者为快速查询请求服务设备而设置的功能。并行查询中,控者将八条 DIO 线分配给八个不同的设备,可以同时查寻八个设备的状态。

(8) 远地/本地功能(Remote/Local Function)

远地/本地功能简称 R/L 功能,仪器接收总线发来的程控命令称为远控,接收面板按键人工操作称为本控。一台仪器任何时候只能处于一种控制方式,或者远控或者本控。控者可以通过总线使配置有 R/L 功能的仪器在远控和本控之间切换。

(9) 设备触发功能(Device Trigger Function)

设备触发功能简称 DT 功能,此功能可使仪器从总线接收触发消息,进行触发操作。

(10) 设备清除功能(Device Clear Function)

设备清除功能简称 DC 功能,它是为需要清除功能的设备而设置的,绝大多数设备需要在开始工作前依靠这一功能回到初始状态。

GP-IB 总线通用接口系统一共设置了上述十种接口功能,对于一般的测试完全能够胜任,对于很复杂的测试也基本能够胜任,所以通用接口系统问世以后,便被广泛地用于各种测试系统之中。必须指出,并非所有仪器都必须具备这 10 种功能,从简化硬件设计和经济的观点来考虑,仪器的设计者往往在设计过程中只选用所需要的某些功能。

5.1.5 接口消息及其编码

按用途不同,总线上传递的消息可分为接口消息和仪器消息两类。

按消息的来源不同,消息分为远地消息和本地消息。远地消息是经总线传递的消息,它可以是仪器消息也可以是接口消息。常用三个大写英文字母表示,如 MLA(我的听地址)。本地消息是由仪器本身产生并在仪器内部传递的消息。常用三个小写英文字母表示,如 pon(电源开)。

按使用信号线的数目不同,消息又可分为单线消息和多线消息。用两条以上信号线传送的消息称为多线消息，例如各种通令、指令、地址、数据等。通过一条信号线传送的消息称为单线消息，例如ATN、IFC等。

仪器消息与仪器的特性密切相关，难以作出统一的规定，通常由设计者自己选择，只要求其编码格式能被有关仪器所识别。接口消息则应作出统一规定，以确保接口的通用性。单线接口消息通过一条信号线传递，因而无须编码。多线接口消息通过DIO线来传递，因而需要统一编码。多线接口消息采用7位编码，如表5-1所示，主要分为通令、指令、地址、副令(副地址)四类。

表5-1　多线接口信息分类表

类　别	名　　称	代　号	编　码
通令	本地封锁(Local Lockout)	LLO	×001 0001
	器件清除(Device Clear)	DCL	×001 0100
	串行查询可能(Serial Poll Enable)	SPE	×001 1000
	串行查询不可能(Serial Poll Disable)	SPD	×001 1001
	并行查询不组态(Parallel Poll Unconfigure)	PPU	×001 0101
指令	群执行触发(Group Execute Trigger)	GET	×000 1000
	进入本地(Go To Local)	GTL	×000 0001
	并行查询组态(Parallel Poll Configure)	PPC	×000 0101
	选择设备清除(Selected Device Clear)	SDC	×000 0100
	接受控制(Take Control)	TCT	×000 1001
地址	听地址(Listen Address)	(LAD)①	×01$L_5L_4L_3L_2L_1$
	讲地址(Take Address)	(TAD)②	×10$T_5T_4T_3T_2T_1$
	不听(Unlisten)	UNL	×01 11111
副地址或副令	副地址(Secondary Address)	(SAD)③	×01$S_5S_4S_3S_2S_1$
	并行查询不可能(Parallel Poll Disable)	PPD	×11$D_5D_4D_3D_2D_1$
	并行查询可能(Parallel Poll Enable)	PPE	×110 $P_4P_3P_2P_1$

注：① 作为MLA而被接收，MLA为我的听地址；

② 作为MTA或OTA而被接收，MTA为我的讲地址，OTA为其他讲地址；

③ 作为MSA或OSA而被接收，MSA为我的副地址，OSA为其他副地址。

(1) 通令(Universal Commands)

通令是由控者发出的命令，一切设备都必须听，并遵照执行。通令的特点是所有设备接到通令后，必须接收并使该设备完成一次接口操作。单线消息的通令有ATN、IFC及REN等3个，多线消息的通令有以下几个。

- LLO(Local Lockout)：本地封锁，此命令与单线消息REN联合使用，可使设备面板上远地/本地开关失去作用。
- DCL(Device clear)：设备清除，该命令使具有DC功能的设备回到某一预定的状态。
- SPE(Serial Poll Enable)：串行查询可能，此命令使具有服务请求(SRQ=1)功能的各设备置于串行查询模式状态下，用于响应控者进行的串行查询。
- SPD(Serial Poll Disable)：串行查询不可能，此命令用于解除设备讲功能的串行查询模式，常用作一个串行查询序列结束标志。
- PPU(Parallel Poll Unconfigure)：并行查询不组态，此命令使设备的PP功能取消原先的编组状态而回到空闲态。

(2) 址令(Addressed Commands)

址令也是控者发出的命令,使被寻址的讲者、听者设备进入某一状态,也有人称之为指令。具体的指令有:

- GTL(Go To Local):进入本地,此命令使被寻址为听者的设备从远地状态返回到本地状态。
- SDC(Selective Device Clear):选择设备清除,此命令使被寻址为听者的设备返回到预定的初始状态。
- PPC(Parallel Poll Configure):并行查询组态,设备收到此命令后,能继续接收并行查询可能命令 PPE,使设备做出响应并行点名的编组。
- GET(Group Execute Trigger):群执行触发,此命令使一个或多个被寻址为听者的设备同时处于某一作用状态(或同时执行某一事先规定的操作)。
- TCT(Take Control):接受控制,此命令使控者把控制权转让给已被寻址为讲者的另一设备。

(3) 地址和副令(Secondary Commands)/副地址(Secondary Address)

地址分为听地址和讲地址。副令/副地址是对主令/主地址的补充。具体的副令有:

- PPD(Parallel Poll Disable):并行查询不可能,此命令是对主令 PPC 的补充,使已被远控编组的设备取消其编组并回到原始状态。
- PPE(Parallel Poll Enable):并行查询可能,此命令也是对主令 PPC 的补充,使已被 PPC 命令允许其编组的设备按照 PPE 的特定编码进行编组。

5.2 GP-IB 接口设计

为了使仪器能够接在 GP-IB 总线上,成为自动测试系统的成员,必须为其设计接口电路。为了简化接口电路设计,目前已有不少厂家生产了 GP-IB 接口芯片,使用非常方便。GP-IB 接口芯片分为两种类型,一类接口芯片不需要微处理器的支持,它的各种接口功能不依靠软件编程设定,而是由硬件逻辑电路产生的。因此,这类芯片又称为不可编程 GP-IB 接口芯片。这类接口芯片主要有 Fairchild 公司的 96LS488、NPC 公司的 SM8530B、Philips 公司的 HEF4738 等。另一类芯片与微处理器配合使用,称为可编程 GP-IB 接口芯片。这类接口芯片主要有 Motorola 公司的 MC68488、Intel 公司的 8291/8292、Texas Instruments 公司的 TMS-9914、NEC 公司的 upd7210 等。

可编程 GP-IB 接口芯片硬件连接简单,功能强。下面重点介绍 GP-IB 接口芯片 TMS-9914A 的功能及其接口设计。

5.2.1 可编程 GP-IB 接口芯片 TMS-9914A

TMS-9914A 具有全部 10 种接口功能,适配于多种微处理器,许多计算机的 GP-IB 适配器都是用 TMS-9914A 芯片开发而成的。

1. TMS-9914A 芯片引脚介绍

TMS-9914A 芯片采用 40 脚双列直插式封装，该芯片的引脚排列如图 5-4 所示。所有信号端中，一部分是面向智能仪器内部的微处理器总线；另一部分是面向 GP-IB 标准接口总线。

信号	引脚	引脚	信号
$\overline{ACCRQ}$	1	40	V_{DD}
$\overline{ACCGR}$	2	39	TR
$\overline{CE}$	3	38	$\overline{DIO1}$
$\overline{WE}$	4	37	$\overline{DIO2}$
DBIN	5	36	$\overline{DIO3}$
RS0	6	35	$\overline{DIO4}$
RS1	7	34	$\overline{DIO5}$
RS2	8	33	$\overline{DIO6}$
$\overline{INT}$	9	32	$\overline{DIO7}$
D_7	10	31	$\overline{DIO8}$
D_6	11	30	$\overline{CONT}$
D_5	12	29	$\overline{SRQ}$
D_4	13	28	$\overline{ATN}$
D_3	14	27	$\overline{EOI}$
D_2	15	26	$\overline{DAV}$
D_1	16	25	$\overline{NDAC}$
D_0	17	24	$\overline{NRFD}$
CLK	18	23	$\overline{IFC}$
$\overline{RESET}$	19	22	$\overline{REN}$
V_{SS}	20	21	TE

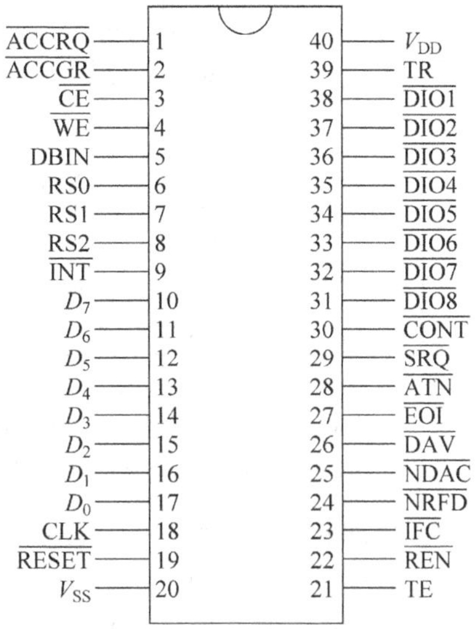

图 5-4　TMS-9914A 芯片引脚排列

面向微处理器总线的主要信号有：

- $D_0 \sim D_7$：双向数据总线，可与微处理器的数据总线相联。
- RS0～RS2：片内寄存器的选择码输入端，可与微处理器的地址总线相联。
- $\overline{CE}$：片选输入端。
- DBIN：读片内寄存器控制信号。此外在进行 DMA 操作时通过改变 DBIN 的极性实现读/写功能。
- $\overline{WE}$：写信号输入端，用于对选中寄存器进行写入操作。
- $\overline{INT}$：中断请求输出端，低电平有效。
- CLOCK：时钟信号输入端。
- $\overline{RESET}$：复位信号输入端。
- $\overline{ACCRQ}$、$\overline{ACCGQ}$：DMA 操作请求输出端、响应信号输入端。

面向 GP-IB 标准接口总线的主要信号有：

- $\overline{DIO1}$～$\overline{DIO8}$：8 位数据输入输出端。
- $\overline{DAV}$、$\overline{NRFD}$、$\overline{DNAC}$：挂钩联络信号输入输出端。
- $\overline{ATN}$、$\overline{IFC}$、$\overline{REN}$、$\overline{SRQ}$、$\overline{EOI}$：接口管理信号的输入输出端。
- TR：触发输出端。
- $\overline{CONT}$：表明本设备为责任控者的信号。
- TE：决定控者、讲者数据方向的信号。

上述这些接口端全部按正逻辑定义，借助非倒相的总线收发器使接口能与 GP-IB 系统交换信息。

2. TMS-9914A 的内部寄存器

TMS-9914A 内部共有 13 个寄存器，见表 5-2。下面介绍各寄存器的作用。

表 5-2　TMS-9914A 内部寄存器

地址			寄存器名称	D_7	D_6	D_5	D_4	D_3	D_2	D_1	D_0
RS0	RS1	RS2									
0	0	0	R0R 中断状态 0	INT0	INT1	BI	BO	END	SPAS③	RLC	MAC
0	0	1	R1R 中断状态 1	GET	ERR	UCG	APT	DCAS	MA①	SRQ②	IFC
0	1	0	R2R 寻址状态	REM	LLO	ATN	LPAS	TPAS	LADS	TADS	ULPA

续表

地址			寄存器名称	D_7	D_6	D_5	D_4	D_3	D_2	D_1	D_0
RS0	RS1	RS2									
0	1	1	R3R 总线状态	ATN	DAV	NDAC	NRFD	EOI	SRQ②	IFC	REN
1	1	0	R6R 命令通过	DIO8	DIO7	DIO6	DIO5	DIO4	DIO3	DIO2	DIO1
1	1	1	R7R 数据输入	DIO8	DIO7	DIO6	DIO5	DIO4	DIO3	DIO2	DIO1
0	0	0	R0W 中断屏蔽 0	×	×	BI	BO	END	SPAS③	RLC	MAC
0	0	1	R1W 中断屏蔽 1	GET	ERR	UCG	APT	DCAS	MA①	SRQ②	IFC
0	1	1	R3W 辅助命令	c/s	×	×	F4	F3	F2	F1	F0
1	0	0	R4W 设定地址	edpa	dal	dat	A5	A4	A3	A2	A1
1	0	1	R5W 串行查询	S8	RSV	S6	S5	S4	S3	S2	S1
1	1	0	R6W 并行查询	PP8	PP7	PP6	PP5	PP4	PP3	PP2	PP1
1	1	1	R7W 数据输出	DIO8	DIO7	DIO6	DIO5	DIO4	DIO3	DIO2	DIO1

注：① MA：接收到 MTA 及 MLA 寻址命令。

② SRQ：该设备为责任控者时，收到 SRQ 请求则请求中断。

③ SPAS：讲功能 T 或扩展讲功能 TE 进入串行查询工作态时，串行查询寄存器中 RSV 置 1。

① 中断状态寄存器 0 与 1(R0R，R1R)及中断屏蔽寄存器 0 与 1(R0W、R1W)：TMS-9914A 共有 14 个中断源，1 个中断请求端$\overline{\text{INT}}$，因此 TMS-9914A 采用中断与查询相结合的方法申请中断。当中断状态寄存器 0(R0R)的 2～7 位中任一位置 1 时，INT0 位置 1。当中断状态寄存器 1(R1R)的 0～7 位中任一位置 1 时，INT1 位置 1。

中断屏蔽寄存器 0，1(R0W，R1W)各位与中断状态寄存器各位一一对应，当对中断屏蔽寄存器某位置 0 时，则对应的中断源被屏蔽，被屏蔽的中断源不产生$\overline{\text{INT}}$中断请求，但相应中断状态位仍置 1。各位中断状态代表的中断事件如下：

- BI：数据输入寄存器已接收到 1 个字节，提出中断申请，要求读取。
- BO：数据输出寄存器中 1 个字节已发出，请求中断，要求写入下一字节。
- END：收到结束标志，END=$\overline{\text{ATN}}\cap\text{EOI}$，表示数据传送结束。
- IFC：接收到 IFC 消息。
- RLC：本地控制与远地控制两种工作方式发生转换。
- MAC：本地地址发生改变。
- GET：接收到 GET 命令。
- ERR：SH 功能出错。
- UCG：接收到未定义命令或副命令。
- APT：在扩展讲功能 TE 及扩展听功能 LE 工作时，收到一个副地址。
- DCAS：清除功能 DC 进入工作状态。

② 寻址状态寄存器(R2R)：此寄存器用来存放 ATN 消息以及 T、TE、L、LE、RL 接口功能单元的状态。REM=1 表示处于远控状态；LLO=1 表示处于本地封锁状态；ATN=1 表示 ATN 消息有效；LPAS=1 表示 LE 功能处于主地址寻址状态；TPAS=1 表示 TE 功能处于主地址寻址状态；LADS=1 表示被寻址为听者；TADS=1 表示被寻址为讲者；ULPA 在双地址寻址时表示最低地址位 A1 的状态，ULPA=1 表示地址最低位为 1，ULPA=0 表示地址最低位为 0。

③ 地址设定寄存器(R4W)：此寄存器的 A5～A1 存放设备地址的设定值。通常在自动测试系统开始工作时，设备的微处理器从本机地址开关设定电路中读取本机地址设定值，然后把它写入此寄存器。dat=1 表示禁止讲功能；dal=1 表示禁止听功能；edpa=1 表示该设备为双重地址。

④ 总线状态寄存器(R3R)：该寄存器用来存放 3 条挂钩线、5 条接口管理线的状态。

⑤ 串行查询寄存器(R5W)：当 RSV 置位，则将直接驱动 SRQ 总线产生服务请求。S8、S6～S1 各位是用户规定的服务内容。该寄存器中各位只能用 RESET 硬件清零。

⑥ 命令通过寄存器(R6R)：有些多线接口消息，如副地址、副令等未定义命令将不在 GP-IB 接口中自动译码，而是由命令通过寄存器(R6R)接收后送微处理器去处理。

⑦ 并行查询寄存器(R6W)：当设备并行查询时，各设备将把该寄存器中存放的内容送总线"线或"后送控者。而 R6W 中的内容是按照设备所接收到的 PPE 命令的要求，在 R6W 的相应位预先写入数值，此位只能用 RESET 硬件清零。

⑧ 数据输入寄存器(R7R)：该寄存器用来接收设备消息，并采用中断方式送微处理器。每接收到一个字节，则中断状态位 BI=1，请求中断，这时三线挂钩信号的 NRFD 有效，准备接收这一字节，而不接收其他字节。当微处理器响应 BI 中断，把这个字节读入微处理器时，BI 复 0。

⑨ 数据输出寄存器(R7W)：该寄存器存放讲者或控者向总线发出的设备消息及接口消息。微处理器用中断方式将这些消息写入 R7W，当发送一个字节完成后 BO 置 1，请求中断。微处理器在中断服务程序中，再写入下一个字节。

⑩ 辅助命令寄存器(R3W)：该寄存器的低 5 位不同的编码表示不同的辅助命令，辅令是微机与 GP-IB 接口进行操作的手段。c/s 表示辅助命令有效的时间，若 c/s=1 表示辅助命令一直有效，直到微机再次写入此命令并使 c/s=0 时，此辅助命令才失效并结束。

3. TMS-9914A 接口功能的指定

(1) 控者功能指定

只有带有 TMS-9914A 接口的设备被指定为控者，它才能在自动测试系统中发送接口命令去指定听者及讲者。可用本控或远控两种方法指定 TMS9914A 为控者。

具体做法是微机向 TMS-9914A 的辅助命令寄存器写入 c/s=1 的 SIC 辅令，则 IFC=1。经 100ms 后，再写入 c/s=0 的 SIC 辅令，则 IFC=0。TMS-9914A 发送 IFC 信号后，自动成为控者，这就是用本控方法指定控者。也可以用远控方法指定控者，TCT 是控制权转移命令，这是一个未定义命令。当原控者发出 TCT 命令时，TMS-9914A 将收到此命令，中断状态寄存器的 UCG=1，在 ACDS 封锁状态下产生中断请求。在中断服务程序中，微机读入 TCT 命令后发出 RQC 辅令，再发出 DACR 辅令，释放 NDAC，恢复三线挂钩，解除 ACDS 封锁而变为现在控者。原控者在发出 TCT 后，结束挂钩，发 RCL 辅令或 GTS 辅令，使 ATN=0，则原控者变为空闲态。

(2) 讲者功能任命

任命讲者也有两种方法，一种为本控方法，一种为远控方法。本控方法由微机执行自己的 GP-IB 接口芯片辅令寄存器的 TON 辅令实现。远控方法先由控者使所有设备为听者，再由控者发讲地址，地址相符的设备即被任命为讲者。

(3) 听者功能任命

任命听者也有两种方法,一种为本控方法,一种为远控方法。本控方法由微机向自己的GP-IB接口芯片辅令寄存器写入TON辅令实现。远控方法先由控者发UNL通令,取消上阶段所有听者身份,再由控者发送MLA命令,使被寻址为听者的设备处于LADS态,任命为听者。

5.2.2 应用TMS-9914A进行接口设计

图5-5所示的是TMS-9914A与80C51单片机、GP-IB总线系统的连接图。80C51的P2口信号,经译码后进行片选。80C51的P0.0～P0.2经74LS373锁存后作为TMS-9914A的片内寄存器选择信号RS0～RS2。与TMS-9914A配用的收发器为SN75160与SN75161。DIO1～DIO8 8条数据线经SN75160后接到GP-IB总线。3条挂钩线、5条接口管理线经SN75161后接到GP-IB总线。

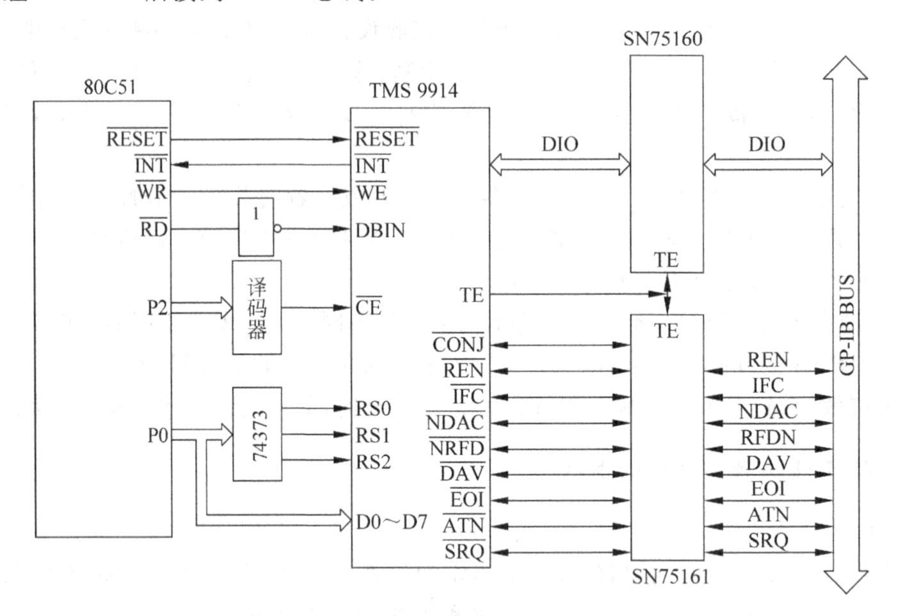

图5-5 TMS-9914A实现GP-IB接口设计

本系统具有远控和本控两种方式。下面给出系统的几个主要子程序。

① 初始化程序,初始化任务是把本机地址读入地址设定寄存器,用本控方式任命自己为控者,发送IFC消息,发送REN消息,进行中断屏蔽,只允许END中断。其流程图如图5-6所示,程序如下:

```
INIT:  MOV    A,#00H        ;结束上电复位
       MOV    DPTR,#R3W
       MOVX   @DPTR,A
       MOV    DPTR,#R4W     ;设本机地址为25H
       MOV    A,#25H        ;本机地址读入地址设定寄存器
       MOVX   @DPTR,A
       MOV    DPTR,#R3W     ;接口清除辅令,使IFC=1
       MOV    A,#8FH
```

```
MOVX    @DPTR,A
CALL    DELAY100μs  ;延时
MOV     A,#0FH      ;接口清除结束辅令,使 IFC=0
MOVX    @DPTR,A
MOV     A,#90H      ;远控可能辅令,使 REN=1
MOVX    @DPTR,A
MOV     DPTR,#R0W   ;置中断屏蔽寄存器 R0W
MOV     A,#08H
MOVX    @DPTR,A
MOV     DPTR,#R1W   ;置中断屏蔽寄存器 R1W
MOV     A,#00H
MOVX    @DPTR,A
```

② 任命讲者、听者子程序，子程序的功能是任命一个讲者、多个听者。子程序流程图如图 5-7 所示。

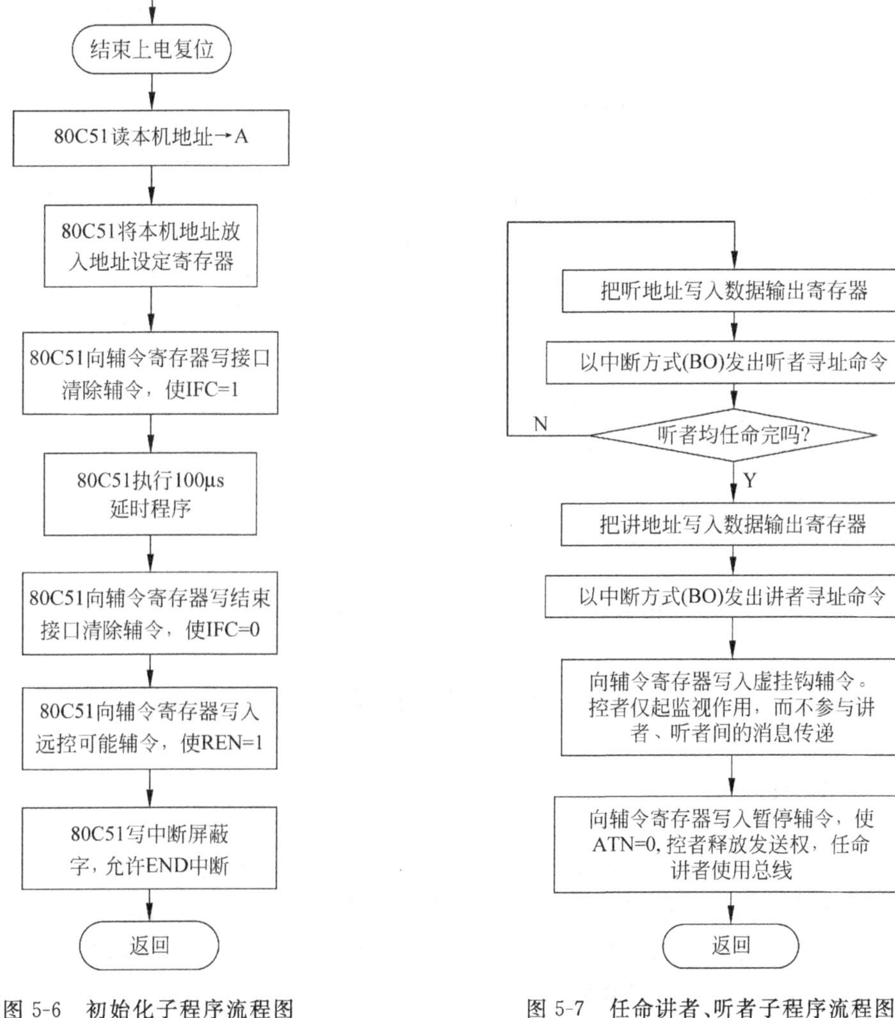

图 5-6　初始化子程序流程图

图 5-7　任命讲者、听者子程序流程图

③ 发送设备消息子程序，子程序功能是使 TMS-9914A 向听者发送设备消息。首先 80C51 任命自己为讲者，再发出听者寻址命令，任命听者，子程序流程图如图 5-8 所示。

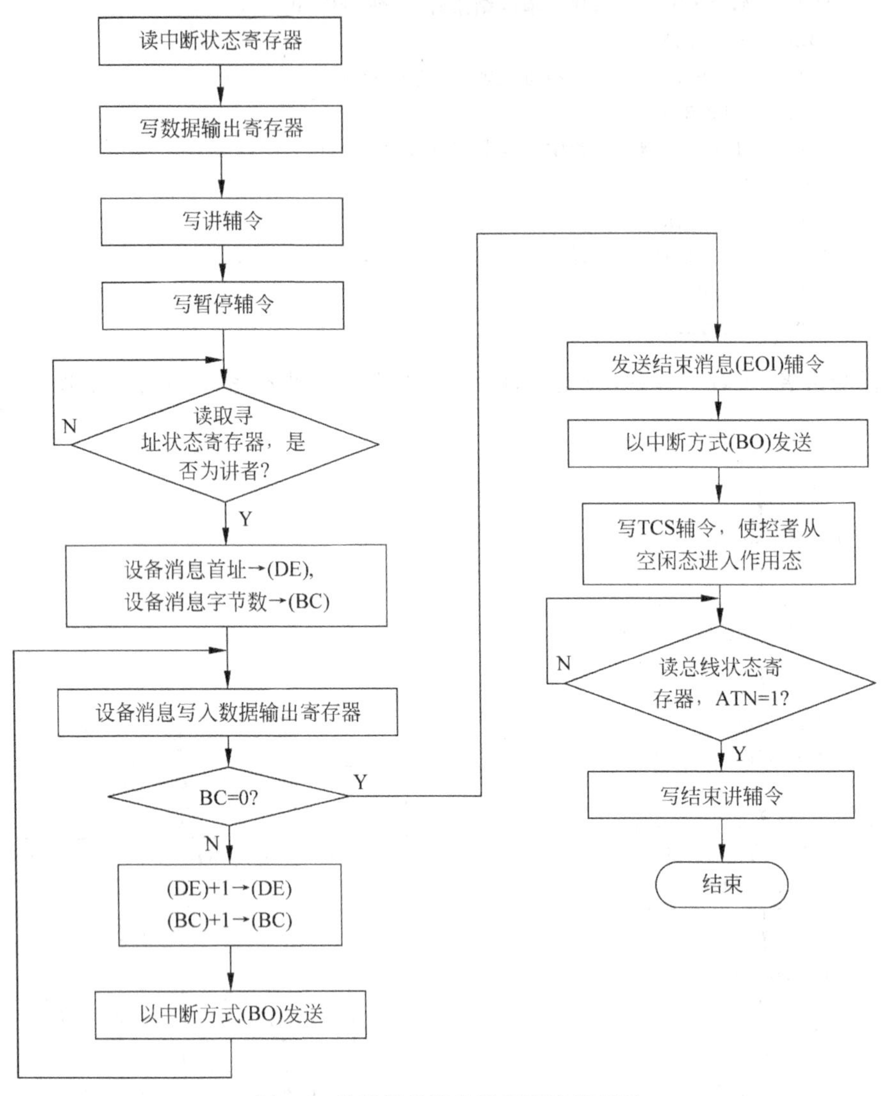

图 5-8 发送设备消息子程序流程框图

5.3 PXI 总线技术

5.3.1 PXI 总线概述

20 世纪 90 年代初出现的速率高达 132Mb/s 的计算机外围互联总线 PCI，已成为今天高性能 PC 机事实上的总线标准。后来出现了 PCI 总线的工业“加固”，即所谓的 Compact PCI。Compact PCI 是 PCI 总线电气协议标准与成熟的欧洲式插卡工业组装技术的结合，它既吸收了 PC 机商用技术的最新成果，又能适应于工控实时应用要求的坚固、可靠、模块化、热切换，因此一经推出就得到工业界的欢迎。

1997 年美国 NI 公司在 Compact PCI 总线的基础上，扩展了触发总线、参考时钟、本地总线和星形触发总线，形成 PXI(PCI eXtension for Instrument) 总线。PXI 总线吸取了 VXI 总线的技术优点，与 Compact PCI 总线兼容。

PXI 是在 VXI 总线技术之后出现的，它吸取了 VXI 总线的技术特点和优势，继承了 VXI 总线 DE1 模块化结构、数据吞吐量快、开放性强、即插即用等特点，而且具有以下独特的优点：

- 高速 PCI 总线结构，传输速率达 132Mb/s 和 PCI 完全互操作；
- 可以应用标准 Windows 98/NT 操作系统及其应用软件；
- 模块化结构，具有符合标准要求的系统电源和电磁兼容性能；
- 具有 10MHz 系统参考时钟，触发线和本地总线；
- 具有模拟 I/O、数字 I/O、定时/计数器、图像采集和信号调理模块等广泛的仪器模块产品；
- 具有"即插即用"模块驱动程序；
- 具有 LabVIEW、LabWindows/CVI、C++、Visual Basic 等系统开发工具；
- 具有低价格、易于集成、灵活性好和开放式工业标准等优点；
- 标准系统提供 8 槽机箱结构，多机箱可通过 PCI-PCI 接口桥接；
- 具有兼容 GP-IB 和 VXI 仪器系统的 GP-IB 接口和 MXI 接口。

5.3.2　PXI 总线系统的规范

PXI 总线系统的规范包含三方面的内容：机械规范、电气规范和软件规范，下面对各个规范进行介绍。

1. 机械规范

(1) 模块尺寸与连接器

PXI 支持 3U 和 6U 两种尺寸的模块，分别与 VXI 总线的 A 尺寸和 B 尺寸模块相同，如图 5-9 所示。3U 模块如图 5-9(a)所示，该模块的尺寸为 100mm×160mm(3.94 英寸×6.3 英寸)，模块后部有两个连接器 J1 和 J2，连接器 J1 提供了 32 位 PCI 局部总线定义的信号线，连接器 J2 提供了用于 64 位 PCI 传输和实现 PXI 电气特性的信号线；6U 模块如图 5-9(b)所示，该模块的尺寸为 233.35mm×160mm(9.19 英寸×6.3 英寸)，除了具有 J1 和 J2 连接器外，6U 模块还提供了实现 PXI 性能扩展的 J3 和 J4 连接器。

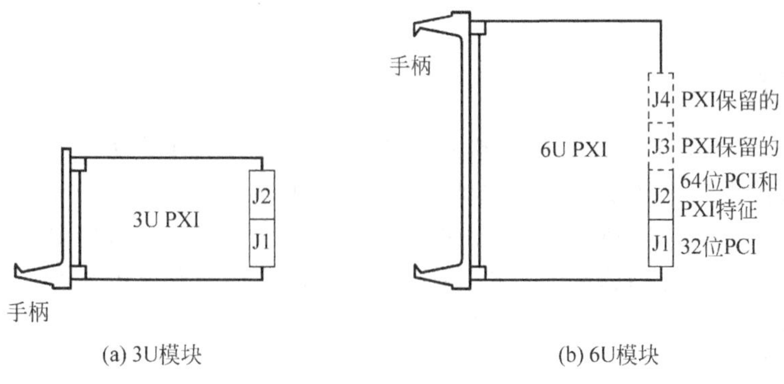

图 5-9　PXI 模块尺寸和连接器

PXI 使用与 Compact PCI 相同的高密度、屏蔽型、针孔式连接器，连接器引脚间距为 2mm。Compact PCI 规范中定义的所有机械规范均适用于 PXI 3U 和 6U 模块。

(2) 机箱与系统槽

图 5-10 所示是一个典型的 PXI 系统示意图。PXI 系统机箱用于安装 PXI 背板，并且为系统控制模块和其他外围模块提供安装空间。每个机箱都有一个系统槽和一个或多个外围扩展槽。星形触发控制器是可选模块，如果使用该模块，应将其置于系统控制模块的右侧(第 2 插槽)；如果不使用该模块，可将其槽位用于外围模块。3U 尺寸的 PXI 背板上有两类接口连接器 P1 和 P2，与 3U 模块的 J1 和 J2 连接器相对应。一个单总线段的 33MHz PXI 系统最多可以有 7 个外围模块，而一个单总线段的 66MHz PXI 系统则最多可以有 4 个外围模块。使用 PCI-PCI 桥接器能够增加总线段的数目，为系统扩展更多的插槽。

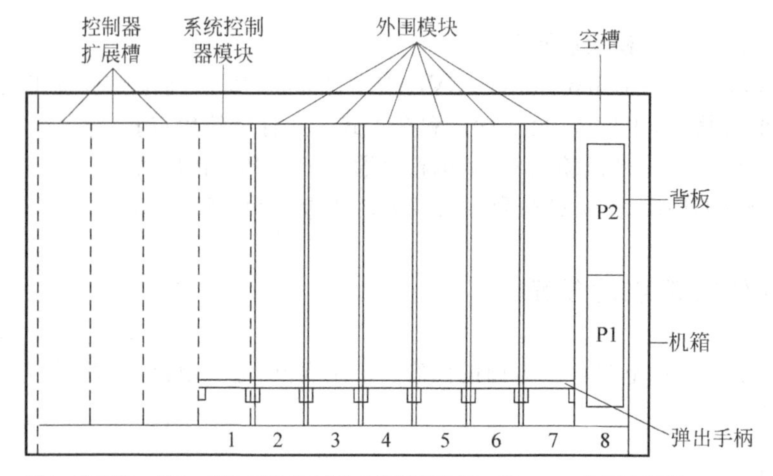

槽1：系统槽，槽2：星形触发控制器或外围扩展槽，槽3～8：外围扩展槽

图 5-10　33MHz 3U PXI 系统示意图(单总线段)

Compact PCI 规范允许系统槽位于背板的任意位置，而在 PXI 系统中，系统槽的位置被定义在一个 PCI 总线段的最左端，这就简化了系统集成的复杂性，提高了 PXI 控制器与机箱之间的兼容程度。此外，PXI 规范规定：如果系统控制器需要占用多个插槽，它只能以固定槽宽(一个插槽宽度为 20.32mm 或 0.8 英寸)向系统槽的左侧扩展，避免了系统控制器占用其他外围模块的槽位。控制器扩展槽没有连接器与背板相连，不能用于插接外围扩展模块。

2. 电气规范

PXI 总线规范是在 PCI 规范的基础上发展而来的，具有 PCI 的性能和特点，包括 32 位/64 位数据传输能力，以及分别高达 132Mb/s(32 位)和 264Mb/s(64 位)的数据传输速度，另外还支持 3.3V 系统电压、PCI-PCI 桥路扩展和即插即用。PXI 在保持 PCI 总线所有这些优点的前提下，增加了专门的系统参考时钟、触发总线、星形触发线和模块间的局部总线，以此来满足高精度的定时、同步与数据通信要求。

(1) 参考时钟

PXI 规范定义了将 10MHz 参考时钟分布到系统中所有模块的方法。该参考时钟可被用作同一测量或控制系统中的多卡同步信号。由于PXI严格定义了背板总线上的参考时钟，而且参考时钟所具有的低时延性能，使各个触发总线信号的时钟边缘满足复杂的触发协议。

(2) 触发总线

PXI触发总线采用单一的TTL电平，减少了电源种类，而且只定义了8条触发线。使用触发总线的方式可以是多种多样的。例如，通过触发线可以同步几个不同PXI模块上的同一种操作，或者通过一个PXI模块可以控制同一系统中其他模块上一系列动作的时间顺序。

(3) 星形触发

星形触发总线为PXI用户提供了更高性能的同步功能。星形触发控制器槽位于系统槽右边的第一个槽，它与其他外围扩展槽之间配置了一条唯一的触发线。当在星形触发专用槽中插入一块星形触发控制模块时，就可以给其他仪器模块提供非常精确的触发信号。当然，如果系统不需要这种超高精度的触发，也可以在该槽中安装别的仪器模块。

(4) 本地总线

如图5-11所示，PXI定义了与VXI总线相似的菊花链状本地总线，使各外围模块插槽的右侧本地总线，与相邻插槽的左侧本地总线相连，依此类推。但是系统背板上最左侧外围模块插槽的左侧本地总线被用于星形触发，系统控制器也不使用本地总线，而将这些引脚用于实现PCI仲裁和时钟功能。PXI系统最右侧插槽的右侧本地总线可用于外部背板接口(如用于与另一个总线段的连接)，或者放弃不用。

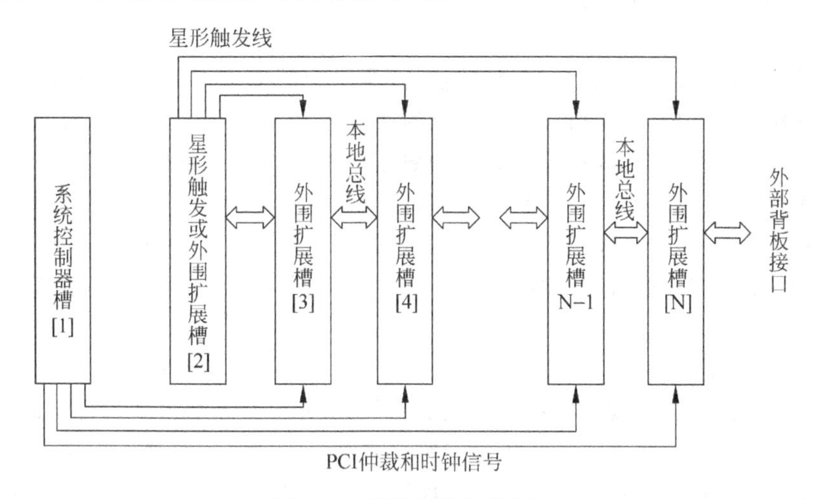

图5-11　PXI系统总线结构

3. 软件规范

系统软件框架定义了PXI系统控制器和外围模块都应遵守的一些软件要求，包括操作系统和工具软件等。PXI定义了4种系统软件框架：Windows 95、Windows 98、Windows NT和Windows 2000。所有PXI系统控制器和外围模块都必须支持至少一种系统软件框架。

PXI软件体系包括标准操作系统、仪器驱动程序和标准应用软件三部分。

(1) 标准操作系统

PXI 规范了 PXI 系统使用的软件框架，工作在任何框架下的 PXI 系统控制器必须支持当前流行的操作系统，而且必须支持未来的升级。

(2) 仪器驱动程序

PXI 的软件要求支持 VXI 即插即用联盟（VPP 与 VISA）开发的仪器软件标准。PXI 规范要求所有仪器模块需配置相应的驱动程序，这样可避免用户只得到硬件模块和手册，花大量时间去编写应用程序。PXI 要求生产厂家而不是用户去开发驱动软件，以减轻用户负担，做到即插即用。PXI 也要求仪器模块和仪器制造厂商提供某些软件的组成部分。

(3) PXI 系统具有标准应用软件

PXI 系统提供了 VISA 软件标准。通过 VISA 软件标准用户系统可以进行 PXI 模块与 GPIB、VXI、串行接口仪器之间的通信连接。VISA 表示虚拟仪器软件体系，它是 VPP 联盟制定的 I/O 接口软件标准及相关规范的总称。VISA 标准的制定为高级仪器驱动程序和低级 I/O 驱动程序之间提供了一个层，使高级仪器驱动程序和硬件无关。由于 VISA 可以对不同接口类型的器件调用相同 VISA 函数，无须考虑器件的接口类型和软件的兼容性。因而大大地提高了各种接口仪器的互换性。

5.4 串行通信总线

5.4.1 串行通信的基本方式

串行通信是将构成字符的二进制数据位，按照一定的顺序逐位传输的通信方法。它只需要一条数据线，硬件成本低，可以使用现有的通信通道，故在智能仪器仪表中，通常采用串行通信方式来实现仪器或计算机系统之间的数据传送。为了有效地进行通信，通信双方必须遵从统一的通信协议，所谓通信协议是指通信双方的一种约定。约定中包括对数据格式、同步方式、传送速度、传送步骤、检纠错方式以及控制字符定义等问题作出统一规定。根据在串行通信中，对数据流的分界、定时及同步的方法不同，串行通信可分为同步通信和异步通信两种方式。

(1) 同步通信方式

同步通信方式中，必须规定字符的有效数据位数，并以数据块形式进行传送。用同步字符指示数据块的开始，同步字符可采用单字符或多字符。同步字符之后为传送的数据，数据块之后为 CRC(Cyclic Redundancy Check，循环冗余校验)码字符，用于检验同步传送的数据是否出错。同步字符、数据块、CRC 校验码组成传输的一帧信息。

同步通信是以数据块（字符块）为信息单位进行传送的，要求每帧信息的每一位都要严格同步，也就是说，不仅字符的位传送是同步的，字符与字符之间的传送也应该是同步的，这样才能保证收/发双方对每一位都是同步的。这种通信方式对时钟同步要求非常严格，要求收/发两端必须使用同一时钟来控制数据块传输中字符与字符、位与位之间的定时。

同步通信的优点是传输速率快，数据收发连续，一般用于数据量较大和数据传输速率较高的场合。不足之处是硬件较复杂。

(2) 异步通信方式

异步通信是以字符为单位传送的，传送中以起始位开始，之后依次是数据位(5 位到 8 位)、奇偶校验位(1 位)、停止位(1 位、1 位半或 2 位)。从起始位开始到停止位结束组成一帧信息。一般停止位后面不会紧接下一字符的起始位，而是维持 1 状态，这些位称为空闲位。

异步通信中，收/发双端没有统一的时钟，当发送端发出一帧信息后，接收端首先识别起始位，同步时钟，然后同步接收紧跟而来的数据位及停止位。一旦一个字符传送完毕，线路将处于空闲状态，下一个字符出现时，再重新同步。

在异步通信中，收/发双方必须具有相同的波特率。所谓波特率，是指每秒串行发送或接收的二进制位(bit)数目，其单位为 b/s(每秒比特数)。它是衡量数据传输速率的指标，也是衡量传输通道频带宽度的指标。目前常用的波特率有 300、600、1200、2400、4800、9600 和 19200b/s 等。

异步传送对每个字符都附加了同步信息，降低了对时钟的要求，硬件较为简单，但冗余信息(起始位、停止位和奇偶校验位)所占比例较大，数据的传输速度一般低于同步传送方式。

异步通信一般用在数据传送时间不能确知，发送数据不连续，数据量较少和数据传输速率较低的场合；目前，在微机测量和控制系统中，串行数据的传输大多使用异步通信方式。

5.4.2 RS-232C 串行通信总线标准

1. RS-232C 标准概述

RS-232C 是美国电子工业协会(EIA)在 1969 年公布的数据通信标准。RS 是推荐标准(Recommended Standard)的英文缩写，232C 是标准号。全称是 EIA-RS-232C 标准。最初 RS-232C 标准是为了把计算机通过电话网与远程终端相连而设计的。计算机输出的逻辑信号不宜直接接到电话网中，因而要先通过调制解调器(modem)，把代表逻辑 1 和逻辑 0 的电平信号调制成音频信号，然后再在电话网中传输。同样，接收端也需要通过调制解调器与电话网相接，以便把不同的频率信号还原成逻辑信号，送到终端设备。该标准定义了数据终端设备(DTE)和数据通信设备(DCE)之间的接口信号特性。其中 DTE 也可以是计算机，DCE 一般是指调制解调器。其标准连接如图 5-12 所示。

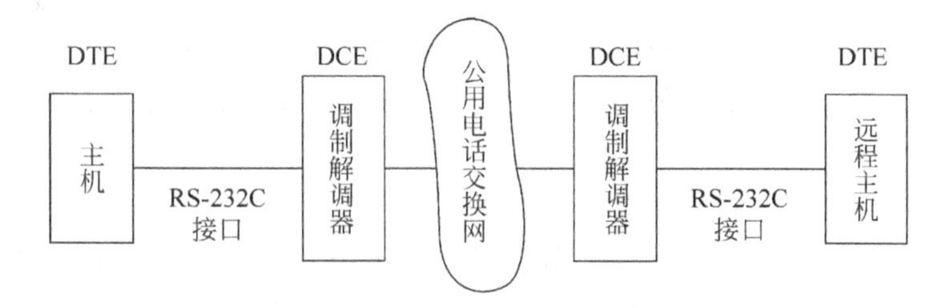

图 5-12　RS-232C 标准连接图

RS-232C 标准使用±15V 电源，并采用负逻辑，逻辑 1 电平在－5V～－15V 范围内，逻辑 0 电平在＋5V～＋15V 范围内。

2. RS-232C 标准接口信号

RS-232C 接口定义了 25 条可以同外界连接的信号线(见表 5-3),并对它们的功能做了具体规定。

表 5-3 RS-232C 接口信号定义

端子	符号	说　明	端子	符号	说　明
1	PG	保护地	14	TXD	辅信道的发送数据
2*	TXD	发送数据	15	TXC	发送器定时时钟(DCE 源)
3*	RXD	接收数据	16	RXD	辅信道的接收数据
4*	RTS	请求发送	17	RXC	接收器定时时钟
5*	CTS	清除发送	18		未定义
6*	DSR	数传机就绪	19	RTS	辅信道的请求发送
7*	SG	信号地	20*	DTR	数据终端就绪
8*	DCD	数据载波检出	21	SQD	信号质量检测
9		未定义	22*	RI	振铃指示
10		未定义	23	CI	数据信号速率选择器
11		未定义	24	TXC	发送器定时时钟(DTE 源)
12	DCD	辅信道接收信号检测	25		未定义
13	CTS	辅信道的清除发送			

注:表中带星号的信号为常用信号,其他信号几乎很少使用。

常用的信号线说明如下。

- TXD(Transmitted Data):发送数据信号。通过 TXD 端,终端设备 DTE 将串行数据发送到调制解调器。
- RXD(Received Data):接收数据信号。通过 RXD 端,终端设备接收从调制解调器送来的串行数据。
- RTS(Request To Send):请求发送。用来表示 DTE 向 DCE 请求,要求发送数据,即当终端要发送数据时,使该信号有效,向调制解调器请求发送。它用来控制调制解调器,是否要进入发送状态。
- CTS(Clear To Send):清除发送信号。用来表示 DCE 准备好接收 DTE 发来的数据,是对请求发送信号 RTS 的响应信号。当调制解调器已准备好接收终端传来的数据,并向前发送时,使该信号有效,通知终端开始发送数据。
- DSR(Data Set Ready):数传机就绪信号。有效时,表明调制解调器处于可以使用的状态。
- SG(Signal Ground):信号地。
- DCD(Data Carrier Detection):数据载波检出信号。用来表示 DCE 已接通通信链路,通知 DTE 准备接收数据。当本地的调制解调器收到由通信链路另一端(远地)的调制解调器送来的载波信号时,使 DCD 信号有效,通知终端准备接收,并且由调制解调器将接收下来的载波信号解调成数字量后,沿接收数据线 RXD 送到终端。
- DTR(Data Set Ready):数据终端就绪信号。有效时,表明数据终端可以使用。
- DTR 和 DSR 这两个信号有时连到电源上,上电后立即有效。因此这两个信号有效，只表示设备本身可用，并不说明通信链路可以开始进行通信了。

- RI(Ringing Indicator)：振铃指示信号。当调制解调器收到交换台送来的振铃呼叫信号时，使该信号有效，通知终端，已被呼叫。

3. RS-232C 串行通信的连接方法

(1) 远距离通信的连接。所谓远距离是指传输距离大于 15m 的通信。远距离通信时，一般要加调制解调器，故所使用的信号线较多。此时，若在通信双方的调制解调器之间采用普通电话线进行通信，则只要使用 2～8 号及 20 号、22 号信号线进行联络与控制，如图 5-13 所示。

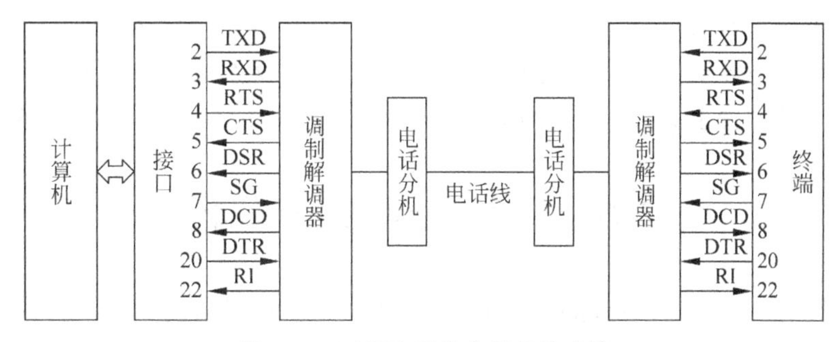

图 5-13　远距离通信信号线的连接

(2) 近距离通信的连接。近距离通信时，不采用调制解调器(称零调制解调器方式)，通信双方可以直接连接，在这种情况下，只需使用少数几条信号线。最简单的情况，在通信中根本不用 RS-232C 的控制联络信号，只需使用 3 条线(发送线 TXD、接收线 RXD、信号地线 SG)便可实现全双工异步串行通信，如图 5-14(a)所示。图中的 2 号线与 3 号线交叉连接是因为直连方式时，把通信双方都当作数据终端设备看待，双方都可发送也可接收。在这种方式下，通信双方，只要请求发送 RTS 有效和数据终端准备好 DTR 有效就能开始发送和接收。

如果想在直接连接时，又考虑 RS-232C 的控制联络信号，则可采用零调制解调器方式的标准连接方法，其通信双方信号线的安排如图 5-14(b)所示。

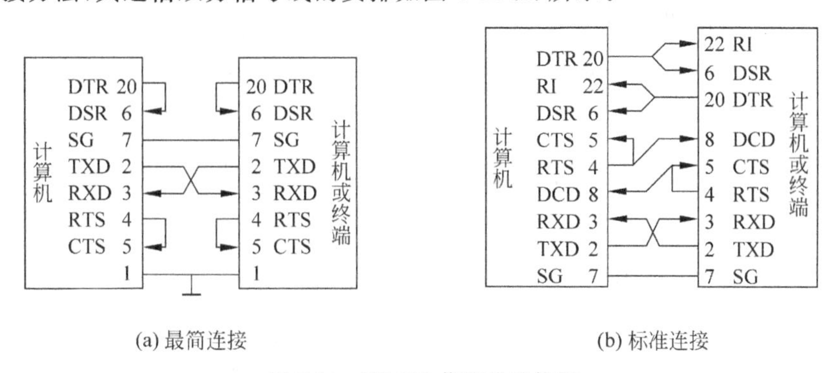

图 5-14　RS-232 信号线的使用

从图 5-14(b)可知，RS-232C 接口标准定义的 9 个常用信号线都用到了，并且是按照 DTE 和 DCE 之间信息交换协议的要求进行连接的，只不过是把 DTE 本身发出的信号回送

过来进行自连,当作自己 DCE 发来的信号,因此,又把这种连接称为双交叉环回接口。双方握手信号关系如下:

① 甲方的数据终端就绪(DTR)和乙方的数传机就绪(DSR)及振铃信号(RI)两个信号互联。这时,一旦甲方的 DTR 有效,乙方的 RI 就立即有效,同时又使乙方的 DSR 有效。这意味着只要一方的 DTE 准备好,便同时为对方的 DCE 准备好,尽管实际上对方 DCE 并不存在。

② 甲方的请求发送(RTS)与清除发送(CTS)自连,并与乙方的数据载波检出(DCD)互联,这时,一旦甲方请求发送(RTS 有效),便立即得到发送允许(CTS 有效),同时使乙方的 DCD 有效,即检测到载波信号,表明数据通信链路已接通。这意味着只要一方的 DTE 请求发送,同时也为对方的 DCE 准备好接收,尽管实际上对方 DCE 并不存在。

③ 双方的发送数据(TXD)和接收数据(RXD)互联,这意味着双方都是数据终端设备(DTE),只要上述的握手关系一经建立,双方即可进行全双工传输或半双工传输。

5.5 串行通信接口设计

在分布式测控系统中,一般通过上位机(PC 机)与多台下位机(单片机)之间的串行通信,来实现实时监测与控制。下面介绍 PC 机与多台 80C51 单片机串行接口的设计。

PC 机内部装有异步通信适配器板,其主要器件为可编程的 8250UART 芯片,它使计算机与其他具有 RS-232C 串行通信接口的计算机或设备进行通信。单片机一般都具有一个全双工的串行口,因此只要配以简单的驱动、隔离电路就可组成通信接口。

多台单片机与 PC 机的串行通信接口电路如图 5-15 所示。图中 1488 和 1489 分别为电平转换电路。从 PC 机的异步通信适配器板引出的发送线(TXD)通过 1489 与 80C51 的接收端(RXD)相连。由于 1488 的输出端不能直接相连,所以它们要经过二极管隔离后并接在 PC 机的接收端(RXD)。

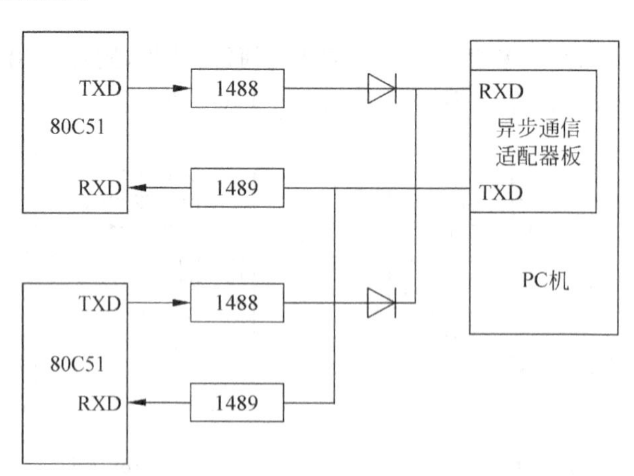

图 5-15　多单片机与 PC 机串行通信接口设计

通信采用主从方式,由 PC 机确定与哪个单片机进行通信。在通信软件中,应根据用户的要求和通信协议规定,对 8250 初始化,即设置波特率(9600 波特)、数据位数(8 位)、奇偶校验类型和停止位数(1 位)。需要指出的是,这里的奇偶校验位用作发送地址码(通道号)或数据的特征位(1 表示地址,0 表示数据),而数据通信的校核采用累加和校验方法。

数据交换方式可以采用中断方式和查询方式。如果采用查询方式,在发送地址或数据时,首先应用输入指令检查发送缓冲器是否为空。若空,则用输出指令将一个数据输出给 8250,8250 自动将数据以串行方式发送到通信线上。接收时,8250 把串行数据转变成并行数据,并送到接收数据缓冲器中,同时把接收数据就绪信号置于状态寄存器中,CPU 读到这个信号后,就可以用输入指令从接收器中读入一个数据了。如果采用中断方式,发送时,用输出指令输出一个数据给 8250,若 8250 已将此数据发送完毕,则产生一个中断信号,要求 CPU 继续发送数据。接收时,若 8250 收到一个数据,则产生中断信号,示意 CPU 可以读取数据。PC 机采用查询方式发送和接收数据的流程图如图 5-16 所示。

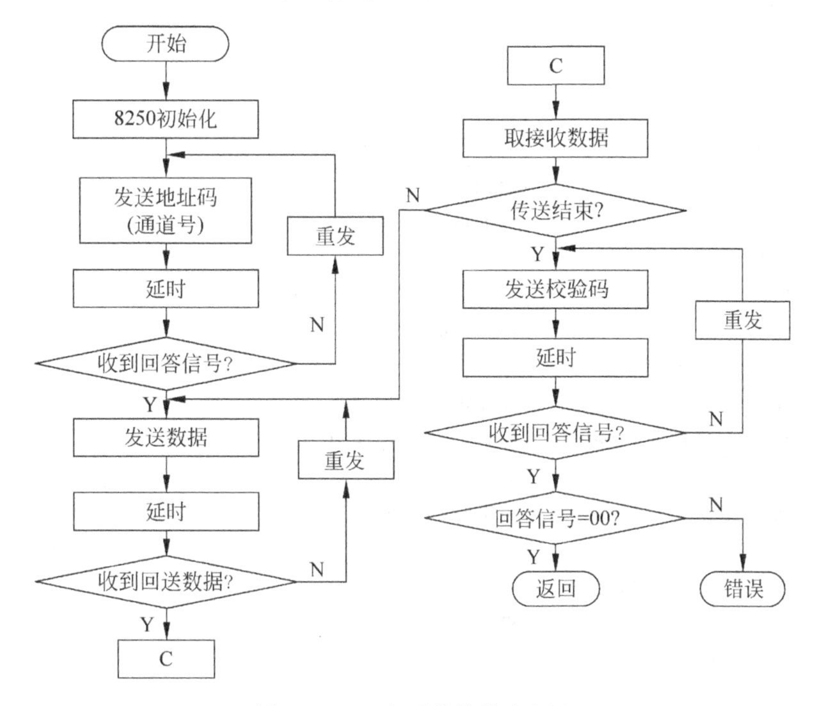

图 5-16　PC 机通信软件流程图

单片机采用中断方式发送和接收数据。串行口设置为工作方式 3,由第 9 位判断是地址码或数据。当某台单片机与 PC 机发出的地址码一致时,就发出应答信号给 PC 机,而其他几台单片机则不发应答信号。这样,在某一时刻 PC 机只与一台单片机传输数据。单片机与 PC 机应答联络后,先接收数据,再将机内数据发往 PC 机。定时器 T1 用作波特率发生器,设置为工作方式 2,波特率为 9600b/s。单片机的通信软件流程如图 5-17 所示。程序清单如下:

```
COMMN:  MOV     TMOD,#20H       ;设置 T1 工作方式
        MOV     TH1,#0FDH       ;设置时间常数,确定波特率
        MOV     TL1,#0FDH
        SETB    TR1
        SETB    EA              ;允许 CPU 中断
```

```
        SETB    ES              ;允许串行口中断
        MOV     SCON,#0F8H      ;设置串行口工作方式
        MOV     PCON,#80H
        MOV     23H,#0CH        ;设置接收数据指针
        MOV     22H,#00H
        MOV     21H,#08H        ;设置发送数据指针
        MOV     20H,#00H
        MOV     R5,#00H         ;累加和单元清零
        MOV     R7,#COUNT       ;设置字节长度
        INC     R7
        ⋮
CINT:   JBC     R1,REV1         ;接收,转 REV1
        RETI
REV1:   JNB     RB8,REV3
        MOV     A,SBUF
        CJNE    A,#03H,REV2     ;与本机地址(03H)不符,转 REV2
        CLR     SM2             ;SM2 清零
        MOV     SBUF,#00H       ;与本机地址相符,回送"00"
REV2:   RETI
REV3:   DJNZ    R7,RT           ;未完,继续接收和发送
        MOV     A,SBUF          ;接收校验码
        XRL     A,R5
        JZ      OK              ;校验正确,转 OK
        MOV     SBUF,#0EEH      ;校验码不正确,回送"EE"
        SETB    F0              ;设置错误标志
        CLR     ES              ;关串行口中断
        RETI
OK:     MOV     SBUF,#00H       ;回送"00"
        CLR     F0              ;置正确标志
        CLR     ES
        RETI
RT:     MOV     A,SBUF          ;接收数据
        MOV     DPH,23H
        MOV     DPL,22H
        MOVX    @DPTR,A         ;存接收数据
        ADD     A,R5
        MOV     R5,A            ;数据累加
        INC     DPTR
        MOV     23H,DPH
        MOV     22H,DPL
        MOV     DPH,21H
        MOV     DPL,20H
        MOVX    A,@DPTR         ;取发送数据
        INC     DPTR
        MOV     21H,DPH
```

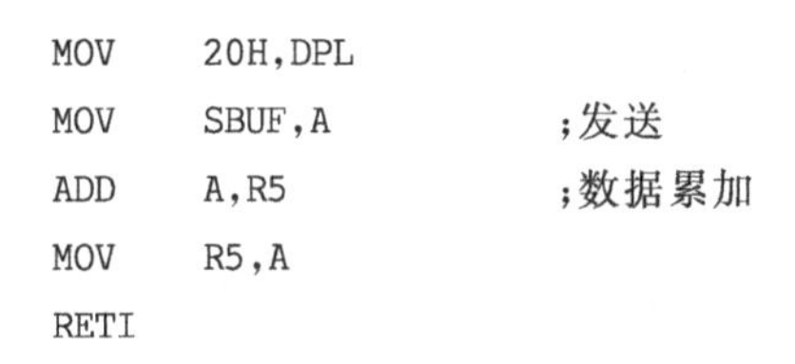

```
MOV    20H,DPL
MOV    SBUF,A            ;发送
ADD    A,R5              ;数据累加
MOV    R5,A
RETI
```

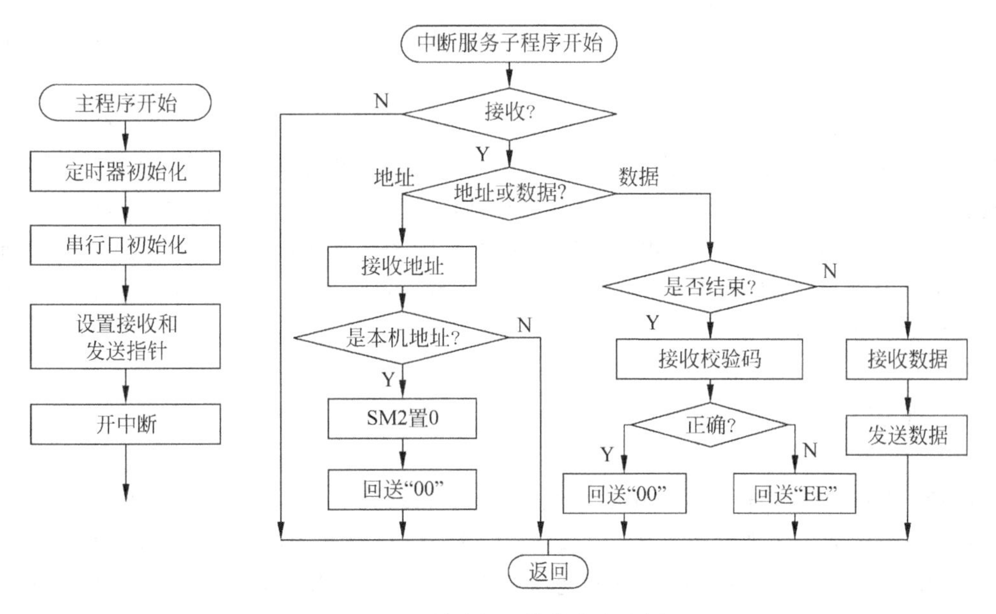

图 5-17　单片机通信软件流程图

5.6　其他总线技术

5.6.1　以太网接口

以太网是在 20 世纪 70 年代研制开发的一种基带局域网技术，使用同轴电缆作为网络媒体，以太网的基本特征是采用一种称为载波监听多路访问/冲突检测 CSMA/CD(Carrier Sense Multiple Access/Collision Detection)的共享访问方案，即多个工作站都连接在一条总线上，所有的工作站都不断向总线上发出监听信号，但在同一时刻只能有一个工作站在总线上进行传输，而其他工作站必须等待其传输结束后再开始自己的传输。采用载波监听多路访问和冲突检测(CSMA/CD)机制，数据传输速率达到 10Mb/s。但是如今以太网更多地被用来指各种采用 CSMA/CD 技术的局域网。

以太网是当今最流行、应用最广泛的通信技术，它具有以下特点：

① 是一种开放式通信网络，不同厂商的设备很容易互联。这种特性非常适合于解决控制系统中不同厂商设备的兼容和互操作等问题。

② 成本低、易于组网。以太网网卡价格低廉，以太网与计算机、服务器等接口十分方便。

③ 具有相当高的数据传输速率，可以提供足够的带宽。以太网的通信速率从 10Mb/s，

100Mb/s 发展到现在的 1000Mb/s,10Gb/s,在数据吞吐量相同的情况下,通信介质的占用时间大大降低,有效地降低了网络碰撞的概率。

④ 以太网资源共享能力强。利用以太网作为现场总线,很容易将 I/O 数据连接到信息系统中,数据很容易以实时方式与信息系统上的资源、应用软件和数据库共享。

⑤ 以太网易与 Internet 连接。

⑥ 受到广泛的技术支持。几乎所有的编程语言都支持以太网的应用开发,有多种开发工具可供选择。

由于以太网技术具有成本低、通信速率和带宽高、兼容性好、软硬件资源丰富、广泛的技术支持基础和强大的持续发展潜力等诸多优点,在工业控制领域被广泛应用。以太网技术是现代自动控制技术和信息网络技术相结合的产物,是下一代自动化设备的标志性技术,是改造传统工业的有力工具,同时也是信息化带动工业化的重点方向。国内对工业以太网络技术的需求日益增加,在石油、化工、冶金、电力、机械、交通、建材、现代农业等领域都需要工业以太网络技术的支持。

5.6.2 现场总线 CAN

CAN(Controller Area Network)总线,即控制局域网总线,由德国 Bosch 公司最先提出。Bosch 公司为了实现汽车电子控制装置之间的信息交换,设计了控制局域网 CAN 总线。CAN 总线是国际上应用最广泛的现场总线之一。一个由 CAN 总线构成的网络中,理论上可以挂接无数个结点,实际应用中,结点数目受网络硬件的电气特性所限制。

CAN 能够使用多种物理介质,例如双绞线、光纤等,最常用的就是双绞线。信号使用差分电压传送。两条信号线被称为 CAN_H 和 CAN_L,静态时电压值均为 2.5V 左右,此时状态表示为逻辑 1;用 CAN_H 比 CAN_L 高表示逻辑 0,此时电压值通常为 CAN_H=3.5V 和 CAN_L=1.5V。

CAN 总线具有十分优越的性能,使人们乐于选择。这些特性包括:

- CAN 总线网络上的任意一个结点均可在任意时刻主动向网络上的其他结点发送信息。而不分主/从,通信灵活,可方便地构成多机备份系统及分布式测控系统。
- 网络上的结点可分成不同的优先级,以满足不同的实时要求。
- 采用非破坏性总线仲裁技术,当两个结点同时向网络上传送信息时,优先级低的结点主动停止数据发送,而优先级高的结点可不受影响地继续传输数据。
- 具有点对点、一点对多点及全局广播传送数据的功能。
- 在通信速率为 5kb/s 时,通信距离最远可达 10km。
- 通信距离为 40m 时,最高通信速率可达 1Mb/s。
- 网络结点数可达 110 个。
- 每一帧的有效字节数为 8 个,因此传输时间短,受干扰的概率低。
- 每帧信息都有 CRC 校验及其他检错措施,数据出错率极低,可靠性极高。
- 通信介质采用廉价的双绞线即可,无特殊要求。
- 在传输信息出错严重时,结点可自动切断它与总线的联系,以使总线上的其他操作不受影响。

CAN 总线局域网因为具有高性能、高可靠性以及独特的设计而越来越受到关注，现已形成国际标准，CAN 总线被广泛应用于工业现场控制、医疗仪器等众多领域。

5.6.3　蓝牙技术

蓝牙技术是一种近距离无线通信标准，它由爱立信、Intel、诺基亚、东芝和 IBM 等 5 家公司在 1998 年联合推出。1999 年 7 月 26 日推出了蓝牙技术 1.0 版本规范。蓝牙技术规范是无线数据和语音传输的开放式标准，它将各种通信设备、计算机及其终端设备、各种数字数据系统采用无线方式连接起来。它的传输距离为 10cm～10m，如果增加功率放大设备便可达到 100m 的传输距离。截至目前，蓝牙技术可以应用于局域网络中各类数据及语音设备，如 PC、拨号网络、笔记本计算机、打印机、数码相机、移动电话和高品质耳机等；应用蓝牙技术的典型环境有无线办公环境、汽车工业、信息家电、医疗设备以及学校教育和工厂自动控制等。

蓝牙技术的特点如下。

- 使用频段不受限制：蓝牙标准定义的工作频率是 ISM 频段的 2.4GHz，用户使用该频段无须向各国的无线电资源管理部门申请许可证。
- 同时传输语音和数据：蓝牙采用电路交换和分组交换技术，支持异步数据信道、三路语音同步话音信道以及异步数据与同步语音同时传输的信道。
- 采用分时复用多路访问技术：一个蓝牙主设备可以同时与最多 7 个不同的从设备交换信息，主设备给每个从设备分配一定的时隙，以数据包的形式按时隙顺序传送数据。
- 开放的接口标准：蓝牙创立者为了推广蓝牙技术的使用，将蓝牙的技术标准全部公开，使得全世界范围内的任何单位和个人都可以进行蓝牙产品的开发。
- 具有很好的抗干扰能力：采用 ISM 频段和调频、跳频技术，使用前向纠错编码、ARQ、TDD 和基带协议。很好地抵抗来自工作在 ISM 频段的无线电设备的干扰。
- 适用范围广泛：由于蓝牙采用无线接口来代替有线电缆连接，具有很强的移植性，而且应用简单、容易实现，易于推广，因此可用于多种场合。
- 蓝牙模块体积很小、低功耗、便于集成。
- 价格低：随着市场需求的扩大，各个供应商纷纷推出自己的蓝牙芯片和模块，使得蓝牙产品价格飞速下降。

5.6.4　USB 总线

目前，USB 总线技术应用日益广泛，各种台式电脑和移动式智能设备普遍配备了 USB 总线接口，同时出现了大量的 USB 外设，USB 接口芯片也日益普及。在智能仪器中装配 USB 总线接口，既可以使其方便地连入 USB 系统，以提高智能仪器的数据通信能力，又可使智能仪器选用各种 USB 外部设备，增强智能仪器的功能。以下对 USB 总线做概略介绍。

USB(Universal Serial Bus)即通用串行总线。它是在传统计算机组织结构的基础上，引入了网络的某些技术，现已成为新型计算机的主流接口。USB 是一种电缆总线，支持主机与各式各样“即插即用”外部设备之间的数据传输。USB 总线的主要优势体现在以下几个方面。

(1) 速度

在最初的 USB 1.1 版本中，USB 支持两种总线数据传输速率：一种是在全速(full speed)模式下的 12Mb/s，另一种是低速(low speed)模式下的 1.5Mb/s。这两种模式可以同时存在于一个 USB 系统中。引入低速模式主要是为了降低对速度要求不高的设备的成本，如鼠标、键盘等。

1999 年推出的 USB 2.0 版本，向下兼容 USB 1.1，其数据传送速率可达 120～240Mb/s。2000 年发布的 USB 2.0 版本中，已经将 USB 支持的带宽提升到 480Mb/s。USB 接口传输速率的提高，支持了要求具有高速数据传输速率的外设。

(2) 总线拓扑体系

USB 系统采用级联星形拓扑，该拓扑由 3 个基本部分组成：主机(host)、集线器(hub)和功能设备。主机包含有主控制器和根集线器(root hub)，控制 USB 总线上的数据和信息的流动，每个 USB 系统只能有一个根集线器，它连接在主控制器上。集线器是 USB 结构中的特定成分，它提供叫做端口(port)的点将设备连接到 USB 总线上，同时检测连接在总线上的设备，并为这些设备提供电源管理，负责总线的故障检测和恢复。

(3) 即插即用

USB 接口具有即插即用功能，即插即用主要包含两个方面的内容，一是热插拔，即带电插拔；一是自动配置。热插拔通过物理层实现，而自动配置主要依靠软件协议实现。

传统的串口并不支持热插拔，因为串口在热插拔时会产生很强的电流，易烧毁硬件电路或接口芯片。

(4) 低功耗

USB 设备的供电方式有两种，即自供电和总线供电。所谓自供电就是由设备自己提供电源，设备不需要从 vBUS(总线电源感知引脚)上取得电流，这类设备的功率不受 USB 协议的限制，设计时只需要将 vBUS 用电容连接到 GND 就可以了。

总线供电设备完全从 vBUS 上取得电流，它的功率受 USB 协议的限制，一般不能超过 500mA。总线供电设备有两种工作状态：一种是正常工作状态，另一种是挂起状态。USB 协议规定，如果总线供电设备在 3ms 内没有进行总线操作，设备需要自动进入挂起状态，而挂起的设备从总线上吸收的电流必须小于 500μA。总线供电设备在进入挂起状态以后，可以通过唤醒操作恢复到正常工作状态。

(5) 外设具有标准的接口

USB 协议体系中的外设具有标准的接口，从底层的物理和电气特性，到上层的软件协议、数据通信都有明确的定义。

USB 除上面介绍的特点外，USB 总线技术还将外设和主机硬件进行最优化集成，并提供了低价的电缆和连接头等。USB 总线在协议中还规定了出错处理和差错校正的机制，可以对有缺陷的设备进行认定，对错误的数据进行校正或报告。

思考题与习题

5-1　在一个GP-IB标准接口总线系统中，要进行有效的通信联络，至少应有哪三类仪器设备？它们分别起什么作用？

5-2　简述GP-IB标准接口总线的电气特性。

5-3　简述GP-IB标准规定的基本接口功能

5-4　简述GP-IB系统中三线挂钩的基本原理。

5-5　简述GP-IB接口芯片TMS9914A的结构、功能。

5-6　简述PXI数据总线的产生过程，PXI数据总线有什么特点？

5-7　串行通信方式中的异步通信和同步通信各有何特点？

5-8　简述RS-232C串行标准接口总线信号的意义。

5-9　简述PC机与多个80C51单片机串行通信的硬件原理及软件流程。

5-10　什么是以太网接口总线技术？以太网接口总线技术有什么特点？

5-11　简述CAN总线的基本特性。

5-12　蓝牙技术的工作频率是多少？如何进行多路访问？

5-13　USB 2.0版本支持的带宽是多少？USB系统采用何种总线拓扑体系？

第6章 智能仪器抗干扰技术

智能仪器的可靠性是由多种因素决定的，抗干扰性能是智能仪器可靠性的重要指标。本章在分析干扰来源的基础上，重点介绍智能仪器输入输出通道、电源及地线系统、CPU等的抗干扰技术。

6.1 干扰的来源及分类

6.1.1 干扰的来源

智能仪器主要用于工作环境比较复杂的实际工业生产中，干扰是客观存在的。为了保证仪器能可靠工作，必须分析干扰的来源，并对不同的干扰源采用相应的措施以抑制及清除干扰。

干扰是指叠加在有用信号上，使原信号发生畸变，从而影响和破坏仪器仪表正常工作的变化电量。产生干扰的主体称作干扰源。干扰的来源很多(见图6-1)，干扰窜入仪器的渠道主要有以下三个方面。

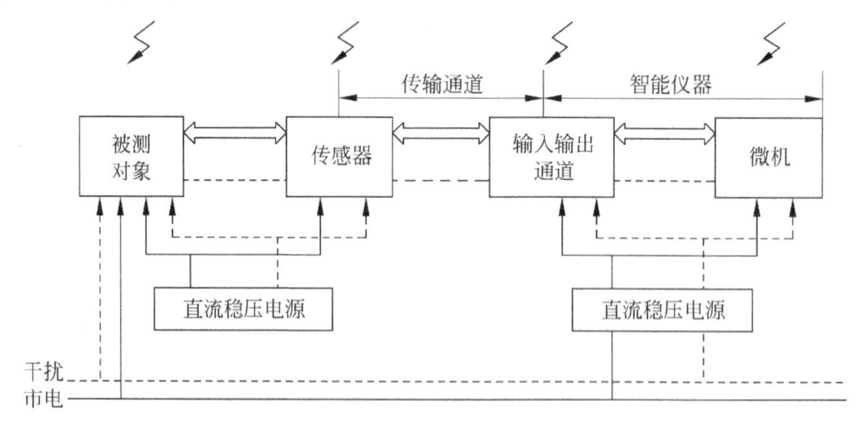

图6-1 干扰窜入智能仪器的主要渠道

① 空间电磁感应。通过电磁波辐射窜入仪器，如雷电、无线电波等。

② 传输通道。各种干扰通过仪器的输入输出通道窜入，特别是长传输线受到的干扰更为严重。

③ 配电系统。主要是市电的工频干扰和各种开关、可控硅的启闭等都会对测量过程引起不同程度的干扰。

6.1.2 干扰的传播途径

干扰源产生的干扰是通过耦合通道对智能仪器产生影响的，主要的传播途径可以分为以下三种。

1. 电容耦合

电容耦合是由于电位变化而在干扰源与干扰对象之间引起的静电感应，又称静电耦合或电场耦合。智能仪器系统电路板上各印刷导线之间，元件之间，元件与印刷导线之间都会构成分布电容，这就对 ω 频率的干扰信号提供 $1/\mathrm{j}\omega_c$ 的电抗通道，电场干扰就可以对仪器系统产生影响。图 6-2 所示的是两根平行导体之间电容耦合的表示方法和等效电路。

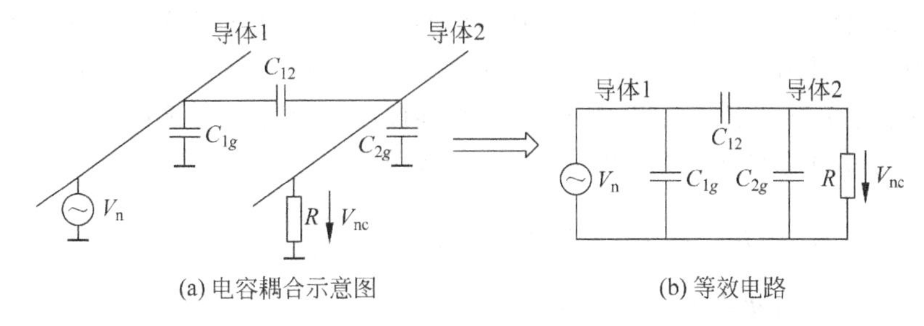

(a) 电容耦合示意图　　(b) 等效电路

图 6-2　两平行导体间的电容耦合

图中，C_{12}是导体 1、2 之间的分布电容的总和，C_{1g}和 C_{2g}是导体 1、2 分别对地的总电容，R 是导体 2 对地的电阻。导体 1 上有干扰源 V_n 存在，导体 2 为接受干扰的导体，则导体 2 上出现的干扰电压 V_{nc}为

$$V_{nc}=\frac{\mathrm{j}\omega RC_{12}}{1+\mathrm{j}\omega R(C_{12}+C_{2g})}V_n \tag{6-1}$$

当导体 2 对地电阻 R 很小，使 $\mathrm{j}\omega R(C_{12}+C_{2g})\ll 1$ 时，式(6-1)可近似表示为

$$V_{nc}\approx \mathrm{j}\omega RC_{12}V_n \tag{6-2}$$

表明 V_{nc}与干扰源频率 ω 和幅值 V_n，输入阻抗 R，耦合电容 C_{12}成正比关系。

当导体 2 对地电阻 R 很大，使 $\mathrm{j}\omega R(C_{12}+C_{2g})\gg 1$ 时，式(6-1)可近似为

$$V_{nc}\approx \frac{C_{12}}{C_{12}+C_{2g}}V_n \tag{6-3}$$

表明干扰电压 V_{nc}由电容 C_{12}和 C_{2g}的分压关系及 V_n 确定，其幅值比第一种情况大得多。

2. 磁场耦合

空间磁场耦合是通过导体间互感耦合产生的，又称电磁感应耦合。在设备内部，线圈或变压器的漏磁会引起干扰；在设备外部，当两根导线在很长的一段区间平行架设时，也会产生干扰，这是由于感应电磁场引起的耦合，如图 6-3 所示，其感应电压 V_{nc}为

$$V_{nc}=j\omega MI \tag{6-4}$$

其中，ω 为感应磁场交变角频率；M 为两根导线之间的互感；I 为导线 1 中的电流。

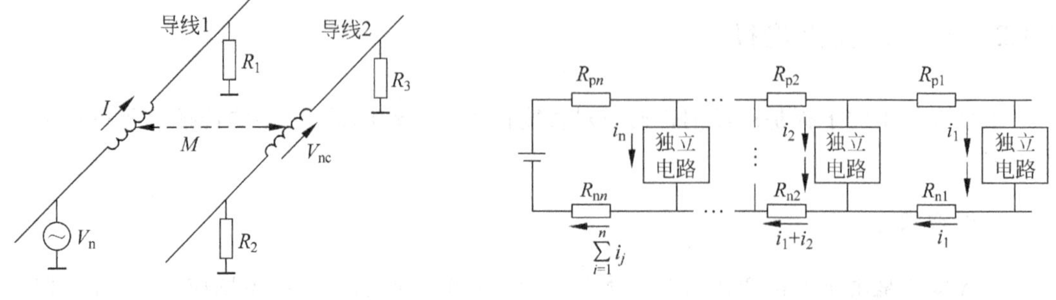

图 6-3 两导线间的磁场耦合　　图 6-4 公共电源线的阻抗耦合

3. 公共阻抗耦合

公共阻抗耦合是指在具有多个回路的电路中，当各回路电流流经某一回路时，会在该回路的导线电阻上产生噪声电压。例如，智能仪器系统中印刷线路板上各电路有公共回流线，即“地线”，由于它仍有一定的电阻，各电路之间就通过它产生公共阻抗耦合。如图 6-4 所示，在印制板上各独立电路回流通过公共回流线电阻 R_{pi} 和 $R_{ni}(i=1,2,\cdots,n)$ 产生压降：

$$i_1(R_{p1}+R_{n1}),(i_1+i_2)(R_{p2}+R_{n2}),\cdots,\left(\sum_{i=1}^{n} i_j\right)(R_{pn}+R_{nn})$$

它们分别耦合进各级电路形成干扰。

如果测量系统的模拟、数字地没有分开接地，如图 6-5(a)和(b)所示，则数字信号就会耦合到模拟信号中去。模拟和数字信号分开接地就可以避免干扰，如图 6-5(c)所示。

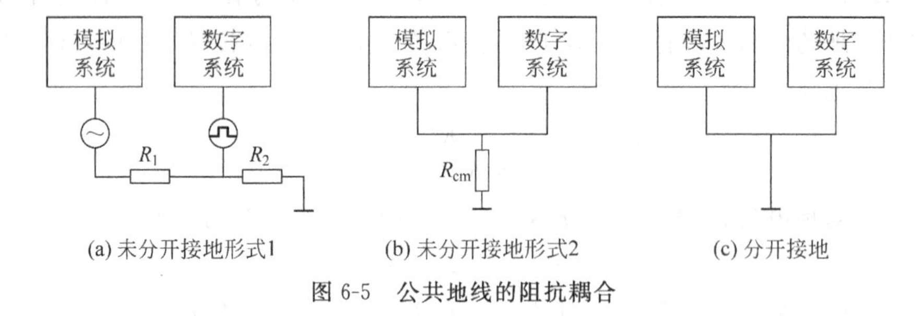

(a) 未分开接地形式1　(b) 未分开接地形式2　(c) 分开接地

图 6-5 公共地线的阻抗耦合

6.2 串模及共模干扰的抑制

6.2.1 串模及共模干扰

1. 串模干扰

串模干扰是指串联于信号源回路之中的干扰，也称横向干扰或正态干扰，如图 6-6 所示。产生串模干扰的原因有分布电容的静电耦合，长线传输的互感，空间电磁场引起的磁场耦合以及 50Hz 的工频干扰等。

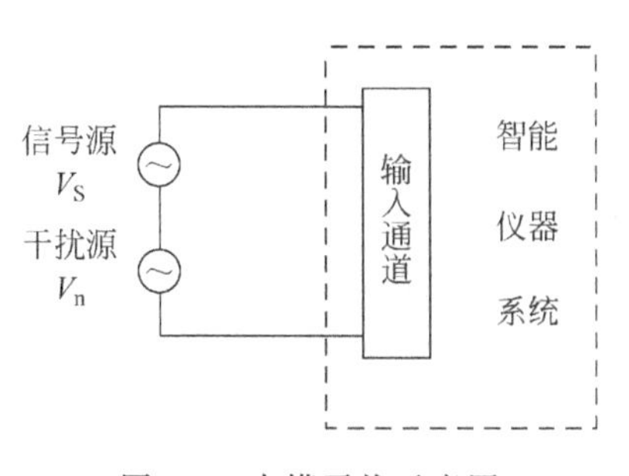

图 6-6 串模干扰示意图

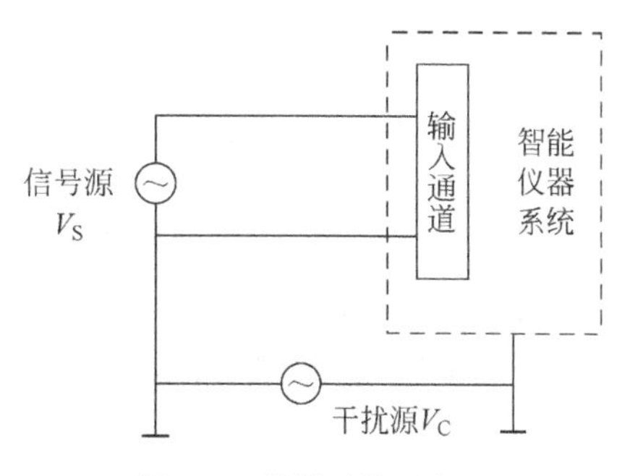

图 6-7 共模干扰示意图

2. 共模干扰

共模干扰是指智能仪器的两个输入端上共有的干扰电压，也称纵向干扰或共态干扰，如图 6-7 所示。

由于智能仪器的地、传感器的地以及信号源的地之间，通常相隔一段距离，可为十几米到几百米，在两地之间存在一个电位差 V_C，由图 6-7 可知，对于输入通道的两个输入端而言，分别有 V_S+V_C 和 V_C 两个输入信号。显然，V_C 是输入端上共有的干扰电压，所以称为共模干扰电压。

共模电压 V_C 对输入端的影响，实际是转换成串模干扰的形式而加入到放大器输入端。图 6-8 分别表示了被测信号采用单端输入和双端输入两种情况时共模电压如何引入输入端。

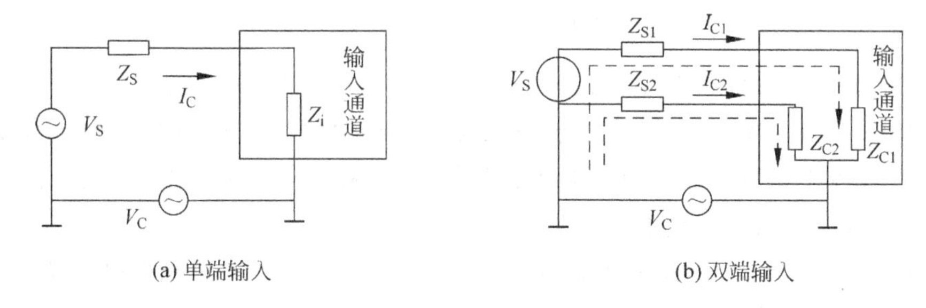

图 6-8 共模电压的产生

当信号源为单端输入时，由共模电压 V_C 引入放大器输入端的串模干扰电压 V_{n1} 为

$$V_{n1}=I_C Z_S=\frac{V_C Z_S}{Z_S+Z_i} \tag{6-5}$$

因为，$Z_i \gg Z_S$ 所以

$$V_{n1}\approx\frac{V_C Z_S}{Z_i} \tag{6-6}$$

式中：Z_S 是信号源内阻；Z_i 是放大器输入阻抗。显然，Z_S 越小，Z_i 越大，则越有利于提高抗共模干扰的能力。

当采用图 6-8(b)所示的双端输入时,由共模电压 V_C 引入输入端的串模干扰电压 V_{n2} 为

$$V_{n2} = I_{C2}Z_{S2} - I_{C1}Z_{S1} = \frac{V_C Z_{S2}}{Z_{C2} + Z_{S2}} - \frac{V_C Z_{S1}}{Z_{C1} + Z_{S1}} \tag{6-7}$$

因为 $Z_{C1} \gg Z_{S1}$,$Z_{C2} \gg Z_{S2}$,所以

$$V_{n2} \approx V_C\left(\frac{Z_{S2}}{Z_{C2}} - \frac{Z_{S1}}{Z_{C1}}\right) \tag{6-8}$$

其中,Z_{S1},Z_{S2} 为信号源内阻;Z_{C1},Z_{C2} 为放大器输入端对地的漏阻抗。为了提高抗共模干扰的能力,信号引入线要尽量短,Z_{C1}、Z_{C2} 要尽可能大,且阻值要相等。理论上,若

$$\frac{Z_{S1}}{Z_{C1}} = \frac{Z_{S2}}{Z_{C2}} \tag{6-9}$$

则 $V_{n2}=0$。由此可见,双端输入时,抗共模能力很强。

通常使用共模抑制比 CMRR 来衡量输入端对共模干扰的抑制能力,即

$$\text{CMRR} = 20\lg\frac{V_C}{V_n}(\text{dB}) \tag{6-10}$$

式中:V_C 是共模干扰电压;V_n 是仪器输入端由共模干扰引起的等效串模干扰电压,即式(6-8)的 V_{n2}。以上分析可知,单端输入方式由 V_C 引入的串模电压 V_n 较大,CMRR 较小,说明其抗共模干扰能力较差;而双端输入方式,由 V_C 引入的串模电压 V_n 较小,CMRR 较大,所以抗共模干扰能力很强。

6.2.2 串模干扰的抑制

串模干扰的抑制能力用串模抑制比 NMRR 来衡量

$$\text{NMRR} = 20\lg\frac{V_{nm}}{V_{nm1}}(\text{dB}) \tag{6-11}$$

式中:V_{nm} 为串模干扰电压;V_{nm1} 为仪器输入端由串模干扰引起的等效电压。

串模干扰一般是由叠加在各种不平衡输入信号和输出信号上,或通过供电线路而窜入系统的。由于干扰直接与信号串联,因此只能从干扰的特性和来源入手,采取相应措施抑制干扰。

(1) 用双绞线或同轴电缆作信号线

对主要来源于空间电磁场的干扰,采用双绞线作信号线,目的是减少电磁感应,并且使各个小环路的感应电势互相呈反向而抵消,或选用同轴电缆,并应有良好的接地系统。

(2) 用滤波器抑制串模干扰

采用滤波器抑制串模干扰也是常用的方法。根据串模干扰频率与被测信号频率的分布特性,决定选用具有低通、高通、带通等传递特性的滤波器。一般在智能仪器中,主要的抗串模干扰措施是用低通滤波器滤除输入的交流干扰,而对直流串模干扰采用补偿措施。常用的低通滤波器是由电阻 R、电容 C、电感 L 等无源器件组成的 RC、LC 及双 T 等无源滤波器,如图 6-9(a)～(c)所示,它们具有结构简单、成本低的优点,缺点是信号有很大衰减,串模抑制比不高。为了把增益和频率特性结合起来,可以采用以反馈放大器为基础的有源低通滤波器,如图 6-9(d)所示。可以获得比较理想的频率特性,也可以提高增益,其缺点是线路复杂。

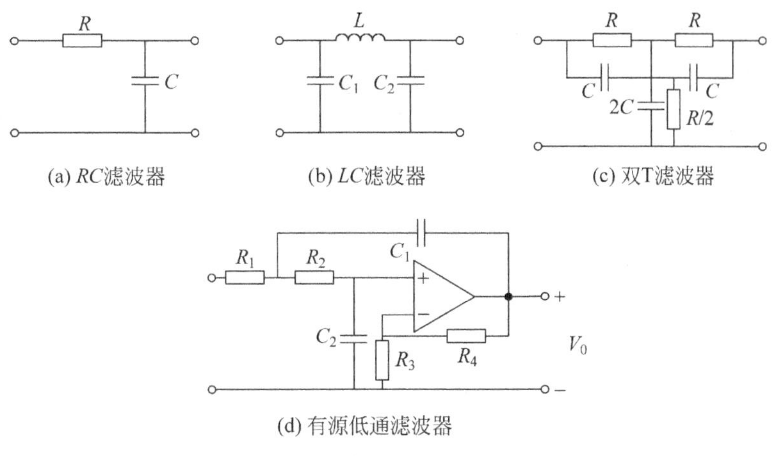

图 6-9　低通滤波器构成

通常，仪器的输入滤波器都采用 RC 滤波器，在选择电阻和电容参数时除了要满足 NMRR 指标外，还要考虑信号源的内阻，兼顾共模拟制比和放大器动态特性的要求，故常用二级 RC 低通滤波器网络作为输入通道的滤波器，如图 6-10 所示，它可使 50Hz 的串模干扰信号衰减至 1/600 左右。该滤波器的时间常数小于 200ms，当被测信号变化较快时应当相应改变网络参数，以适当减小时间常数。

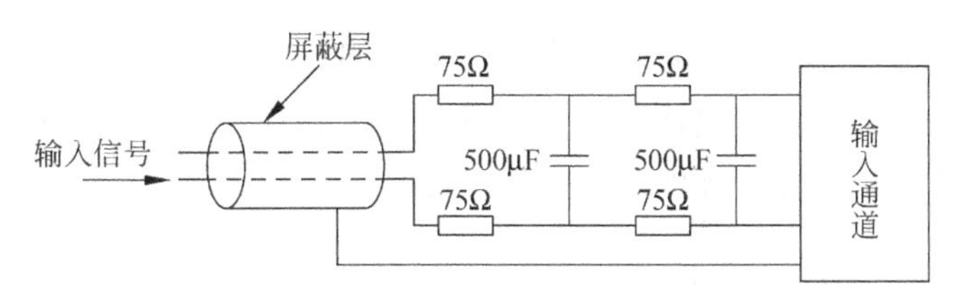

图 6-10　两级阻容滤波网络

6.2.3　共模干扰的抑制

共模干扰产生的主要原因是不同“地”之间存在共模电压，以及模拟信号系统对地的漏阻抗，因此，共模干扰的抑制可以采用以下两种方法。

1. 变压器或光电耦合器隔离

利用变压器或光电耦合器把各种模拟与数字信号源隔离开来，也就是把模拟地与数字地断开，以使共模干扰电压不形成回路，从而抑制了共模干扰。此外，隔离前和隔离后使用互相独立的电源，切断两部分的地线联系。如图 6-11 所示。

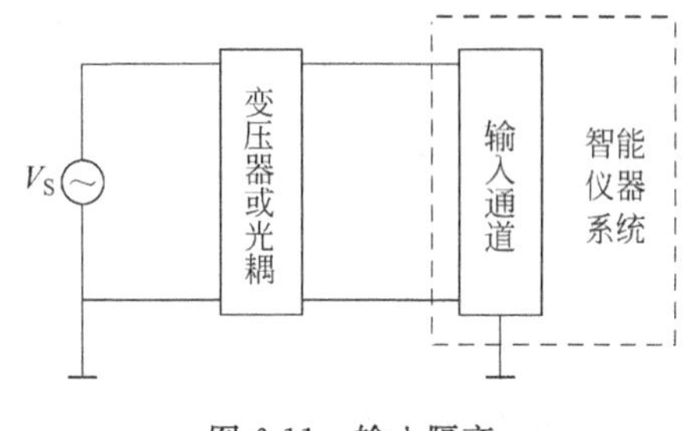

图 6-11　输入隔离

2. 浮地屏蔽

浮地屏蔽采用屏蔽方法使输入信号的“模拟地”浮空，从而达到抑制干扰的目的。在

图 6-12(a)中，采用单层屏蔽双线采样(S_1，S_2)浮地隔离或双层屏蔽三线采样(S_1，S_2，S_3)浮地隔离来抑制共模干扰电压。所谓三线采样，是将地线和信号线一起采样，提高了共模输入阻抗，减少了共模电压在输入回路中引起的共模电流，从而抑制共模干扰的来源，其等效电路如图 6-12(b)所示。

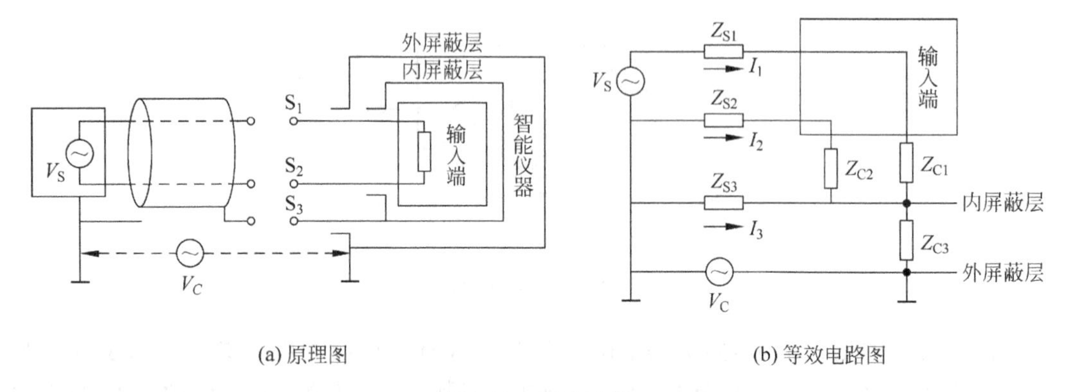

(a) 原理图　　(b) 等效电路图

图 6-12　浮地屏蔽

在图 6-12(b)中，Z_{S1}、Z_{S2} 为信号源内阻，Z_{S3} 为信号线的屏蔽层电阻，Z_{C1}、Z_{C2} 为输入端对内屏蔽层的漏阻抗，Z_{C3} 为内屏蔽层与外屏蔽层之间的漏阻抗。合理的设计应使 Z_{C1}、Z_{C2}、Z_{C3} 达到数十兆欧姆以上，这样模拟地和数字地之间的共模电压 V_C 不会直接引入输入端，而是先经过 Z_{S3} 和 Z_{C3} 产生共模电流 I_3。由于 Z_{S3} 较小，故 I_3 在 Z_{S3} 上压降 V_{S3} 也很小，可以把它看成一个已受到抑制的新的共模干扰源 V_{n1}，即

$$V_{n1} = V_{S3} = V_C \frac{Z_{S3}}{Z_{S3} + Z_{C3}} \tag{6-12}$$

因为 $Z_{C3} \gg Z_{S3}$，所以

$$V_{n1} \approx V_C \frac{Z_{S3}}{Z_{C3}} \tag{6-13}$$

V_{n1} 通过 Z_{S1}、Z_{C1} 和 Z_{S2}、Z_{C2} 分别形成回路，产生共模电流 I_1、I_2，并在 Z_{S1} 和 Z_{S2} 上产生干扰电压 V_{S1} 和 V_{S2}。这时输入端所受到共模电压的影响 V_{n2} 即为 V_{S2} 和 V_{S1} 之差值，

$$V_{n2} = V_{S2} - V_{S1} = V_{n1}\left(\frac{Z_{S2}}{Z_{S2} + Z_{C2}} - \frac{Z_{S1}}{Z_{S1} + Z_{C1}}\right) = V_C \frac{Z_{S3}}{Z_{C3}}\left(\frac{Z_{S2}}{Z_{S2} + Z_{C2}} - \frac{Z_{S1}}{Z_{S1} + Z_{C1}}\right) \tag{6-14}$$

因为 $Z_{C1} \gg Z_{S1}$，$Z_{C2} \gg Z_{S2}$，所以

$$V_{n2} \approx V_C \frac{Z_{S3}}{Z_{C3}}\left(\frac{Z_{S2}}{Z_{C2}} - \frac{Z_{S1}}{Z_{C1}}\right) \tag{6-15}$$

如果无内屏蔽层，而采用单层屏蔽双线采样浮地隔离式放大器，则放大器输入端间所受到的共模电压的影响 V_{n3} 为

$$V_{n3} \approx V_C \left(\frac{Z_{S2}}{Z_{C2}} - \frac{Z_{S1}}{Z_{C1}}\right) \tag{6-16}$$

比较式(6-15)和式(6-16)可知，双层屏蔽三线采样比单层屏蔽双线采样抗干扰能力强。

6.3　信号输入输出通道干扰的抑制

6.3.1　干扰隔离器件

智能仪器的信号输入输出通道直接与对象相连，干扰会沿通道进入系统，使用隔离技术切断对象与通道之间的环路电流是一种有效抑制干扰的方法。可采用的器件主要有变压器和光电耦合器。

变压器可用于电源隔离和信号隔离。电源隔离的目的是把仪器的供电电源与电网隔离，这种情况下变压器隔离的电路结构如图6-13所示。

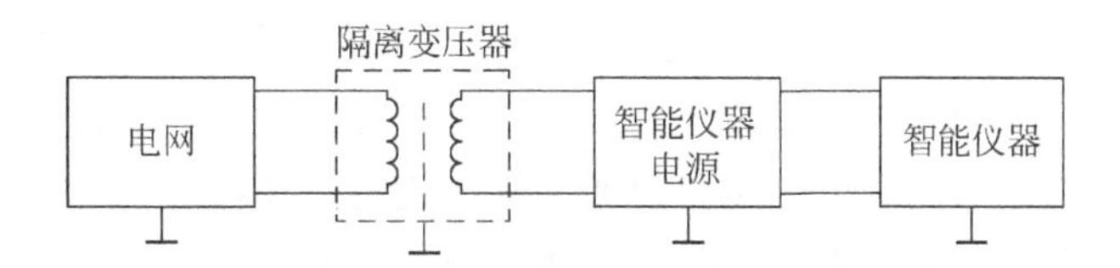

图6-13　智能仪器的电源隔离示意图

一般使用脉冲变压器实现数字信号的隔离。脉冲变压器的匝数较少，而且一次和二次的绕组分别缠绕在铁氧体磁芯的两侧，分布电容仅几皮法，所以可作为脉冲信号的隔离器件。脉冲变压器隔离的电路如图6-14所示，图中外部输入信号经RC滤波电路输入到脉冲隔离变压器，以抑制串模噪声。为防止过高的对称信号击穿电路元件，脉冲变压器的二次侧输入电压经限幅后进入智能仪器内部。

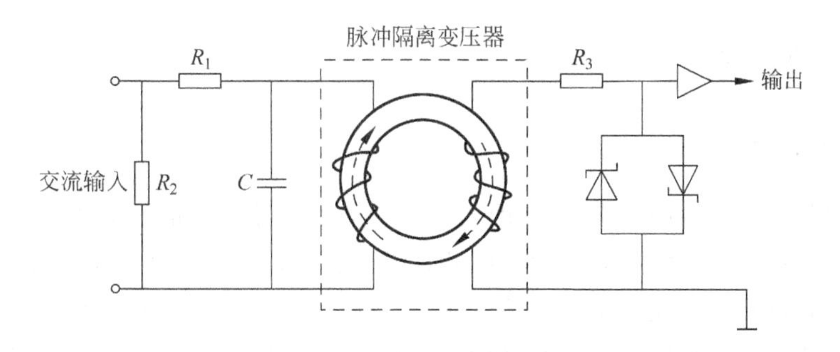

图6-14　脉冲变压器隔离法示意图

光电耦合器是将一个发光二极管和一个光敏三极管封装在一个外壳里的器件，如图6-15(a)所示，之间用透明绝缘体填充，并使发光管与光敏管对准，则输入电信号使发光二极管发光，其光线又使光敏三极管产生电信号输出，从而既完成了信号的传递，又实现了信号电路与接受电路之间的电气隔离，切断了干扰传输的通道。

图6-15(b)是一个简单的接入光电耦合器的数字电路，其中R_i是限流电阻，D是反向保护二极管，R_L是负载电阻(R_L也可接在光敏三极管的射极端)。当输入V_i使光敏三极管导通时，V_o为低电平(即逻辑0)；反之为高电平(即逻辑1)。

光电耦合器的以下特性决定了它具有良好抗干扰能力。

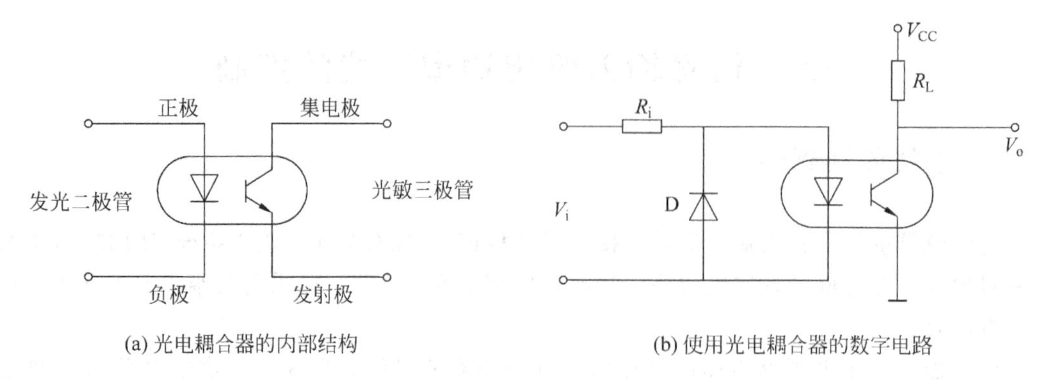

(a) 光电耦合器的内部结构　(b) 使用光电耦合器的数字电路

图 6-15　光电耦合器的结构和应用

① 光电耦合器的输入阻抗很低(一般为 100～1000Ω)，而干扰源内阻一般都很大，通常为 10^5～10^6Ω。根据分压原理，能够传送到光电耦合器输入端的干扰就很小了。

② 光电耦合器的输入侧和输出侧是以光为媒介进行间接耦合，输入侧部分的发光二极管只有在通过一定强度的电流时才发光，输出侧的光敏三极管只能在一定强度下才能工作。因此即使有时窜入的干扰电压幅值较高，但由于没有足够的能量，也不能使二极管发光，这样，窜入的干扰就被抑制了。

③ 光电耦合器的输入侧和输出侧之间的电容很小，一般为 0.5～2pF，绝缘电阻又非常大，一般为 10^{11}～10^{13}Ω，因此一侧的干扰很难通过光电耦合器馈送到另一侧。

④ 光电耦合器的光电耦合部分是在一个密封的管壳内，因此不会受到外界光的干扰。

6.3.2 信号输入输出的隔离

1. 信号输入隔离

由于模拟信号在传输中存在线性化的问题，而叠加在数字量信号上的干扰，只有幅度和时间都达到一定量值时才能起到作用。因此，在智能仪器的设计中，抗干扰屏障最好设置在模拟量的入、出口处，即把光电耦合器设置在 A/D 电路的模拟量输入和 D/A 电路的模拟量输出位置上。这要求光电耦合器具有线性变换和传输的特性。但限于线性光耦的性能指标和具体应用场合的限制，工程中一般采用逻辑光电耦合器。此时，抗干扰屏障应设在最先遇到开关信号工作的位置上。对于 A/D 转换电路，光电耦合器应设在 A/D 芯片和模拟量多路开关芯片这两类电路的数字量信号线上；对于 D/A 转换电路，可设在 D/A 芯片和采样保持芯片的数字量信号线上。对具有多个模拟量输入通道的 A/D 转换电路，各被测量的不同接地点之间存在着电位差，从而引入共模干扰，因此仪器仪表的输入信号应连接成差分输入的方式。

图 6-16 所示是具有 4 个模拟量输入通道的抗干扰电路原理图。电路主要由 80C51 单片机，A/D 转换器 14433，4 路差分输入模拟开关 4052 和光电耦合器等组成。在每次 A/D 转换之前，由 80C51 的 P1.0 输出一个低电平，将触发器 74LS74 的 $\overline{Q}$ 置为高电平。80C51

的 P1.1 和 P1.2 作为通道地址信号输出口，它们的 4 种不同组合用来选择 4052 的不同输入通道，由 4052 选通的某一路信号经 14433 转换为 BCD 码数字量。由于 14433 为 CMOS 集成电路，驱动能力小，故其输出通过 74LS244 驱动光电耦合器。数字信号经光电耦合器与 80C51 的 P0 口相连。14433 完成一次 A/D 转换的结束信号 EOC 通过光电耦合器由双 D 触发器 74LS74 锁存，并向 80C51 的$\overline{\text{INT1}}$发出中断请求。整个输入通道中的控制信号和数据信号均使用光电耦合器进行抗干扰隔离。

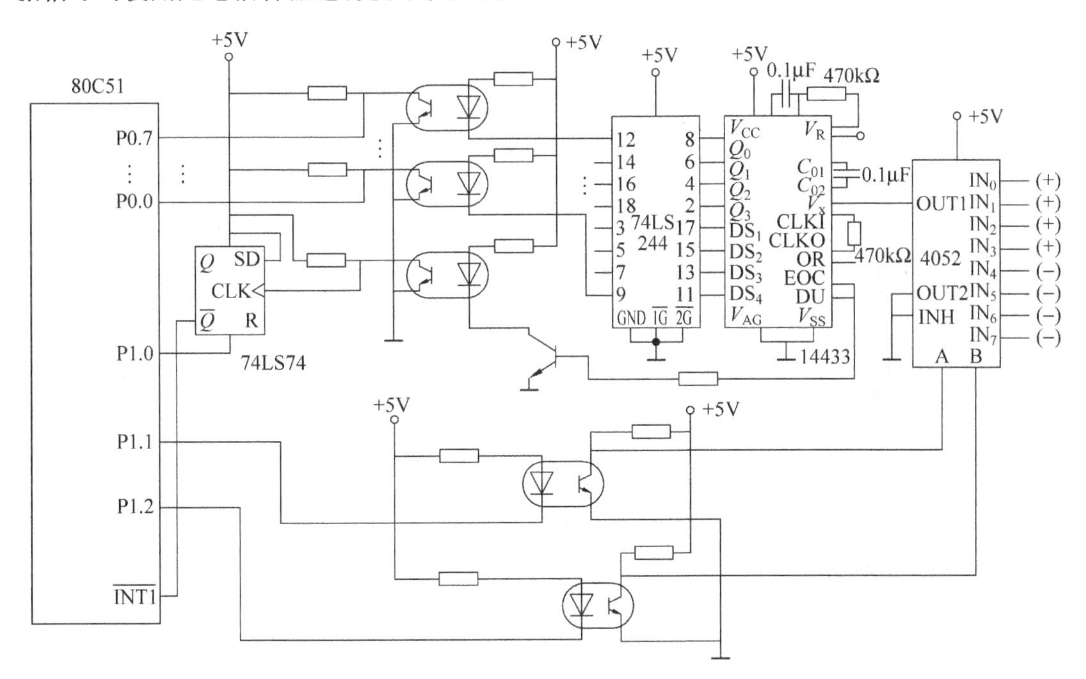

图 6-16　具有 4 个模拟量输入通道的抗干扰 A/D 转换电路

2. 信号输出隔离

对于信号输出通道的抗干扰，应将光电耦合器设置在 D/A 转换电路模拟量输出的位置上，即抗干扰屏障的位置处于系统的外围。图 6-17 是具有 8 个模拟量输出通道的抗干扰 D/A 转换电路原理图。图中，10 个作为隔离用的光电耦合器 G0102 由 74LS367 驱动。D/A 芯片 DAC0832 的输出更新由$\overline{\text{WR}_1}$信号控制，在$\overline{\text{WR}_1}$为低电平时，若 $DI_0 \sim DI_7$ 为 00H，输出是 0V；若为 FFH，输出是 5V。8 个采样保持电路 LF398 各输出一路模拟量信号，它们各自的高电平选通信号由 8D 锁存器 74LS373(2)确定，C_H 是 LF398 的保持电容。经光电耦合器输出的 $D_0' \sim D_7'$同时接到 DAC0832 的数字量输入端和 74LS373(2)的数据输入端。锁存在双 D 触发器 74LS74 的 D0 和 D1，分别用来选通 DAC0832 和 74LS373(2)。P2.7 和 P2.0 分别为 74LS373(1)和 74LS74 的 I/O 地址译码(选通)信号。这个电路的光电耦合器设置在 D/A 芯片的数字量和采样保持芯片的数字选通信号线上，处于微处理器应用系统的边沿，起到良好的抗干扰效果。

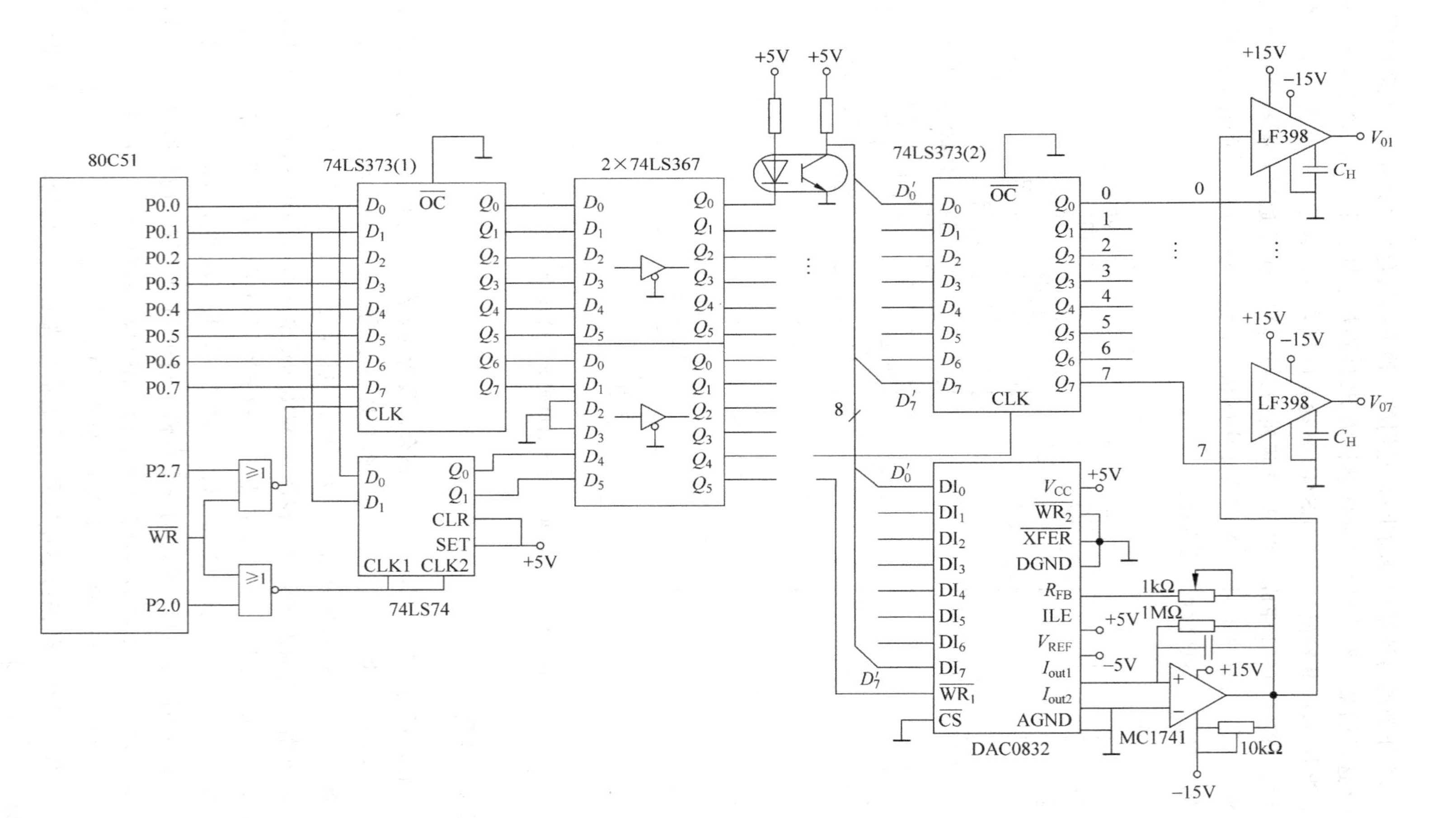

图 6-17 具有 8 个模拟量输出通道的抗干扰 D/A 转换电路

6.4　电源系统干扰的抑制及仪器接地技术

6.4.1　电源所致干扰的抑制

电源干扰包括交流电源和直流电源引起的干扰。

1. 交流电源系统所致干扰的抑制

智能仪器或过程控制计算机一般由交流电网供电(220V,50Hz)。电网的干扰将直接影响到仪器的可靠性与稳定性。这种干扰可分为两种,一是以交流电源线作为介质而引入电网中的高频干扰信号,二是由于交流电网波动而造成的干扰。抑制这些干扰的措施有合理布线,加滤波器,加隔离变压器,设置稳压器和对电源变压器进行屏蔽等,一般电路原理如图 6-18 所示。图中,使用电感和电容组成 LC 低通滤波器使 50Hz 的基波通过,并滤除电源线上的高频干扰信号;变阻二极管用来抑制进入交流电源线上的瞬时干扰;隔离变压器的初、次级之间加有静电屏蔽层,从而进一步减少进入电源的各种干扰。该交流电压在经过整流、滤波和直流稳压后使干扰降到最小。

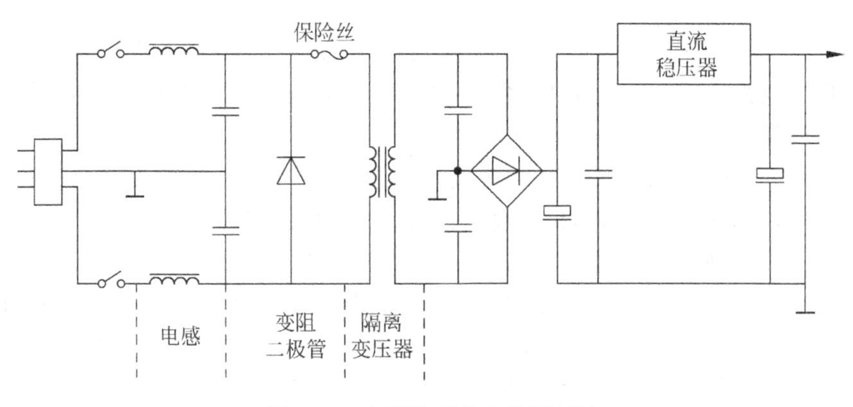

图 6-18　电源抗干扰电路原理图

2. 直流供电系统所致干扰的抑制

直流供电系统的干扰,一般是由直流电源本身和负载变化引起的。包括:电源线串入的干扰、电源纹波太大、负载变化时在各元器件之间引起的交叉干扰和电源内阻过大引起的电压波动。

电源纹波的抑制。解决电源纹波干扰的办法是对电网电压进行稳压和对直流电源输出进行滤波来改善电源性能。

交叉干扰的抑制。在仪器中,开关组件的动态过程和容性负载的充放电等,经常会造成瞬态电流冲击,这会导致系统各元器件之间互相影响,即出现交叉干扰现象。产生交叉干扰的根源是电源的动态响应速度低,需要通过设置高低频双通道滤波电容和减小电容性负载这两种方法来解决。前者在动态电源外加高低频双通道去耦电容,一般低频滤波电容采用电解电容,高频滤波采用小电容,安装的数量根据同时工作的元器件的多少而定;对于减小电容性负载可从两方面进行:一是在系统设计时就减少需要经常充放电且容量较大的电容数目,二是在电路布线中尽量使用短的连接线,以减少导线的分布电容。

6.4.2 接地技术

正确的接地对智能仪器系统是极为重要的,不恰当的接地会造成极为严重的干扰,而正确接地却是一种有效抑制干扰的方法。接地的主要目的是消除不同电路电流经公共地线所产生的噪声电压,并避免电磁场和地电位差的影响,防止形成地环路。

智能仪器系统的接地可分为两类:一是工作接地,二是保护接地。保护接地主要是为了避免操作人员因设备的绝缘损坏或下降时遭受到触电危险和保证设备的安全。而工作接地主要是防止地线环路引起的干扰,保护仪器系统的稳定可靠运行。

在智能仪器系统中,一般有以下几种接地:模拟地、数字地、安全地、系统地。为了保证仪器安全可靠地工作,应正确处理这几种接地。

模拟地是输入信号调理、A/D 和 D/A 转换器中模拟电路的零电位。模拟信号有精度要求,有时信号幅值较小,而且与被测电路相连,为了防止其他地噪声对模拟电路产生干扰,模拟地应独立接至系统地。

数字地是智能仪器中各种数字电路的零电位。由于数字信号波形是边缘变化剧烈的矩形脉冲串,数字电路的地电流具有脉冲特性,为了防止数字地电流对模拟电路的干扰,因此也应独立接至系统地。

安全地设置的目的是使机壳与大地等电位,避免机壳带电而影响人身及设备安全。通常安全地又称为保护地或机壳地,机壳包括机架、外壳、屏蔽罩等。

系统地是上述几种地的最终回流点,直接与大地相连。由于地球是导体且体积非常大,其静电容也非常大,电位恒定,因此把它的电位作为基准电位,也就是零电位。在仪器中,对各种地的处理一般采用分别回流法单点接地。模拟地、数字地、安全地的分别回流法如图 6-19 所示。回流法往往采用汇流条而不是采用一般的导线。汇流条由多层铜导体构成,截面呈矩形,各层之间有绝缘层。采用多层汇流条以减少自感,可进一步减少干扰的窜入途径。

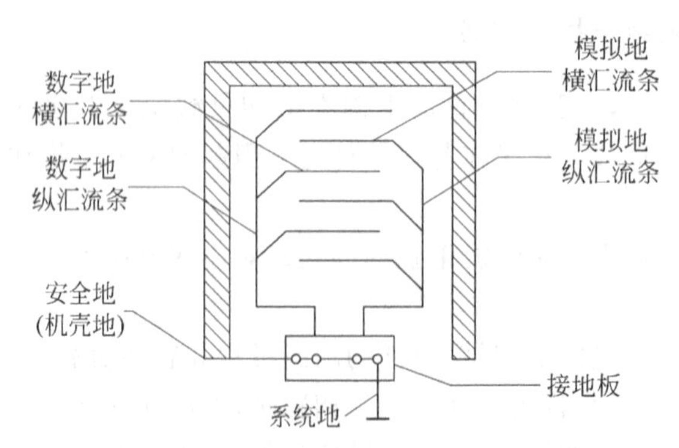

图 6-19 分别回流法接地示例图

在具体电路设计时，低频电路应单点接地，高频电路应就近多点接地。即当频率小于1MHz时，采用单点接地；当频率高于10MHz时，可采用多点接地方式。在1至10MHz之间，如果用单点接地，其地线长度不得超过波长的1/20，否则应使用多点接地。单点接地的目的是避免形成地环路，地环路产生的电流会引入到信号回路内引起干扰。

6.5　CPU抗干扰技术

尽管6.4节已经介绍了采用各种措施防止干扰通过输入输出通道进入智能仪器系统，但实际工作环境的复杂性和干扰出现的随机性，使干扰仍有可能串入智能仪器系统的内核总线，造成数字信号的错乱，从而引发一系列无法预料的后果。因此，应使用CPU抗干扰技术，防止因干扰造成的程序"跑飞"，提高仪器的可靠性。

6.5.1　软件陷阱技术

当CPU受到干扰后，往往将一些操作数当作指令码来执行，造成程序执行混乱。这时，首先要尽快使程序回到正确的执行顺序中。

软件陷阱是指令冗余的一种应用形式，用于捕捉"跑飞"的程序。具体方法是用一条引导指令强行将捕获的程序引向一个指定的地址，在那里有一段专门的错误处理程序。尽管程序此时不应该执行到这里，但可使程序执行混乱的现象得以抑制。

以80C51单片机为例，程序执行混乱往往是由错误的程序计数器指针落在多字节指令的中间，进而执行不可知的指令。而单字节指令则是安全的，因此在某条指令的前面插入两条NOP指令(操作数为00H)，则该指令的执行就不会被前面失控的程序影响，会得到正确执行，使程序重新恢复正确的执行次序。下面是一个80C51单片机的软件陷阱程序：

```
NOP             ;冗余指令
NOP
LJMP     ERR    ;陷阱
```

NOP指令后的LJMP ERR将捕获的程序转移到出错处理程序，以上3条指令就构成了一个软件陷阱。NOP指令加的越多，则捕捉"跑飞"程序的能力就越强，但这种指令冗余也会降低程序的执行效率。软件陷阱一般安排在程序的以下4个位置。

1. 未使用的大片ROM区

智能仪器系统中使用的ROM(或EPROM)一般不会使用全部空间。对于剩下的大片未编程的ROM空间都保持原状(0FFH)。在MCS-51指令系统中，0FFH对应一条单字节指令"MOV R7,A"。如果程序"跑飞"到这一区域，则将顺序向后执行，不再跳跃(除非又受到新的干扰)。因此，在这段区域内每隔一段地址设置一个软件陷阱，就一定能够捕获到"跑飞"的程序。

2. 未使用的中断向量区

80C51单片机的中断向量区为0003H～002AH，若设计中未开启所有的中断，应在已关闭的中断向量区设置软件陷阱以防止“跑飞”的程序意外开启这些未用的中断。假设有系统只是用了外部中断INT0,定时器T0和串行口中断,则可按以下方式设置中断向量区。

```
         ORG        0000H
START:   LJMP       MAIN            ;引向主程序入口
         LJMP       SINT0           ;INT0 中断服务程序入口
         NOP                        ;冗余指令
         NOP
         LJMP       ERR             ; 陷阱
         LJMP       ST0             ;T0 中断服务程序入口
         NOP                        ;冗余指令
         NOP
         LJMP       ERR             ; 陷阱
         LJMP       ERR             ;未使用 INT1 中断,设陷阱
         NOP                        ;冗余指令
         NOP
         LJMP       ERR             ;陷阱
         LJMP       ERR             ;未使用 T1 中断,设陷阱
         NOP                        ;冗余指令
         NOP
         LJMP       ERR             ; 陷阱
         LJMP       STXRX           ; 串行口中断服务程序入口
         NOP                        ; 冗余指令
         NOP
         LJMP       ERR             ;陷阱
```

3. 表格

表格是无序的指令代码段,其内容和检索值一一对应,在表格中安排陷阱会破坏其连续性和对应关系,可在表格的最后设置5字节的陷阱(NOP,NOP,LJMP ERR)。

4. 程序区

在程序区的跳转指令如LJMP,AJMP,SJMP,RET,RETI等语句之后,正常执行的程序就此跳转,不再顺序向下执行,出现断裂点。在这些断裂点安排陷阱后,就能捕捉到“跑飞”的程序。

由于软件陷阱都放置在正常程序执行不到的地方,所以不会影响程序的执行效率。在EPROM容量允许的条件下,这种软件陷阱多一些为好。软件陷阱能够起作用的前提是捕捉到“跑飞”的程序,如果程序在执行到陷阱之前已经进入了一个临时构成的死循环,软件陷阱就无能为力了。由于这时系统已失去控制,只能通过人工设置的“程序运行监视器”恢复系统。

6.5.2 “看门狗”技术

程序运行监视系统称为“看门狗”(Watch Dog),作用是当程序进入死循环后,自动使CPU复位,使系统恢复正常运行。通过软件、硬件结合对系统进行监控,完成系统运行监控

功能的电路或软件称为“看门狗”电路或“看门狗”定时器。

程序运行监视系统具有以下特性：

① 本身能独立工作，基本上不依赖 CPU；

② CPU 在一个固定的时间间隔内和该系统打一次交道，以表明系统目前工作正常；

③ 当 CPU 陷入死循环，能及时发现并使系统复位。

目前 8096 系列的增强型 8051 系列单片机内已经内嵌了程序运行监视系统，使用很方便。而在普通的 8051 系列单片机中，必须由用户自己建立。可以采用硬件电路和纯软件两种方式实现。

采用纯软件设计程序监视系统，当 CPU 陷入死循环后，只有比这个死循环更高级别的中断子程序才能获得对 CPU 的控制权。例如，可以将 8051 定时器 T0 的溢出中断设定为高优先级中断，系统的其他中断设为低优先级中断。例如：用 T0 作“看门狗”，定时约为 16ms，可以在初始化时用以下代码建立“看门狗”：

```
MOV    TMOD,#01H  ;设置 T0 为 16 位定时器
SETB    ET0       ;允许 T0 中断
SETB    PT0       ;设置 T0 为高优先级中断
MOV    TH0,#0E0H  ;定时约 16ms(6MHz 晶振)
SETB    TR0       ;启动 T0
SETB    EA        ;开中断
```

看门狗启动以后，系统工作程序必须定时访问它，且每两次之间的间隔不得大于 16ms，即执行一条指令

```
MOV TH0,#0E0H
```

当程序陷入死循环后，16ms 内就可引起一次 T0 溢出，产生高优先级中断，从而跳出死循环。T0 中断可转向出错处理程序，由出错处理程序完成系统复位。也可采用专用芯片组成硬件系统监控电路，下面以 MAX 公司芯片说明。MAX705/706/813L 具备“看门狗”定时器功能，其“看门狗”定时器时序如图 6-20 所示。

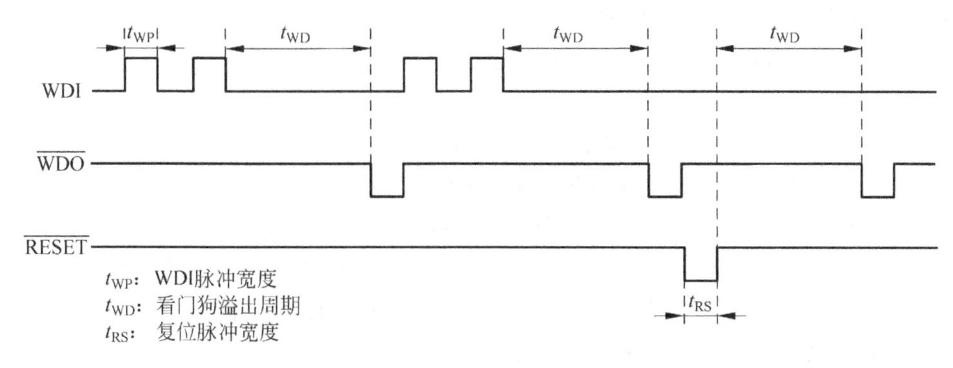

图 6-20　MAX705/706/813L“看门狗”定时器时序

从图中可知，如果在看门狗溢出周期 $t_{WD}=1.6$ms 内不触发“看门狗”输入引脚 WDI，则输出引脚 $\overline{WDO}$ 将由高电平变为低电平。单片机系统中“看门狗”定时器电路的典型接法如图 6-21 所示，即 80C51 单片机的一个 I/O 口(例如 P1.0)输出接到 WDI，将 $\overline{WDO}$ 接到中断

输入引脚(例如$\overline{\text{INT0}}$)。通过指令使80C51的P1.0口不断输出正脉冲,且两次脉冲时间间隔不大于1.6ms,使$\overline{\text{WDO}}$保持高电平,表示程序执行正常。

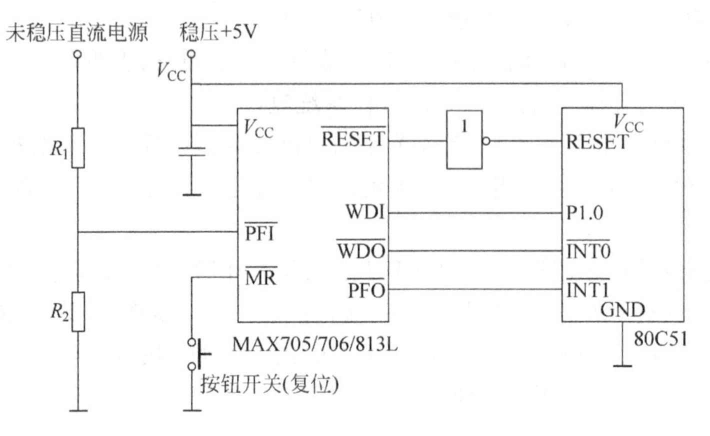

图6-21　典型系统监控电路

如果程序跑飞或进入死循环,则程序不能按时向P1.0口发出脉冲,当两次脉冲的时间间隔大于1.6ms时,$\overline{\text{WDO}}$将变为低电平,使单片机产生一个中断。在"看门狗"定时器中断服务子程序中将对系统做相应处理,使程序恢复正常运行,并重新触发WDI,则$\overline{\text{WDO}}$又回到高电平,并重新开始计时。也可把$\overline{\text{WDO}}$接到手动复位端$\overline{\text{MR}}$,直接产生一个复位信号使系统复位,保证系统重新工作。

思考题与习题

6-1　试述智能仪器系统的干扰来源。

6-2　在智能仪器中,干扰传播的途径有哪些？试述其原理。

6-3　什么是串模干扰？抑制串模干扰的方法有哪些？

6-4　什么是共模干扰？如何抑制？

6-5　简述单层屏蔽浮地隔离及双层屏蔽浮地隔离抑制共模干扰的原理,它们各有何特点？

6-6　简述隔离变压器及光电耦合器抗干扰的性能。

6-7　理论及实际中,模拟量输入输出通道的抗干扰屏障各设置在何处？为什么？

6-8　简述图6-16所示模拟量输入通道抗干扰电路的工作原理。

6-9　参照图6-17,设计一个具有16个模拟量输出通道的抗干扰电路。

6-10　如何抑制交流电源系统、直流供电系统及地线系统的干扰？

6-11　智能仪器系统中有几种接地方式？如何正确地接地？

6-12　什么是软件"陷阱"技术？软件"陷阱"一般安排在程序的什么位置？

6-13　"看门狗"的作用是什么？试述用软件及硬件实现"看门狗"的原理。

第7章

智能仪器的数据处理与自动化技术

本章介绍消除仪器随机误差的几种数字滤波技术；校正系统误差的几种有效方法；仪器量程自动变换的原理及提高量程变换性能的措施；实现线性标度变换与非线性标度变换的方法；仪器主要部件的故障自检技术。

7.1 随机误差的校正

随机误差是由窜入仪器的随机干扰引起的，它是指在相同条件下测量同一量时，其大小和符号作无规则的变化而无法预测，但在多次测量中符合统计规律的误差。

为了抑制随机误差，仪器仪表施加了多种屏蔽和滤波措施。在传统的仪器仪表中，滤波是通过选用不同种类的滤波器来实现的。在智能仪器仪表中，滤波通过一定的软件算法来实现。这种软件算法称为数字滤波法，数字滤波法具有下述优点：

① 数字滤波无须硬件，只是一个计算过程，因此可靠性高不存在阻抗匹配问题。而且可以对频率很高或很低的信号进行滤波，这是模拟滤波器所不及的。

② 数字滤波是用软件算法实现的，因此，可以使多个输入通道共用一个"软件滤波器"，从而降低仪器仪表硬件成本。

③ 只要适当改变软件滤波器的滤波程序或运算参数，就能方便地改变滤波特性，这对于低频、脉冲干扰、随机噪声特别有效。

尽管数字滤波法具有许多模拟滤波器所不具备的特点，但它并不能代替模拟滤波器。输入信号必须通过ADC转换成数字信号后才能进行数字滤波，有的输入信号很小，而且混有干扰信号，所以必须在ADC之前加入模拟滤波器。另外，在采样测量中，为了消除混叠现象，往往在输入端增加抗混叠滤波器，这也是数字滤波器所不能代替的。

按照随机干扰的性质及滤波方法的不同，数字滤波法分为五类：消除脉冲干扰的数字滤波法、抑制小幅度高频噪声的平均滤波法、复合滤波法、模拟滤波器数字化滤波法、自相关滤波法等。

7.1.1 消除脉冲干扰的数字滤波法

为了消除由于仪器外部环境因素的突然变化或仪器内部不稳定引起的尖脉冲干扰，通常采用限幅滤波法、中值滤波法、粗大误差滤波法等非线性滤波法。

1. 限幅滤波法

限幅滤波法又称程序判断法，它是通过程序判断被测信号的变化幅度来消除脉冲干扰的。其具体方法是比较 n 时刻的采样值 y_n 和 $n-1$ 时刻的滤波值$\bar{y}_{n-1}$，如果它们的差值超过了可能的变化范围，则认为发生了随机干扰，并视 y_n 为非法值，予以剔除。y_n 作废后，可以用$\bar{y}_{n-1}$代替 y_n，或采用递推方法，由$\bar{y}_{n-1}$、$\bar{y}_{n-2}$（$n-1$、$n-2$ 时刻的滤波值）近似推出$\bar{y}_n$。其相应算法为

$$\Delta y_n = | y_n - \bar{y}_{n-1} | = \begin{cases} \leqslant a, & \bar{y}_n = y_n \\ > a, & \bar{y}_n = \bar{y}_{n-1} \quad 或 \quad \bar{y}_n = 2\bar{y}_{n-1} - \bar{y}_{n-2} \end{cases} \tag{7-1}$$

式中：a 是相邻两个采样值之差的最大可能变化范围，其数值可根据 y 的最大变化速率 $V_{\max}$及采样周期 T 确定，即

$$a = V_{\max} \cdot T \tag{7-2}$$

下面给出实现式(7-1)滤波算法的 MCS-51 单片机程序。设最大允许偏差为 a，$\bar{y}_{n-1}$存于 31H 单元，y_n 存于 32H 单元，当 $\Delta y_n > a$ 时，令$\bar{y}_n = \bar{y}_{n-1}$。$\bar{y}_n$ 也存于 32H 单元。

```
        MOV     A,32H           ;yn 送 A
        CLR     C
        SUBB    A,31H           ;yn - ȳn-1
        JNC     LP1             ;若 yn - ȳn-1≥0,转 LP1
        CPL     A               ;否则,求补
        INC     A
LP1:    CJNE    A,#a,LP2        ;若|yn - ȳn-1|≠a,转 LP2
        AJMP    DONE
LP2:    JC      DONE            ;若|yn - ȳn-1|<a,转 DONE
        MOV     32H,31H         ;否则ȳn = ȳn-1
DONE:   RET
```

2. 中值滤波法

中值滤波法是对某一被测参数连续采样 N 次（一般 N 取奇数），然后把 N 次采样值按大小排序，取中间值为本次采样值。中值滤波法能有效地克服因偶然因素引起的波动或采样器不稳定引起的误码等脉冲干扰。对于缓慢变化的被测参数采用此法能收到良好的滤波效果，对于快速变化的参数一般不采用中值滤波法。

下面给出中值滤波程序。假设 SAMP 为存放采样值（单字节）的内存单元首地址，DATA 为存放滤波值的内存单元地址，N 为采样值个数。

```
FILTER:  MOV   R3,#N-1       ;置循环初值
SORT:    MOV   A,R3          ;循环次数送 R2
         MOV   R2,A
         MOV   R0,#SAMP      ;采样值首地址送 R0
LOOP:    MOV   A,@R0
         INC   R0
         CLR   C
         SUBB  A,@R0         ;yn - yn-1→A
         JC    DONE          ;yn<yn-1,转 DONE
         ADD   A,@R0         ;恢复 A
         XCH   A,@R0         ;yn>yn-1,交换数据
         DEC   R0
         MOV   @R0,A
         INC   R0
DONE:    DJNZ  R2,LOOP       ;R2≠0,继续比较
         DJNZ  R3,SORT       ;R3≠0,继续循环
         MOV   A,#N
         CLR   C             ;计算中值地址
         RRC   A
         ADD   A,#SAMP
         MOV   R0,A
         MOV   DATA,@R0      ;存放滤波值
         RET
```

3. 粗大误差滤波法

粗大误差是指由于操作人员的过失、测量环境(条件)的瞬间改变和突发的严重干扰所引起的测量误差。粗大误差明显歪曲了测量结果,应予以剔除。处理粗大误差的步骤如下:

① 求测量数据的算术平均值

$$\bar{x}=\frac{1}{N}\sum_{i=1}^{N}x_i \tag{7-3}$$

② 求各项的剩余误差

$$v_i=x_i-\bar{x} \tag{7-4}$$

③ 求标准偏差

$$\sigma=\sqrt{\frac{1}{N-1}\sum_{i=1}^{N}v_i^2} \tag{7-5}$$

④ 判断粗大误差并剔除:可以运用公式$|v_i|>k\sigma$进行判断,其中k为系数。

在测量数据为正态分布的情况下,如果测量次数足够多,习惯上采用莱特准则判断。具体判断方法是,在各次测量值中,若某一次测量值x_i所对应的剩余误差$v_i>3\sigma$,则认为该x_i为坏值,予以剔除。然后对剩余的$N-1$个测量值再用同样的方法进行计算和判断(每次只允许剔除最大的一个),直至无坏值为止。此时,测量的算术平均值、各项的剩余误差及标准偏差分别为

$$\bar{x}'=\frac{1}{N-a}\sum_{i=1}^{N-a}x_i \tag{7-6}$$

$$v_i' = x_i - \overline{x}' \tag{7-7}$$

$$\sigma' = \sqrt{\frac{1}{N-a-1}\sum_{i=1}^{N-a}(v_i')^2} \tag{7-8}$$

式中 a 为坏值个数。

在测量数据为正态分布的情况下，如果测量次数不够多，宜采用格拉布斯准则判断，系数 k 通过查表求出，具体判断方法同莱特准则。

上述消除粗大误差的两种方法是建立在测量数据满足正态分布条件上的，而造成粗大误差的干扰和噪声往往难以满足正态分布，因此该方法具有局限性。

7.1.2 抑制小幅度高频噪声的数字滤波法

小幅度高频随机噪声在多数情况下被认为是白噪声，白噪声具有数学期望为零及各态偏历性的特点。因此叠加在有效数据上的小幅度高频随机噪声可以用时间平均法抑制。常用的时间平均滤波法有算术平均滤波法、加权平均滤波法、移动平均滤波法等。

1. 算术平均滤波法

算术平均滤波法就是把 N 个连续采样值进行算术平均，作为本次测量的滤波值，其算法为

$$\overline{x} = \frac{1}{N}\sum_{i=1}^{N} x_i \tag{7-9}$$

算术平均滤波法对信号的平滑程度完全取决于采样次数 N，当 N 较大时，平滑度高，但灵敏度低；当 N 较小时，平滑度低，但灵敏度高。实际应用中，应根据具体情况选取 N，既保证滤波效果，又尽量减少计算时间。

下面给出算术平均滤波法的应用程序，设 N 为采样值(10 位)个数，SAMP 为存放双字节采样值的内存单元首地址，且假定 N 个采样值之和不超过 16 位。滤波值存入 DATA 开始的两个单元中。DIV21 为双字节除以单字节子程序，R7R6 为被除数，R5 为除数，商在 R7R6 中，则实现滤波的 MCS-51 程序为：

```
ARIFILE:  MOV    R2,#N        ;置累加次数
          MOV    R0,#SAMP     ;置采样值首地址
          CLR    A
          MOV    R6,A         ;清累加值单元
          MOV    R7,A
LOOP:     MOV    A,R6         ;完成双字节加法
          ADD    A,@R0
          MOV    R6,A
          INC    R0
          MOV    A,R7
          ADDC   A,@R0
          MOV    R7,A
          INC    R0
```

```
        DJNZ    R2,LOOP
        MOV     R5,#N          ;数据个数送入R5
        ACALL   DIV21          ;除法,求滤波值
        MOV     DATA+1,R7
        MOV     DATA,R6
        RET
```

上述程序在计算平均值时调用了除法子程序。应当指出,当采样次数 N 为2的整数幂时,可以通过对累加结果进行一定次数的右移来实现除法运算,这样可以大大节省运算时间。

2. 移动平均滤波法

上面介绍的算术平均滤波法,每计算一次有效数据需要累加 N 次,因而速度较低。为了克服这一缺点,可以采用移动平均滤波法。

移动平均滤波法是把 N 个采样数据看成一个队列,队列的长度固定为 N,每进行一次新的采样,把采样数据放入队尾,而去掉原来队首的一个采样数据。这样队列中始终有 N 个"最新"的数据。计算滤波值时,只要把队列中的 N 个数据进行算术平均,就可以得到新的滤波值。这样,每进行一次采样,就可以计算得到一个新的平均滤波值。移动平均滤波法的算法为

$$\bar{y}_n = \frac{1}{N}\sum_{i=0}^{N-1} y_{n-i} \tag{7-10}$$

式中:$\bar{y}_n$ 为对应第 n 次采样值的滤波输出;y_{n-i} 为第 $n-i$ 次采样值;N 为移动平均项数。

移动平均滤波法对于周期性干扰有良好的抑制作用,但对偶然出现的脉冲干扰抑制作用差。因此它不适用于脉冲干扰比较严重的场合,而适用于有高频振荡的系统。

为了实现移动平均滤波,数据在RAM中的存放形式可以采用环形队列结构,设置一个队尾指针,前 N 个数据从队首至队尾按顺序排列,第 $N+1$ 个数据到来时,使队尾指针指向队首,又从队首开始排列。设环形队列地址为40H~4FH,共16个存储单元。R0作为队尾指针,其程序流程图如图7-1所示。

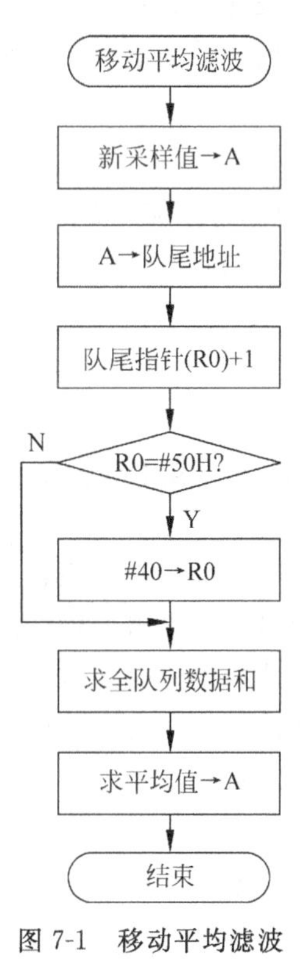

图7-1 移动平均滤波程序流程图

程序清单如下:

```
FLT30:  ACALL   INPUTA         ;采样新值并放入A中
        MOV     @R0,A          ;排入队尾
        INC     R0             ;调整队尾指针
        MOV     A,R0
        ANL     A,#4FH
        MOV     R0,A           ;建新队尾指针
        MOV     R1,#40H        ;初始化
        MOV     R2,#00H
        MOV     R3,#00H
```

```
FLT31:  MOV   A,@R1          ;取一个采样值
        ADD   A,R3           ;累加到 R2,R3 中
        MOV   R3,A
        CLR   A
        ADDC  A,R2
        MOV   R2,A
        INC   R1
        CJNE  R1,#50H,FLT31  ;累计完 16 次
FLT32:  SWAP  A              ;(R2,R3)/16
        XCH   A,R3
        SWAP  A
        ADD   A,#80H         ;四舍五入
        ANL   A,#0FH
        ADDC  A,R3
        RET                  ;结果在 A 中
```

3. 加权移动平均滤波法

在算术平均滤波法和移动平均滤波法中,N 次采样值在输出结果中的比重是均等的,即 $1/N$。用这样的滤波算法,对于时变信号会引入滞后,N 越大,滞后越严重。为了增加新的采样数据在移动平均中的比重,提高系统对当前采样值的灵敏度,可以采用加权移动平均滤波算法。它是对不同时刻的数据加以不同的权,越接近现时刻的数据,权越大,然后将加权后的数据进行算术平均。N 项加权移动平均滤波的算法为

$$\bar{y}=\frac{1}{N}\sum_{i=0}^{N-1} c_i y_{n-i} \tag{7-11}$$

式中:$\bar{y}$为第 n 次采样值滤波后的输出;y_{n-i}为未经滤波的第 $n-i$ 次采样值;$C_0,C_1,\cdots,C_{N-1}$为加权系数,它满足如下条件:

$$C_0+C_1+\cdots+C_{N-1}=1 \tag{7-12}$$

$$C_0>C_1>\cdots>C_{N-1}>0 \tag{7-13}$$

7.1.3 复合滤波法

智能仪器仪表在实际应用中,所受的干扰往往不是单一的,有时既要消除脉冲干扰,又要做数据平滑处理。因此,在实际中常常把前面介绍的两种以上的滤波方法结合起来使用,形成所谓复合滤波。防脉冲扰动平均滤波算法就是一种实例。这种算法的特点是,先用中值滤波算法滤除采样值中的脉冲干扰,然后把剩余的各个采样值进行算术平均。其基本算法为

如果 $y_1\leqslant y_2\leqslant\cdots\leqslant y_N$,即 y_1、y_N 分别是所有采样值中的最大值和最小值,则

$$\bar{y}=(y_2+y_3+\cdots+y_{N-1})/(N-2) \tag{7-14}$$

为了节省计算时间,$N-2$ 应为 2 的整数幂(如 2、4、8、16 等),因而常取 N 为 4、6、10、18 等。此外,对于快变化的被测量,可以先连续采样 N 次,把各采样值存于缓存区,然后进行滤波运算;对于慢变化的被测量,可以一边采样一边运算处理。这时不必在 RAM 中开辟

数据缓存区。

采用边采样边计算的滤波程序流程图如图 7-2 所示，相应的滤波程序如下(采样次数 $N=10$)：

```
FILT1:  LCALL   INPUTA      ;调用采样子程序,采样 y1
        MOV     R3,A        ;初始化 sum 低位,(R3) = y1
        MOV     R2,#00H     ;初始化 sum 高位,(R2) = 0
        MOV     R4,A        ;max(R4) = y1
        MOV     R5,A        ;min(R5) = y1
        MOV     R7,#09      ;采样 9 次
FILT2:  LCALL   INPUT       ;继续采样 yi
        MOV     R6,A        ;暂存 yi
        ADD     A,R3        ;sum = sum + yi
        MOV     R3,A
        CLR     A
```

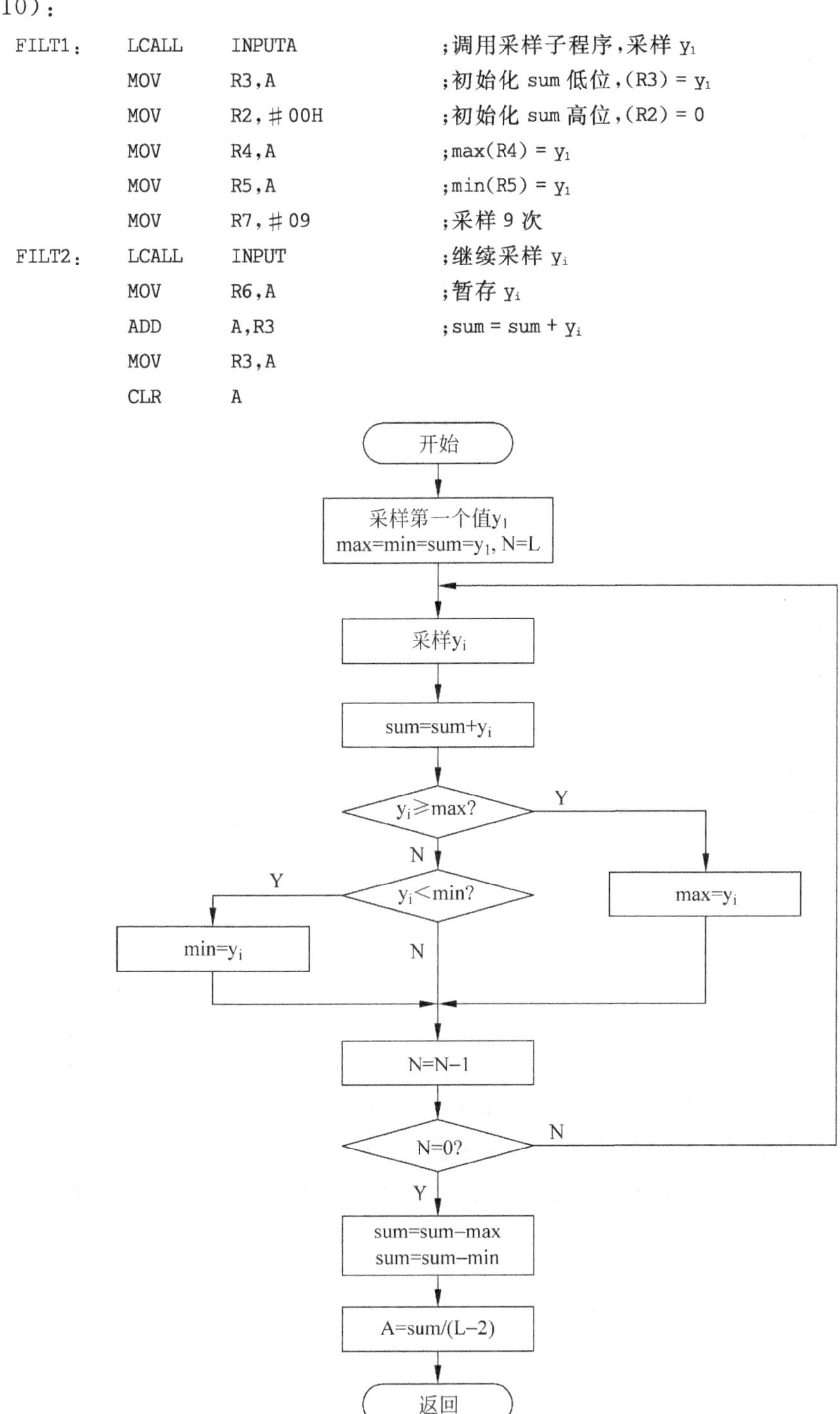

图 7-2　防脉冲扰动平均滤波程序流程图

```
        ADDC    A,R2
        MOV     R2,A
        MOV     A,R6            ;取 yi
        SUBB    A,R4            ;yi≥max ?
        JC      FILT3
        MOV     A,R6            ;更新 max
        MOV     R4,A
        SJMP    FILT4
FILT3:  MOV     A,R6
        CLR     C
        SUBB    A,R5            ;yi<min
        JNC     FILT4
        MOV     A,R6            ;更新 min
        MOV     R5,A
FILT4:  DJNZ    R7,FILT2        ;10 次采样完否
        CLR     C
        MOV     A,R3            ;sum = sum - max
        SUBB    A,R4
        XCH     A,R2
        SUBB    A,#00H
        XCH     A,R2            ;sum = sum - min
        SUBB    A,R5
        MOV     R3,A
        MOV     A,R2
        SUBB    A,#00H
        LJMP    FILT5           ;转求平均值子程序,计算 sum/8,
                                (sum 为 A,R3 内容)
```

7.1.4 数字低通滤波法

模拟低通滤波器,如一阶惯性 RC 滤波器,能有效地滤除高频干扰和周期性低频干扰。当用它来抑制周期性低频干扰时,要求滤波器有大的时间常数和高精度的 RC 网络。时间常数越大,要求 R 值越大,其漏电流也随之增大,从而使 RC 网络误差增大,降低了滤波效果。为此,可以采用数字低通滤波算法来消除干扰,数字低通滤波是一种以数字形式通过算法,实现 RC 滤法的方法。它能很好地克服上述模拟滤波器的缺点,在滤波常数要求大的场合,此法更为实用。

一阶 RC 低通滤波器的传递函数可以写为

$$H(S)=\frac{Y(S)}{X(S)}=\frac{1}{\tau S+1} \tag{7-15}$$

式中 $\tau=RC$ 为滤波器的时间常数。上式对应的微分方程为

$$\frac{\tau \mathrm{d}y(t)}{\mathrm{d}t}+y(t)=x(t) \tag{7-16}$$

将其离散化,变为相应的差分方程

$$\frac{\tau[y(n)-y(n-1)]}{T}+y(n)=x(n) \tag{7-17}$$

整理后得到

$$y(n)=\alpha y(n-1)+(1-\alpha)x(n) \tag{7-18}$$

式中：T 为采样周期，$\alpha=\frac{\tau}{\tau+T}$为滤波系数；$y(n)$为第 n 次滤波输出值；$y(n-1)$为第 $n-1$ 次滤波输出值；$x(n)$为第 n 次采样值。

数字低通滤波算法对周期性低频干扰，具有良好的抑制作用，适用于波动频繁的参数的滤波，其不足之处是带来了相位滞后，灵敏度低。滞后的程度取决于 α 值的大小。同时，它不能滤除频率高于采样频率二分之一（称为奈奎斯特频率）的干扰信号。对于频率高于奈奎斯特频率的干扰信号，应该采用模拟滤波器滤波。

下面给出数字低通滤波算法的实例程序。假设 y_{n-1}存于 60H 为首地址的单元中，x_n 存于 62H 为首地址的单元中，均为双字节。取 $\alpha=0.75$，滤波结果在 R2、R3 中。

```
FOF:    MOV     R0，#60H
        MOV     R1，#62H
        CLR     C
        INC     R0                  ;0.5yn-1，存入 R2、R3 中
        MOV     A,@R0
        RRC     A
        MOV     R2,A
        DEC     R0
        MOV     A,@R0
        RRC     A
        MOV     R3,A
        MOV     A,@R0               ;xn + yn-1
        ADD     A,@R1
        MOV     R7,A
        INC     R0
        INC     R1
        MOV     A,@R0
        ADDC    A,@R1
        CLR     C
        RRC     A                   ;(xn + yn-1) × 0.5 存入 R6、R7 中
        MOV     R6,A
        MOV     A,R7
        RRC     A
        MOV     R7,A
        CLR     C
        MOV     A,R6
        RRC     A
        MOV     R6,A
        MOV     A,R7
        RRC     A
```

```
ADD     A,R3            ;0.25×(xn + yn-1) + 0.5yn-1存于 R2、
                        ;R3 中
MOV     R3,A
MOV     A,R6
ADDC    A,R2
MOV     R2,A
RET
```

7.1.5 自相关滤波及互相关滤波

在测试领域，常常需要从强噪声中恢复出微弱信号或提取微弱信号的特征参数。相关检测法是检测微弱信号的有效方法之一，它分为自检关检测和互相关检测两种。自相关检测与互相关检测又称为自相关滤波与互相关滤波。下面介绍两种检测方法的原理。

1. 自相关滤波

设输入 $x(t)$ 由被测信号 $s(t)$ 和噪声 $n(t)$ 叠加而成，即

$$x(t) = s(t) + n(t) \tag{7-19}$$

其中噪声 $n(t)$ 为零均值平稳随机过程。

$x(t)$ 的自相关函数为

$$\begin{aligned} R_{xx}(\tau) &= E[x(t)x(t+\tau)] \\ &= R_{ss}(\tau) + R_{nn}(\tau) + R_{sn}(\tau) + R_{ns}(\tau) \end{aligned} \tag{7-20}$$

如果信号 $s(t)$ 和噪声 $n(t)$ 不相关，则有 $R_{sn}(\tau)=0$、$R_{ns}(\tau)=0$，式(7-20)变为

$$R_{xx}(\tau) = R_{ss}(\tau) + R_{nn}(\tau) \tag{7-21}$$

根据噪声的相关性质，当 τ 趋于无穷大时，$R_{nn}(\tau)$ 趋于零。因此 $R_{nn}(\tau)$ 主要反映在 $\tau=0$ 附近，当 τ 较大时，$R_{xx}(\tau)$ 只反映 $R_{ss}(\tau)$ 的情况，而 $R_{ss}(\tau)$ 包含了 $s(t)$ 信息，这样就抑制了噪声的影响，检测出了微弱信号 $s(t)$。

例如，如果 $s(t)$ 为正弦信号，$n(t)$ 是与 $s(t)$ 不相关的噪声，即

$$x(t) = s(t) + n(t) = A\sin(\omega_0 t + \varphi) + n(t)$$

取 τ 足够大，则 $x(t)$ 的自相关函数为

$$\begin{aligned} R_{xx}(\tau) &\approx R_{ss}(\tau) \\ &= \lim_{T\to\infty}\frac{1}{T}\int_{-\frac{T}{2}}^{\frac{T}{2}}[s(t)s(t+\tau)]\mathrm{d}t \\ &= \lim_{T\to\infty}\frac{1}{T}\int_{-\frac{T}{2}}^{\frac{T}{2}}A\sin(\omega_0 t+\varphi)A\sin[\omega_0(t+\tau)+\varphi]\mathrm{d}t \\ &= \frac{A^2}{2}\cos(\omega_0\tau) \end{aligned} \tag{7-22}$$

从式(7-22)看出，$R_{xx}(\tau)$ 是与 $s(t)$ 同频率的正弦波，这样，就从噪声中提取了正弦信号的幅度和频率，不足的是，自相关函数丢失了原信号的相位信息。$x(t)$ 及 $R_{xx}(t)$ 的波形如图 7-3 所示。

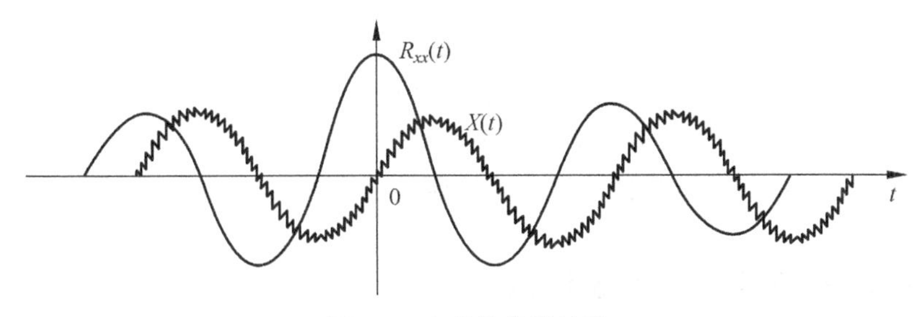

图 7-3 自相关检测波形

实际采样中，若 $x(t)$一个周期有 N 个采样点($j=0,1,2,\cdots,N-1$)，其采样值 $x(j)$的自相关函数为

$$R_{xx}(i)=\frac{1}{N}\sum_{j=0}^{N-1}x(j)x(j+i),\quad i=0,1,2,\cdots,N-1 \tag{7-23}$$

2. 互相关检测

互相关检测是将含有噪声的输入 $x(t)$与一个无噪声的信号 $y(t)$进行互相关运算，其中 $y(t)$与被测信号 $s(t)$具有相关性。即

$$x(t)=s(t)+n(t) \tag{7-24}$$

$$R_{xy}(\tau)=E[x(t)y(t+\tau)]=R_{sy}(\tau)+R_{ny}(\tau) \tag{7-25}$$

如果 $y(t)$与噪声 $n(t)$没有相关性，则 $R_{ny}(\tau)=0$，则式(7-25)变为

$$R_{xy}(\tau)=R_{sy}(\tau) \tag{7-26}$$

由于 $R_{xy}(\tau)$包含了信号 $s(t)$所携带的信息，因此可以把被测信号 $s(t)$检测出来。

例如，设 $s(t)$为一个正弦信号，$y(t)$为一个与 $s(t)$同频率的正弦信号，$n(t)$为一个与 $s(t)$、$y(t)$无相关性的噪声，即

$$x(t)=A\sin(\omega_0 t+\varphi)+n(t)$$

$$y(t)=B\sin\omega_0 t$$

则其互相关函数为

$$\begin{aligned}R_{xy}(\tau)=R_{sy}(\tau)&=\lim_{T\to\infty}\frac{1}{T}\int_{-\frac{T}{2}}^{\frac{T}{2}}[s(t)y(t+\tau)]\mathrm{d}t\\&=\lim_{T\to\infty}\frac{1}{T}\int_{-\frac{T}{2}}^{\frac{T}{2}}A\sin(\omega_0 t+\varphi)B\sin[\omega_0(t+\tau)]\mathrm{d}t\\&=\frac{AB}{2}\cos(\omega_0\tau-\varphi)\end{aligned} \tag{7-27}$$

由式(7-27)可见，互相关函数不仅可以确定被测信号 $s(t)$的幅度、频率，还可以提取 $s(t)$的初始相位，因此互相关检测比自相关检测更有优越性。由互相关函数完全可以重构原来的被测信号。

7.2 系统误差的校正

系统误差是由于系统自身的非理想性引起的误差。系统误差分为恒定系统误差及变化系统误差。恒定系统误差是指在某些测量条件改变时，其绝对值和符号保持不变的误差。

例如，仪表的基准误差。变化系统误差是指在测量条件改变时，其绝对值和符号按照一定规律变化的误差。例如，仪表的零点和放大倍数的漂移、热电偶冷端随室温变化而引入的误差等。系统误差不同于随机误差，不能依靠概率统计方法来消除，只能针对具体情况在测量技术上采取相应措施。本节介绍几种常用的系统误差校正方法。

7.2.1 利用误差模型校正系统误差

利用误差模型校正系统误差的基本方法是先通过理论分析建立系统的误差模型；由误差模型求出修正误差的表达式(修正公式)，式中一般含有若干误差因子；然后通过校准技术求得这些误差因子；最后利用修正公式来修正测量结果。

误差模型的建立，没有统一的方法可循，必须根据具体情况进行具体分析，建立相应系统的误差模型。

下面通过一个在电子仪器中具有普遍意义的误差模型，介绍系统误差的修正方法。误差模型如图 7-4(a)所示。图中 x 为输入被测量(如直流放大器的输入电压)，y 是带有误差的测量结果(如放大器输出电压)，ε 为影响量(如零点漂移或干扰)，i 是偏差量(如直流放大器的偏置电流)，k 是影响特性(如放大器的增益变化)。电路中从输出端引一反馈量到输入端，以改善系统的稳定性。

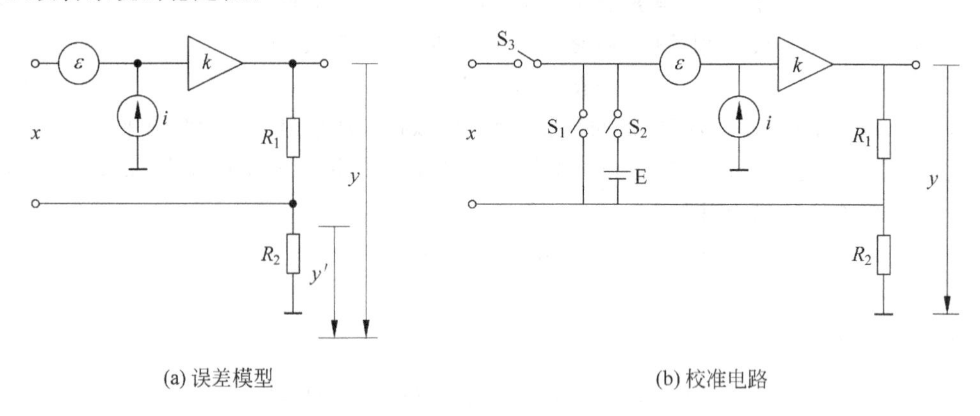

(a) 误差模型　　(b) 校准电路

图 7-4 利用误差模型修正系统误差

在无误差的理想情况下，$\varepsilon=0, i=0, k=1$，于是 $y=\left(\frac{R_2}{R_1}+1\right)x$；在有误差的情况下，则有

$$y = k(x+\varepsilon+y') \tag{7-28}$$

$$\frac{y-y'}{R_1}+i=\frac{y'}{R_2} \tag{7-29}$$

由式(7-28)和式(7-29)可以得到

$$x = y\left(\frac{1}{k}-\frac{i}{\frac{1}{R_1}+\frac{1}{R_2}}\right)-\varepsilon \tag{7-30}$$

可以改写成下列简明形式

$$x = b_1 y + b_0 \tag{7-31}$$

式(7-31)即为误差修正公式，其中 b_1、b_0 为误差因子。如果能求出 b_1、b_0 的值，即可由误差

修正公式获得无误差的 x 值，从而修正了系统误差。误差因子的求取可以通过校准技术来完成。由于存在两个误差因子，因此需要进行两次校准，从而可得两个关系式，并由此关系式解出误差因子 b_1 和 b_0。

例如，可以按照图 7-4(b)所示的校准电路进行校准，其过程如下：

① 令输入端短路(即开关 S_1 闭合)，此时有 $x=0$(称为零点校准)，其输出为 y_0，按式(7-31)有

$$0 = b_1 y_0 + b_0 \tag{7-32}$$

② 令输入端接一已知标准电压(即开关 S_2 闭合)，此时有 $x=E$(称为增益校准)，其输出为 y_1，于是可得

$$E = b_1 y_1 + b_0 \tag{7-33}$$

③ 联立求解式(7-32)、(7-33)，即可求出两个误差因子

$$\begin{cases} b_1 = \dfrac{E}{y_1 - y_0} \\ b_0 = \dfrac{E}{1 - y_1/y_0} \end{cases} \tag{7-34}$$

④ 输入接入被测量(开关 S_3 闭合)，其输出为 y，于是被测量的真值为

$$x = b_1 y + b_0 = \frac{E(y - y_0)}{y_1 - y_0} \tag{7-35}$$

由于智能仪器仪表的测量过程都是自动而快速进行的，所以在每次测量之前，都可预先进行校准，取得当时的误差因子，进行近似于实时的误差修正。

7.2.2 利用校准数据表校正系统误差

在复杂的仪器中，对较多的误差来源往往不能充分了解，因此难以建立适当的误差模型，这时可以通过建立校准数据表的方法修正系统误差。步骤如下：

① 在仪器的输入端逐次加入一个已知的标准电压 $x_1, x_2, \cdots, x_n$，得到对应的测量结果 $y_1, y_2, \cdots, y_n$。

② 以 $y_i(i=1,2,\cdots,n)$作为存储器中存储单元的地址，把对应的 x_i 存入其中，这样就在存储器中建立了一张校准数据表。

③ 实际测量时，令微处理器根据实测的 y_i 作为地址去访问内存，读出其中的 x_i。x_i 即为经过修正后的测量值。

如果实际测量值 y 介于某两个校准点 y_i 和 y_{i+1} 之间，可按最邻近的一个值 y_i 或 y_{i+1} 去查找对应的 x 值作为最后结果。这个结果将带有一定的残余误差。为了减少残余误差，在建立校准表时，可以使相邻标准电压 x_i、x_{i+1} 的差值减少，但是，在被测电压范围一定时将导致内存空间增大。为解决这一矛盾，可以采用插值技术。

最简单的插值方法是线性插值。当 $y_i < y < y_{i+1}$ 时取

$$x = x_i + \frac{x_{i+1} - x_i}{y_{i+1} - y_i}(y - y_i) \tag{7-36}$$

线性插值是用两点间一直线来代替曲线，因而精度有限。如果要求更高的精度，可以采用 n 阶多项式内插、三角内插、牛顿内插等。

7.2.3 利用校正函数校正系统误差

如果能找到系统(或传感器)非线性特性的解析式,则可以利用相应的校正函数校正系统误差(或传感器误差)。

设被测量 x 与测量结果 y 之间为非线性关系,$y=f(x)$,其反函数为 $x=F(y)$,则将测量值 y 代入反函数表示式计算,就得到修正后的被测量。反函数 $x=F(y)$ 即是校正函数。

例如,某测温仪的传感器采用热敏电阻,热敏电阻的阻值与温度之间的关系式为

$$R_T = \alpha \cdot R_{25℃} \cdot e^{\beta/T} \tag{7-37}$$

式中：R_T 为热敏电阻在温度为 T 时的电阻值；T 为绝对温度；$R_{25℃}$ 为在 25℃时热敏电阻的电阻值；α、β 为常数,当温度在 0～50℃范围时,$\alpha \approx 1.44 \times 10^{-6}$,$\beta \approx 40164$。

显然式(7-37)是一个以被测量 T 为自变量,以敏感量 R_T 为因变量的非线性函数表达式,求其反函数,可得到校正函数；

$$T = \frac{\beta}{In[R_T/(\alpha R_{25℃})]} \tag{7-38}$$

在实际应用中,许多系统或传感器的解析式 $y=f(x)$ 是难以直接找到的,这样就不可能由此求出相应的反函数 $x=F(y)$；而且,有的校正函数也较复杂,不便于微处理器对之进行运算。此时可采用代数插值法或曲线拟合法来寻找 $x=F(y)$ 的近似表达式,来实现非线性校正。

7.2.4 利用代数插值法校正系统误差

1. 代数插值法的基本原理

设有 $n+1$ 组离散点：$(x_0,y_0),(x_1,y_1),\cdots,(x_n,y_n),x\in[a,b]$ 和未知函数 $f(x)$,并有

$$f(x_0) = y_0, f(x_1) = y_1, \cdots, f(x_n) = y_n$$

设法找到一个函数 $g(x)$,使 $g(x)$ 在 $x_i(i=0,1,\cdots,n)$ 处与 $f(x_i)$ 相等,此即为插值问题。满足这个条件的函数 $g(x)$ 称为 $f(x)$ 的插值函数,x_i 称为插值节点。有了 $g(x)$,在以后的计算中可以用 $g(x)$ 在区间 $[a,b]$ 上近似代替 $f(x)$。

在插值法中,$g(x)$ 有多种选择方法,由于多项式是最容易计算的一类函数,一般选取 $g(x)$ 为 n 次多项式,并记为 $P_n(x)$,这种插值方法叫做代数插值,或多项式插值。因此,所谓代数插值,就是用一个 n 次多项式

$$P_n(x) = a_n x^n + a_{n-1}x^{n-1} + \cdots + a_1 x + a_0 \tag{7-39}$$

去逼近 $f(x)$,使 $P_n(x)$ 在节点 x_i 处满足

$$P_n(x_i) = f(x_i) = y_i, \quad i = 0,1,\cdots,n$$

对于前述 $n+1$ 组离散数据,系数 $a_n,\cdots,a_1,a_0$ 应满足的方程组为

$$\begin{cases} a_n x_0^n + a_{n-1}x_0^{n-1} + \cdots + a_1 x_0 + a_0 = y_0 \\ a_n x_1^n + a_{n-1}x_1^{n-1} + \cdots + a_1 x_1 + a_0 = y_1 \\ \qquad \vdots \\ a_n x_n^n + a_{n-1}x_n^{n-1} + \cdots + a_1 x_n + a_0 = y_n \end{cases} \tag{7-40}$$

这是一个含有 $n+1$ 个未知数 $a_n, a_{n-1}, \cdots, a_1, a_0$ 的线性方程组,可以证明,当 $x_0, x_1, \cdots, x_n$ 互异时,方程组有唯一的一组解。即一定存在唯一的 $P_n(x)$ 满足所要求的插值条件。这样只要用已知的 x_i 和 $y_i(i=0,1,\cdots,n)$ 去解方程组,就可以求出 $a_i(i=0,1,\cdots,n)$,从而得到 $P_n(x)$。这就是求出插值多项式最基本的方法。

通常,给出的数据组数总是多于求解插值函数所需要的组数,因此在用多项式插值方法求解插值函数时,首先必须根据所需要的逼近精度来决定多项式的次数。多项式的次数与所要逼近的函数有关,例如函数关系接近线性的,可从数组中选取两组,用一次多项式来逼近($n=1$);接近抛物线的可从数组中选取三组,用二次多项式来逼近($n=2$)。同时多项式的次数还与自变量 x_i 的范围有关。一般地,自变量的允许范围越大(即插值区间越大),达到同样精度时的多项式的次数也越高。对于无法预先决定多项式次数的情况,可采用试探法,即先选取一个较小的 n 值,分析逼近误差是否接近所要求的精度,如果误差太大,则使 n 加 1,再试一次,直到误差接近精度要求为止。在满足精度要求的前提下,n 不应取得太大,以免增加计算时间。一般常用的多项式插值是线性插值和抛物线插值。

用插值法校正系统误差的方法是,首先由测量系统得到一组测量值$(x_i, y_i)(i=0,1,\cdots,n)$,其中 y_i 为已知输入值,x_i 为测量输出值,根据(x_i, y_i)的变化特性确定插值函数 $P_n(x)$ 的次数,并计算 $P_n(x)$的系数 a_i,然后在实际测量及校正时,将每一被测量 y 的测量值 x 代入插值函数(即校正函数)$P_n(x)$进行计算,就得到被测量的校正值,$y=P_n(x)$。

需要说明的是,智能仪器中使用的传感器、检波器或其他器件多数都具有非线性的特征,对它们的非线性进行校正也常用插值法及后边介绍的曲线拟合法。

2. 常用的插值法

(1) 线性插值法

线性插值法是从一组测量数据$(x_i, y_i)(i=0,1,\cdots,n)$中选取两个有代表性的点$(x_m, y_m)$和$(x_n, y_n)$,然后根据插值原理,求出插值方程

$$P_1(x) = \frac{x-x_n}{x_m-x_n}y_m + \frac{x-x_m}{x_n-x_m}y_n = a_1x + a_0 \tag{7-41}$$

中的待定系数 a_1 和 a_0

$$a_1 = \frac{y_n-y_m}{x_n-x_m}, \quad a_0 = y_m - a_1x_m \tag{7-42}$$

并用插值函数 $P_1(x)$代替未知非线性函数 $f(x)$。

当(x_m, y_m)、(x_n, y_n)取在非线性特性曲线 $f(x)$或数组的两端点 A,B 时,线性插值的几何意义就如图 7-5 所示。

在图 7-5 所示的线性插值中,当 $x_i \neq a, b$ 时,$P_1(x_i)$与 $f(x_i)$一般不相等,存在拟合误差 V_i

$$V_i = |P_1(x_i) - f(x_i)|, \quad i=1,2,\cdots,n-1 \tag{7-43}$$

若在 x 的全部取值区间$[a,b]$上始终有 $V_i<\varepsilon$(ε 为允许拟合误差),则直线方程 $P_1(x)=a_1x+a_0$ 就是满足允许误差的插值方程。

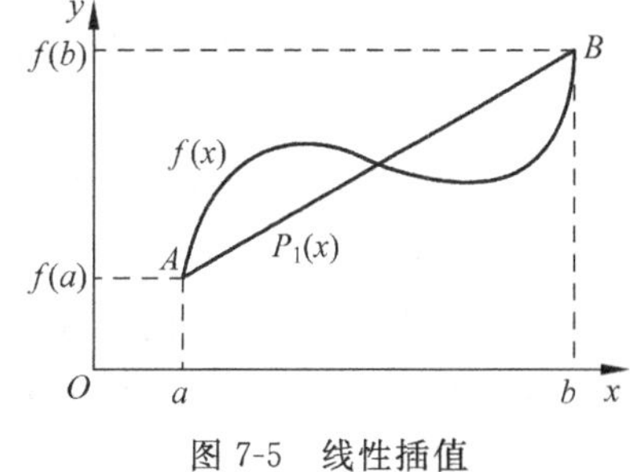

图 7-5 线性插值

用线性插值法校正系统误差时，只需将测量值 x 代入插值方程（即校正方程）$P_1(x)=a_1x+a_0$ 进行计算，就得到被测量 y 的校正值。

下面以镍铬—镍铝热电偶为例，说明这种方法的具体应用。

0～490℃的镍铬—镍铝热电偶分度表如表 7-1 所示。若允许的校正误差小于 3℃，分析能否用直线方程进行非线性校正。

表 7-1 0～490℃镍铬—镍铝热电偶分度表

温度/℃	0	10	20	30	40	50	60	70	80	90
	热电势/mV									
0	0.00	0.40	0.80	1.20	1.61	2.02	2.44	2.85	3.27	3.68
100	4.10	4.51	4.92	5.33	5.73	6.14	6.54	6.94	7.34	7.74
200	8.14	8.54	8.94	9.34	9.75	10.15	10.56	10.97	11.38	11.80
300	12.21	12.62	13.04	13.46	13.87	14.29	14.71	15.13	15.55	15.97
400	16.40	16.82	17.24	17.67	18.09	18.51	18.94	19.36	19.79	20.21

取 A(0,0)和 B(20.21,490)两点，按式(7-42)可求得 $a_1=24.245$，$a_0=0$，即 $P_1(x)=24.245x$，此即为直线校正方程。显然两端点的误差为 0。通过计算可知最大校正误差发生在 $x=11.38\text{mV}$，误差为 4.09℃。另外在 240～360℃范围内校正误差均大于 3℃。因此用直线方程进行校正不能满足精度要求。

(2) 抛物线插值法

抛物线插值法是在多组测量数据中选取(x_0,y_0)、(x_1,y_1)和(x_2,y_2)三点，求出相应的插值方程

$$P_2(x)=\frac{(x-x_1)(x-x_2)}{(x_0-x_1)(x_0-x_2)}y_0+\frac{(x-x_0)(x-x_2)}{(x_1-x_0)(x_1-x_2)}y_1+\frac{(x-x_0)(x-x_1)}{(x_2-x_0)(x_2-x_1)}y_2 \tag{7-44}$$

抛物线插值法的几何意义如图 7-6 所示。

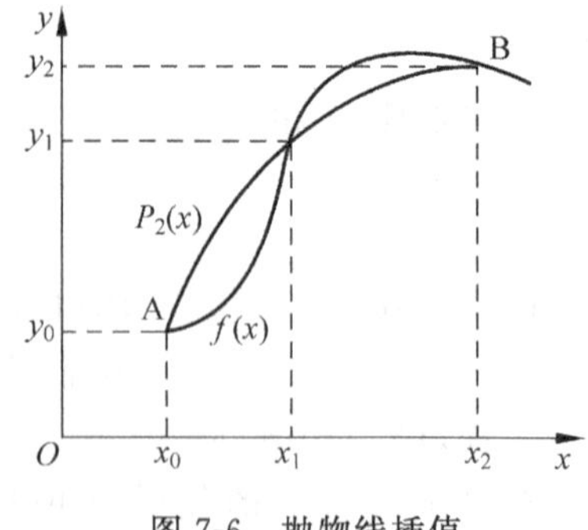

图 7-6 抛物线插值

现仍以表 7-1 所列数据说明抛物线插值的具体应用。

数组选择(0,0)、(10.15,250)和(20.21,490)三组。由式(7-44)求得

$$\begin{aligned}P_2(x)&=\frac{x(x-20.21)}{10.15(10.15-20.21)}\times 250\\&\quad+\frac{x(x-10.15)}{20.21(20.21-10.15)}\times 490\\&=-0.038x^2+25.02x\end{aligned}$$

可以验证，用这一方程进行非线性校正，每点误差均不大于 3℃，最大误差发生在 130℃处，误差值为 2.277℃。

因此，提高插值多项式的次数可以提高校正精度。考虑到实时计算这一情况，多项式的次数一般不宜取得太高，当多项式的次数在允许范围内仍不能满足校正精度要求时，可以采用分段插值法。

(3) 分段插值法

分段插值法分为等距节点分段插值法和非等距节点分段插值法两类。

① 等距节点分段插值法

这种方法是将曲线 $y=f(x)$ 按等距节点分成 N 段，每一段用一个插值多项式 $P_{ni}(x)$ $(i=1,2,\cdots,N)$ 来代替。

等距节点分段插值适用于非线性曲率变化不大的场合，分段数 N 及插值多项式的次数 n 均取决于非线性程度和仪器的精度要求。非线性越严重或仪器的精度要求越高，则 N 或 n 越大。为了实时计算方便，常取 $N=2^m$，$m=0,1,\cdots$。采用等距节点分段插值法，每一段插值曲线的拟合误差 V_i 一般各不相同，应保证

$$\max\left[V_{\max i}\right]\leqslant\varepsilon,\quad i=1,2,\cdots,N \tag{7-45}$$

其中 $V_{\max i}$ 为第 i 段的最大拟合误差。

实际应用中，先离线求得每一段校正曲线的校正方程及其系数，将其存入程序存储器中。实际测量时，用程序判断输入 x(即传感器输出数据)位于校正曲线的哪一段，然后取出该段插值多项式的系数进行计算，就可以得到被测物理量的近似值。

② 非等距节点分段插值法

对于曲率变化大的非线性特性，若采用等距节点的方法进行插值，要使最大误差满足精度要求，分段数 N 就会变得很大，而误差分配却不均匀。同时 N 增加，使得多项式的系数组数相应增加，占用较多内存空间。此时，宜采用非等距节点分段插值法，即在线性好的部分节点间距取大些；反之则取得小些。从而误差达到均匀分布。

下面仍以表 7-1 中所列数据为例，说明分段插值法的具体应用。

在表 7-1 所列数据中取三点：(0,0)，(10.15,250)，(20.21,490)，并用经过这三点的两个直线方程来近似代替整个表格。求得插值方程为

$$P_1(x)=\begin{cases}24.63x, & 0\leqslant x<10.15\\ 23.86x+7.85, & 10.15\leqslant x\leqslant 20.21\end{cases}$$

可以验证，用这两个插值多项式对表 7-1 中所列的数据进行非线性校正，每一点的误差均不大于 2℃。第一段的最大误差发生在 130℃处，误差值为 1.278℃；第二段最大误差发生在 340℃处，误差值为 1.212℃。显然与整个范围内使用抛物线插值法相比，最大误差减小约 1℃。因此，分段插值可以在大范围内用较低的插值多项式(通常不高于二阶)来达到很高的校正精度。

7.2.5 利用最小二乘法校正系统误差

运用 n 次多项式对非线性特性进行逼近，可以保证在 $n+1$ 个节点上校正误差为零，因为拟合曲线(或 n 段折线)恰好经过这些节点。但是，如果这些实验数据含有随机误差，得到的校正方程并不一定能反映出实际的函数关系。因此，对于含有随机误差的实验数据的拟合，通常选择“误差平方和最小”这一标准来衡量逼近结果，这样，使逼近模型比较符合实际关系，同时函数的表达形式也比较简单。这就是下面介绍的最小二乘法原理。

设被逼近函数为 $f(x_i)$，逼近函数为 $g(x_i)$，x_i 为 x 轴上的离散点，逼近误差为

$$V(x_i)=\left|f(x_i)-g(x_i)\right|$$

记

$$\varphi = \sum_{i=1}^{n} V^2(x_i) \tag{7-46}$$

令 $\varphi \to \min$，即在最小二乘意义上使 $V(x)$ 最小化，这就是最小二乘法原理。为了使逼近函数简单起见，通常选择多项式。下面介绍用最小二乘法实现直线拟合和曲线拟合。

1. 直线拟合

设有一组实验数据如图 7-7 所示，现在要求一条最接近于这些数据点的直线。设这组实验数据的最佳拟合直线方程(称为回归方程)为

$$y = a_1 x + a_0$$

式中 a_1、a_0 称为回归系数。

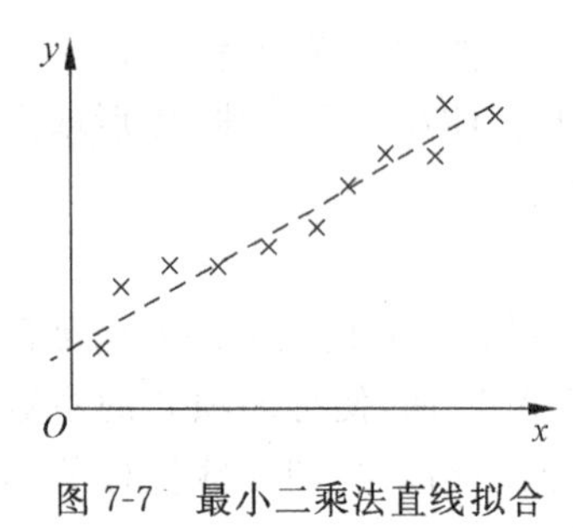

图 7-7 最小二乘法直线拟合

令 $\varphi_{a_0,a_1} = \sum_{i=1}^{n} V_i^2 = \sum_{i=1}^{n} [y_i - (a_0 + a_1 x)]^2$

根据最小二乘原理，要使 φ_{a_0,a_1} 为最小，按通常求极值的方法，取对 a_0，a_1 的偏导数，并令其为 0，得

$$\begin{cases} \dfrac{\partial \varphi}{\partial a_0} = \sum_{i=1}^{n} [-2(y_i - a_0 - a_1 x_i)] = 0 \\ \dfrac{\partial \varphi}{\partial a_1} = \sum_{i=1}^{n} [-2x_i(y_i - a_0 - a_1 x_i)] = 0 \end{cases}$$

又可得如下方程组(称之为正则方程组)

$$\begin{cases} \sum_{i=1}^{n} y_i = n a_0 + a_1 \sum_{i=1}^{n} x_i \\ \sum_{i=1}^{n} x_i y_i = a_0 \sum_{i=1}^{n} x_i + a_1 \sum_{i=1}^{n} x_i^2 \end{cases}$$

解得

$$a_0 = \frac{\left(\sum_{i=1}^{n} y_i\right)\left(\sum_{i=1}^{n} x_i^2\right) - \left(\sum_{i=1}^{n} x_i y_i\right)\left(\sum_{i=1}^{n} x_i\right)}{n\left(\sum_{i=1}^{n} x_i^2\right) - \left(\sum_{i=1}^{n} x_i\right)^2} \tag{7-47}$$

$$a_1 = \frac{n\left(\sum_{i=1}^{n} x_i y_i\right) - \left(\sum_{i=1}^{n} x_i\right)\left(\sum_{i=1}^{n} y_i\right)}{n\left(\sum_{i=1}^{n} x_i^2\right) - \left(\sum_{i=1}^{n} x_i\right)^2} \tag{7-48}$$

只要将各组测量数据代入正则方程组，即可解得回归方程的回归系数 a_0 和 a_1，从而得到这组测量数据在最小二乘意义上的最佳拟合直线方程。

2. 曲线拟合

为了提高拟合精度，通常对 n 对实验数据 $(x_i, y_i)(i=1,2,\cdots,n)$ 选用 m 次多项式

$$y = f(x) = a_0 + a_1 x + a_2 x^2 + \cdots + a_m x^m = \sum_{j=0}^{m} a_j x^j \tag{7-49}$$

作为描述这些数据的近似函数关系式(回归方程)。如果把$(x_i,y_i)(i=1,2,\cdots,n)$代入多项式,就可得 n 个方程

$$\begin{cases} y_1-(a_0+a_1x_1+\cdots+a_mx_1^m)=V_1 \\ y_2-(a_0+a_1x_2+\cdots+a_mx_2^m)=V_2 \\ \vdots \\ y_n-(a_0+a_1x_n+\cdots+a_mx_n^m)=V_n \end{cases}$$

简记为

$$V_i=y_i-\sum_{j=0}^{m}a_jx_i^j,\quad i=1,2,\cdots,n$$

式中 V_i 为在 x_i 处由回归方程式(7-49)计算得到的值与被测值之间的误差。根据最小二乘原理,为求取系数 a_j 的最佳估计值,应使误差 V_i 的平方和最小,即

$$\varphi(a_0,a_1,\cdots,a_m)=\sum_{i=1}^{n}V_i^2=\sum_{i=1}^{n}\left[y_i-\sum_{j=0}^{m}a_jx_i^j\right]^2\to\min$$

亦即计算 $a_0,a_1,\cdots,a_m$ 的线性方程组为

$$\begin{bmatrix} n & \Sigma x_i & \cdots & \Sigma x_i^m \\ \Sigma x_i & \Sigma x_i^2 & \cdots & \Sigma x_i^{m+1} \\ \vdots & \vdots & \vdots & \vdots \\ \Sigma x_i^m & \Sigma x_i^{m+1} & \cdots & \Sigma x_i^{2m} \end{bmatrix}\begin{bmatrix} a_0 \\ a_1 \\ \vdots \\ a_m \end{bmatrix}=\begin{bmatrix} \Sigma y_i \\ \Sigma x_iy_i \\ \vdots \\ \Sigma x_i^my_i \end{bmatrix} \tag{7-50}$$

式中 Σ 为 $\sum_{i=1}^{n}$ 。

由上式可求得 $m+1$ 个未知数 a_j 的最佳估计值。

拟合多项式的次数越高,拟合的结果越精确,但计算量很大。一般在满足精度要求的条件下,尽量降低拟合多项式的次数。除用 m 次多项式来拟合外,也可以用其他函数如指数函数、对数函数、三角函数等进行拟合。

下面仍以表7-1所列的数据为例,说明用最小二乘法来建立校正函数的方法。

在整个区间内仍取相同的三个点(0,0)、(10.15,250)和(20.21,490),分成两段,每段用直线方程拟合,设两段直线方程分别为

$$y=a_{01}+a_{11}x,\quad 0\leqslant x<10.15$$

$$y=a_{02}+a_{12}x,\quad 10.15\leqslant x\leqslant 20.21$$

根据式(7-47)和式(7-48)可分别求出 a_{01}、a_{11} 和 a_{02}、a_{12}

$$a_{01}=-0.122,\quad a_{11}=24.57$$

$$a_{02}=9.05,\quad a_{12}=23.83$$

可以验证,第一段直线最大绝对误差发生在130℃处,误差值为0.836℃。第二段直线最大绝对误差发生在250℃处,误差值为0.925℃。与分段插值法相比较,采用最小二乘法所得的校正方程的误差要小得多。

7.3　量程自动转换技术

智能仪器通常都具有量程自动转换功能,它能根据被测量的大小自动选择合适量程,以提高测量范围和测量精度。

7.3.1 量程自动转换原理

依据测量范围及测量精度，智能仪器一般设置有多个量程，量程的设置可通过程控衰减器、程控放大器来实现，如图 7-8 所示，当输入信号较大时，选择大量程，衰减器按某一比例对信号进行衰减，而放大器放大倍数很小（通常为 1)，放大器的输出电压落在 A/D 转换器要求的范围之内。当输入信号较小时，选择小量程，衰减器不进行衰减（处于直通状态），放大器按某一比例进行放大，放大器的输出电压仍然落在 A/D 转换器要求的范围之内。在量程设置中，对应某一量程，所选择的衰减器的衰减系数及放大器的放大系数应能保证在本量程内输入信号的最大值经衰减、放大后与 ADC 允许的输入最大值相匹配（相等）。自动量程转换的过程，就是 CPU 根据输入信号的大小，自动选择程控衰减器的衰减系数及程控放大器的放大系数，使得经过程控放大器的输出电压满足 ADC 对输入的要求。

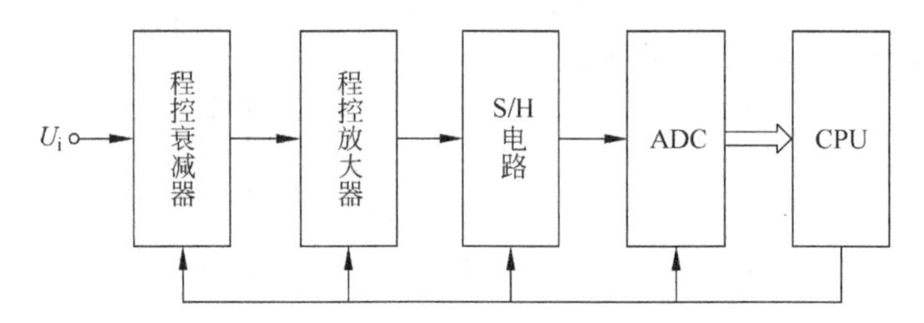

图 7-8 量程自动转换电路示意图

量程自动转换的控制流程如图 7-9 所示。在某一量程下，如果测量结果超过该量程的上限值，则判断该量程是否为最大量程，若为最大量程，则进行过载显示，否则进行升量程处

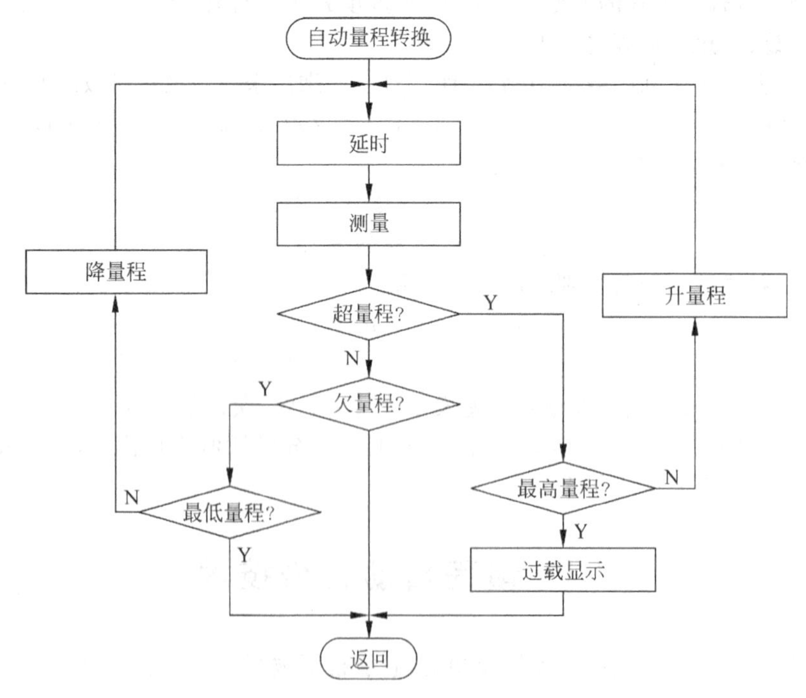

图 7-9 量程自动转换控制流程图

理，重新进行测量，并判断量程；如果在某一量程下，测量结果低于该量程的下限值，则判断该量程是否为最小量程，若为最小量程则结束量程判断，否则降低一个量程进行测量与判断，直至找到合适的量程为止。在量程切换中，由于开关的延时特性，可能导致输入信号不稳定，因此在控制流程中增加了一个延时环节。

7.3.2　量程上、下限的确定

智能仪器中，每一量程的上、下限值，主要取决于输入信号的范围、衰减器的倍数及放大器的增益、ADC 的量化误差、ADC 的分辨率等。下面通过一个具体子进行分析。

假设输入信号经过衰减器、放大器后，已与 ADC 对输入幅度的要求相匹配。ADC 的转换位数为 8 位，由量化误差产生的相对误差≤0.5%，试确定量程转换的条件。

8 位 ADC 的量化值 q 为

$$q=\frac{U_{\mathrm{H}}}{2^8}=\frac{U_{\mathrm{H}}}{256}$$

式中 U_{H} 为 ADC 满刻度输出对应的输入电压值。

如果 ADC 采取舍入量化形式，最大量化误差为

$$e_{\mathrm{m}}=\frac{1}{2}q$$

根据要求，由 ADC 量化误差产生的相对误差 δ 不大于 0.5%，即

$$\delta=\frac{e_{\mathrm{m}}}{U_{\mathrm{i}}}\leqslant 0.5\%$$

将 e_{m} 的值代入上式，有

$$U_{\mathrm{i}}=\frac{e_{\mathrm{m}}}{\delta}\geqslant 100q$$

上式表明输入电压 U_{i} 的最小值不得小于 100 个量化单位。也就是说，当输入电压 U_{i} 经 A/D 转换后的数字量小于 100 时，必须控制前级放大器切换至高一档增益，即降低一量程进行测量。因此量程的下限值为

$$U_{\mathrm{imin}}=100q$$

输入信号幅度越大，由 ADC 量化误差产生的相对误差越小，理论上量程的上限值可以达到 ADC 满刻度输出对应的输入值 U_{H}。即

$$U_{\mathrm{imax}}=255q$$

通常，量程的上限值设置得小于 $255q$，如

$$U_{\mathrm{imax}}=250q$$

7.3.3　量程自动转换性能的提高

前边介绍的量程自动转换电路及其控制流程用于实现量程自动转换的基本功能，在实际应用中，为了提高系统的性能，还需要采取下列措施。

1. 提高测量速度

量程自动转换的测量速度，是指根据被测量的大小自动选择合适量程并完成一次测量的速度。前述的量程自动转换电路，对某一被测量进行测量时，可能会发生多次转换量程、

多次测量的现象,测量速度较低。为此,可以充分利用微机的软件功能,使得当读数大于或小于当前量程允许范围时,只需要经过一次中间测量,就可以找到正确的量程。例如,在某一量程进行测量时,发现被测量超过该量程的上限值,则立刻回到最高量程进行一次测量,将测量值与各量程的上限值相比较,寻找合适的量程。而当发现被测量小于该量程的下限值时,只需要将读数直接同较小量程的上限值进行比较,就可以找到合适的量程。此外,在大多数情况下,被测量不一定会经常发生大幅度变化。所以,一旦选定合适的量程,应该在该量程继续测量下去,直到出现超量程或欠量程。

2. 消除量程的不确定性

量程的不确定性是指发生在两个相邻量程间反复选择的现象,这种情况的出现是由于测量误差造成的。例如某一电压表有两个量程:20V 档(2～20V)、2V 档(0～2V),20V 档存在着负的测量误差,而 2V 档又存在着正的测量误差。那么在升降量程转换点附近就有可能出现反复选择量程的现象。假设被测电压为 2V,在 20V 档读数可能为 1.999V,低于满度值的十分之一,应降量程到 2V 档进行测量。但是,在 2V 档测量时读取为 2.002V,超过满度值,应该升至 20V 档进行测量,于是就产生了在两个相邻量程间的反复选择,造成被选量程的不确定性。

量程选择的不确定性,可以通过给定高量程下限值与低量程上限值回差的方法来解决(使高量程下限值低于低量程上限值)。通常可采用减小高量程下限值,而低量程上限值不变的方法。例如本例中,20V 档量程下限值选取满度值的 9.5%而不是 10%,即 1.9V,而 2V 档量程上限值仍然为 2V,就不会出现量程反复选择的现象。实际上,在这种情况下,只要两个相邻量程的测量误差绝对值之和不超过 0.5%,就不会造成被选量程的不确定性。

3. 增加过载保护措施

由于每次测量并不都从最高量程开始,而是在选定量程上进行。因此,不可避免地会发生被测量超过选定量程的上限值,甚至超过仪器的最大允许值。这种过载现象需经过一次测量后才能发觉,因此量程输入电路必须要有过载保护能力。当过载发生时,至少在一次测量过程中仍然能正常工作,并且不会损坏仪器。

下面介绍一个典型的输入过压保护电路,电路如图 7-10 所示。当输入电压过载超过保护电压 V_S 时,二极管 D_1 或 D_2 导通,输入电压经降压电阻 R_1 后被限制在 $\pm V_S$ 之内。

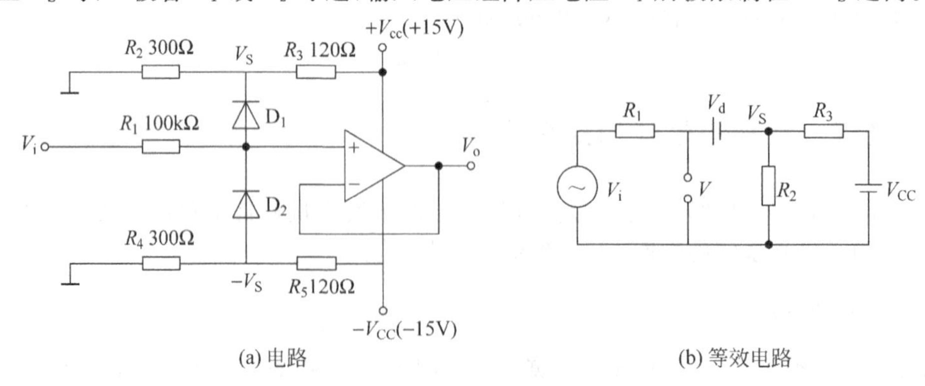

(a) 电路　　(b) 等效电路

图 7-10　输入电压过载保护电路

二极管导通时的等效电路如图 7-10(b)所示。利用叠加原理可得放大器输入端电压 V 为：

$$V=\frac{R_2 /\!/ R_3}{R_1+R_2 /\!/ R_3}V_{\mathrm{i}}+\frac{R_1}{R_1+R_2 /\!/ R_3}V_{\mathrm{d}}+\frac{R_1 /\!/ R_2}{R_3+R_1 /\!/ R_2}V_{\mathrm{cc}}$$

式中 V_{d} 为二极管导通压降。

因为 $R_1 \gg R_2$、R_3，所以

$$V\approx\frac{R_2 /\!/ R_3}{R_1}V_{\mathrm{i}}+V_{\mathrm{d}}+\frac{R_2}{R_2+R_3}V_{\mathrm{cc}}$$

按图 7-10 所取电阻值，当输入电压为 1000V 时，可限制在 ±12V 左右的范围内。此时，流经电阻 R_1 和二极管的电流约为 100mA。当电阻 R_1 功率不小于 10W 时，可保证在最大输入电压为 1000V 的情况下，电路中长期承受过载电压。

7.4　测量数据的标度变换

智能仪器检测的物理量，一般都要通过传感器转换为电量，再通过数据采集系统后得到与被测量对应的数字量。由于数字量仅仅对应于被测参数的大小，并不等于原来带有量纲的参数值，因此必须把它转换为带有量纲的数值后才能显示或打印输出，这种转换就是工程量变换，又称标度变换。例如，某一压力测量智能仪器，当压力变化范围为 0～10N 时，压力传感器输出的电压为 0～10mV，将其放大为 0～5V 后进行 A/D 转换，转换结果为 00H～FFH(假设采用 8 位 ADC)数字量。这一数字量需要通过标度变换，转换为具有压力单位(N)的被测量。

标度变换分为线性标度变换与非线性标度变换两种。

7.4.1　线性标度变换

假设包括传感器在内的整个数据采集系统是线性的，被测物理量的变化范围为 A_0～A_m，即传感器的测量值下限为 A_0、上限为 A_m，物理量的实际测量值为 A_x，而 A_0 对应的数字量为 N_0，A_m 对应的数字量为 N_m，A_x 对应的数字量为 N_x。则标度变换公式为

$$A_x=A_0+(A_m-A_0)\frac{N_x-N_0}{N_m-N_0} \tag{7-51}$$

式中，A_0、A_m、N_0、N_m 对于某一固定的参数，或者仪器的某一量程来说，均为常数，可以事先存入计算机。对于不同的参数或者不同的量程它们会有不同的数值，这种情况下，计算机应存入多组这样的常数。进行标度变换时，根据需要调入不同的常数来计算。

为了使程序简单，通常通过一定的处理，使被测参数的起点 A_0 对应的 A/D 转换值为零，即 $N_0=0$，这样上式变为

$$A_x=A_0+(A_m-A_0)\frac{N_x}{N_m} \tag{7-52}$$

式(7-51)及式(7-52)称为线性标度变换公式。

下面以一个实例说明线性标度变换公式的具体应用。

已知某智能温度测量仪的温度传感器是线性的，温度测量范围为 10～100℃，ADC 转换位数为 8 位。对应温度测量范围，ADC 转换结果范围为 0～FFH，被测温度对应的 ADC 转换值为 28H，求其标度变换值。

由于温度传感器是线性的，因此可以用式(7-52)进行标度变换，其中，$A_0=10℃$，$A_m=100℃$，$N_m=FFH=255D$，$N_x=28H=40D$，标度变换结果为

$$A_x=A_0+(A_m-A_0)\frac{N_x}{N_m}=10+(100-10)\times\frac{40}{255}=24.1℃$$

7.4.2 非线性标度变换

前述的标度变换公式是针对线性化电路而导出的，实际中许多智能仪器所使用的传感器都是非线性的。这种情况下应先进行非线性校正，然后再按照前述的标度变换方法，进行标度变换。但是如果传感器输出信号与被测物理量之间有明确的数学关系，就没有必要先进行非线性校正，然后再进行标度变换，可以直接利用该数学关系式进行标度变换。

例如，利用节流装置测量流量时，流量与节流装置两边的差压之间有以下关系

$$G=k\sqrt{\Delta P} \tag{7-53}$$

式中：G 为流量(即被测量)；k 为系数(与流体的性质及节流装置的尺寸有关)；ΔP 为节流装置两边的差压。

显然，式(7-53)中 G 和 $\sqrt{\Delta P}$ 之间是线性关系，因此可以方便地得出流量的标度变换公式

$$G_x=G_0+(G_m-G_0)\frac{\sqrt{N_x}-\sqrt{N_0}}{\sqrt{N_m}-\sqrt{N_0}} \tag{7-54}$$

式中：G_x 为被测流量值；G_m 为被测流量上限；G_0 为被测流量下限；N_x 为差压变送器所测得的差压值(数字量)；N_m 为差压变送器上限对应的数字量；N_0 为差压变送器下限对应的数字量。

由于一般情况下，流量的下限可取为 0，因此式(7-54)可以改写成

$$G_x=G_m\frac{\sqrt{N_x}}{\sqrt{N_m}} \tag{7-55}$$

7.5 故障自检技术

7.5.1 故障自检方式

智能仪器由于外部或内部因素的影响，工作中可能会出现故障。为了使仪器能可靠地工作，在智能仪器设计中，常设置自检功能，所谓自检就是利用软件及内置的检测电路对仪器的主要部件自动进行故障检测和故障定位。智能仪器的自检主要有下面几种方式。

① 开机自检。开机自检是指在仪器电源接通或复位之后进行的全面检查。自检中如果没有发现问题，自动进入测量程序；如果发现问题，及时报警，以避免仪器带病工作。

② 周期性自检。周期性自检是指在仪器运行过程中间断插入的自检操作。自检在仪器的测控间歇进行，不会干扰仪器的正常工作。一般情况下，除非遇到了故障，周期性自检并不为操作者所察觉。

③ 键控自检。键控自检是指通过仪器面板上的"自检"按键进行的自检操作。当用户对仪器的可信度发生怀疑时，按此键就可启动一次自检过程。自检过程中，如果检测到仪器出现某些故障，应该以适当的形式发出指示。智能仪器一般都借用本身的显示器，以文字或数字的形式显示"出错代码"，出错代码通常以 ErrorX 字样表示，其中 X 为故障代号，操作人员根据"出错代码"，查阅仪器手册便可确定故障内容。仪器除了给出故障代号之外，往往还给出指示灯的闪烁或者音响报警信号，以提醒操作人员注意。

7.5.2　自检项目

智能仪器的自检项目与仪器的功能、特性等因素有关，一般来说，自检项目包括 CPU、ROM、RAM、总线、显示器、键盘以及测量电路等部件。

1. CPU 的自检

CPU 是智能仪器的核心，如果 CPU 出现故障，系统就不能正常工作。由于 CPU 功能强大、复杂，因此 CPU 的自检是最为困难的。对于 CPU 的全面检测，需要专业化的测试程序。对于智能仪器中的 CPU，只需要根据仪器的工作程序能否正常执行为目的设计自检程序。

设计智能仪器的 CPU 自检程序，需要考虑的问题是选择什么样的指令去执行，按什么顺序执行指令。通常采用功能测试法来设计，其步骤如下：

① 根据仪器工作软件，确定要测试的指令数目。

② 将需要测试的指令以功能块为单位编制程序，每块程序完成的功能可以独立设计，应尽量模拟仪器工作软件的操作流程。在每个功能块程序中设置相应的指令，来判断程序是否正确执行。

此外，设计中还应注意下列问题：

- 除转移指令外，一种指令在自检程序中只测试一遍。
- 自检程序中，立即数要选用交错码，如 AAH、55H 等，并交替使用，这是为了使自检程序在最坏的条件下执行对 CPU 的诊断。

2. ROM 的自检

在智能仪器中，ROM 存放着仪器的控制软件，因此对 ROM 的检测是至关重要的。由于 ROM 是只读的，对其进行自检只需判断从 ROM 中读出的数据是否正确即可。常用的自检方法有多种，如"校验和"法、单字节累加法、双字节累加法等。

"校验和"法是比较常用的 ROM 自检方法，具体做法是，将程序机器码写入 ROM 时，保留一个单元(一般是最后一个单元)，此单元不写入程序机器码而是写"校验字"，"校验字"应能满足 ROM 中所有单元的每一列都有奇数个 1。自检程序的内容是，对每一列数进行异或运算，如果各列的运算结果都为 1，即校验和等于 FFH，说明 ROM 无故障，这种算法如表 7-2 所示。

表 7-2 校验和算法

ROM 地址	ROM 中的内容								
0	1	1	0	1	0	0	1	0	
1	1	0	0	1	1	0	0	1	
2	0	0	1	1	1	1	0	0	
3	1	1	1	1	0	0	1	1	
4	1	0	0	0	0	0	0	1	
5	0	0	0	1	1	1	1	0	
6	1	0	1	0	1	0	1	0	
7	0	1	0	0	1	1	1	0	(校验字)
	1	1	1	1	1	1	1	1	(校验和)

双字节累加法的思想是，将工作软件存放在 ROM 的时候，求出连续 256 个地址单元的累加和，并存放在某一工作单元中，在自检时，将实际测得的累加和与存放在工作单元的累加和比较，如果两者不符，就可以判断 ROM 出错。

在采用双字节累加法自检时，应先对 ROM 的程序存储区按 256 个字节一个区进行分区，然后将各区的累加和校验码顺序写在校验码区。如一微机系统内存为 2K×8 字节，其中应用程序和监控程序占用地址 000H～4FFH，则它可以分为 5 个区，如表 7-3 所示，表的右列为各区的正确累加和校验码，自检程序流程图如图 7-11 所示。

表 7-3 双字节累加法的分区及校验码

区　号	地　址	校　验　码
1	000H～0FFH	6F69H
2	100H～1FFH	3296H
3	200H～2FFH	167EH
4	300H～3FFH	43D5H
5	400H～4FFH	2F27H

3. RAM 的自检

智能仪器中，RAM 频繁地发生着信息的传输，处于动态工作状态，属于故障率较高的单元。对于 RAM 的自检，依据对原有存储单元内容是否破坏，分为破坏性检测和非破坏性检测两类。

(1) 破坏性检测

破坏性检测法的基本思想是，选择一些特征字，分别对 RAM 的每一单元执行先写后读的操作，如果读出和写入的内容不同，说明 RAM 有故障。程序中采用“异或法”判断读出和写入的内容是否相同，即将 RAM 单元的内容读出并取反后与原码进行异或运算，若运算结果为 FFH，则表明 RAM 单元读/写功能正常，否则说明该单元有故障。通常在 RAM 检测中，选择的特征字为两个 0 和 1 间隔的数据字节 55H 和 AAH，这样可以发现最易出现的相邻位关系故障。破坏性检测常用于开机自检。

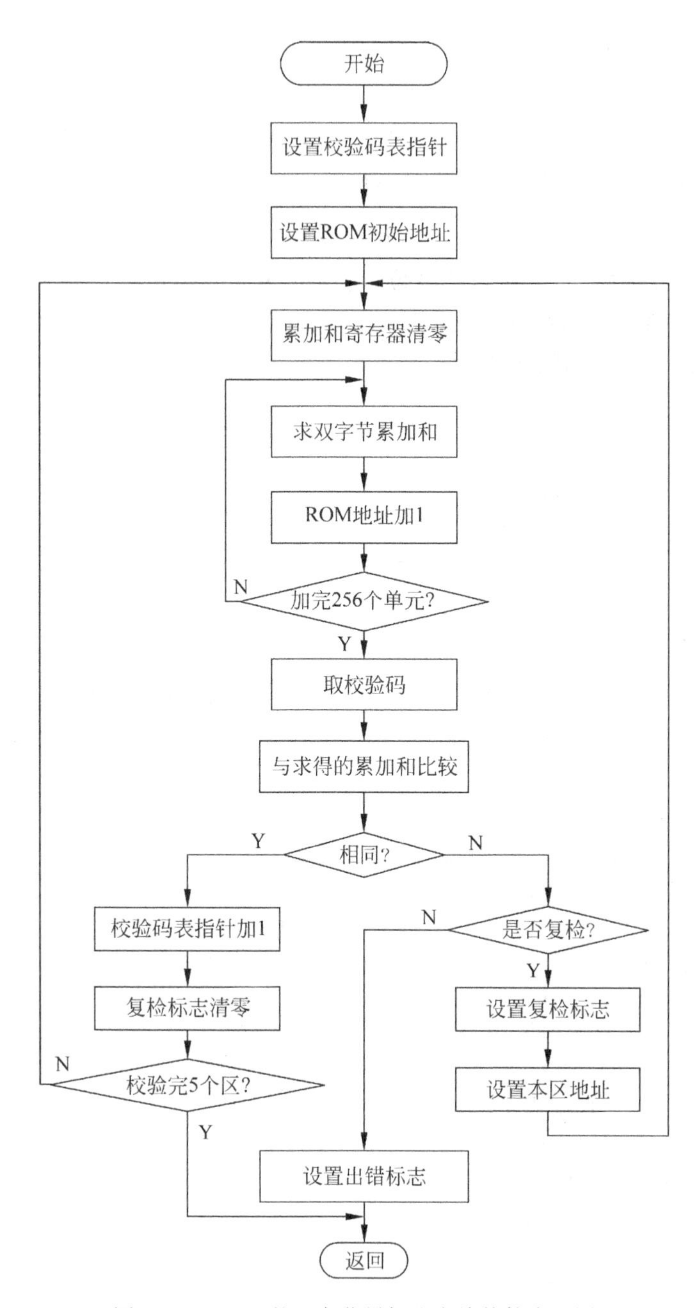

图 7-11　ROM 的双字节累加法自检软件流程图

(2) 非破坏性检测

智能仪器实时检测时，为了保护原有 RAM 单元中的内容，应采用非破坏性测试，此时自检程序采用反码校验法，它能够可靠地校验 RAM 中每一个单元乃至每一位，而且不破坏原有内容。其原理如下：

设某个单元原写入内容为

$$D = b_7 b_6 b_5 b_4 b_3 b_2 b_1 b_0 = 10011000\text{B}$$

由于某种因素的影响，这个单元的 b_2 位发生固定“1”故障。当从这个单元读取数据时，

由于出错的影响，读出的内容为

$$D_r = 10011100B$$

将读出的内容 D_r 求反得：$\overline{D_r}=01100011$，再将$\overline{D_r}$写入该单元，再读出可得：$(\overline{D_r})_r=01100111B$。将 D_r 与$(\overline{D_r})_r$ 异或后再取反，得：

$$F = \overline{D_r \oplus (\overline{D_r})_r} = 00000100B$$

显然字 F 中，出现“1”的位就是故障位，所以 F 为故障定位字。如果没有出错，则 $F=00000000B$，此时可将单元内容读出并取反后写入该单元，即可恢复原来的内容。

非破坏性检测流程图如图 7-12 所示。

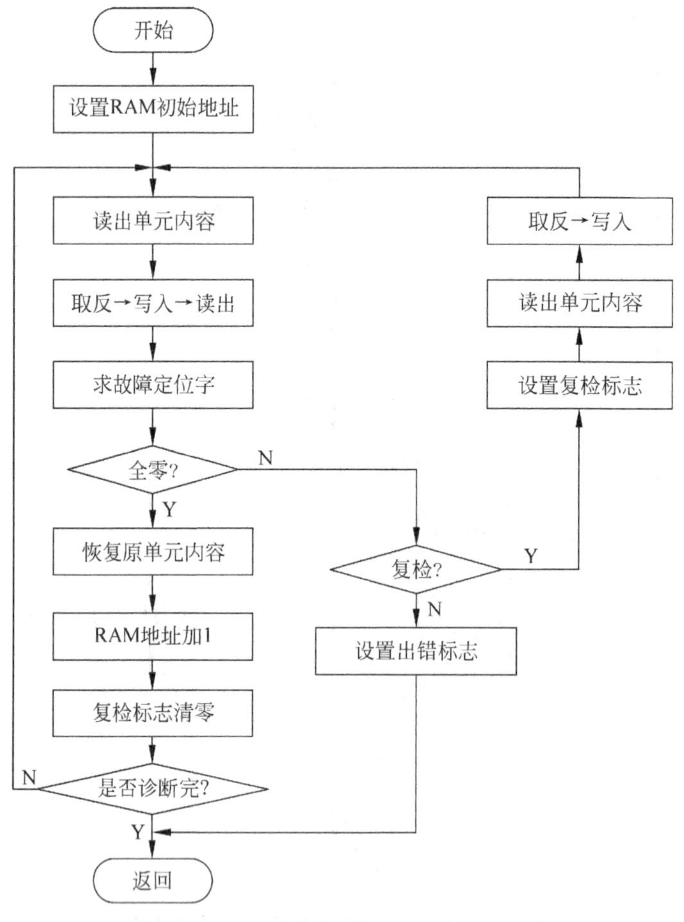

图 7-12 RAM 非破坏性自检软件流程图

4. 总线的自检

总线故障一般是由于印刷电路板工艺不佳使两线相碰等原因引起的。智能仪器中微处理器总线大多数都是经过缓冲器后再与各 I/O 器件相连接，这样即使缓冲器以外的总线出了故障，也能维持微处理器正常工作。总线自检主要是针对缓冲器以外的总线进行检测。总线检测电路如图 7-13 所示，附加的两个锁存触发器用于保存地址总线和数据总线上的信息，总线检测的过程是，CPU 先执行一条对 I/O 设备或存储器的写指令，使地址信息和数据信息经过缓冲器后,出现在检测总线上并分别锁存在两个锁存触发器中,然后执行两条读指令,依次将两个锁存触发器中的地址信息及数据信息读到CPU,通过比较CPU送出及收到的地址信息及数据信息,便可判断总线是否存在故障。

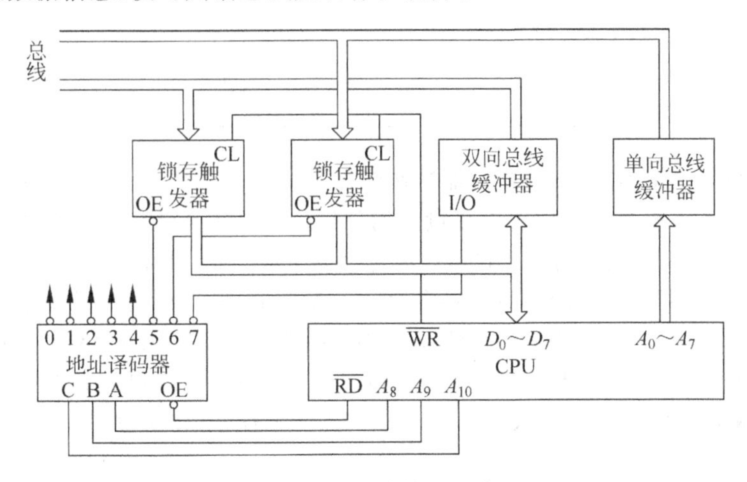

图 7-13 总线检测电路

在总线检测中,要分别对每根信号线的1态和0态进行检测,先使被检测的信号线为1态,其余信号线为0态检测一次,再使该根信号线为0态,其余信号线为1态检测一次。如果某根信号线一直停留在0态或1态,说明该根信号线有故障。

5. 显示器与键盘的检测

智能仪器中,显示器、键盘等I/O设备的检测往往采取与操作者合作的方式进行。检测时先进行一系列预定的I/O操作,然后操作者对这些I/O操作的结果进行验收。如果结果与预先设定的一致,就认为功能正常;否则,应对有关I/O设备进行检修。

键盘检测的原理是:在正常工作中,CPU每得到一个按键闭合的信号就反馈一个信息。如果按下某键无反馈信息,往往是该键接触不良,如果按某一排键均无反馈信息,则表明键盘接口电路或扫描信号出现故障。

显示器的检测一般有两种方法,一种方法是使各显示器全部发亮,即每位都显示数字8,当显示器的发光段均能正常发光时,操作人员按任意键,显示器应全部熄灭片刻,然后脱离自检方式进入其他操作方式。第二种方法是使显示器显示某些特征字,几秒钟后自动进入其他操作方式。

7.5.3 自检软件

智能仪器各部件的自检,主要通过调用相应的自检子程序来完成。因此编写自检子程序是设计自检软件的主要工作之一。为了调用子程序方便,需要建立一张测试指针表,如表7-4所示。表中列出了部件序号(也表示故障代号)和对应子程序的入口地址,以及子程序入口地址相对于测试指针表首址的偏移量。自检中根据部件序号查表获取自检子程序入口地址,进而执行自检子程序,若有故障发生,便显示其故障代号。

表 7-4 测试指针表

测试指针	部件序号(故障代号)TNUM	入口地址 TST_i	偏移量
TSTPT	0	TST_0	偏移量＝TNUM
	1	TST_1	
	2	TST_2	
	3	TST_3	
	⋮	⋮	

一个典型的含有自检在内的智能仪器操作流程图如图 7-14 所示。其中开机自检安排在仪器初始化之前进行,开机自检可以安排尽量多的项目。周期性自检安排在两次测量之间进行。由于两次测量之间的时间间隙有限,所以,一般每次只插入一项自检内容,多次测量之后才能完成仪器的全部自检项目。此外,由于周期性自检是在测量间隙进行,为了不影响仪器的正常工作,有些自检项目不宜安排,如键盘周期性自检、显示器周期性自检、破坏性 RAM 周期性自检等。

完成上述任务的周期性自检子程序流程图如图 7-15 所示。应用测试指针表,以部件代号 TNUM 为偏移量取得子程序入口地址 TST_i,执行子程序,如果发现有故障,令故障标志

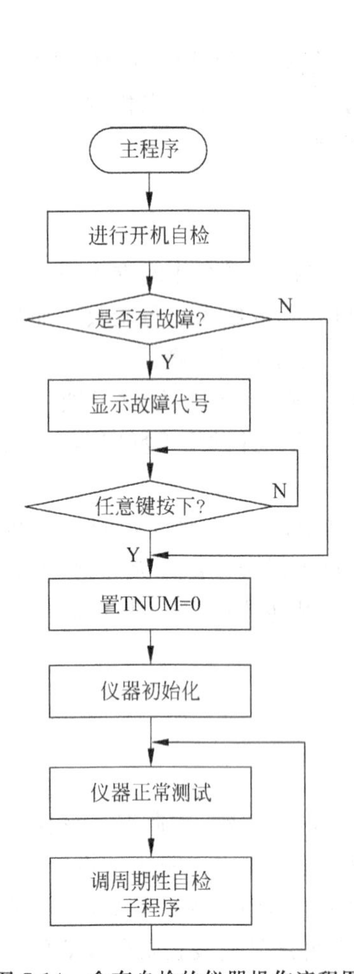

图 7-14 含有自检的仪器操作流程图

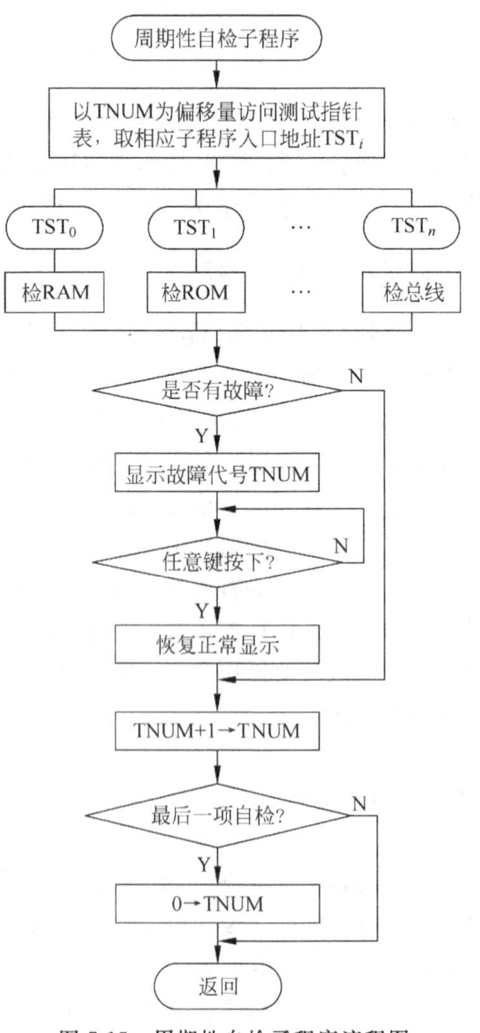

图 7-15 周期性自检子程序流程图

MALF 为 1，以便进入故障显示操作。故障显示操作一般首先熄灭全部显示器，然后显示故障代号 TNUM，提醒操作人员仪器有故障。当操作人员按下任一键后，仪器退出故障显示（有些仪器在故障显示一定时间后自动退出）。无论故障发生与否，每进行一项自检，使部件序号 TNUM 加 1，以便在下一次测量间隙中进行另一项自检。

上述自检软件的编程方法具有一般性，由于各类仪器功能及性能差别较大，因此，实际自检软件的编写应结合仪器的特点来考虑。

思考题与习题

7-1　什么是随机误差？有何特点？

7-2　采用数字滤波法克服随机误差具有哪些优点？

7-3　简述限幅滤波法、中值滤波法、粗大误差滤波法的算法及特点。

7-4　简述算术平均滤波法、移动平均滤波法、加权移动平均滤波法的原理及特点。

7-5　什么是复合滤波法？有何优点？

7-6　数字低通滤波比模拟低通滤波有什么优点？如何用数字算法实现 RC 低通滤波器的功能？

7-7　简述自相关滤波及互相关滤波的原理及特点。

7-8　什么是系统误差？系统误差与随机误差有什么区别？

7-9　如何利用误差模型、校正数据表、校正函数校正系统误差？

7-10　简述代数插值法的原理。

7-11　简述线性插值校正法、抛物线插值校正法的原理及特点。

7-12　简述应用最小二乘法校正系统误差的原理。

7-13　简述量程自动转换的原理。

7-14　如何确定量程的上限和下限？

7-15　如何提高量程自动转换仪器的测量速度、量程的确定性、系统的安全性？

7-16　简述 ROM、RAM、总线、键盘、显示器自检的原理。

7-17　如何实现非破坏性 RAM 检测与破坏性 RAM 检测？

7-18　什么是标度变换？如何实现线性标度变换与非线性标度变换。

第8章 智能仪器的设计

本章在介绍智能仪器设计原则及研制步骤的基础上，重点介绍智能仪器的总体软件设计方法、键盘管理程序设计方法(包括选择结构法、转移表法和状态变量法)和智能仪器的调试方法，并给出一个智能仪器系统的设计实例。

8.1 智能仪器的设计原则

智能仪器的研制开发是一个较为复杂的过程。为完成仪器的功能，实现仪器的指标，提高研制效率，设计人员应遵循正确的设计原则，按照科学的研制步骤来开发智能仪器。

8.1.1 智能仪器设计的基本要求

无论仪器的规模有多大，其基本设计要求大体上是相同的，在设计和研制智能仪器时必须予以认真考虑。

1. 功能及技术指标应满足要求

在智能仪器设计中，首先应按照要求的仪器功能和技术指标进行总体设计。常见的仪器功能有：输出功能(如显示、打印)、人-机对话功能(如键盘的操作管理、屏幕的菜单选择)、通信功能、出错和超限报警功能等。常见的技术指标有：精度(如灵敏度、线性度、基本误差以及环境参数对测量的影响等)、被测参数的测量范围、工作环境(如温度、湿度、腐蚀性等)以及稳定性(如连续工作时间)等。

2. 具有高可靠性

可靠性就是仪器在规定条件下和规定时间内，完成规定功能的能力。一般用年均无故障时间、故障率、失效率或平均寿命等指标来表示。实践证明，提高仪器可靠性的关键在于提高产品的可靠性设计水平。因此在设计阶段必须充分考虑可靠性问题，在设计方案、元器件选择、工艺过程以及维护性等方面予以全面的考虑，采用成熟的设计技术以及可靠性分析、试验技术，提高产品的固有可靠性。

3. 便于操作和维护

在仪器设计过程中，应考虑操作方便，尽量降低对操作人员的专业知识要求，以便产品的推广应用。仪器的控制开关或按键不宜太多、太复杂，操作程序应简单明了，输入输出用十进制数表示，从而使操作者无须专门的训练，便能够掌握仪器的使用方法。

智能仪器还应有很好的可维护性，为此仪器结构要规范化、模块化，并配有现场故障诊断程序，一旦发生故障，能保证有效地对故障定位，以便更换相应的模块，使仪器尽快地恢复正常运行。

4. 仪器工艺及造型设计要求

仪器工艺流程是影响可靠性的重要因素。要依据仪器工作环境条件是否需要防水、防尘、防爆，是否需要抗冲击、抗振动、抗腐蚀等要求设计工艺流程。仪器的造型设计也极为重要，总体结构的安排、部件间的连接关系以及面板的美化等都必须认真考虑，一般应由结构专业人员设计。

8.1.2　智能仪器的设计原则

1. 从整体到局部的设计原则

智能仪器的设计大多面临复杂而综合的设计任务。在进行仪器的软硬件设计时，应遵循从整体到局部，也就是“自顶向下”的设计原则。这种设计原则的含义是，把复杂的、难处理的问题，分为若干个较简单的、容易处理的问题，然后再逐个地加以解决。开始设计时，设计人员根据仪器功能和设计要求提出仪器设计的总任务，然后将总任务分解成一批相互独立的子任务。这些子任务还可以再细分，直到每个低级的子任务足够简单，可以容易地实现为止。由于这些低级的子任务相对简单，因此可以采用某些通用模块实现，并且可以作为单独的实体进行设计和调试。子任务完成后，将所有结果汇总起来，必要时做些调整，即可完成整体设计任务。

2. 软件、硬件协调原则

智能仪器的某些功能(如逻辑运算、定时、滤波)既可以通过硬件实现，也可以通过软件完成。硬件和软件各有特点，使用硬件，可以提高仪器的工作速度，减轻软件编程任务。但仪器成本增加，结构较复杂，出现故障的机会增多。以往人们在智能仪器设计中，过多地着眼于硬件成本，尽量“以软代硬”，随着 LSI(Large Scale Integration)芯片功能的增强，价格的下降，这种情况正在发生着变化。哪些设计子任务应该“以硬代软”，哪些应该“以软代硬”，要根据系统的规模、功能、指标和成本等因素综合考虑。一般的原则是，如果仪器的生产批量较大，应该尽可能压缩硬件投入，用“以软代硬”的办法降低生产成本。此外，凡简单的硬件电路能解决的问题不必用复杂的软件取代；反之，简单的软件能完成的任务也不必去设计复杂的硬件。在具体的设计过程中，为了取得满意的结果，硬件与软件的划分需要多次协调、折中和仔细权衡。

3. 开放式与组合化设计原则

在科学技术飞速发展的今天，设计智能仪器系统面临三个突出的问题：

① 产品更新换代加快。

② 市场竞争日趋激烈。

③ 如何满足用户不同层次和不断变化的要求。

针对上述问题，国外近年来在电子工业和计算机工业中推行一种“开放式系统”的设计思想。“开放式系统”是指向未来的 VLSI 开放，在技术上兼顾今天和明天，既从当前实际可能出发，又留下容纳未来新技术机会的余地；向系统的不同配套档次及用户不断变化的特殊要求开放。

设计“开放式系统”的具体方法是，基于国际上流行的工业标准微机总线结构，针对不同的用户系统要求，选用相应的功能模块组成用户应用系统。系统设计者将主要精力放在分析设计目标，确定总体结构，选择系统配件，解决专用软件的开发设计等方面，而不是放在功能模块设计上。

开放式体系结构和总线技术的发展，导致了工业测控系统采用组合化设计方法的流行，即针对不同的应用系统要求，选用现成的硬件模块和软件进行组合。组合化设计的基础是软件、硬件功能的模块化。采用组合化设计有以下优点：

- 开发设计周期短。组合化设计采用成熟的软件、硬件产品组合成系统，不需要进行功能模块的设计。因此，相对于传统设计方法，设计简便，设计周期短。
- 结构灵活，便于扩充和更新。使用中，可以根据需要更换一些模块或进行局部结构改装来满足不断变化的要求。
- 维修方便快捷。功能模块大量使用 LSI 和 VLSI 芯片，在出现故障时，只需要更换 IC 芯片或功能模块，大大缩短维修时间。
- 成本低。仪器系统使用的功能模块，一般为批量生产，成本低而且性能稳定，因此组合成的系统成本也较低。

8.2 智能仪器的研制步骤

设计研制一台智能仪器的一般过程如图 8-1 所示。主要分为三个阶段。第一阶段：确定设计任务，并拟定设计方案；第二阶段：硬件和软件设计；第三阶段：系统调试及性能测试。下面简要介绍各阶段的工作内容和设计任务。

8.2.1 确定设计任务、拟定设计方案

(1) 确定设计任务

根据仪器最终要实现的目标，编写设计任务书。在设计任务书中，明确仪器应该实现的功能、需要完成的测量任务；被测量的类型、变化范围，输入信号的通道数；测量速度、精度、分辨率、误差；测量结果的输出方式及显示方式；输出接口的设置，如通信接口、打印机接口等。

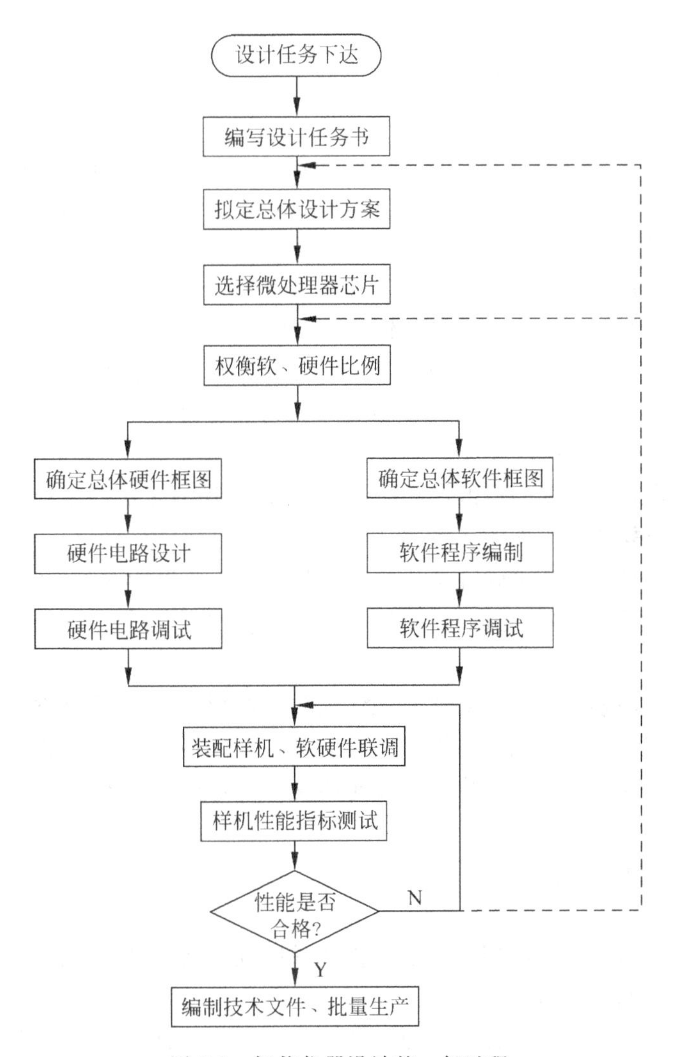

图 8-1　智能仪器设计的一般过程

另外，要考虑仪器的内部结构、外形尺寸、面板布置、研制成本、仪器的可靠性、可维护性及性能价格比等。

(2) 拟定设计方案

设计任务确定之后，就可以拟定设计方案。设计方案就是对设计任务的具体化。首先根据仪器应该完成的功能、技术指标等，提出几种可能的方案。每个方案，应包括仪器的工作原理、采用的技术、重要元器件的性能等；接着对各方案进行可行性论证，包括对某些重要部分的理论分析、计算及必要的模拟实验；最后再兼顾各方面因素选择其中之一作为仪器的设计方案。在确定仪器总体设计方案时，微处理器的选择非常关键。微处理器是整个仪器的核心部分，应该从功能和性价比等方面认真考虑。

当仪器总体方案和选用的微处理器种类确定之后，采用"自顶向下"的设计原则，把仪器划分成若干个便于实现的功能模块。仪器中有些功能模块既可以用硬件实现，也可以用软件实现，设计者应该根据仪器的性能价格比、研制周期等因素对硬件和软件的选择作出合理安排。在对仪器硬件和软件协调之后，作出仪器总体硬件功能框图和软件功能框图。

8.2.2 硬件和软件的设计

在设计过程中，硬件和软件应同步进行。在设计硬件、研制功能模块的同时，即着手进行应用程序的编制。硬件、软件的设计工作要相互配合，充分发挥微机的特长，尽可能缩短研制周期、提高设计质量。

(1) 硬件电路的设计

硬件设计的主要工作是根据仪器总体硬件框图设计各单元电路(如输入输出通道、信号调理电路、主机电路、人-机接口、通信接口等)并研制相应的功能模块。在功能模块研制完成之后进行组合与装配，即按照硬件框图将各功能模块组合在一起，构成仪器的硬件系统。

在硬件设计中还应注意下列问题：

- 应考虑到将来会出现的修改和扩展，硬件资源需留有足够的余地。
- 为了及时修复仪器出现的故障，需附加有关的监测报警电路。
- 在硬件设计时还需考虑硬件抗干扰措施和是否需要设置 RAM 的掉电保护措施等。
- 绘制线路板时，需注意与机箱、面板的配合，接插件安排等问题。

(2) 软件设计

软件设计的一般过程是，先分析仪器系统对软件的要求，画出总体软件功能框图；然后用模块化设计方法设计每一软件功能模块，绘出每一功能模块的流程图，选择合适的语言编写程序；最后按照总体软件框图，将各模块连接成一个完整的程序。

8.2.3 系统调试和性能测试

在完成仪器系统硬件及软件设计之后，需要进行硬件及软件的调试，硬件和软件调试通过后还要进行硬件和软件的联调。

在仪器硬件调试中，一部分硬件电路的调试可以采用某种信号作为激励，通过检查电路能否得到预期的响应来检测电路是否正常。但大多数硬件电路的调试需要微处理器的配合，通常采用的方法是编制一些小的调试程序，分别对各硬件单元电路的功能进行检查。而整机硬件功能需要通过总体软件进行调试。

软件调试的方法是先对每一个功能模块进行调试，调试通过后，将各模块连接起来进行总调。由于智能仪器的软件不同于一般的计算机管理软件，它和仪器的硬件是一个密切相关的整体，因此只有在相应的硬件系统中调试，才能最后证明其正确性。

硬件及软件分别调试合格后，就要对硬件和软件进行联合调试，即系统调试。系统调试通常利用微机开发系统来实现。系统调试中可能会遇到各种问题，若属于硬件故障，应修改硬件电路的设计；若属于软件问题，应修改相应程序；若属于系统问题，则应对硬件、软件同时给以修改，如此往返，直至合格。

在系统调试中，还必须对设计所要求的全部功能及技术指标进行测试和评价，以确定仪器是否达到预定的设计目标，若发现某一功能或指标达不到要求，则应修改硬件或软件，并进行重新调试直至满意为止。

设计、研制一台智能仪器大致需要经过上述几个阶段，实际设计时，阶段不一定要划分得非常清楚，视设计内容的特点，有些阶段的工作可以合并进行。

8.3　智能仪器的软件设计

智能仪器的硬件(包括主机电路、输入输出通道、人-机接口电路、数据通信接口等)设计已在前面有关章节中进行了介绍。本节介绍智能仪器的软件设计方法。

8.3.1　智能仪器的软件设计方法

软件设计是智能仪器设计的一项重要工作。软件的质量对智能仪器的功能、技术指标及操作等有很大的影响。一般而言，研制一台复杂的智能仪器，其软件编制工作量往往大于硬件设计工作量。随着智能仪器越来越多，结构越来越复杂，对软件质量的要求就越来越高。一个好的程序不但要求实现预定的功能，能够正常运行，而且应该满足以下条件：程序结构化，简单、易读、易调试；运行速度快；占用存储空间少。

常用的软件设计方法有"自顶向下"设计法、模块化设计法、结构化设计法等。

1."自顶向下"设计法

"自顶向下"设计，概括地说，就是从整体到局部再到细节，即把整体任务分成一个个子任务，子任务再分成子子任务，这样一层一层地分下去，直到最底层的每一个任务都能单独处理为止。

软件设计的"自顶向下"设计法，要领如下：

① 对于每一个程序模块，应明确规定其输入输出和功能。

② 一旦已认定一部分问题能够纳入一个模块之内，就不要再进一步地考虑如何具体地实现它，即不要纠缠于编程的一些细节问题。

③ 不论在哪一层次，每一模块的具体说明、规定不要过分庞大，如果过分庞大，就应该考虑进一步细分。

④ 模块间信息数据的设计，与模块中过程或算法的设计同样重要。这些数据是模块之间的接口，必须予以仔细规定。

"自顶向下"设计法的优点是，比较符合人的日常思维、分析习惯，能够按照真实系统环境直接进行设计。其主要缺点是，某一级的程序将对整个程序产生影响，一处修改可能牵动全局，需要对程序全面修改；此外，不便于使用现成软件。因此自顶向下设计方法，仅适合于规模较小的任务和实时监测与控制中较为简单的任务。对于功能、任务复杂的较大系统宜采用模块化、结构化设计方法。

2. 模块化设计法

模块化设计法是把一个大的程序划分成若干个程序模块分别进行设计和调试。由主模块控制各子模块完成测量任务。图 8-2 所示是一个模块化系统软件结构图。

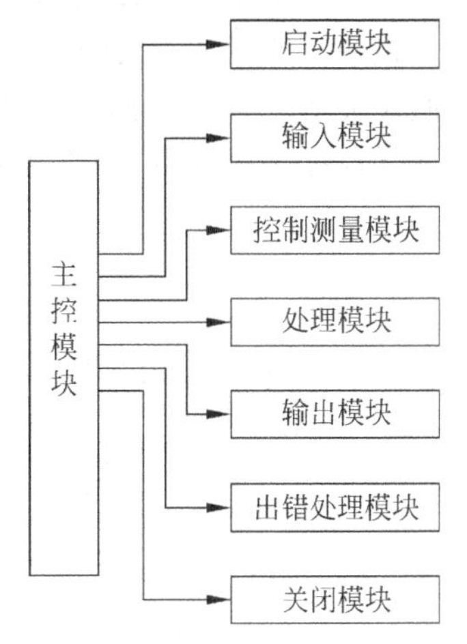

图 8-2　模块化系统软件结构图

模块化设计应遵循的基本原则有：

① 保证模块的独立性，即一个模块内部的改动不应影响其他模块。两个模块之间避免互相任意转移和互相修改。模块只能有一个入口和一个出口。

② 模块不宜划分得过大、过小。模块过大会失去模块化的特点，且编程和连接时可能会遇到麻烦；模块过小会增加连接通信的工作量。

③ 对每一模块应做出具体定义，定义包括解决问题的算法，允许的输入、输出值范围等。

④ 简单的任务不必模块化。因为在这种情况下，编写和修改整个程序比起装配和修改模块要容易一些。

模块化设计的优点是：相对于整个程序，单个模块易于编写、调试及修改；便于程序设计任务的划分，可以按照编程人员的经验、熟悉程度分配编程任务，提高编程效率；程序的易读性好；频繁使用的任务可以编制成模块存放在库里，供多个任务使用。

模块化编程也有一些缺点，例如，程序执行时往往占有较多的内存空间和 CPU 时间，原因之一是通用化的子程序必然比专用化的子程序效率低一些；其次，由于模块独立性的要求，可能使相互独立的各模块中有重复的功能；此外，由于模块划分时考虑不周，容易使各模块汇编在一起时发生连接上的困难，特别是当各模块分别由几个人编程时尤为常见。

3. 结构化设计法

结构化程序设计法是 20 世纪 70 年代起逐渐被采用的一种新型程序设计方法。采用结构化程序设计法的目的是使程序易读、易查、易调试，并提高编程效率。结构化程序设计法综合了“自顶向下”设计法、模块化设计法的优点，并采用了三种基本的程序结构编程。结构化程序设计包括下面三方面的工作。

① “自顶向下”设计，即把整个设计任务分成多个层次，上一层的程序模块调用下一层的程序模块。

② 模块化编程，每一模块相对独立，其正确与否也不影响其他模块。

③ 结构化编程，采用三种结构良好的程序结构编程，避免使用无条件转移结构。

同一程序的结构化与非结构化框图如图 8-3 所示。图 8-3(a)为非结构化程序框图，图中有些模块(例如模块 5)有两个入口、两个出口，模块 5 能否正常工作首先取决于模块 2 和模块 3 能否正常工作，即取决于模块 2 和模块 3 进入模块 5 时是否满足一定的输入条件，增加了模块 5 调试和查错的难度。图 8-3(b)为结构化程序框图，把原来具有两个入口的模块，按照模块化原则，分为两部分，每一部分均保留一个入口和一个出口。这样表面看来复杂程度增加，但显得脉络分明、条理清晰，当某个模块发生故障时，很容易查出故障的位置。

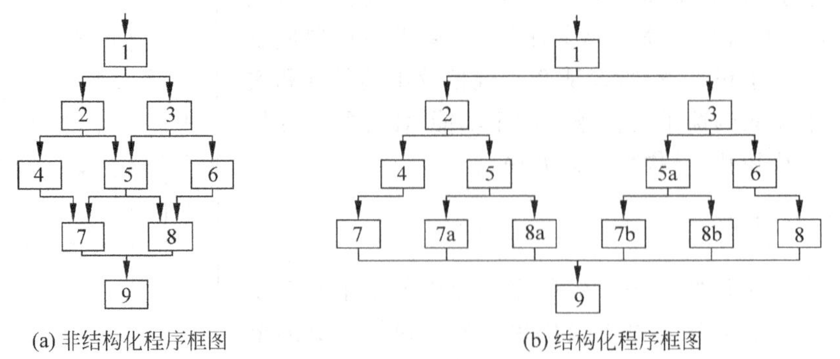

(a) 非结构化程序框图　　(b) 结构化程序框图

图 8-3　同一程序的两种结构框图

结构化程序设计中，采用三种基本的程序结构，即顺序结构、条件结构、循环结构进行编程，每一程序模块可以是三种基本结构之一，也可以是三种基本结构的有限次组合。

① 顺序结构：顺序结构是一种线性结构，在这种结构中程序被顺序连续地执行。顺序结构的流程图如图8-4所示，微处理器先执行P1，其次执行P2，最后执行P3。这里P1、P2、P3既可以是一条指令，也可以是采用三种基本结构之一的程序段。

② 条件结构：条件结构的流程图如图8-5所示。微处理器根据给定的条件是否满足(用C=1表示满足)决定程序的流向，如果满足，执行P1，否则执行P2。

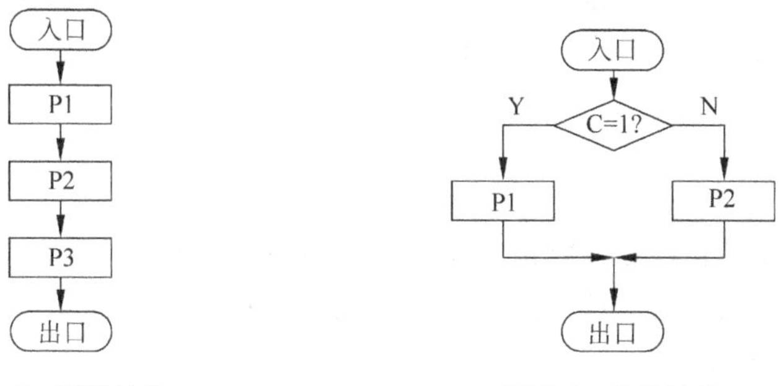

图8-4　顺序结构　　　图8-5　条件结构

③ 循环结构：循环结构有两种形式，一种是先执行过程，后判断条件，如图8-6(a)所示，另一种是先判断条件，后执行过程，如图8-6(b)所示。前者至少执行一次过程，而后者可能连一次也不执行。两种结构所取循环参数的初值也是不同的。例如，若要进行N次循环，往下计数，到零时出口，则在前一种结构中，循环参数初值取为N；而在后一种结构中，循环参数初值应取为$N+1$。

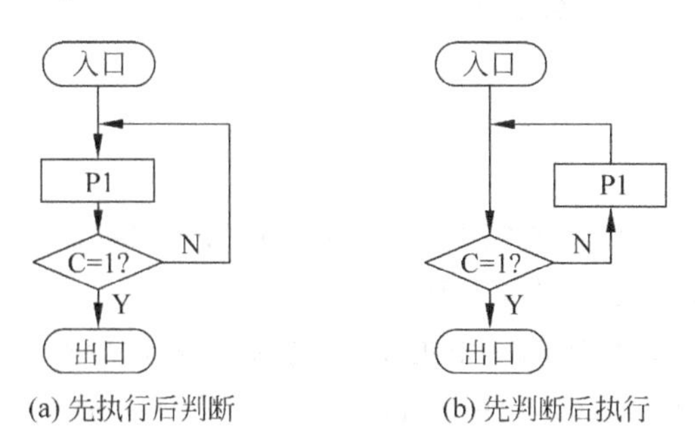

(a) 先执行后判断　　(b) 先判断后执行

图8-6　循环结构

8.3.2 智能仪器的软件结构

智能仪器的软件通常由监控程序、中断程序、测量控制程序、数据处理程序和通信程序等组成。

1. 监控程序

监控程序是智能仪器软件的核心，用于实现对仪器各部分的管理。监控程序的主要功能如下：

- 键盘与显示器管理　分析、处理键状态并转入相应的键服务，不断地刷新显示器。
- 中断管理　接收各类中断请求信号，区分优先级，并转入相应的中断服务程序。
- 故障自诊断　利用自诊断程序确定系统是否有故障以及故障的内容和位置。
- 初始化管理　为监控程序运行作好准备。

2. 测量控制程序

测量控制程序完成测量以及测量过程的控制任务，如多通道切换、采样、A/D 转换、D/A 转换以及超限报警等。这些任务可以由若干个程序模块实现，供监控程序或中断服务程序调用。

3. 数据处理程序

数据处理程序包括各种数值运算（算术运算、逻辑运算和各种函数运算）程序、非数值运算（如查表、排序及插入等）程序以及智能仪器特有的数据处理（如非线性校正、温度补偿、数字滤波及标度变换等）程序。

4. 中断处理程序

处理各种中断请求的程序，有时由它调用测量控制程序以及数据处理程序来完成任务。

5. 通信程序

按某种通信协议，实现测量数据传输的程序。

8.3.3 监控主程序

智能仪器的监控程序主要由监控主程序、初始化管理、键盘管理、显示管理、中断管理、时钟管理、自诊断等模块组成，如图 8-7 所示。

监控主程序是整个监控程序的一条主线，上电复位后仪器首先进入监控主程序。监控主程序一般放在 0 号单元开始的内存中，它的主要任务是识别命令、解释命令并获得完成该命令的模块入口地址。监控主程序是“自顶向下”设计中的第一层，它通过调用键盘管理、显示管理等第二层模块来完成工作。一般情况下，监控主程序把除初始化和自诊断以外的模块连接起来，构成一个无限循环，仪器的所有功能都在这个循环中周而复始地或有选择地执行，除非掉电或复位。

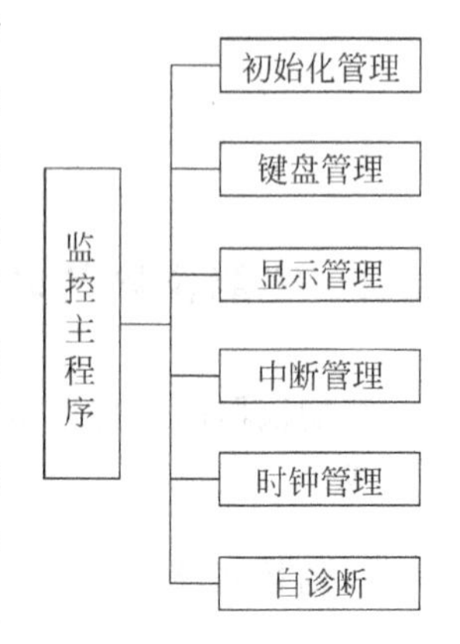

图 8-7　监控程序的组成

图 8-8 所示是一个智能温控仪的监控主程序流程图。仪器上电或复位后，首先进行初始化，然后对各软件、硬件模块进行自诊断，完成自诊断后即开放中断，进入循环。一旦发生中断，首先判断中断由哪个中断源产生。若是时钟中断，则调用相应

的时钟管理模块，完成实时计时处理；若是过程通道中断则调用测控算法模块；若是按键中断，则在识别按键后，进入散转程序，调用相应的键服务模块。无论是什么中断，执行完相应的处理程序后，都必须返回到监控主程序，并开始下一轮循环。值得注意的是，在编写各种服务模块时，必须考虑到模块在运行时可能出现的所有情况，以使模块运行后均能返回监控主程序。

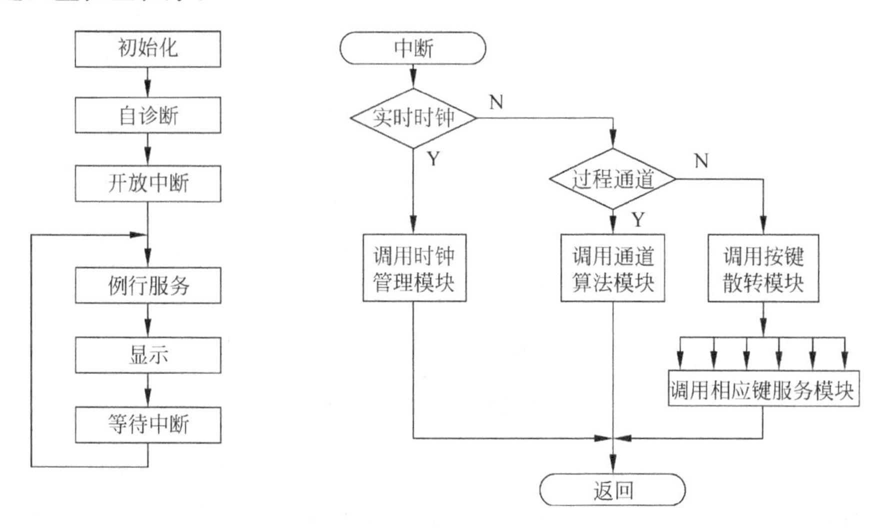

图 8-8　监控主程序流程图

8.3.4　键盘管理程序

键盘管理程序是智能仪器监控程序的一个重要模块。操作者的许多命令都是通过键盘输入并由键盘管理程序识别的。键盘管理程序的主要任务是根据获取的键值转入相应的键服务程序，以便完成相应的功能。

键盘管理程序的设计方法有两种，即直接分析法和状态分析法。直接分析法又分为选择结构法和转移表法。直接分析法适应于一键一义的键盘管理，所谓一键一义，就是一个按键代表一个确切的命令或数字，状态分析法适应于一键多义的键盘管理。

对于功能较简单的智能仪器，键盘通常采用一键一义；对于功能复杂的智能仪器，为了缩小键盘的规模，通常键盘采用一键多义。在一键多义的情况下，一个命令不是由一次按键构成，而是由一个按键序列构成，只有按键序列合法、正确，才会执行相应的命令，进入相应的服务程序。

1. 选择结构法

选择结构法是将获取的键值跟设定值逐一比较，若相符则转入相应的处理子程序，若不相符，则继续往下进行比较，如图 8-9 所示。通常按键分为数字键和命令键两大类，所以在判断时，先判断是否是数字键，若是数字键，则把键值对应的数字存入存储器并进行显示；若不是数字键，则判断是何种命令键，并转入相应的命令处理子程序。

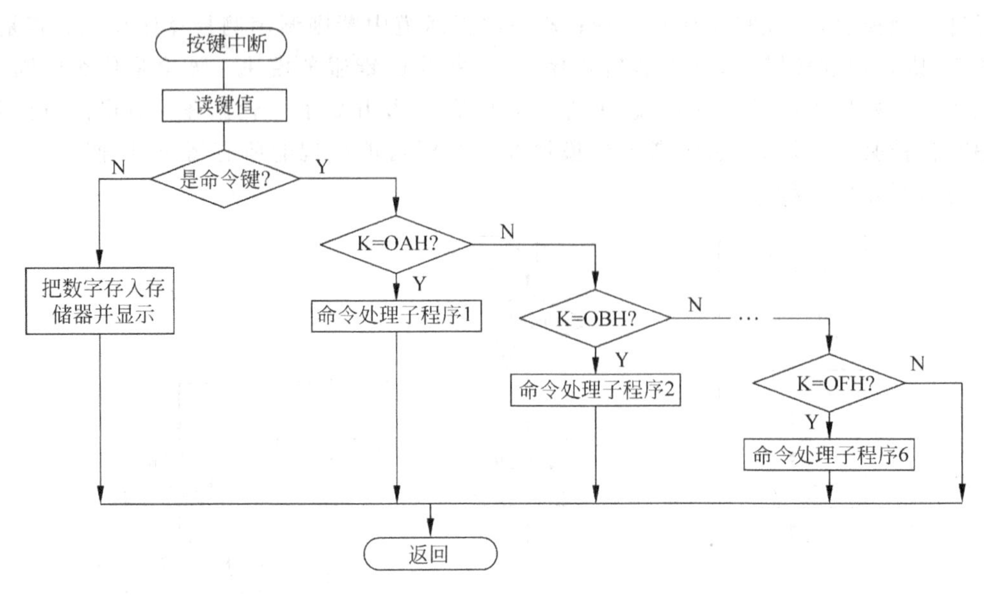

图 8-9 选择结构法键盘管理程序流程图

假设某仪器有 16 个按键，0～9 为数字键，A～F 为命令键(相应的命令处理子程序号为 1～6)，运行中断服务程序或键盘查询程序得到的键值暂存于寄存器 B 中，键盘管理程序如下：

```
         MOV     A,B                  ;取键值
         CLR     C
         SUBB    A,#0AH               ;区分数字键和命令键
         JC      Digital              ;转数字键处理程序
Judge1:  CJNE    A,#00H,Judge2        ;命令键判断/处理程序
         AJMP    Command1
Judge2:  CJNE    A,#01H,Judge3
         AJMP    Command2
         ⋮
Judge6:  CJNE    A,#05H,NEXT          ;转下一段程序
         AJMP    Command6
Digital: ...                          ;数字键处理程序
```

其中，Command1，Command2，…，Command6 分别为各命令处理子程序入口地址的低 11 位。这样转移的范围不超过 2KB。当然也可以用 LJMP 指令，子程序便可在 64KB 范围内任意安排。

2. 转移表法

这种方法需要建立一张一维的转移表，在转移表中顺序填写各命令处理子程序的入口地址或一条转向处理子程序的转移指令，如图 8-10 所示。键盘管理程序根据当前按键的键值，通过查阅转移表，把控制转移到相应处理子程序的入口。键盘管理程序的流程图如图 8-11 所示。

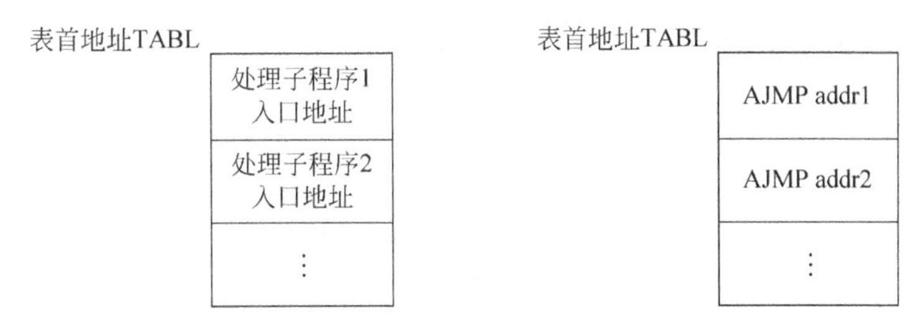

图 8-10　键盘管理程序转移表

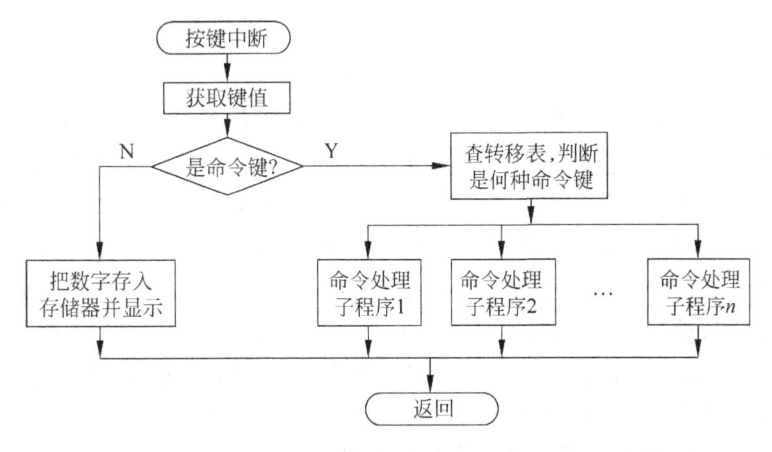

图 8-11　转移表法键盘管理程序流程图

对于图 8-10(a)所示的转移表,键盘管理程序如下:

```
        MOV     DPTR,#TABL          ;取表首地址
        MOV     A,B                 ;取键值
        CLR     C
        SUBB    A,#0AH              ;区分数字键和命令键
        JC      Digital             ;转数字键处理程序
        RLC     A                   ;(A)×2
        MOV     R3,A
        MOVC    A,@A+DPTR           ;取入口地址低字节
        MOV     R2,A
        INC     DPTR
        MOV     A,R3
        MOVC    A,@A+DPTR           ;取入口地址高字节
        MOV     DPH,A
        MOV     DPL,R2
        CLR     A
        JMP     @A+DPTR             ;转相应的命令处理程序
TABL:   COMSUB1                     ;命令处理程序地址表
        COMSUB2
          ⋮
Digital:...                         ;数字键处理程序
```

对于图 8-10(b)所示的转移表，键盘管理程序如下：

```
          MOV     A,B              ;取键值
          CLR     C
          SUBB    A,#0AH           ;区分数字键和命令键
          JC      Digital          ;转数字键处理程序
          RLC     A                ;(A)×2
          MOV     DPTR,#TABL
          JMP     @A+DPTR          ;转相应的命令处理程序
TABL:     AJMP    Command1         ;命令处理程序转移表
          AJMP    Command 2
            ⋮
Digital:...                        ;数字键处理程序
```

一键多义的键盘管理程序仍可采用转移表法进行设计，只是此时要用多张转移表。组成一条命令的前几个按键起着引导的作用，把控制引向某张合适的转移表，最后一个按键的键值才将控制转移到相应的命令处理程序入口地址。例如，某电压频率计面板上有 A、B、C、D、GATE、SET、OFS、RESET 等 8 个按键。按 RESET 键使仪器初始化并启动测量。初始化后直接按 A 或 B、C、D 键，分别进行频率(f)，周期(T)，时间间隔(T_{A-B})和电压(U)的测量；若按 GATE 键后再按 A、B、C、D 键，为设置闸门时间或电压量程；按 SET 键后再按 A、B、C、D 键，则送入一个常数(偏移量)；按奇数次 OFS 键，则进入偏移工作方式，把测量结果加上偏移量后进行显示；按偶数次(包括零次)OFS 键，测量结果将直接显示。

为完成这些功能，采用转移表法所设计的键盘管理程序流程图如图 8-12 所示。程序包

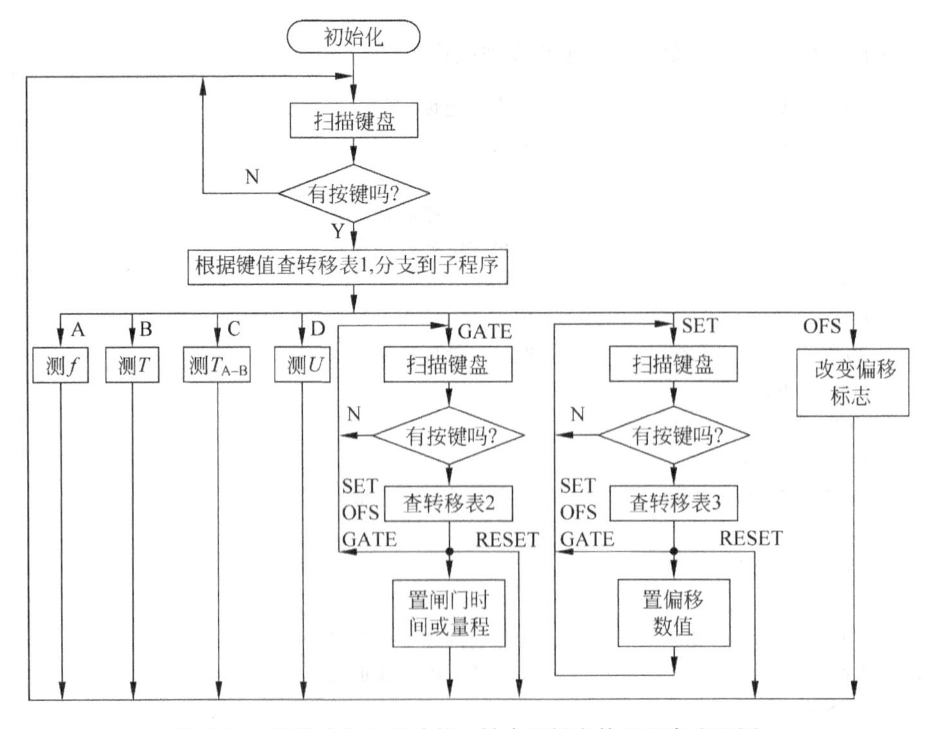

图 8-12 用转移表法设计的一键多义键盘管理程序流程图

含了 3 张转移表。GATE、SET 键分别把控制引向转移表 2 与 3，以区别 A、B、C 或 D 键的三种含义。

3. 状态分析法

状态分析法就是按照时序系统状态变量设计法的思想设计键盘管理程序。将键盘系统的工作过程划分为若干个状态，分析在现行状态下，按任一键时的下一状态及要执行的动作程序。引入状态概念后，只需在存储器内开辟存储单元记忆当前状态，而不必记住以前各次按键的情况，就能对当前按键的含义做出正确的解释，因而简化了程序设计。

下面以设计某一函数发生器的键盘管理程序为例，说明状态分析法的具体步骤。设该函数发生器按键排列如图 8-13 所示。

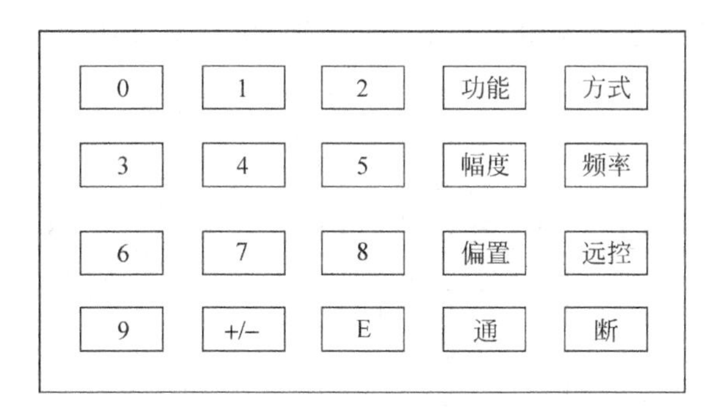

图 8-13　函数发生器按键排列图

函数发生器按键操作序列的定义如下：

- [功能][数字]　选择仪器的输出功能。
  - [0]　输出正弦波信号；
  - [1]　输出三角波信号；
  - [2]　输出方波信号；
  - ⋮
- [方式][数字]　选择仪器的输出方式
  - [0]　连续输出
  - [1]　触发输出
  - [2]　门控输出
  - ⋮
- [远控][数字]… [数字]　设定仪器远控寻址地址参数。
- [频率][数字]… [数字] [E] [数字] … [数字]　设定仪器输出频率参数。
- [幅度][数字]… [数字] [E] [+/−] … [数字]　设定仪器输出信号幅度。
- [偏置][数字]… [+/−] … [数字]　设定仪器输出信号的直流偏置。
- [通]　使仪器有信号输出或更新输出。
- [断]　使仪器无信号输出。

(1) 建立键盘状态图

键盘状态图是一种描述各个按键序列状态的图形。状态图由状态框、状态变迁路线和表语组成。状态框代表仪器所处的状态；状态变迁路线代表状态变迁关系，起点表示现行状态(简称现态，用 PREST 表示)，终点表示下一状态(简称次态，用 NEXST 表示)，不同的变迁路线对应不同的动作程序；表语代表状态变迁的条件，即被按下键的键名。

以设置仪器输出信号的幅度为例，说明如何根据按键序列绘制状态图。仪器输出幅度的数据格式为 $0.a_1a_2\cdots a_n\times10^{\pm b_1b_2\cdots b_m}$，其中 $a_1\sim a_n$ 为数据的有效位部分，$b_1\sim b_m$ 为指数部分。设通电后键盘系统处于 0 态，按幅度键后系统进入 1 态，接着按数字键设置幅度的有效位部分，状态保持在 1 态；按 E 键进入 2 态，准备接收幅度的指数部分；按其他任意键时回到 0 态。在 2 态时，按数字键设置幅度的指数部分，按+/-键改变指数部分的符号，状态保持在 2 态；按其他任意键时返回 0 态。本仪器有多种按键序列，将每一按键序列的状态图作出来，合并、简化后就得到整个键盘系统的状态图，如图 8-14 所示。

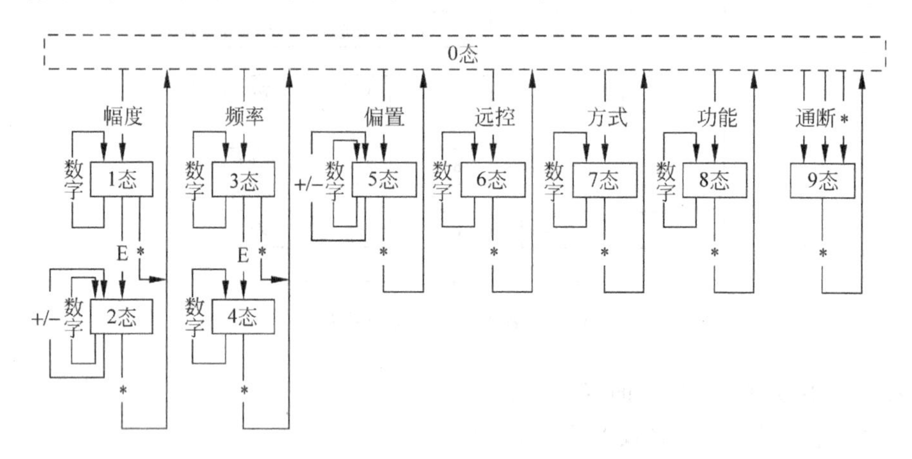

图 8-14 函数发生器状态图

图中的 0 态用虚线画出，用以强调它是一个不稳定的过度状态。图中的 * 键是表示未指明的其他全部按键的集合，由 * 键所致的状态变迁，将经过不稳定的 0 态后分别变迁到有关的下一状态，这样做是为了避免不必要的两次按键。比如，若在 2 态按了[频率]键，则状态先转至 0 态，然后自动进入 3 态。

状态图是包含所有规定的状态以及变迁条件与方向的完备集合。在某个状态，每个键只能有一个含义，如果某键存在两个含义，则必须设立两个状态加以区别。相反，若在两个或者两个以上的状态下，所有按键的含义都相同，则应将状态合并。任一现行状态变迁到下一状态都伴随着一个处理程序。

(2) 建立状态表

将状态图以表格的形式表示就得到状态表，如表 8-1 所示。状态表清楚地表明，当系统处于某一现行状态(PREST)时，若有键(FNKEY)按下，它将变迁到相应的下一状态(NEXST)，并执行规定的动作程序(ACTi)。

有时为了叙述方便，将状态表中相对于现态 0,1,2,…,9 的内容称为分状态表。

表 8-1　函数发生器的状态表

现行状态（PREST）	按键（FNKEY）		下一状态（NEXST）	动作程序（ACTi）	动作程序内容（COMONT）
0 态	幅度	6	1 态	ACT1	显示相应参数
	频率	7	3 态		
	偏置	8	5 态		
	远控	9	6 态		
	方式	5	7 态	ACT0	无操作
	功能	4	8 态		
	通	A	9 态	ACT2	接通　输出
	断	B	9 态	ACT3	断开　输出
	*	0	9 态	ACT0	无操作
1 态	数字	1	1 态	ACT4	设置幅度尾数
	E	3	2 态	ACT0	无操作
	*	0	0 态		
2 态	数字	1	2 态	ACT5	设置幅度指数
	+/−	2	2 态	ACT6	改变幅度符号
	*	0	0 态	ACT0	无操作
3 态	数字	1	3 态	ACT7	设置频率尾数
	E	3	4 态	ACT0	无操作
	*	0	0 态		
4 态	数字	1	4 态	ACT8	设置频率指数
	*	0	0 态	ACT0	无操作
5 态	数字	1	5 态	ACT9	设置偏置幅度
	+/−	2	5 态	ACTA	改变偏置符号
	*	0	0 态	ACT0	无操作
6 态	数字	1	6 态	ACTB	设置远控地址
	*	0	0 态	ACT0	无操作
7 态	数字	1	7 态	ACTC	设置方式代号
	*	0	0 态	ACT0	无操作
8 态	数字	1	8 态	ACTD	设置功能代号
	*	0	0 态	ACT0	无操作
9 态	*	0	0 态	ACT0	无操作

表中 FNKEY 一栏中右列的数字为按键的功能代码，而不是键值（顺序码）。由于 10 个数字键属于同一性质，因此可以用一个功能键码表示（FNKEY＝1），这样可以缩小状态表的规模。键值与功能键码的关系如表 8-2 所示。为了在处理数据时能够区别不同的数字键，表中对 10 个数字键又定义了数字键码。

表 8-2　键值与功能键码的关系表

按键名	键值	FNKEY	NUMB	按键名	键值	FNKEY	NUMB
0	0	1	0	+/−	A	2	*
1	1	1	1	E	B	3	*
2	2	1	2	功能	C	4	*

续表

按键名	键值	FNKEY	NUMB	按键名	键值	FNKEY	NUMB
3	3	1	3	方式	D	5	*
4	4	1	4	幅度	E	6	*
5	5	1	5	频率	F	7	*
6	6	1	6	偏置	10	8	*
7	7	1	7	远控	11	9	*
8	8	1	8	通	12	A	*
9	9	1	9	断	13	B	*

(3) 将状态表转换为仪器可操作形式

为了便于处理器操作状态表,应将其转变成可供微处理器查询的形式。为此由状态表生成三张表:仪器操作状态表(又称为主表),状态索引表,动作程序入口表。

① 仪器操作状态表　是将状态表转换成存储于 ROM 中形式的表格,它与状态表完全对应。操作状态表中,功能键码(FNKEY)、下一状态(NEXT)、动作程序号(ACTi)分别用 1 字节十六进制数表示。约定第一字节存放 FNKEY,第二字节存放 NEXT,第三字节存放 ACTi。为了节约篇幅,下面仅列出仪器操作状态表的部分内容。

```
          ORG  PST-AD0        ;仪器操作状态表
PST-AD0:  DB   06H,01H,01H    ;状态表第 1 行,现态为 0
          DB   07H,03H,01H    ;状态表第 2 行,现态为 0
          DB   08H,05H,01H    ;状态表第 3 行,现态为 0
          DB   09H,06H,01H    ;状态表第 4 行,现态为 0
          DB   05H,07H,00H    ;状态表第 5 行,现态为 0
          DB   04H,08H,00H    ;状态表第 6 行,现态为 0
          DB   0AH,09H,02H    ;状态表第 7 行,现态为 0
          DB   0BH,09H,03H    ;状态表第 8 行,现态为 0
          DB   00H,09H,00H    ;状态表第 9 行,现态为 0
PST-AD1:  DB   01H,01H,04H    ;状态表第 10 行,现态为 1
          DB   03H 02H 00H    ;状态表第 11 行. 现态为 1
          DB   00H 00H 00H    ;状态表第 12 行,现态为 1
PST-AD2:  DB   01H 02H 05H    ;状态表第 13 行,现态为 2
          DB   02H 02H 06H    ;状态表第 14 行,现态为 2
          DB   00H 00H 00H    ;状态表第 15 行,现态为 2
                ⋮
```

上述符号 PST-AD0,PST-AD1,PST-AD2,…分别是操作状态表中各分操作状态表的入口地址,各分操作状态表与状态表中状态 0,1,2,…的分状态表对应。

② 状态索引表　由于在状态表中,各状态下有意义的按键数目不同,所以在操作状态表中各分操作状态表的长度也不同,用总操作状态表首地址加固定偏移量倍数的方法就无法准确定位各分操作状态表的入口地址。为此,需要建立一张状态索引表,在索引表中顺序列出各分操作状态表的入口地址,建立索引表的程序清单如下:

```
      ORG  PET        ;状态索引表
PET:  DB   PST-AD0    ;状态 0 入口地址低字节
      DB   PST-AD1    ;状态 1 入口地址低字节
      DB   PST-AD2    ;状态 2 入口地址低字节
```

```
        ⋮
        DB    PST－AD9          ;状态 9 入口地址低字节
```

以索引表的首地址 PET 为基地址，以状态编号为偏移量，便容易地获得对应于分操作状态表的入口地址，从而方便地进入仪器操作状态表。

③ 动作程序入口表　动作程序入口表是将各动作程序的入口地址按照程序号进行顺序排列的表格。建立动作程序入口表的程序清单如下：

```
        ORG    ACTP          ;动作程序入口表
ACTP：  DB     ACT0          ;动作程序 ACT0 入口地址低字节
        DB     ACT1          ;动作程序 ACT1 入口地址低字节
        DB     ACT2          ;动作程序 ACT2 入口地址低字节
        ⋮
        DB     ACTD          ;动作程序 ACTD 入口地址低字节
```

当从仪器操作状态表中获得动作程序编号后，以 ACTP 为基地址，以动作程序编号为偏移量，就容易地得到动作程序的入口地址。

(4) 键盘管理程序的设计

在设计键盘管理程序时，应先在仪器的存储区分配若干存储单元作为程序的工作缓冲区，用于暂存当前按键的功能键码(FNKEY)、系统的现行状态(PREST)等。当某键被按下时，键盘管理程序首先识键、求取键值，通过查阅键值与功能键码的关系表(见表 8-2)得到 FNKEY 和 NUMB，并用它们更新缓冲区中相应单元的内容。再从工作缓冲区中读取 PREST，以它作偏移量，从状态索引表中取得进入操作状态表中分操作状态表的入口地址。然后根据缓冲区的 FNKEY 查阅分操作状态表，若发现其中某一项的第一字节的内容与 FNKEY 匹配，再取第二字节和第三字节的内容(即 NEXST 和 ACTi)，用 NEXST 替换工作缓冲区的 PREST 作为现态。以 ACTi 为偏移量查动作程序入口表，取得动作程序的入口地址。最后执行动作程序。具体流程图如图 8-15 所示。

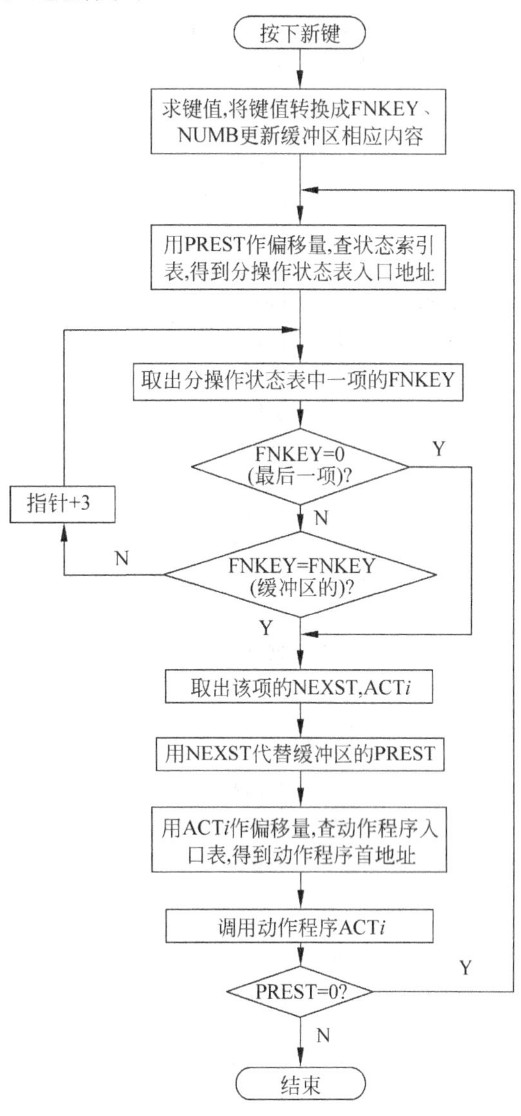

图 8-15　函数发生器键盘管理程序流程图

设＃FNKEY-AD、＃PREST-AD 分别是工作缓冲区中存放功能键码(FNKEY)、现行状态序号(PREST)的存储单元地址，当前按键的 FNKEY 已获得，并且已经存储在工作缓冲区的相应单元，则键盘管理程序清单如下：

```
        MOV     DPTR,#PREST-AD          ;存放 PREST 的缓冲区单元地址
        MOVX    A,@DPTR                 ;取得现态
        CLR     C
        RLC     A                       ;A 加倍
        MOV     R3,A                    ;暂存于 R3
TAB0:   MOV     DPTR,#PET               ;查状态索引表
        MOVC    A,@A+DPTR               ;取得分操作状态表入口地址低字节
        MOV     R2,A                    ;暂存于 R2
        MOV     A,R3
        INC     A
        MOVC    A,@A+DPTR               ;取得分操作状态表入口地址高字节
        MOV     DPH,A
        MOV     DPL,R2                  ;DPTR 指向分操作状态表入口地址
TAB1:   CLR     A
        MOVC    A,@A+DPTR               ;取得记录中的 FNKEY
        MOV     05H,A                   ;暂存于 05H 中
        PUSH    DPH
        PUSH    DPL
        JZ      FIN
        MOV     DPTR,#FNKEY-AD
        MOVX    A,@DPTR                 ;将缓冲区的 FNKEY 送 A
        CJNE    A,05H,NEXT              ;FNKEY(缓冲区)≠FNKEY(记录中),转
FIN:    POP     DPH
        POP     DPL
        INC     DPTR
        MOVX    A,@DPTR                 ;取得下一状态
        MOV     06H,A                   ;暂存于 06H 中
        INC     DPTR
        MOVX    A,@DPTR                 ;取得动作程序序号
        MOV     07H,A                   ;暂存于 07H 中
        MOV     DPTR,#PREST-AD
        MOV     A,06H
        MOVX    @DPTR,A                 ;改写缓冲区 PREST
        MOV     A,07H
        CLR     C
        RLC     A
        MOV     07H,A                   ;动作程序序号加倍
        MOV     DPTR,#ACTP              ;动作程序入口表首地址
        MOVC    A,@A+DPTR               ;取得动作程序入口地址低字节
        MOV     R1,A                    ;暂存于 R1
        INC     DPTR
        MOV     A,07H
        MOVC    A,@A+DPTR               ;取得动作程序入口地址高字节
        MOV     DPH,A
        MOV     DPL,R1                  ;DPTR 指向动作程序入口地址
        CLR     A
        JMP     @A+DPTR                 ;执行动作子程序
```

```
CHOST:  MOV     DPTR,#PREST-AD
        MOVX    A,@DPTR
        JNZ     OUT                     ;现态不为0,转OUT
        AJMP    TAB0                    ;现态为0,再查一次操作状态表
OUT:    RET
NEXT:   POP     DPH
        POP     DPL
        INC     DPTR
        INC     DPTR
        INC     DPTR
        AJMP    TAB1
```

注意:状态索引表的首地址为PET,按键功能代码、下一状态号和动作子程序代号各用一字节存放,例子中所有涉及到的地址均用两字节。各处理子程序结束时需用指令LJMP CHOST,回到本程序的CHOST处,判断现态是否为0。

8.4 智能仪器的调试

8.4.1 调试过程

智能仪器的硬件、软件设计完成之后,应进行调试。由于硬件和软件的研制是相互独立地进行,因此软件调试可以在硬件完成之前,硬件调试也可以在无完整的应用软件情况下进行。硬件和软件调试结束后,还要在样机上进行软件和硬件的联合调试。在调试中,如果出现故障,应分析原因,修改有关的硬件和软件。反复进行这一过程,直至没有错误为止。智能仪器的调试过程如图8-16所示。

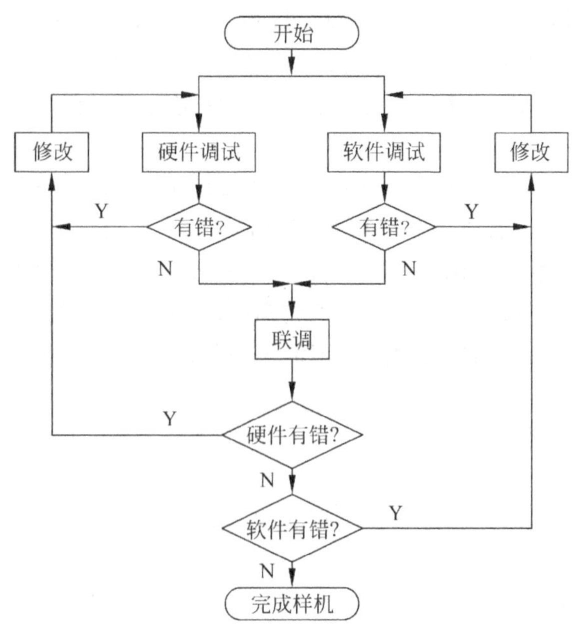

图8-16　智能仪器调试过程

8.4.2 硬件静态调试

硬件静态调试的目的是为了排除明显的硬件故障。集成电路器件未插入电路板之前，必须仔细检查线路连接是否正确(使用万用表或蜂音测试器)。重点检查系统总线(地址总线、数据总线和控制总线)是否存在相互之间短路或与其他信号线短路，特别要防止电源短路。确定电路连线无误后，再插入芯片(注意方向)，接通电源，并用电压表检查各集成电路芯片插座上的电压值和极性是否正确。

电路系统通电后，可用示波器检查时钟信号、脉冲信号及噪声电平。还可以用电压表测量元件的工作状态，用逻辑测试笔测试逻辑电平等。如果发现异常，应重新检查线路，直至符合要求为止。

8.4.3 软件调试

编制程序的过程中，可借助开发系统提供的编辑工具或者其他编辑软件，按照所用语言(C、汇编等)规定的格式、语法规则等将源程序输入到开发系统中，并利用编译或汇编软件将源程序变为可执行的目标代码(可执行文件)。此阶段，编译或汇编软件会查出源程序的语法错误(显示错误代码)，提示编程者修改。

调试软件可以利用软件模拟开发系统进行。通常这种系统是由个人计算机(PC)加模拟开发软件构成的一种完全依靠软件手段进行开发的系统，开发系统与用户系统在硬件上无任何联系。借助于模拟开发系统，智能仪器软件设计人员可以在计算机上，利用模拟软件实现对单片机的硬件模拟、指令模拟、运行状态模拟，从而完成应用软件开发的全过程。此处的硬件模拟是指在计算机上模拟单片机的功能，用计算机按键模拟虚拟单片机的输入信号，输出端的状态则显示在 CRT 指定的窗口区域。在开发软件的支持下，通过指令模拟，可以方便地进行编程，单步运行、设置断点运行，修改程序等软件调试工作。调试过程中的运行状态、各寄存器状态、端口状态都可以在 CRT 指定的窗口区域显示出来，以确定程序运行有无错误。

常见的用于 MCS-51 系列单片机的模拟调试软件为 SIM51。SIM51 模拟调试软件不需要任何在线仿真器，也不需要用户样机就可以在 PC 上直接开发和模拟调试软件。调试完毕的软件可以将其机器码固化，完成一次初步的调试工作。对于实时性要求不高的应用系统，一般能直接投入运行，对于实时性要求较高的应用系统，通过反复模拟调试也可以正常投入运行。模拟开发系统的最大缺点是不能对硬件部分进行诊断和实时在线仿真。

8.4.4 动态在线调试

智能仪器硬件电路的静态调试只是初步调试，排除了明显的静态故障。由于智能仪器的软件和硬件密切相关，对硬件电路动态故障的检查和诊断、应用软件的调试等必须在联机状态下进行。动态在线调试一般借助于仿真开发工具完成，一般也把仿真开发工具称为开发系统。

1. 开发系统的基本功能

- 样机硬件电路的检测与诊断；
- 用户程序的输入与修改；
- 程序的运行、调试、排错、状态查询等功能；
- 能够将程序固化到 EPROM 或 OTP 等存储芯片；
- 配有较全的开发软件，可以将高级语言（PL/M，C 等）编制的应用软件，编译连接生成目标文件、可执行文件。也可以将汇编语言编制的应用软件自动生成目标文件，同时配有反汇编软件，能将目标程序转换成汇编语言程序。有丰富的子程序库可供用户选择和调用。

现在已研制出许多不同类型的开发系统，上述功能是开发系统必须具备的基本功能。

2. 开发系统的组成

一个完整的开发系统由硬件和软件两大部分构成。硬件主要有：

① 主处理机（一般为微型计算机）。它是开发系统的核心，硬件动作及软件运行完全由它进行控制；

② 控制台。它是实现人-机对话的必备部件，主要包括键盘和显示终端两部分，操作人员可通过键盘向开发系统下达各种命令，命令执行的结果通过显示终端显示出来，供操作人员检查；

③ 外存储器。主要用于存放开发系统的系统软件和暂存用户的应用程序，通常为硬盘；

④ 打印机。在软件调试过程中，时常需要打印中间信息，以便判断应用软件的故障点。此外，在开发工作完成时需要打印用户程序清单等；

⑤ 在线仿真器（ICE）。此为开发系统的关键部件，在开发系统上编制好应用程序后，一项重要的工作就是调试应用程序，而且最好是在用户环境中调试程序。在线仿真器能够为用户程序的调试提供良好的运行环境，将目标样机与开发系统联系起来，在实际目标的硬件环境下，全面调试用户程序；

⑥ EPROM 或 OTP 编程器。在完成程序调试后，必须将程序和固定数据（常数表）写入 EPROM 或 OTP 中，使样机脱离开发系统独立运行。

开发系统的软件一般由编辑程序、汇编（或编译）程序及动态调试程序三部分组成。其中，编辑程序和汇编程序的运行不需要在线仿真器的配合，而动态调试程序的运行则需要在线仿真器的配合。

3. 利用开发系统进行动态在线调试

对样机进行动态在线调试时，拔掉样机的单片机（或 CPU）芯片，将在线仿真器提供的 IC 插头插入单片机插座的位置。对于样机系统来说，单片机虽然由仿真器代替，但实际运行状态并无明显的差别。由于在线仿真器是在开发系统控制下工作的，因此，可以利用开发系统丰富的硬件和软件资源对样机系统进行研制和调试。

在线仿真器具有许多功能，可以检查和修改样机系统中所有寄存器和 RAM 单元的内容，能够单步或连续地执行目标程序，也可以根据需要设置断点以中断程序的运行。可用主机系统的存储器和I/O接口代替样机系统的存储器和I/O接口，从而在样机组装完成之前就可以进行调试。另外，在线仿真器还具有一种往回追踪的功能，能够存储指定的一段时间内总线信号。这样通过检查出现错误之前的各种状态信息，很容易找到故障的原因。

仪器中的硬件故障(如各个部件内部存在的故障和部件之间连接的逻辑错误)主要是依靠在线仿真来排除的。另外，应用程序可分为与样机硬件无联系和与样机硬件紧密关联的两部分。对于与硬件无联系的应用程序，如各种计算程序、数据处理程序等，虽然在编译(汇编)阶段已经消除了语法错误，但必须借助于动态在线调试手段，如单步运行、设置断点等，发现并消除逻辑错误；对于与样机硬件紧密关联的应用程序，如接口驱动程序等，必须将硬件与软件配合起来进行动态在线调试，许多硬件错误只有通过对软件的调试才能发现和纠正。

程序调试完毕即可利用EPROM编程器，OTP编程器(也称写入器)等将程序代码固化，固化后的样机可脱离仿真器独立运行。

8.5 智能仪器设计实例

本节介绍一个智能仪器的设计实例，即多路远程温度检测系统的设计。

多路远程温度检测在工业、农业、日常生活等方面有着广泛的应用，如粮库中多点温度的检测，区域性森林中各分散点温度的监测以及火车车轮温度的检测等都需要大范围分布检测点对温度进行监测。

8.5.1 检测系统总体设计

多路远程温度检测系统采用分布式检测结构，由一台主机系统和多台从机系统构成，从机根据主机的指令对各点温度进行实时或定时采集，测量结果不仅能在本地存储、显示，而且可以通过串行总线将采集数据传送至主机。主机的功能是发送控制指令，控制各个从机进行温度采集，收集从机测量数据，并对测量结果进行分析、处理、显示和打印。检测系统的构成如图8-17所示。主机部分采用PC，从机的微处理器采用80C51单片机，从机的信号输入通道由温度传感器、信号调理电路以及A/D转换器等构成。主机与从机之间采用RS-485串行总线通信。

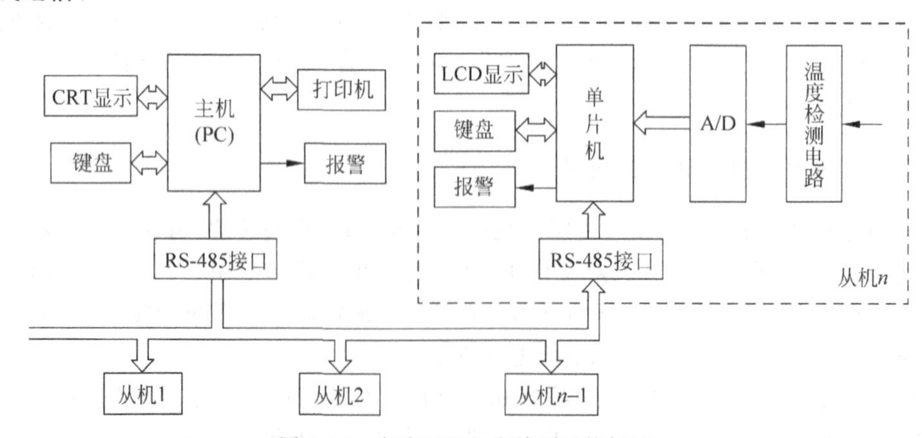

图8-17 多路远程温度检测系统框图

检测系统的主要功能和技术指标如下：

- 能够同时检测 N 路温度，检测温度范围为 0～400℃；
- 采用 12 位 A/D 转换器，同时采用过采样和工频周期求均值技术，温度分辨率达到 0.007℃；
- 使用 RS-485 串行总线进行数据传输，传输距离大于 1200m，抗干扰能力强；
- 可由主机分别设置各从机的温度报警上、下限值，主机、从机均具有报警功能；
- 主机可实时、定时收集各从机的数据，并具有保存数据、分析 24 小时数据的功能。

8.5.2　硬件电路设计

硬件电路设计的主要任务是从机系统及通信接口电路的设计。在从机系统中，键盘及 LCD 显示器的设计属于常规设计，此处省略。主要介绍模拟量输入通道（温度传感器、信号调理电路、A/D 转换器）以及通信接口电路的设计。

1. 温度检测电路的设计

系统的温度检测范围为 0～400℃，可选用的温度传感器有集成温度传感器、热电偶以及热电阻等。集成温度传感器（如 AD590、DS18B20）的特点是使用方便、信号易于处理，但测温范围较窄，一般在 200℃以下，不能满足本设计的要求。热电偶是工业上最常用的温度检测元件之一，其优点是检测精度高、测量范围宽，常用的热电偶从－50～1600℃均可连续测量。但需要采用电路或软件等修正方法来补偿冷端温度（$t_0 \neq 0$℃时）对测温的影响，使用不便。热电阻也是最常用的一种温度传感器，它的主要特点是测量精度高、性能稳定，使用方便，测量范围为－200～600℃，完全满足设计要求。考虑到铂电阻的测量精度较高，所以设计选择铂电阻 PT100 作为传感器。铂电阻测量温度的原理是将温度的变化转变为电阻值的变化。只要测出铂电阻的阻值即可换算出被测温度值。

温度检测电路采用电桥放大器，如图 8-18 所示，主要由集成稳压器 LM317、电桥及仪用放大器 AD620 构成。LM317 用于给电桥电路提供直流电源，R_t 为连接于电桥中的铂电阻 PT100，AD620 是一个高精度、低价格的仪用放大器，可通过外接电阻 R 进行各种增益的调整，计算增益的公式为 $A=1+49.4\text{k}\Omega/R$。

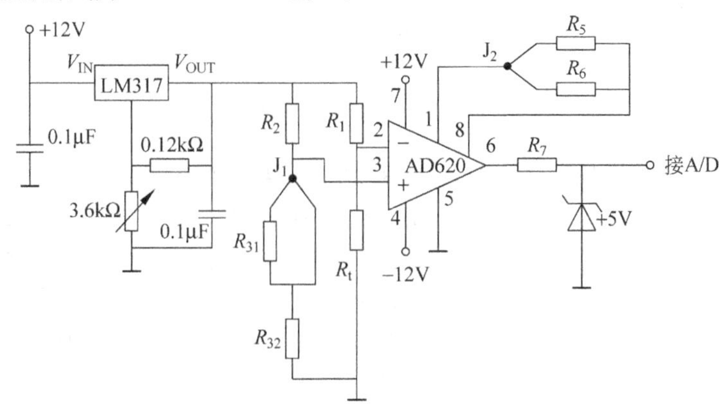

图 8-18　温度检测电路

图 8-18 所示温度桥测电路的输出电压为

$$U=\left(\frac{R_t}{R_t+R_1}-\frac{R_3}{R_2+R_3}\right)V_{OUT} \tag{8-1}$$

检测出 U 后，利用上式可求出 R_t 值，再利用下式可求出温度值 t。

$$\frac{R_t}{R_0}=1+At+Bt^2 \tag{8-2}$$

式中：$A=3.096847\times10^{-7}$；$B=-5.847\times10^{-3}$；R_0 是 $t=0$℃时的电阻值。

为了提高测量精度，本设计将温度分两档进行测量，当温度处于 0～210℃时，继电器 J_1 所在桥臂电阻为 R_{32}，继电器 J_2 选择 R_5 作为 AD620 的反馈电阻；温度处于 195～400℃时，继电器 J_1 所在桥臂电阻为 R_{31} 与 R_{32} 的串联，继电器 J_2 选择 R_6 作为 AD620 的反馈电组。系统在切换桥臂电阻时同步改变放大倍数，达到自动改变量程、提高测量精度之目的。

2. A/D 转换电路的设计

A/D 转换电路如图 8-19 所示。本系统测量的是温度信号，不要求快速转换，可选用 12 位串行 A/D 转换器 MAX187。MAX187 具有 12 位的分辨率，基准电压为 4.096V，故分辨的最小电压为 $4.096/2^{12}=0.001$V，能分辨的最小温度为 $400/2^{12}=0.0976$℃。为了进一步提高分辨率，采用过采样和求均值技术。所谓过采样就是 ADC 以高于系统所需采样频率 f_s 的速率对信号进行采样，能增加测量的有效位数。每增加一位分辨率，需要以 4 倍的速率进行过采样，即

$$f_{os}=4^w f_s \tag{8-3}$$

式中：w 是希望增加的分辨率位数；f_s 是初始要求的采样频率；f_{os}是过采样频率。

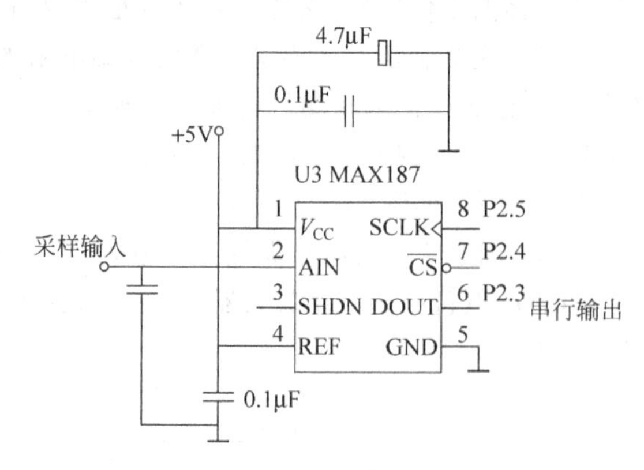

图 8-19 A/D 转换电路

假设初始要求的采样频率 $f_s=1$Hz，即每秒钟采样一个温度值。为了将测量分辨率增加到 16 位，则过采样频率为 $f_{os}=4^4\times1(\text{Hz})=256$Hz。以 $f_{os}=256$Hz 的采样频率对被测值采样，并将一定时期内的采样值平均，便可得到 16 位的输出数据。因此新的 A/D 分辨率为：$4.096\text{V}/2^{16}=0.625$mV，相应的温度分辨力为 $400℃/2^{16}=0.0061$℃。

为了减小工频信号引起的误差，本设计约定将 400ms(工频信号周期的 2 倍)时间内的采样值求平均，这样可以进一步提高测量精度。

3. 通信接口设计

(1) 主机通信接口

主机与各从机之间采用 RS-485 串行接口总线进行通信，RS-485 采用差分信号传输，最大传输距离可达 1.2km，最大传输速率可达 10Mb/s；在同一对信号线上最大可连接 32 个驱动器；RS-485 是一种针对远距离、高灵敏度、多点通信而制定的标准。

RS-485 的接口器件较多，本系统采用常用的 MAX485 芯片。MAX485 采用单一电源(+5V)工作，额定电流为 300μA。采用半双工通信方式。它完成将 TTL 电平转换为 RS-485 电平的功能。其引脚图如图 8-20 所示。MAX485 内部含有一个驱动器和一个接收器。RO 和 DI 端分别为接收器的输出端和驱动器的输入端。$\overline{RE}$和 DE 端分别为接收和发送的使能端，当$\overline{RE}$为逻辑 0 时，器件处于接收状态；当 DE 为逻辑 1 时，器件处于发送状态。A 端和 B 端为接收或发送的差分信号端，当 A 端电平高于 B 端时，表示发送数据为 1；而当 A 端电平低于 B 端时，代表发送数据为 0。

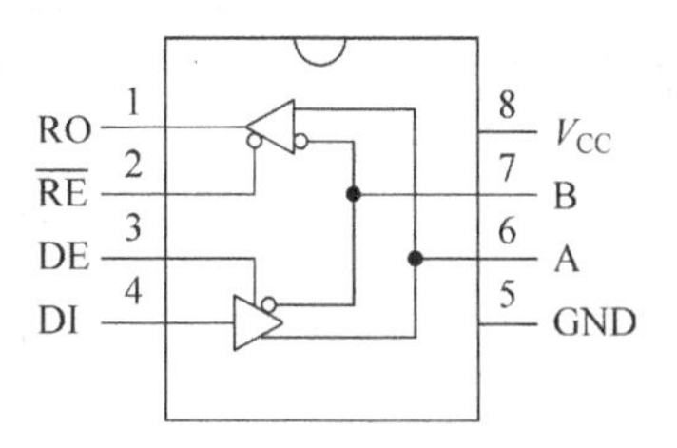

图 8-20　MAX485 引脚图

本系统主机的串行接口为 RS-232，RS-232 接口采用负逻辑(逻辑 1、0 分别用 −12、+12V 电平表示)。而 RS-485 采用正逻辑(TTL 电平)。因此必须进行 RS-232 与 RS-485 的电平转换，转换电路如图 8-21 所示。图中 RS-485 接口采用 MAX485 芯片，A、B 端的电阻为传输线末端的阻抗匹配电阻。

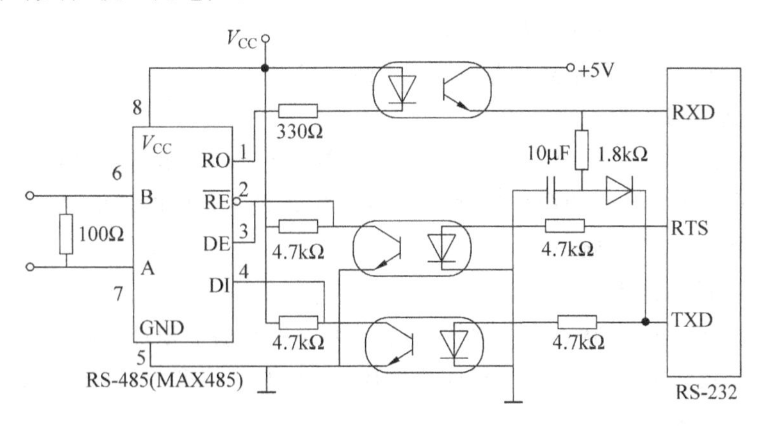

图 8-21　RS-232 和 RS-485 接口电平的转换

为了提高工作可靠性，转换电路使用了 3 片光电耦合器进行隔离。当 RS-232 的请求发送信号 RTS 为负逻辑 1(−12V)时，光电耦合器的发光二极管不发光，光敏三极管不导通，输出为+5V(正逻辑 1)，此时 RS-485 的 DE 端有效，RS-232 的 TXD 端就可以经光电耦合器、RS-485 的 DI 端发送数据。当 RS-232 的 RTS 端为负逻辑 0(+12V)时，光电耦合器的发光二极管发光，光敏三极管导通，输出为 0V(正逻辑 0)，此时 RS-485 的$\overline{RE}$有效。当 RS-485 的 RO 端为正逻辑 1(TTL 高电平)时，光电耦合器发光二极管不发光，光敏三极管截止，由于 RS-232 发送停止时，TXD 端电平为 −12V，因此电容被充电到 −12V，RXD 端为负逻辑 1；当 RS-485 的 RO 端为正逻辑 0(TTL 低电平)时，光电耦合器发光二极管发光、光敏三极管导通，送到 RXD 端的电平为 +5V，也在 RS-232 负逻辑 0 电平范围内，即为逻辑 0。因此，在 RS-232 的 RTS 端为负逻辑 0 时，实现了把 RS-485 RO 端数据经过光电耦合器送至 RS-232 的 RXD 端之目的。

(2) 从机通信接口

由于单片机的信号为 TTL 电平，MAX485 的接收器输出端 RO、驱动器输入端 DI 以及使能端 $\overline{RE}$、DE 均为 TTL 电平，因此可以直接将单片机串行口的 TXD 端、RXD 端直接与 MAX485 的 DI、RO 端相连，并用单片机的一位端口线控制 MAX485 的 $\overline{RE}$ 及 DE 端，就可以实现从机的发送与接收。为了实现传输线末端的阻抗匹配，也需要在 MAX485 的 A、B 端接一个 100Ω 的电阻。从机通信接口如图 8-22 所示。

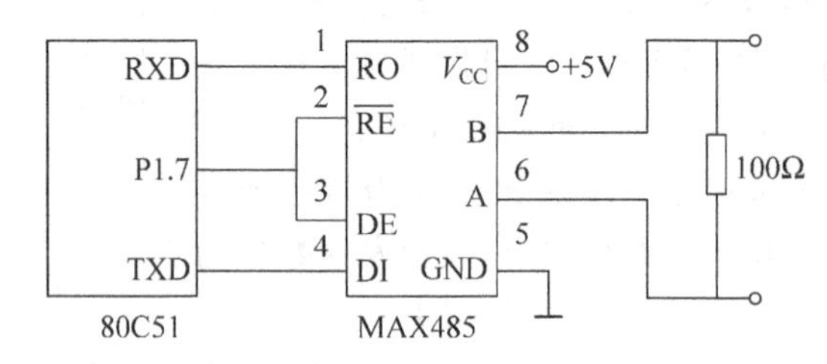

图 8-22 从机通信接口

(3) 通信协议

作为一种具有分布式的温度检测系统，需要定义软件通信协议。规定如下：

- 主、从双方波特率均设置为 9600b/s；
- 主、从双方初始状态均设置为串行口中断方式；
- 主机发送的格式为：

[起始符][从机地址][命令字][数据][数据/命令字校验][地址校验]

当从机接收到主机发送的命令字时，从机先检验是否为自己的地址，如果是则回复主机且执行相应命令，否则不做响应。

- 从机应答的格式为：

[起始符][本机地址][状态字][数据][数据/状态字校验][地址校验]

主机接收到从机应答后，知道从机完成响应，则去干其他事情，否则继续发送。发送 3 次不响应则视为线路故障；

- 从机不主动发送命令或数据，通信过程完全由主机控制。

8.5.3 软件设计

软件设计分为两个部分，即主机程序设计和从机程序设计。主机程序流程图如图 8-23 所示。

从机程序分为两种情况，一种为从机响应主机传送温度数据，另一种为从机进行实时温度检测。流程图分别如图 8-24 和图 8-25 所示。

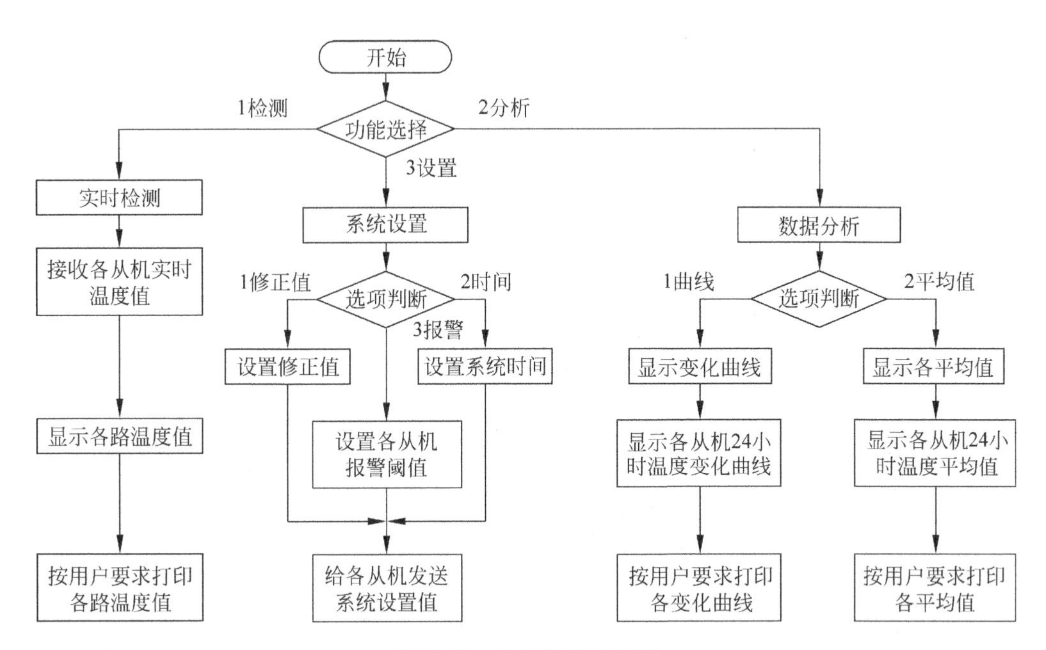

图 8-23 主机程序流程图

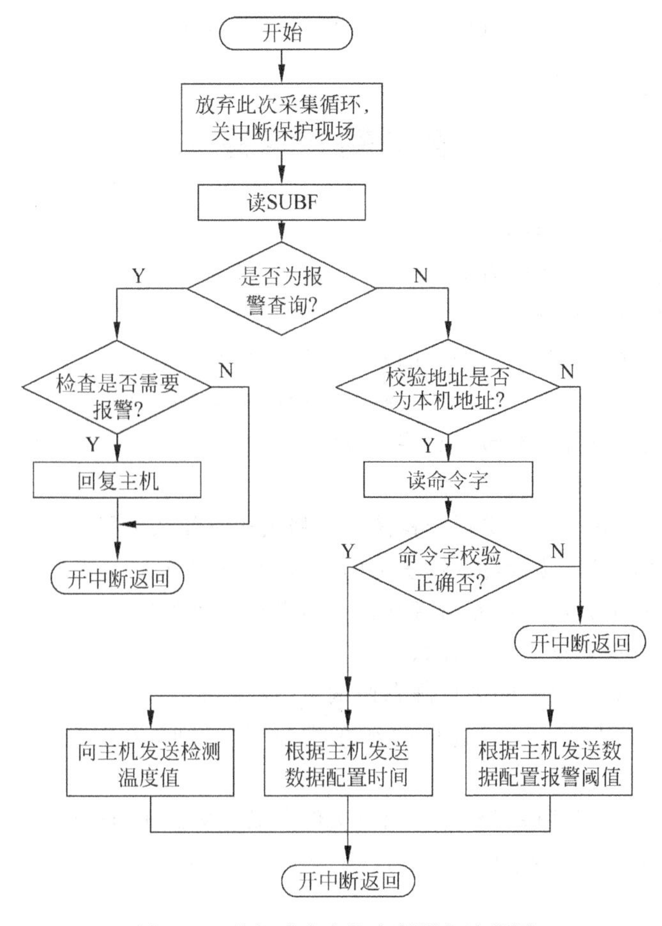

图 8-24 从机响应主机中断服务流程图

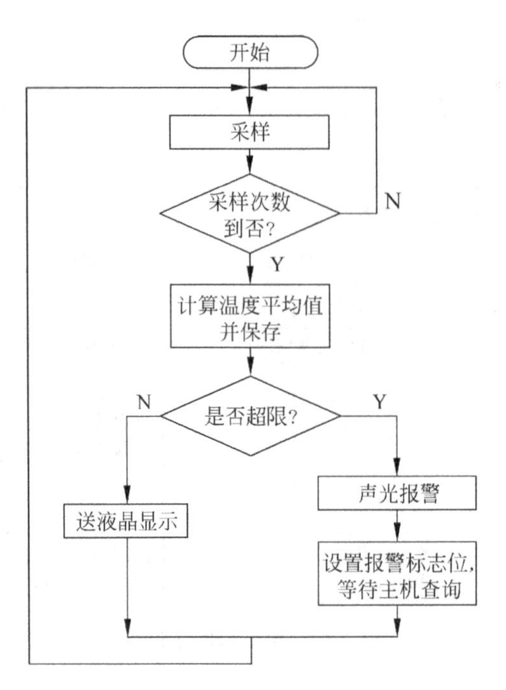

图 8-25 从机温度检测流程图

思考题与习题

8-1 智能仪器的设计原则是什么?

8-2 智能仪器的研制步骤有哪些?

8-3 什么是软件的自顶向下设计法?

8-4 软件的模块化设计法应遵循的基本原则是什么?

8-5 结构化程序设计法中采用的三种基本程序结构是什么?

8-6 智能仪器的软件主要包括那些部分?

8-7 监控主程序的任务是什么?

8-8 设计键盘管理程序的选择结构法与转移表法有什么不同?

8-9 如何应用转移表法设计一键多义的键盘管理程序?

8-10 应用状态分析法设计键盘管理程序的步骤是什么?

8-11 智能仪器的调试过程是什么?

8-12 如何实现智能仪器的硬件静态调试及软件调试?

8-13 为什么要对智能仪器进行动态在线调试?如何应用开发系统进行动态在线调试?

8-14 分布式多路温度检测系统中如何实现主机与从机间的通信?

8-15 简述图 8-21 所示的 RS-232 与 RS-485 接口电平转换的原理。

第9章

基于电压和频率测量的智能仪器

电子测量领域中的许多参数可以转变为电压、频率的测量，本章介绍基于电压、频率测量的智能仪器。主要内容有：智能DVM的结构、技术指标及实例；智能DMM的原理及设计；自由轴法RLC测量仪的原理及产品介绍；智能电子计数器的组成、原理、设计以及提高测量精度的方法。

9.1 智能数字电压表的结构及实例

9.1.1 智能数字电压表的结构及技术指标

1. 智能DVM的结构

数字电压表(DVM)实现了电压的数字化测量，智能数字电压表是在DVM的基础上嵌入微处理器系统而具有很强的数据处理功能的智能化仪器，组成结构如图9-1所示。

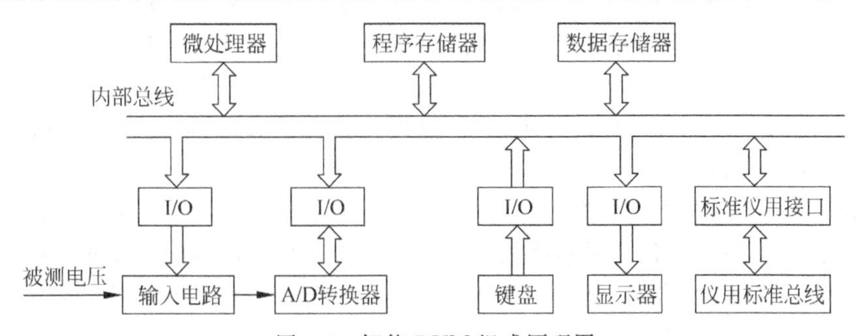

图9-1 智能DVM组成原理图

智能DVM主要由微型计算机，信号处理电路，标准仪器接口和人-机交互设备四部分组成。其中微型计算机部分主要由微处理器，存放仪器监控程序的ROM和存放测量、运算数据的RAM组成；人-机交互设备包括键盘、显示器等；信号处理电路由输入电路和A/D转换器组成；标准仪器接口包括GP-IB、RS-232等用于仪器互连的接口。

智能DVM的测量过程一般分为以下4个步骤：

① 测量的准备。智能DVM在系统上电后，首先运行系统自检和自校准程序，再进入电压测量状态。这时将被测电压接入输入电路，经过信号调理后送入A/D转换器。

② 测量的执行。在微处理器的控制下，被测电压经过A/D转换器处理为数字信息，并

存入数据存储器。

③ 测量数据的处理。微处理器对得到的测量数据进行平均值计算、清除零点漂移等必要的处理。

④ 测量结果的显示。微处理器对经过处理的测量结果输出在显示器上或打印输出。

从上述测量过程可以看出,智能 DVM 与传统 DVM 的区别在于每一步骤都是在微处理器的控制下依据存储在 ROM 的相应程序进行的。使 DVM 不仅具有电压测量功能,还具有很强的数据处理能力,提高了电压测量的准确度和可靠性。

2. 智能 DVM 的技术指标

智能 DVM 一般包括自动量程转换、自动零点调整、自动校准等测量功能。这些功能主要通过以下技术指标衡量。

(1) 测量范围

测量范围包括量程的划分,各量程的测量范围(从零到满刻度的显示位数)及超量程能力。

多量程智能 DVM 一般可测 0～1000V 的直流电压,配上高压探头还可测量上万伏的高压。智能 DVM 通过分压器和输入放大器将测量系统分为若干个量程,基本量程是指既不放大也不衰减的量程。

位数是表征智能 DVM 性能的一个基本参量。智能 DVM 的位数是以完整的显示位(能够显示 0～9 十个数码的显示位)来定义的。例如最大显示数为 9999、19999 的 DVM 均称为 4 位数字电压表。为区别起见,通常也把最大显示数为 19999 的 DVM 称为 $4\frac{1}{2}$位数字电压表。

超量程能力也是智能 DVM 的一个重要指标。最大显示为 9999 的 4 位表不具有超量程能力,而最大显示为 19999 的 4 位表则有超量程能力,后者(最大显示值约为 20000)比前者(最大显示值约为 10000)有 100%的超量程能力。具有超量程能力的数字电压表,当被测量超过满量程时,显示的测量结果不会降低精度和分辨率。例如:当满量程为 10V 的 4 位数字电压表,其输入电压从 9.999V 变成 10.001V 时,如果没有超量程能力,就必须换用 100V 量程档,从而得到 10.00V 的显示结果,这样就丢失了 0.001V 的电压信息。

(2) 分辨力和分辨率

智能 DVM 使用最低电压量程测量时,其显示器的末尾 1 个数字代表的电压值,称为智能 DVM 的分辨力,它反映仪表灵敏度的高低。分辨力随显示位数的增加而提高。

分辨率是一个相对的指标,指测量所能显示的最小数字(不包括零)与最大数字之间的比值。分辨力也可采用分辨率表示。

(3) 精确度

精确度表示测量结果中系统误差与随机误差综合影响的程度,智能 DVM 的测量精确度通常用绝对误差的形式表示,其表达式为

$$\Delta U = \pm (a\% U_x + b\% U_m) \tag{9-1}$$

式中:U_x 为电压的显示值(读数);U_m 为该量程的满度值;a 为误差的相对项系数;b 为误差的固定项系数。

上式右边第一项与读数成正比,称为读数误差;第二项为不随读数变化而变化的固定误差项,称为满度误差。读数误差是由转换系数(刻度系数)、非线性等因素产生的误差。满度误差是由量化、零点偏移等产生的误差。由于量化和零点偏移误差引起的测量误差与被测电压

U_x 大小无关，而与不同量程的满度值 U_m 有关，因此也可以用 n 个字的误差来表示满度误差。

$$\Delta U = \pm (a\% U_x + n) \tag{9-2}$$

式(9-1)与式(9-2)只是形式不同，两种可以互换。把式(9-2)中的 n 个字误差折合成满量程的百分率，便得到式(9-1)。

(4) 测量速率

智能 DVM 以每次测量所需要的时间或在每秒内对被测电压所能完成的测量次数叫测量速率，单位是次每秒，主要取决于 A/D 转换器的转换时间。

(5) 输入阻抗

输入阻抗是指从 DVM 的两个输入端看进去的等效电阻。智能 DVM 具有很高的输入阻抗，一般为 10～10000MΩ。目前，数字 DVM 的输入级多数使用场效应管组成。

3. 智能 DVM 的输入电路

输入电路和相连的 A/D 转换器一般位于智能 DVM 的前端，为 DVM 提供了电压的数字量化值，因此决定了 DVM 的许多关键技术指标。输入电路的主要作用是提高输入阻抗和实现量程转换。下面以 DATRON 公司 1071 型智能 DVM 输入电路为例说明其组成原理和对整个 DVM 仪器测量精度的影响。

1071 型智能 DVM 输入电路主要由输入衰减器、输入放大器 A_1、有源滤波器、输入电流补偿电路和自举电路组成，如图 9-2 所示。

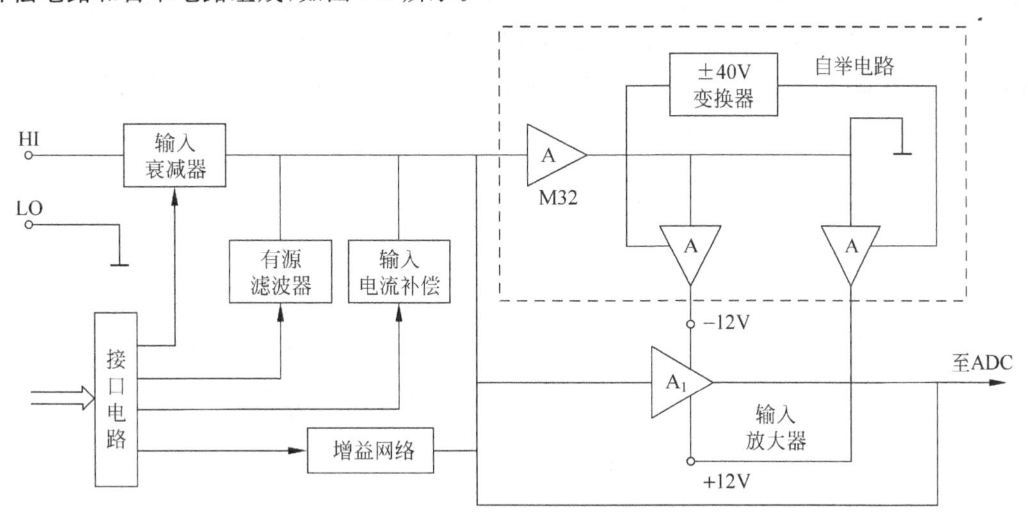

图 9-2 DATRON 1071 型智能 DVM 的输入电路

输入电流补偿电路的作用是减小输入电流的影响，电路原理图如图 9-3 所示。在自动补偿时，开关 S_1、S_2 先打向“1”位置，输入端接入一个 10MΩ 的电阻，输入电流($+I_b$)在该电阻上产生的压降经 A/D 转换后保存在微处理器系统的存储器内，作为输入电流的校正量。然后实施测量补偿，开关 S_1、S_2 打向“2”位置，微处理器根据校正量输出适当的数字到 D/A 转换器，并经输入电流补偿电路产生一个与原输入电流($+I_b$)大小相同，方向相反的电流($-I_b$)，两者在放大器输入端相互抵消。这项措施减小了输入端的零输入电流，提高了测量的精度。

有源滤波器主要对电源的 50Hz 干扰进行衰减，其接入与否由微处理器通过 I/O 接口电路控制。

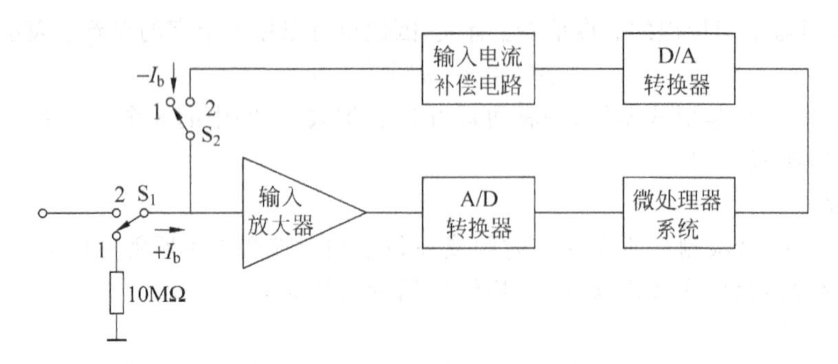

图 9-3 输入电流补偿电路原理图

为了使输入端放大器的工作点不随输入信号的变化而变化，输入电路由直流自举电路供电。在图 9-2 中，M32 是高阻抗缓冲放大器，其输入端与输入放大器 A_1 的反相输入端相接，输出端与另外两个放大器相连，因此 M32 能精确地跟踪输入信号的变化，从而实现随输入信号的变化而控制自举电源输出端，产生一个浮动的±12V 电压作为输入放大器的电源电压。这样，输入放大器工作点基本不随输入信号的变化而变化，提高了放大器的稳定性及抗共模干扰的能力。

输入电路的核心是由输入衰减器和放大器组成的量程标定电路，如图 9-4 所示。S_1、S_2 为继电器开关，控制 100∶1 衰减器是否接入。VT_5～VT_{10} 是场效应管模拟开关，控制放大器不同的增益。继电器开关 S_1、S_2，场效应管 VT_5～VT_{10} 在微处理器的控制下，形成不同的通断组态，从而构成 0.1V、1V、10V、100V 和 1000V 5 个量程及自测试电路，各组态分析如下。

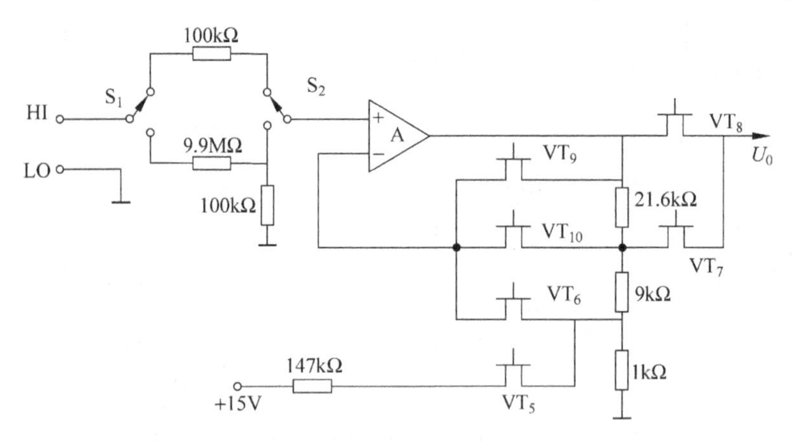

图 9-4 量程标定电路原理图

(1) 0.1V 量程

VT_8、VT_6 导通，放大电路被接成电压负反馈放大器，放大倍数 A_f 及最大输出电压 U_{omax} 分别为

$$A_f = \frac{21.6 + 9 + 1}{1} = 31.6$$

$$U_{omax} = 0.1 \times 31.6 = 3.16\text{V}$$

(2) 1V 量程

VT_8、VT_{10} 导通，放大电路被接成串联负反馈放大器，放大倍数 A_f 及最大输出电压

U_{omax}分别为

$$A_f = \frac{21.6+9+1}{9+1} = 3.16$$

$$U_{omax} = 1 \times 3.16 = 3.16V$$

(3) 10V 量程

VT_7、VT_9 导通，放大电路被接成跟随器，放大倍数为 1，然后输出又经分压，此时

$$U_{omax} = 10 \times \frac{9+1}{21.6+9+1} = 3.16V$$

(4) 100V 量程

VT_8、VT_{10}导通，放大电路的组态也是串联负反馈放大电路。此时继电器开关 S 吸合，使 100∶1 的衰减器接入，此时

$$U_{omax} = 100 \times \frac{1}{100} \times \frac{21.6+9+1+1}{9+1} = 3.16V$$

(5) 1000V 量程

此时继电器开关 S 吸合，使 100∶1 的衰减器接入，同时 VT_7、VT_9 导通，放大电路的接成电压跟随器，并使输出再经过分压，此时

$$U_{omax} = 1000 \times \frac{1}{100} \times \frac{9+1}{21.6+9+1} = 3.16V$$

从以上计算可知，进入 A/D 转换器的输入电压都被限定在 0～3.16V 范围内，同时，由于电路被接成串联负反馈形式并采用自举电源，0.1V、1V、10V 三档量程的输入电阻高达 10000MΩ，10V 和 1000V 档量程由于接入衰减器，输入阻抗将为 10MΩ。

当 VT_5、VT_6、VT_8 导通，继电器开关 S 吸合时，电路组态为自测试状态。此时放大器输出应为－3.12V。智能 DVM 在自诊断时测量该电压，并与存储的数值相比较，若两者之差在 6%以内，即认为放大器工作正常。

9.1.2 智能数字电压表实例

下面以 HG-1850 型 DVM 为例介绍智能 DVM 的组成原理及特点。

1. 结构及性能

HG-1850 型 DVM 以 Intel 8080 微处理器为核心，采用多斜积分式 A/D 转换器等器件组成，具有量程自动转换功能，最大显示为 112200，主要技术指标如表 9-1 所示。

表 9-1 HG-1850 型 DVM 主要技术指标

量程/V	分辨率	输入阻抗/MΩ	精确度	
			20℃±2℃，90 天	20℃±5℃，半年
1	10μV	>10000	±0.01%读数±2 字	±0.02%读数±2 字
10	100μV	>10000	±0.005%读数±1 字	±0.02%读数±1 字
100	1mV	10	±0.01%读数±2 字	±0.02%读数±2 字
1000	10mV	10	±0.01%读数±1 字	±0.02%读数±1 字

HG-1850 型 DVM 的自检功能借鉴了 Fluke 8500/8502A 等 DVM 的做法，除开机首先进行自检外，用户也可随时按下面板上的自检键使仪器自检，若某一部分出现故障，显示器将显示相应的故障代码。在自动校准方面，采用 HP3455A 型 DVM 的方法，使仪器每隔 3 分钟就进行一次自动校准，以保证测量的准确度和稳定性。在数据处理方面，仪器具有实现加、减、乘、除、对数等运算功能，用户还可操作仪器面板上的编程键编写特定要求的数据处理程序。

HG-1850 型 DVM 的组成结构如图 9-5 所示，图中下半部分是模拟部分，上半部分是数字部分。模拟部分主要完成被测电压的 A/D 转换，其中的输入放大器和 A/D 转换模块(由积分器、比较器组成)是确定测量精度等技术指标的关键部件；数字部分主要完成对仪器的控制和测量数据的处理功能。为了防止相互干扰，这两部分单独供电，在电气上采取相互隔离的措施，之间的信息通过光电耦合进行传递。

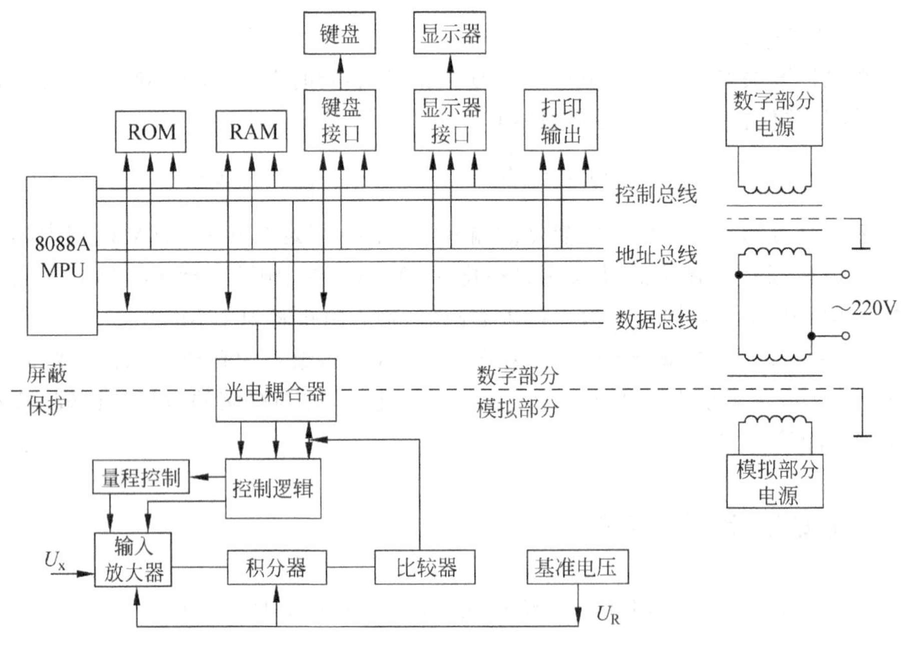

图 9-5 HG-1850 型 DVM 原理结构图

2. 工作流程

HG-1850 型 DVM 具有测量、自检、用户程序、编程和自校 5 种工作模式。

测量模式是基本工作方式，在测量模式下用户可通过仪器面板选择适当的测量方式和量程，微处理器根据键盘设定的量程送出相应的控制字，使输入放大器组成相应的组态。测量时，被测电压先经输入放大器进入 A/D 转换器转换为数字量并存入相应的内存单元。之后，微处理器将根据 ROM 中存储的不同量程对应的校准参数和计算公式，计算出测量结果。如果进行数据处理，还要调用有关的数据处理程序，否则直接显示测量结果。一次测量结束后，程序自动进入下一次测量过程，并不断循环。

当面板上的“自检”键被按下，仪器进入自检模式。在自检模式下，微处理器按 ROM 中存储的程序对模拟部分进行检查。若经自检正常，显示器显示 Pass，并自动转入测量模式。若某一部分有故障，显示器将显示如表 9-2 所示的故障代码，并等待 10s，再次检查模拟单元是否正常，直到故障被排除。

表 9-2　HG-1850 DVM 部分故障代码表

故障代码	说　明	故障代码	说　明
Err 6	积分器工作不正常	Err A	10V 量程刻度错误
Err 7	10V 量程零点错误	Err B	1V 量程刻度错误
Err 8	1V 量程零点错误	Err C	无源衰减器损坏
Err 9	100V 量程零点错误		

当按下“编程”键后，DVM 就处于编程模式，用户通过仪器面板的键盘编写自定义的数据计算程序。编程结束后，仪器返回到测量模式继续进行测量。

当按下“用户”键后，DVM 就处于用户程序模式。用户程序是按照用户需要事先编制并固化在 ROM 中的测量、控制以及数据处理程序。如果要结束用户程序模式而返回测量模式，则只需按下“返回”键。

自动校准采用了程序控制的方法。自动校准每隔 3 分钟进行一次，通过使用一个 9 位的二进制自校计数器来实现。计数器在每次测量完成后加 1，当计数器计满时，就执行一次自动校准程序。因此每当进行了 512 次测量（约 3 分钟）后，仪器就会自动校准一次。自动校准的原理通过图 9-6 说明。

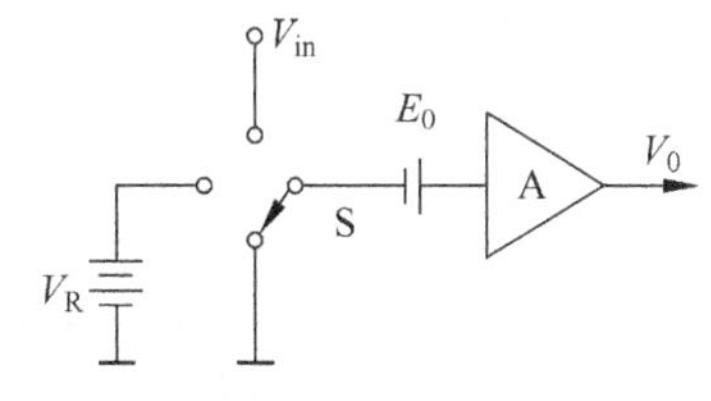

图 9-6　自动校准原理图

当开关 S 接地时，放大器输出端的端出电压被作为误差电压保存起来，这个误差电压可以等效为输入端的误差电压 E_0 乘上放大器 A 的增益 G，即

$$V_{01} = E_0 G$$

然后开关 S 接通基准电压 V_R，这时放大器的输出电压可以表示为

$$V_{02} = (V_R + E_0)G$$

当开关 S 接通输入电压 V_{in} 时，输出电压可以表示为

$$V_{03} = (V_{in} + E_0)G$$

根据以上 V_{01}、V_{02} 和 V_{03} 的表达式，可以得出

$$\frac{V_{03} - V_{01}}{V_{02} - V_{01}} = \frac{(V_{in} + E_0)G - E_0 G}{(V_R + E_0)E - E_0 G} = \frac{V_{in}}{V_R}$$

或写为

$$V_{in} = \left(\frac{V_{03} - V_{01}}{V_{02} - V_{01}}\right)V_R \tag{9-3}$$

由上式可知，通过运算得出的 V_{in} 与放大器的漂移和增益是无关的，这就是 DVM 所采用的自动校准方法。

HG-1850 型 DVM 的工作流程如图 9-7 所示。仪器通电后程序首先进行初始化，包括：设置仪器处于测量模式、自动量程状态、显示位为 $5\frac{1}{2}$、9 位自动校准计数器为初始值全 1。初始化后，程序使计数器值 M 增 1，直至计数器溢出并成为全零，这时仪器转入自动校准模式,按预定顺序测得各个量程的校准参数并存入相应的 RAM 单元,为修正每次测量结果做好准备。全部校准参数测完后程序返回到流程图的 A 点,计数器再次增 1 其值不再为 0,程序进入扫描键盘,并根据用户的输入情况确定程序的流向。

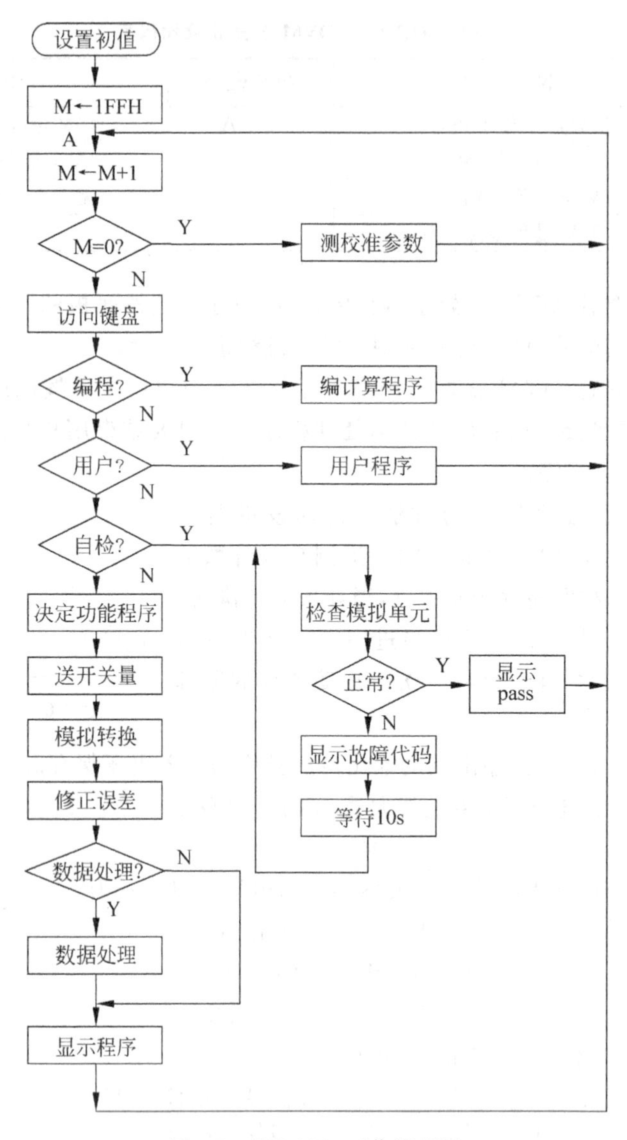

图 9-7 HG-1850 工作流程图

9.2 智能数字多用表原理

9.2.1 智能数字多用表的结构

数字多用表(DMM)是可以直接测量电压、电流、电阻等参量,且功能可以任意组合并以十进制数字显示测量值的测量仪器。DMM 的组成结构如图 9-8 所示。

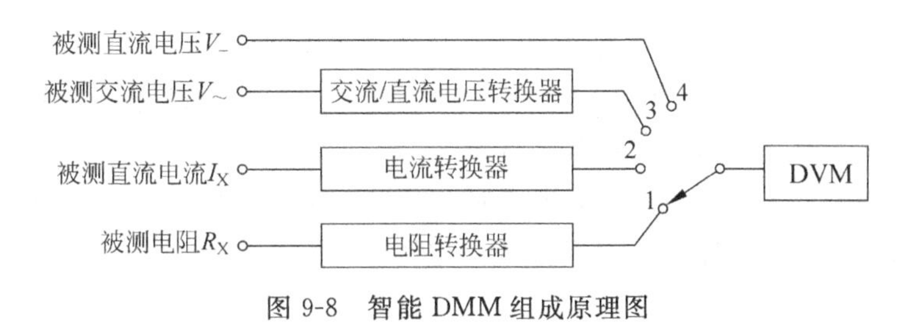

图 9-8　智能 DMM 组成原理图

从图中可知，DMM 对交流电压、电流及电阻的测量是分别通过交流/直流（AC/DC）转换器、电流转换器及欧姆转换器将其转换为相应的直流电压，再输入到 DVM 进行电压测量而实现的。

9.2.2　交流/直流转换器

测量交流电压的方法很多，其中常用方法是利用交流/直流转换电路将交流电压转换成直流电压，然后接到直流电压表上测量。在 DMM 中，对于测量低频（1MHz 以下）信号电压一般采用放大—检波式，检波器多为平均值或有效值检波器；而测量高频信号采用检波—放大式，检波器一般采用峰值检波器。放大器放大的是检波后的直流信号，避免了由于放大器频率特性的限制，而影响整个电压表的频率响应。本节主要介绍低频信号电压测量所使用的平均值转换器和有效值转换器。

1. 平均值 AC/DC 转换器

平均值 AC/DC 转换器对交流电压进行有效值测量的方法是：先测出交流信号的平均值，再由波形因数换算出对应的有效值。

交流信号的平均值可由下式表示：

$$U_O = \overline{u_i} = \frac{1}{T}\int_0^T |u_i| \, dt \tag{9-4}$$

在交流电压测量中，平均值是指经过整流后的平均值。要求得上式所表示的平均值$\overline{u_i}$，必须先求出交流信号的绝对值，再取其平均值。绝对值可用半波线性整流器或全波线性整流器实现，平均值可用滤波器来实现。

图 9-9 所示是用半波线性整流器实现的平均值 AC-DC 转换器。图中放大器 A_2 和二极管 D_1、D_2 组成了半波整流器。在输入电压的正半周，D_1 导通，D_2 截止，则 B 点的电压为 0，在输入电压的负半周，D_1 截止，D_2 导通，导通电流通过 R_7 在 B 点产生正极性电压。由于 $R_3=R_4$，因此在 B 点电压的幅度与输入电压相等，但极性相反。

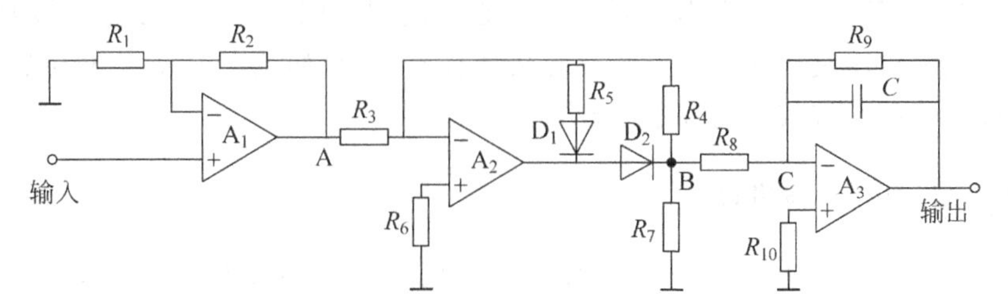

图 9-9　半波整流式平均值 AC-DC 转换器

半波整流器之前的放大器 A_1 作用是提高输入阻抗和扩大测量范围。半波整流器之后的放大器 A_3 构成有源滤波器，作用是实现平均值计算。之后再将平均值按正弦波有效值进行换算，就实现了对交流信号的有效值计算。

通常采用将输入的交流电压与半波整流后的半波电压进行叠加，组成全波整流式 AC/DC 转换器。以图 9-9 为例，将图中 A、C 两点通过电阻 R_{10} 连接，构成如图 9-10 所示的全波整流式 AC/DC 转换器。

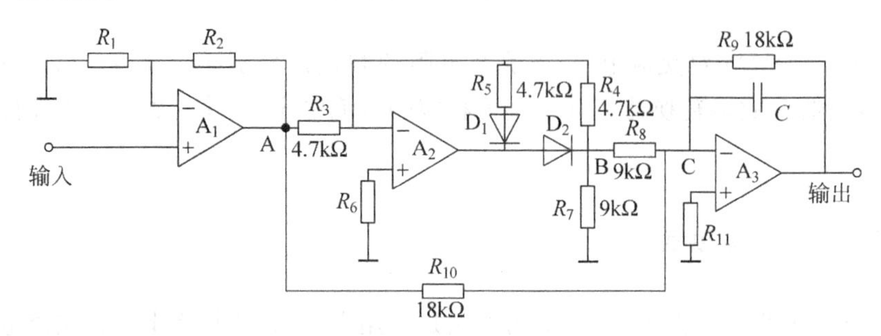

图 9-10 全波整流式平均值 AC/DC 转换器

设 A 点电压为 $u_A(t)=U_A\sin\omega t$，则 B 点的半波整流器电压为

$$u_B(t)=\begin{cases}0, & 0\leqslant t\leqslant \dfrac{T}{2}\\ -U_A\sin\omega t, & \dfrac{T}{2}\leqslant t\leqslant T\end{cases}$$

式中，T 为待测信号周期。

A_3 组成有源滤波加法器，有两路输入信号 $u_A(t)$ 和 $u_B(t)$，如果断开电容 C 支路，A_3 是典型的加法器电路；接上电容 C，则 A_3 同时具有滤波作用，能进行平均值处理。在断开电容 C 时，根据叠加原理，A_3 的输出是

$$u_O(t)=-\left[\frac{R_9}{R_{10}}u_A(t)+\frac{R_9}{R_8}u_B(t)\right]$$

由于 $R_{10}=R_9=2R_8$，则得

$$u_O(t)=\begin{cases}-U_A\sin\omega t, & 0\leqslant t\leqslant \dfrac{T}{2}\\ U_A\sin\omega t, & \dfrac{T}{2}\leqslant t\leqslant T\end{cases}$$

$$=-|U_A\sin\omega t|,\quad 0\leqslant t\leqslant T$$

因此，图 9-10 所示的电路能够实现全波整流式 AC/DC 转换。

由于采用平均值 AC/DC 转换器的电压表是将被测电压的平均值以正弦波有效值进行换算的，如果被测电压是非纯净的正弦波而又没有或不能（如波形变换规律复杂）进行波形换算，则这种方法存在着较大的理论误差。

2. 真有效值 AC/DC 转换器

高精度 DVM 为了实现对交流信号电压精密测量，使之不受被测波形的限制，通常采用真有效值转换方法，即不通过平均值换算而直接将交流信号的有效值按比例转换为直流信号。

有效值的定义是

$$U=\sqrt{\frac{1}{T}\int_0^T u_i^2(t)\mathrm{d}t}=\sqrt{\overline{u_i^2}} \tag{9-5}$$

运算式有直接运算式和隐含运算式两种方法。直接运算式是按有效值表达式的步骤计算，过程如图 9-11 所示。

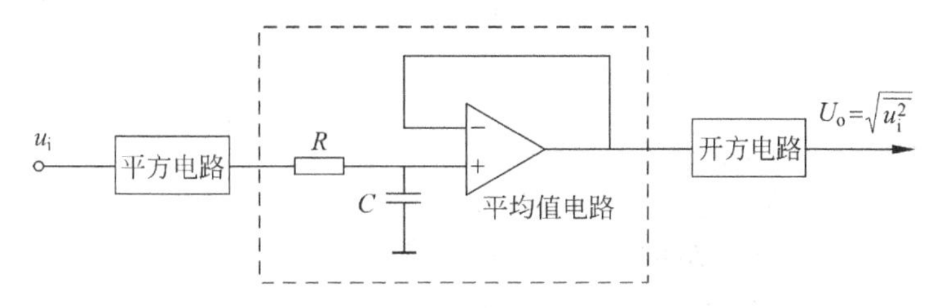

图 9-11　直接运算式有效值转换器

先用平方电路对交流输入电压进行平方运算得 u_i^2，接着通过积分滤波得到平均值 $\overline{u_i^2}$，再经过开方器得方均根 $U_o=\sqrt{\overline{u_i^2}}$，即输入交流电压的有效值。

隐含运算式是通过把直接计算公式进行恒等变换而计算出有效值的一种方法。

根据 $U_o^2=\overline{u_i^2}$，则

$$U_o=\frac{\overline{u_i^2}}{U_o} \tag{9-6}$$

从上式可知，隐含运算式可以通过平方器、积分滤波器及除法器组成的闭环系统求出输入交流电压的有效值。美国 AD 公司研制的集成有效值转换器 AD637 就是按隐含运算法设计的，采用了峰值系数补偿，在测量峰值系数高达 10 的信号时附加误差仅为 1%，是电压测量仪器中常用的一种电压有效值转换芯片。AD637 由绝对值电路、平方/除法器、低通滤波/放大器和缓冲放大器组成。输入电压通过绝对值电路转换成单极性电流，加至平方/除法器的一个输入端，再经过低通滤波/放大器，最终输出直流电压。其典型接法如图 9-12 所示。

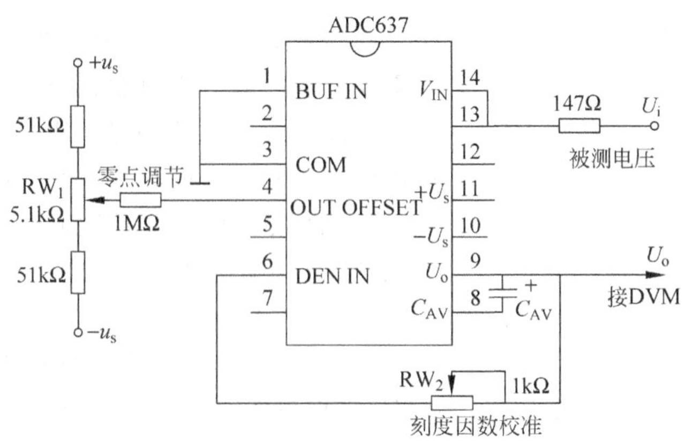

图 9-12　AD637 典型接法

9.2.3 欧姆转换器及电流转换器

1. 欧姆转换器

(1) 恒流源法(二端测量)

当被测未知电阻 R_X 中流过已知的恒定电流 I_S 时,在 R_X 所产生的电压降是 $U_X=R_XI_S$,则 $R_X=\frac{U_X}{I_S}$。因此,只要测出了 U_X,就可知道 R_X 值。其原理如图 9-13 所示。

显然,只要改变 I_S,并选择一个具有恰当满度电压的 DVM,便可扩大被测电阻值的范围实现多量程测量。表 9-3 列出一个实际的欧姆表各量程所选的恒流源电流和 DVM 满度电压数值。

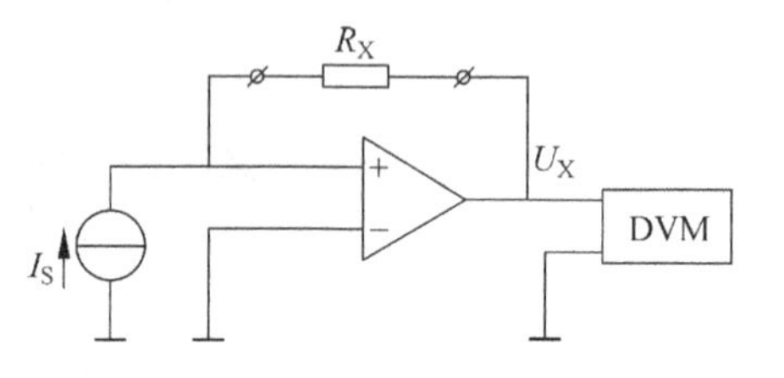

图 9-13 恒流源法(二端测量)原理图

表 9-3 某欧姆表的量程

量程范围	恒流源	满度电压/V	量程范围	恒流源	满度电压/V
200Ω	1mA	0.2	200kΩ	10μA	2.0
2kΩ	1mA	2.0	2MΩ	5μA	10.0
20kΩ	100μA	2.0			

恒流源法测量精度主要取决于恒定电流 I_S 的精度和稳定性以及内阻是否足够大。

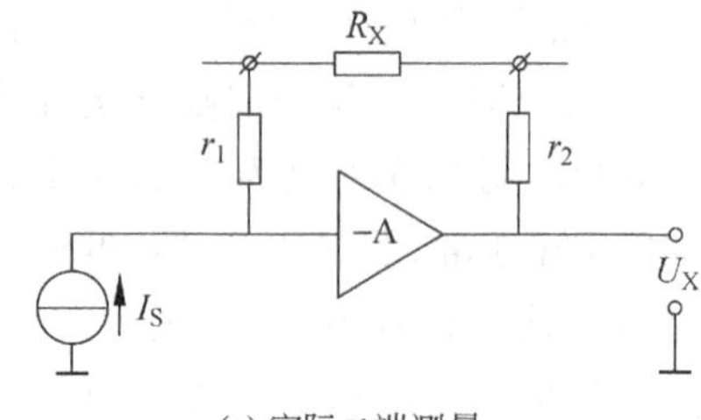

(a) 实际二端测量

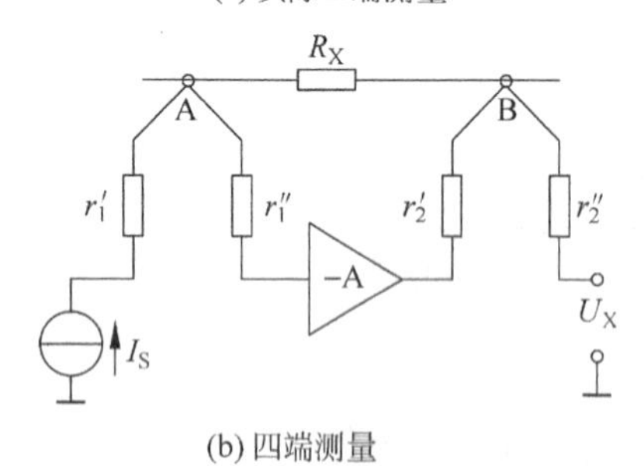

(b) 四端测量

图 9-14 恒流源法(四端测量)原理图

(2) 恒流源法(四端测量)

由图 9-14(a)可见,当使用二端测量模式的恒流源法时,被测电阻 R_X 的实际测量值还包括了引线电阻 r_1 和 r_2。在被测电阻的阻值较大时,引线电阻可以忽略,但被测电阻的阻值较小时,引线电阻将带来较大的误差,为了消除 r_1、r_2 对测量结果的影响,可采用四端测量法。

四端测量法的实现电路如图 9-14(b)所示,由于运算放大器的输入阻抗很高,r_1''上可认为无电流流过。而且,由于 DVM 的输入阻抗很高,所以 r_2''上也可以认为无电流流过。这样可以近似地认为 U_X 与 AB 两端的电压值相等,从而消除了引线电阻的影响,实现了对小电阻的高精度测量。

(3) 电压源法

恒流源法适于中低阻值的电阻测量。对于大电阻的测量,若仍采用上述方法,需采用微安级的电流源,但此时欧姆放大器零电流的影响将不可忽略。为此,常用电压源法测量大电阻,电压源法可用图 9-15(a)所示的电路来说明。

图中,U_X 与 R_X 之间的关系为

$$R_X = R_R \frac{U_X}{U_R - U_X} \tag{9-7}$$

虽然 U_X 与 R_X 呈非线性关系，但由于仪器内部有微处理器，可以很方便地通过计算来实现测量结果的直读。

对于高欧姆量程和电导量程，由于被测电阻 R_X 的阻值很高，输入缓冲放大器甚至印刷电路板的任何信号泄露都会对测量结果带来很大的影响，因此，除了要对 DVM 缓冲输入级的电路认真设计及对印刷电路板进行防潮处理外，还需采用误差修正技术。误差修正原理如图 9-15(b)所示，修正步骤如下：

(1) 接通 VT_1，使 DVM 对 U_R 进行测量。

(2) 接通 VT_2，使 DVM 对泄露电阻 R_Z 进行测量。

(3) 接通 VT_2 使 S，和 DVM 对被测电阻 R_X 与泄露电阻 R_Z 的并联值 R'_X进行测量。

(4) 通过运算消去并联误差，得实际被测值 R_X。

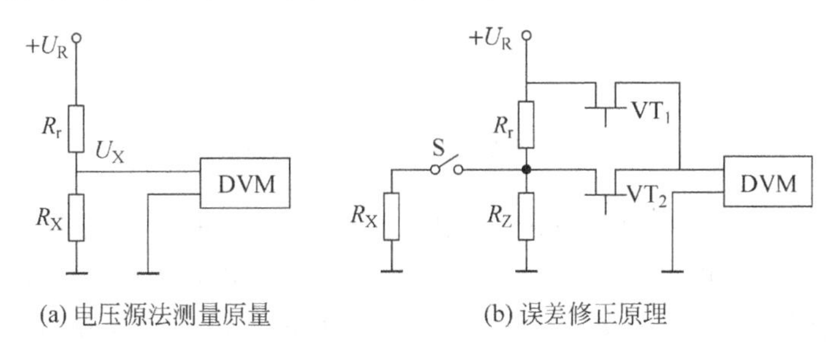

图 9-15 高阻测量及误差修正原理图

2. 电流转换器

可以通过将电流转换为电压来求出被测电流。根据欧姆定理 $U_s = i_X R_S$，当被测电流 i_X 流过一个阻值已知的电阻 R_S 时，如果能测出 R_S 上的电压 U_S，就能够计算出被测电流。此外，改变 R_S 的大小就可以改变 i_X 的量程。一个实际的电流转换电路如图 9-16 所示。

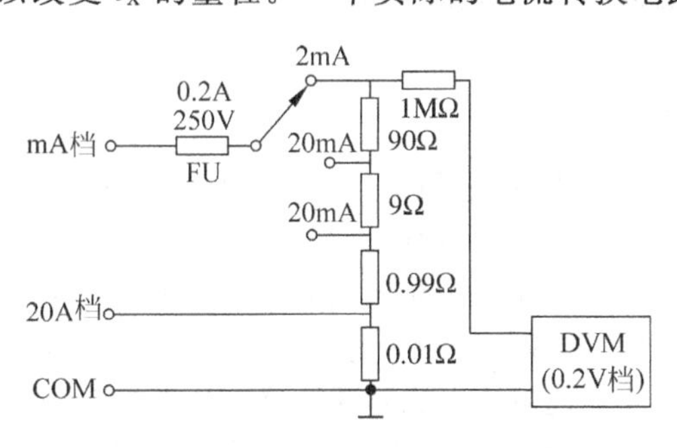

图 9-16 电流转换电路

9.3 智能数字多用表设计

本节通过一个以 89C51 单片机为控制器的 DMM 设计实例介绍智能多用表的设计方法，包括：组成结构、量程转换电路和主要软件流程。仪器将电压、电流、电阻归一化为电压测量，并由用户通过键盘设置测量功能，根据被测量范围自动选择量程，具有标度变换、结果动态显示和测量功能可扩展的特点。

9.3.1 智能数字多用表组成结构

多用表由电压、电流、电阻量程转换电路，输入保护及缓冲电路，AC/DC 转换电路，A/D 转换器，89C51 单片机及键盘、显示器接口电路等组成，如图 9-17 所示。

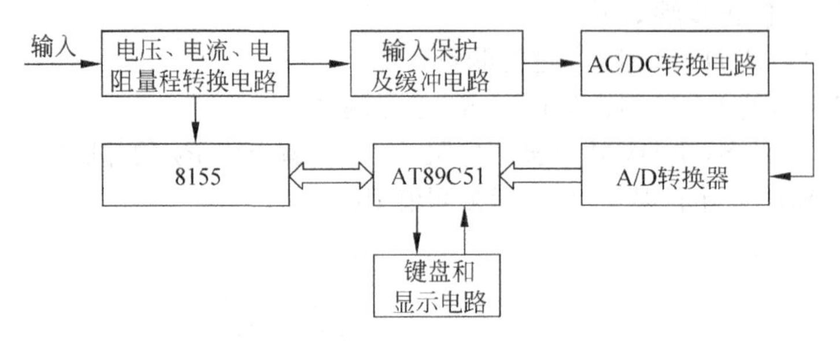

图 9-17 智能 DMM 组成结构图

量程转换电路用于设置电压、电流、电阻的量程，并在 89C51 的控制下，实现量程自动转换。电压量程分为 4 档，即 500V、100V、25V、5V 档；电流量程为 1A、100mA、10mA、1mA 等 4 档；电阻量程为 2MΩ、200kΩ、20kΩ、2kΩ 等 4 档。通过输入保护电路将进入 ADC0809 的电压限制在 5V 以内，AC/DC 转换电路将交流信号进行半波整流和滤波后转换为直流电压。

键盘及显示电路实现测量功能的设置和测量结果的显示。键盘包括电压、电流、电阻、复位等按键，用单片机串行口输出进行列扫描，用 P1.7 作为行回馈。显示器设置 6 位，串行口兼作段码输出用，P1.0～P1.5 为显示器位选择信号。

9.3.2 电压、电流、电阻量程转换电路

1. 电压量程转换电路

电压量程转换电路由图 9-18 中电阻 R_2、R_3，运放 A_1～A_3，8 路模拟开关 CD4051(1)的 1、2、3、4 通道组成。其中 R_2、R_3 构成分压器，$V_A=V_I/100$，A_1、R_4、R_5 构成电压跟随器，起隔离缓冲作用，A_2、R_6～R_9、CD4051(1)的 1、2、3、4 通道用于实现量程选择，A_3、R_{16}～R_{18} 构成反相器，使 V_O 与 V_I 同相。当 $V_I\leqslant 500V$ 时，选通 0 通道，输出 $V_O\leqslant 5V$；当 V_I 分别小于等于 100V、25V 或 5V 时，分别选通 2、3 或 4 通道，V_O 分别为 $5\times V_I/100\leqslant 5V$，$20\times V_I/100\leqslant 5V$，$100\times V_I/100\leqslant 5V$。输出电压 V_O 经 A/D 转换后，单片机进行数据处理，按照原衰减比例进行放大运算得到输入电压 V_I。对应 500V、100V、25V、5V 档的放大系数分别为 100、20、5、1。

2. 电流量程转换电路

由于 ADC0809 的输入要求是电压量，因此需将电流变换为电压再进行测量。电流量程转换电路由图 9-18 的 R_1、A_1、A_2、A_3 及 CD4051(1)的 5、6、7、8 通道组成，其中 R_1 用于

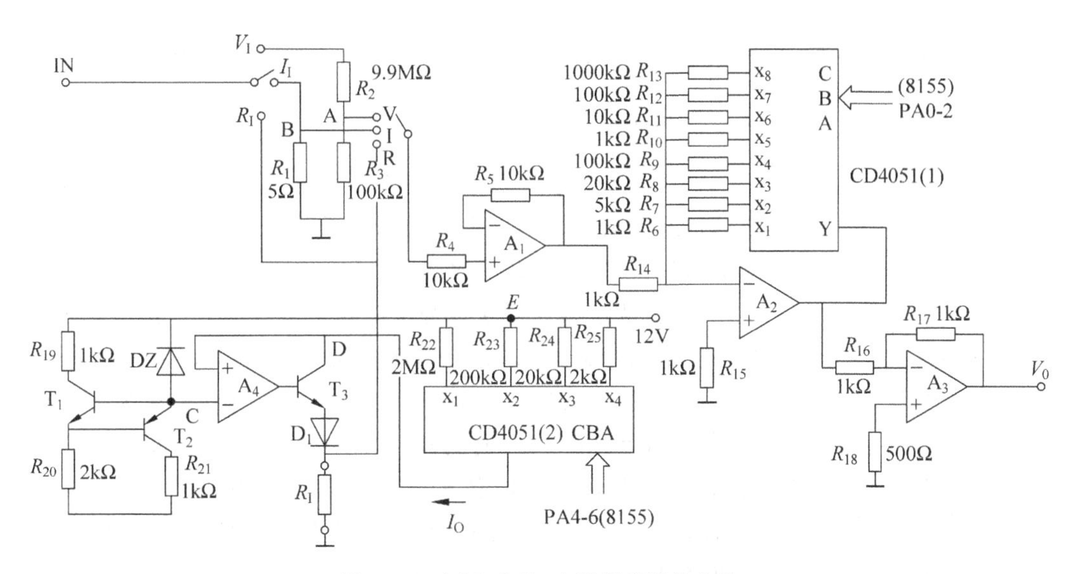

图 9-18 电压、电流、电阻量程转换电路

实现电流/电压转换，$V_B=5I_1$。A_2、$R_{10}\sim R_{13}$及 CD4051(1)的 5、6、7、8 通道用于实现量程选择，对应 5、6、7、8 通道，V_O 对于 V_B 的变换比分别为 1/1、10/1、100/1、1000/1。当 I_I 分别为小于等于 1A、100mA、10mA 或 1mA 时，分别选通 5、6、7 或 8 通道，输出电压 V_O 均小于 5V。V_O 经 A/D 转换后，进行显示时对应 1A、100mA、10mA、1mA 应分别衰减 5、50、500、5000 倍。

3. 电阻量程转换电路

电阻量程转换电路由自动量程恒流源电路及电压量程转换电路的 1 通道组成。自动量程恒流源电路的功能是对不同的电阻量程提供不同的恒定电流，该恒定电流作用在被测电阻 R_I 上，产生小于等于 5V 的电压。电压量程转换电路的 1 通道由图 9-18 中 A_1、A_2、A_3、CD4051(1)的 1 通道组成。自动量程恒流源电路由图 9-18 中的 T_1、T_2、T_3、CD4051(2)、D_1、D_Z、$R_{19}\sim R_{25}$等组成，其中 T_1、T_2、DZ、$R_{19}\sim R_{21}$构成稳定基准电压电路。R_I 为虚拟被测电阻。稳压管 DZ 的稳压值为 5V，则基准电压 $V_C=7V$，对管 T_1、T_2 的功能是使 V_C 进一步稳定，A_4、T_3 构成恒流源电路，A_4 与 T_3 接成负反馈以使 A_4 输出稳定，T_3 为共基极接法，集电极可输出恒定电流，由于 $V_C=V_D$，故 $V_{ED}=V_E-V_C=5V$。CD4051(2)、$R_{22}\sim R_{25}$用于产生不同量程的恒定电流。当 $R_I\leqslant 2M\Omega$ 时，选通 1 通道，$I_O=V_{ED}/R_{22}=5V/2M\Omega=2.5\mu A$，由于 A_4 的 $I_-=0$，故 $V_{RI}=R_I I_O\leqslant 5V$，当 R_I 分别小于等于 200kΩ、20kΩ 或 2kΩ 时，分别选通 2、3、4 通道，I_O 分别为 $5V/200k\Omega=25\mu A$、$5V/20k\Omega=250\mu A$，$5V/2k\Omega=2500\mu A$，而$V_{RI}=R_I I_O\leqslant 5V$。在数据处理中对应 2MΩ、200kΩ、20kΩ、2kΩ 档，应分别衰减 2.5、25、250、2500 倍可得到被测 R_I 值。

9.3.3 软件流程

1. 主程序

主程序的功能是使仪器初始化，并根据用户输入实施不同的测量任务。包括：显示单元初始化，对键盘进行全扫描，以判断有无键按下，若有键闭合，则消除键抖动，查表求键值，并根据键值不同分别转入电压、电流、电阻测量子程序等。流程图如图 9-19 所示。

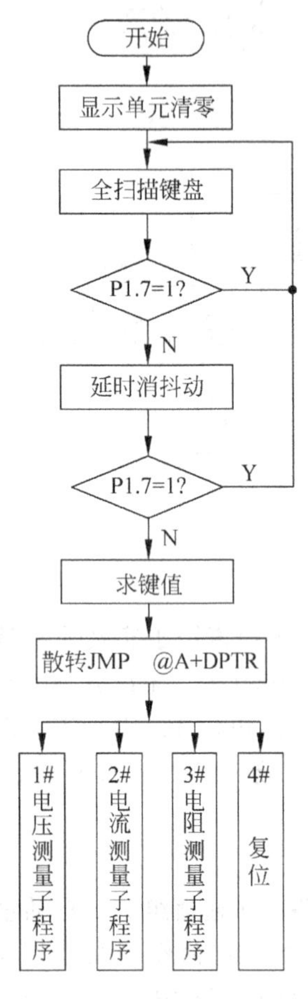

图 9-19 主程序流程图

2. 电压测量子程序

电压测量子程序流程如图 9-20 所示，首先对 8155 初始化，以选择最大量程 500V 档，调用采样子程序，启动 ADC0809 对被测电压进行 A/D 转换。滤波子程序采用中位值滤波法消除随机误差，根据滤波结果判断是否超出测量范围。若超出测量范围，显示超范围标志 O；若未超出测量范围，判断量程是否合适。对于 1,3 量程，若滤波结果小于满度值的 20%（即小于等于 255×20%＝51D＝33H）时，通道号加 1 转入下一量程；对于 2 量程，若滤波结果小于满度值的 25%（即小于等于 255×25%＝63.75D≈40H）时，转入 3 量程。零点误差消除子程序先测量零点值，然后用滤波值减去零点测量值以消除零点误差。标度变换子程序将消除误差后的结果转换为被测电压值。IBTD 子程序将测量结果的双字节整数变换为 BCD 码，FBTD 子程序将测量结果的小数转换为 BCD 码。

3. 电流测量子程序

电流测量子程序与电压测量子程序相似，不同之处是：

① 量程转换中对于 1、2、3 量程，若滤波值小于满值的 10%（即小于等于 255×10%＝25.5D≈1AH）时，均转入下一量程。

② 标度变换子程序将消除零点误差后的滤波值转换为被测电流值。

4. 电阻测量子程序

电阻测量子程序与电压测量子程序不同之处体现在以下 3 个方面：

① 对于 1～3 量程若滤波值小于满值的 10%（1AH），均转入下一量程。

② 标度变换子程序将消除零点误差后的滤波值转换为被测电阻值。

③ 给显缓区送测量结果时，若被测电阻在 2MΩ、200kΩ 量程，则测量结果的整数部分存入显缓区的 79H～7DH，小数部分存入 7EH，单位值为 100Ω，若被测电阻在 20kΩ，2kΩ 量程，则测量结果的整数部分存入显缓区的 79H～7CH，小数部分存入 7DH、7EH，单位值为 10Ω。

这台仪表采用 8 位 A/D 转换器，转换值为 00H～FFH，对应测量值 $0\sim A_m$ 时，其分辨率为 $A_m/255=0.00392A_m$，相对误差为 0.392%。设计中通过多路模拟开关、分压器、恒流源等硬件电路的巧妙组合，设置了电压、电流、电阻量程选择电路，通过单片机的软件资源实现了数字滤波、误差校正、量程判断、标度变换等功能，设计原理和实现方法具有一定代表性。

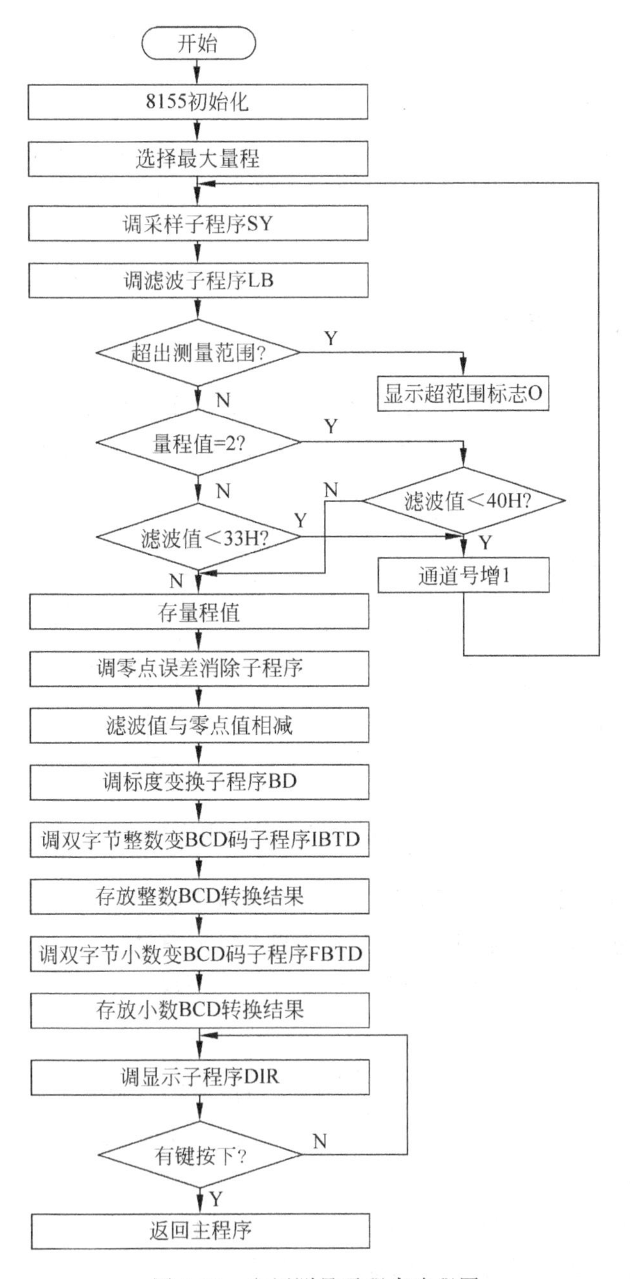

图 9-20　电压测量子程序流程图

9.4　智能 RLC 测量仪原理及实例

RLC 测量仪是专门测量分立元件 R、L、C 参数的仪器。R、L、C 参数的测量方法主要有：电桥法、谐振法、伏安法，其中电桥法具有较高的测量精度，但它的电路复杂而且需要进行电桥平衡调节，不宜完成快速的自动测量。由于测量方法的制约，谐振法需要很高的频率激励信号，一般无法完成较高精度的测量。伏安法在设计中必须完成矢量测量及除法运算，为了实现高精度测量，还需要采用低失真的正弦波信号和高精度的 A/D 转换器，早期实现比较困难。由于计算机技术的发展，智能仪器的计算能力和控制能力有了较大提高，使伏安法在实际中得到广泛应用。

伏安法测量中，有固定轴法和自由轴法两种，固定轴法对硬件要求很高，并且存在同相误差，已很少使用，在智能 RLC 测量仪中大多采用自由轴法，下面介绍自由轴法的测量原理。

9.4.1 自由轴法测量原理

图 9-21 所示是自由轴法测量的基本原理图，主要由正弦信号源 U_0，前端测量电路，相敏检波器、A/D 转换器、微处理器、基准相位发生器以及键盘、显示电路等组成。

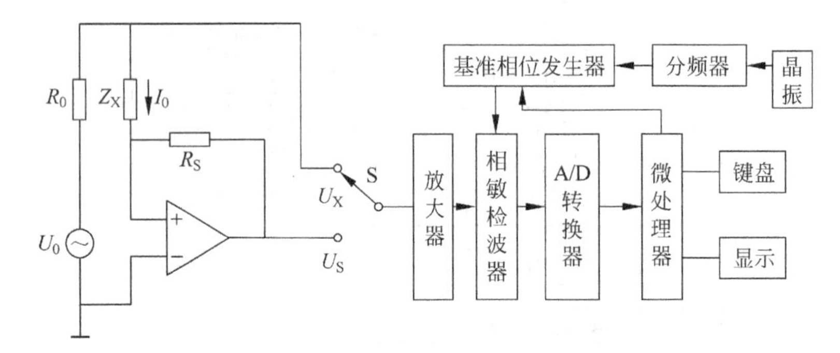

图 9-21 自由轴法 RLC 测量原理框图

为了提高信号源精度，正弦信号源 U_0 采用直接数字频率合成信号源(DDS)。R_0 为辅助电阻，R_S 是标准电阻，Z_X 为被测阻抗，A 为高输入阻抗、高增益放大器，主要完成电流-电压变换功能。测量时，开关 S 通过程控置于 U_X 或 U_S 端。由图 9-21 有 $U_X = I_0 Z_X$，$U_S = -I_0 R_S$，被测阻抗 Z_X 为

$$Z_X = \frac{U_X}{I_0} = -\frac{U_X}{U_S}R_S = -\frac{U_1 + jU_2}{U_3 + jU_4} \times R_S \tag{9-8}$$

由上式可知，只要测出两矢量 U_X、U_S 在直角坐标系中两坐标轴 x、y 上的投影分量，经过四则运算，即可求出测量结果。

在图 9-21 中，被测信号与相位参考基准信号经过相敏检波器后，输出就是被测信号在坐标轴上的投影分量。相位参考基准代表着坐标轴的方向，为了得到每一被测电压(U_S 或 U_X)在两坐标轴上的投影分量，基准相位发生器需要提供两个相位相差 90°的相位参考基准信号。需要指出的是在自由轴法中，相位参考基准与 U_S 没有确定关系，可以任意选择，即 x、y 坐标轴可以任意选择，只需保持两坐标轴准确正交 90°。U_X、U_S 和坐标轴的关系如图 9-22 所示。

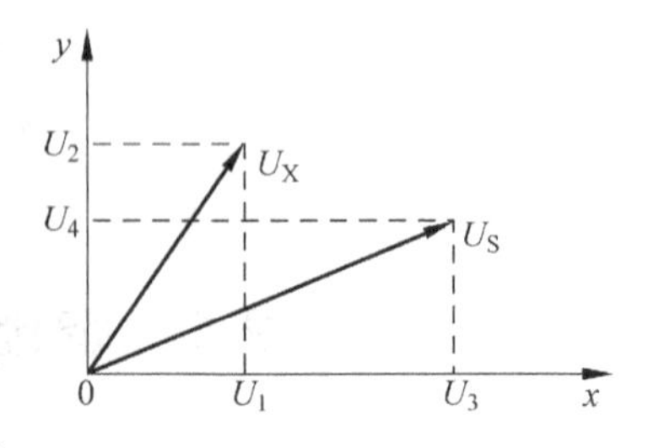

图 9-22 自由轴法矢量图

在图 9-21 中，测量时，先通过开关 S 选择某一被测量(如 U_X)，然后依次送出两个相位相差 90°的相位参考基准信号，分别得到 U_X 在两坐标轴上的投影分量 U_1、U_2，类似，当开关

选择 U_S 时，可得 U_S 在两坐标轴上的投影分量 U_3、U_4。各投影分量经 A/D 转换器可得对应的数字量，再经微处理器计算便得到被测元件参数值。

下面以电容并联电路的测量为例，推导 RLC 参数的数学模型。由图 9-22 可得

$$U_X = U_1 + jU_2 = eN_1 + jeN_2 \tag{9-9}$$

$$U_S = U_3 + jU_4 = eN_3 + jeN_4 \tag{9-10}$$

式中：N_i 为 U_i 对应的数字量；e 为 A/D 转换器的刻度系数，即每个数字所代表的电压值。

由式(9-9)和式(9-10)可知

$$\frac{U_S}{U_X} = \frac{N_3 + jN_4}{N_1 + jN_2} = \frac{N_1N_3 + N_2N_4}{N_1^2 + N_2^2} + j\,\frac{N_1N_4 - N_2N_3}{N_1^2 + N_2^2} \tag{9-11}$$

直接通过对 $N_1 \sim N_4$ 数值的运算，即可完成矢量除法运算。

由式(9-8)和式(9-11)容易得到被测阻抗中的电容值 C_X 及损耗角正切值 D_X。

$$\begin{aligned} Y_X &= -\frac{1}{R_S} \times \frac{U_S}{U_X} = G_X + j\omega C_X \\ &= -\frac{1}{R_S}\left(\frac{N_1N_3 + N_2N_4}{N_1^2 + N_2^2} + j\,\frac{N_1N_4 - N_2N_3}{N_1^2 + N_2^2}\right) \end{aligned} \tag{9-12}$$

式中 G_X 为介质损耗电导。

进而有

$$C_X = -\frac{1}{\omega R_S} \times \frac{N_1N_4 - N_2N_3}{N_1^2 + N_2^2} \tag{9-13}$$

$$G_X = -\frac{1}{R_S} \times \frac{N_1N_3 + N_2N_4}{N_1^2 + N_2^2} \tag{9-14}$$

$$D_X = \frac{G_X}{\omega C_X} = \frac{N_1N_3 + N_2N_4}{N_1N_4 - N_2N_3} \tag{9-15}$$

同理可以导出表 9-4 所示的被测参数 RLC 的计算公式。

表 9-4　被测参数计算公式

等效电路	主　参　数	副　参　数
电容并联	$C_P = \frac{1}{\omega R_S} \times \frac{N_2N_3 - N_1N_4}{N_1^2 + N_2^2}$	$D_X = \frac{N_1N_4 + N_2N_3}{N_1N_4 - N_2N_3}$
电容串联	$C_S = \frac{1}{\omega R_S} \times \frac{N_3^2 + N_4^2}{N_2N_3 - N_1N_4}$	
电感并联	$L_P = \frac{R_S}{\omega} \times \frac{N_1^2 + N_2^2}{N_1N_4 - N_2N_3}$	$Q_X = \frac{N_2N_3 - N_1N_4}{N_1N_3 + N_2N_4}$
电感串联	$L_S = \frac{R_S}{\omega} \times \frac{N_1N_4 - N_2N_3}{N_3^2 + N_4^2}$	
电阻并联	$R_P = -R_S \times \frac{N_1^2 + N_2^2}{N_1N_3 + N_2N_4}$	$Q_X = \frac{N_2N_3 - N_1N_4}{N_1N_3 + N_2N_4}$
电阻串联	$R_S' = -R_S \times \frac{N_1N_3 + N_2N_4}{N_3^2 + N_4^2}$	

9.4.2 正弦信号源与相敏检波器

在自由轴法测量RLC原理电路(见图9-21)中,相敏检波器及正弦信号发生器是RLC测量仪的关键部分,下面予以介绍。

1. 正弦信号源

RLC测试仪需要一个正弦信号激励源,为了保证测试精度,要求信号源产生的正弦信号波形失真小,幅值稳定。测试中,还要求信号源频率和相敏检波器相位基准信号的频率相同。所以正弦信号源与基准相位发生器在电路上密切相关。为了保证测试精度,一般采用直接数字频率合成DDS技术产生正弦信号激励源。DDS具有系统稳定性强,以及相位、频率精确可调的优点。图9-23所示为采用DDS的正弦信号源及相敏检波器原理图。

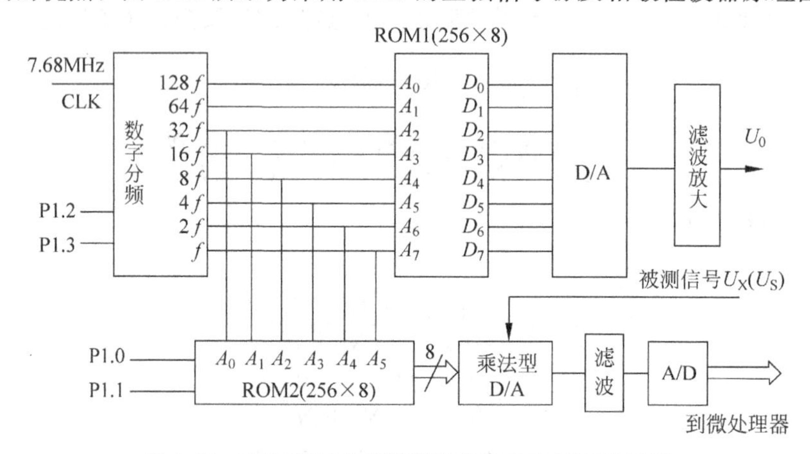

图9-23 采用DDS的信号源及相敏检波器原理框图

图中CLK时钟信号经分频器后,得到依次二倍频率关系的8路信号,作为ROM1的地址输入,ROM1内存放有256个按正弦规律变化的数据,即每一个存储单元存储的样点数据与其地址之间的关系和正弦波的正弦幅值与时间轴的关系一致。在分频器输出8路信号作用下,ROM1依次输出正弦曲线样点数据,经D/A转换器后输出阶梯正弦波,再经滤波、放大,就得到了测试用的正弦激励信号。信号基础频率由单片机的P1.2和P1.3控制,若P1.2、P1.3分别为00、10、01,则基础频率f依次为100Hz、1kHz、10kHz。

2. 相敏检波器

图中采用乘法型D/A转换器实现数字鉴相,ROM2内部分为4个区,每区有64个数据,分别代表了4组相差90°的正弦波信号值。由P1.0,P1.1选择不同的区域。当P1.1、P1.0分别为00、01、10和11,而6位地址$A_5 \sim A_0$不变时,ROM2中对应的4个正弦信号值相位依次相差90°。

ROM2输出的8位数字式基准正弦信号送到8位乘法型D/A转换器,与加至D/A转换器参考电压V_{REF}端的被测电压U_X(或U_S)相乘,再经低通滤波便得到被测信号U_X(或U_S)在坐标轴上的投影。分析如下,先使P1.1、P1.0=00,设ROM2输出的正弦信号为$\cos\omega t$,被测信号$U_X=U_m\cos(\omega t+\varphi)$,经乘法型D/A后输出为

$$U_m\cos(\omega t+\varphi)\cdot\cos\omega t=\frac{1}{2}U_m[\cos(2\omega t+\varphi)+\cos\varphi]$$

再经低通滤波器后输出为$U_m\cos\varphi$,它是被测信号U_X在x坐标轴上的投影。然后使P1.1、P1.0=01,实现90°移相操作,此时ROM2输出为$\cos\left(\omega t+\frac{\pi}{2}\right)$,被测信号$U_X$仍然为$U_m\cos(\omega t+\varphi)$D/A转换器输出为

$$U_m\cos(\omega t+\varphi)\cdot\cos\left(\omega t+\frac{\pi}{2}\right)=\frac{1}{2}U_m\left[\cos\left(2\omega t+\varphi+\frac{\pi}{2}\right)+\sin\varphi\right]$$

经低通滤波可以得到U_X在y坐标轴上的投影分量$U_m\sin\varphi$。

同样道理,可以得到U_S在x、y坐标轴上的投影分量。

本电路所采用的数字鉴相器,比传统的模拟鉴相器具有无法比拟的优点。由于ROM1和ROM2地址线并联,基准相位信号的相位可以精确确定;采用乘法型D/A转换器进行鉴相,减少了传统模拟鉴相器开关动作过程中出现的尖脉冲。此外电路的温度系数也较小。

9.4.3 智能RLC测量仪实例

1. 性能指标及组成

WK4225 RLC测量仪是以微处理器为基础的智能仪器。它能够测量电阻R、电感L、电容C、损耗角正切值D、品质因数Q等参数。具有自动选择量程,自动参数判别,自校准等功能。设计中以软件取代一部分硬件电路,减少了元器件数量,提高了系统可靠性。

该系统主要技术参数如下:

① 测试参数:L、C、R、D、Q;

② 测试频率:100Hz,1kHz,10kHz,准确度为±0.01%;

③ 测试电平:250mV±50mV;

④ 测试时间:650ms/次;

⑤ 测试精度:

- R:0~1MΩ±0.25%,分辨力1mΩ;
- C:0~1600μF±0.25%,分辨力0.1pF;
- H:0~1600H±0.25%,分辨力1nH;
- D:$\pm0.0025(1+D^2)$,分辨力0.0001;
- Q:$\pm0.0025(Q+1/Q)\%$,分辨力0.0001。

WK4225 RLC自动测量仪原理同图9-21、图9-23,晶振产生的方波经分频器,产生f、$2f$、…、$128f$共8个供测试用信号频率和提供相位检波用的6种参考频率信号,8个频率信号驱动正弦表ROM1,输出数字量经D/A转换器得到频率为f的正弦阶梯信号,再经滤波后即为信号源U_0。

相敏检波器的参考信号来自基准相位发生器,在微处理器的控制下后者可产生任意方向的精确的正交直角坐标系,得到U_X和U_S在坐标中的四个投影值U_1、U_2、U_3、U_4。然后由A/D转换器转换成相应数字量N_1、N_2、N_3、N_4,送到RAM中,通过执行测量计算程序得出被测参数值。

2. 测量误差分析与处理

智能RLC测量仪KW4225内部采用计算机技术,实现了自动测量,并且能有效地控制

本仪器的各种误差，测量精度较高。RLC 参数测量仪在测量中的主要误差有：随机误差、内部固定偏移误差、输入端分布参数引起的误差等。下面简要说明减小误差的方法。

(1) 随机误差处理

根据统计原理，随机误差可以通过多次测量后取平均值来减弱，测量仪先对被测参数进行连续多次测量，然后求平均值。

(2) 固定偏移的校正

固定偏移主要由元器件的零点漂移引起，其结果等效于在待测交流信号上叠加了一固定的直流电压。

本仪器一次完整测量由 8 次采样组成，前 4 次和后 4 次分别完成对 Z_X 及 R_S 的测量，每次测量坐标轴相差 90°。设测量通道的直流偏移量为 M，对应某次测量，若实际值为 N_i，测量结果为 N_i+M，则将坐标旋转了 180°后，测量值应为 $-N_i+M$。把两次测量值相减，即

$$(N_i+M)-(-N_i+M)=2N_i$$

然后对差值除以 2，便得到消除直流偏移量的 N_i。

(3) 开路校准和短路校准。

RLC 测量仪的测量端、测量线以及测量夹具总是存在残余阻抗和残余导纳，这些残余量对小电容、小电感、小电阻的测量会造成较大的误差。传统的元件参数测量仪在测量前要进行人工校正，即在测试条件相对稳定后，先测量其残余量，再根据被测量的性质对实际测量值予以修正。WK4225 RLC 自动测量仪通过软件引入自动开路校准和短路校准，简化了上述手续，使用方便。校正的基本思想是首先通过理论分析建立系统的误差模型，求出误差修正公式，然后通过简单的“开路”，“短路”校准技术记录误差因子，最后利用修正公式和误差因子计算修正结果。下面以串联等效电感为例说明。

图 9-24 给出了进行电感测量时仪器的前端误差模型。图中 L_X、R_L 分别代表被测电感器的电感量和等效串联电阻；C_0、R_0 分别表示电路输入端等效的分布电容和漏电阻；L_0、r_0 分别表示等效的馈线电感及电阻。对于低阻抗测量 C_0、R_0 可视为开路，于是有

$$R_{总}+j\omega L_{总}=(R_L+r_0)+j\omega(L_X+L_0) \tag{9-16}$$

显然

$$L_X=L_{总}-L_0 \tag{9-17}$$

$$R_L=R_{总}-r_0 \tag{9-18}$$

根据 Q 值定义 $Q=\dfrac{\omega L}{R}$ 以及式(9-17)和式(9-18)可得

$$Q_X=\frac{\omega L_X}{R_L}=\frac{L_{总}-L_0}{\dfrac{L_{总}}{Q_{总}}-\dfrac{L_0}{Q_0}} \tag{9-19}$$

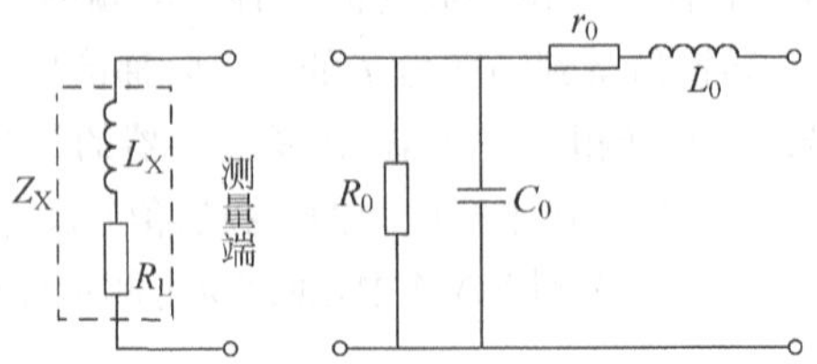

图 9-24　串联等效电感误差模型

式(9-17)和式(9-19)便是电感串联等效模式的 L_X、Q_X 测量误差修正公式，式中 L_0、Q_0 即为误差因子，由于被测参数为小电感、小电阻，所以需施行短路校正。其校正的原理流程图如图 9-25 所示。

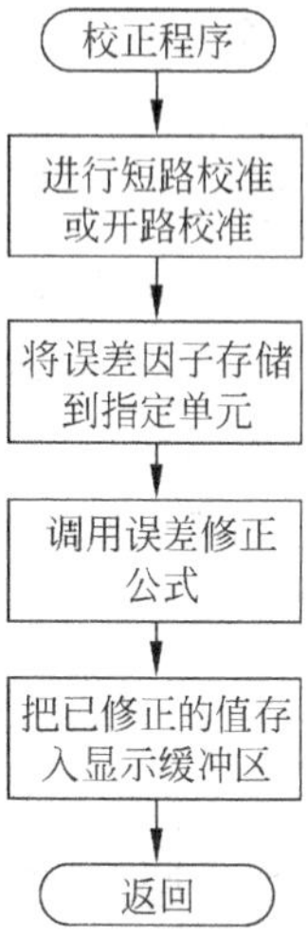

校正程序
进行短路校准或开路校准
将误差因子存储到指定单元
调用误差修正公式
把已修正的值存入显示缓冲区
返回

图 9-25　校正程序流程图

3. 软件流程

系统的软件由主程序、测量程序、计算程序、显示输出以及中断处理程序等组成。下面主要介绍主程序和测量程序的流程。

(1) 主程序

主程序流程图如图 9-26 所示。开机后，主程序首先进行自检，自检通过后，对仪器进行初始化。主要包括设置中断、堆栈、I/O 接口工作方式及显示工作方式。该仪器初始测量状态为电容测量、测量信号频率为 1kHz、并联等效电路、连续测量方式。仪器正常工作时，可以通过操作键盘改变测量方式(单次或者连续)。

(2) 测量程序

测量程序如图 9-27 所示。测量程序是仪器测量中的关键环节，主要完成数学模型中所需 N_i 值的测量及量程的自动转换。

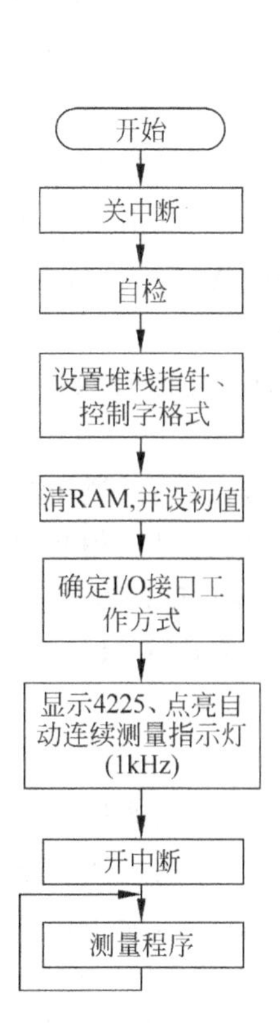

图 9-26　主程序流程图

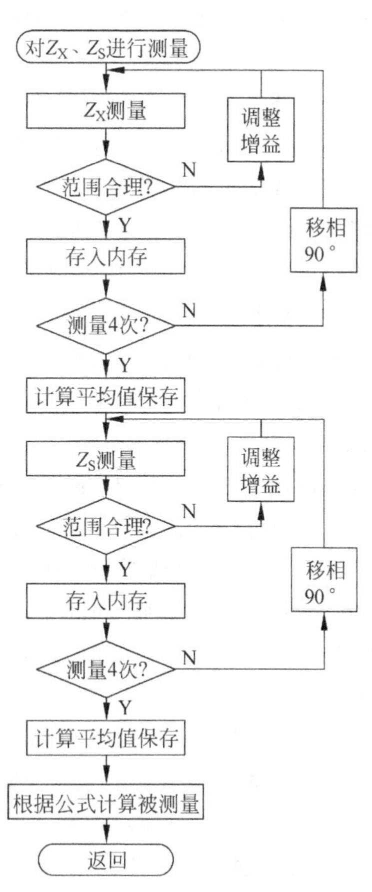

图 9-27　测量程序流程图

首先对 Z_X 进行测量,测量中通过调整电路选择合适量程。对 Z_X 测量 4 次,相邻两次测量点相位相差 90°,将第一、三次测量点(设相位为 0°、180°)的测量值进行去直流偏移运算,则得到 Z_X 在一个坐标轴(如 X 轴)的投影量校正值。将第二、四次测量点(设相位为 90°、270°)的测量值进行去直流偏移运算,则得到 Z_X 在另一个坐标轴(Y 轴)的投影量校正值。然后对 Z_S 进行测量,对 Z_S 也需测量 4 次,测量方法同 Z_X,测量结果仍得到在 X 轴、Y 轴的投影校正值,最后将 Z_X、Z_S 各自的两个投影量校正值代入前述被测量计算公式计算,即得到测量结果。

9.5 通用电子计数器测量原理及组成

9.5.1 通用电子计数器测量原理

时间、频率测量是电子测量领域的一项重要内容,通常通过电子计数器来实现。根据仪器所具有的功能不同,电子计数器分为通用电子计数器和专用电子计数器。

通用电子计数器是一种具有多种测量功能、多种用途的电子计数器,它可以完成频率、周期、脉宽、时间间隔以及频率比等参数的测量,还可以实现计时功能。如果配上相应的附件,还能实现相位、电压等的测量。

专用电子计数器是专门用于测量某个特殊功能的计数器。例如专门用于微波频率测量的频率计数器,它是一种以测量时间为基础、分辨率可达纳秒级的时间计数器。又如可逆计数器、预置计数器、差值计数器等特种功能计数器。

随着计算机技术的发展,产生了智能电子计数器。智能电子计数器是具有智能化测量功能的电子计数器。智能电子计数器以硬件为基础,以软件为核心,由于采用了计算机技术,一切操作由 CPU 控制,因此可以很方便地实现多种新的测量技术,并能对测量结果进行数据处理和统计分析,从而极大地改善了电子计数器的性能。

由于通用计数器应用广泛、原理典型,所以本节主要介绍通用电子计数器的测量原理。

(1) 频率测量

频率测量原理框图如图 9-28 所示。频率为 f_X 的被测信号,经输入通道放大整形后送至闸门(主门)。同时晶体振荡器输出信号经分频器逐级分频之后,可获得各种时间标准信号(简称时标),通过闸门时间选择开关将所选时标信号加到门控双稳,再经门控双稳形成控制主门启、闭的作用时间 T(称闸门时间)。则在所选闸门时间 T 内主门开启,被测信号通过主门进入计数器。若计数器计数值为 N,则被测信号的频率为 $f_X=N/T$。

(2) 周期测量

周期测量的原理如图 9-29 所示。周期是频率的倒数,因此,可以通过把测量频率时的计数信号和门控信号的来源相对换来实现周期的测量。周期为 T_X 的被测信号由通道 B 进入,放大整形、分频后,再经门控双稳输出作为主门启闭的控制信号,使主门仅在被测周期 T_X 时间内开启。晶体振荡器输出的信号经倍频和分频得到了一系列的时标信号,通过时标选择开关,将所选时标送往主门。在主门开启时间内,计数器对选定时标脉冲计数。设计数值为 N,时标脉冲周期为 T_0,则被测信号周期 T_X 为:$T_X=NT_0$。

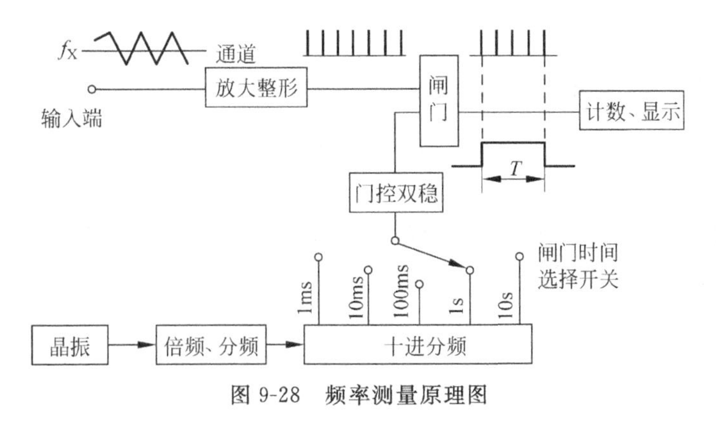

图 9-28　频率测量原理图

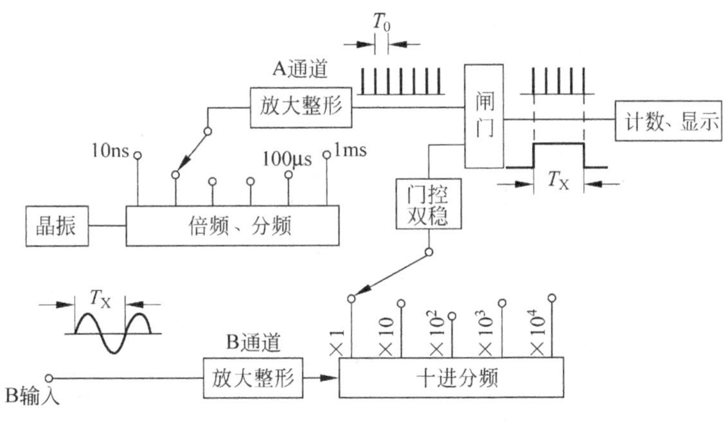

图 9-29　周期测量原理图

(3) 时间间隔测量

测量时间间隔 T_{A-B}的基本原理框图如图 9-30 所示。它是在测周期方框图的基础上，将门控双稳改为分别由两个通道输出的脉冲信号来控制的，其中信号 f_A 产生的脉冲与被测时间间隔的起点相对应，称为启动信号，它使门控双稳置位而开启闸门；信号 f_B 产生的脉冲则与被测时间间隔的终点相对应，称为停止信号，它使门控双稳复位而关闭闸门。于是，控制闸门开启的信号宽度就等于被测时间间隔 T_{A-B}。在这段时间内时标脉冲进入计数器计数，根据计数值 N 及时标信号周期 T_0 即可得到被测时间间隔。

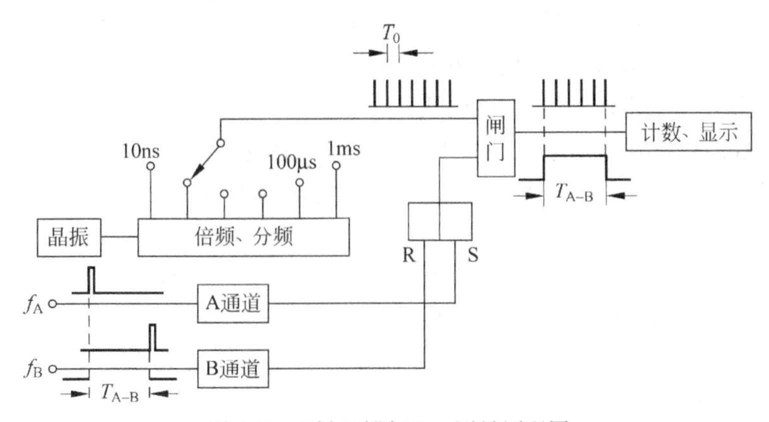

图 9-30　时间时隔 T_{A-B}测量原理图

9.5.2 通用电子计数器的基本组成

1. 基本组成

一个较为简单的典型通用计数器的基本组成如图 9-31 所示，它由输入通道、计数、时基、控制与电源五大部分组成。

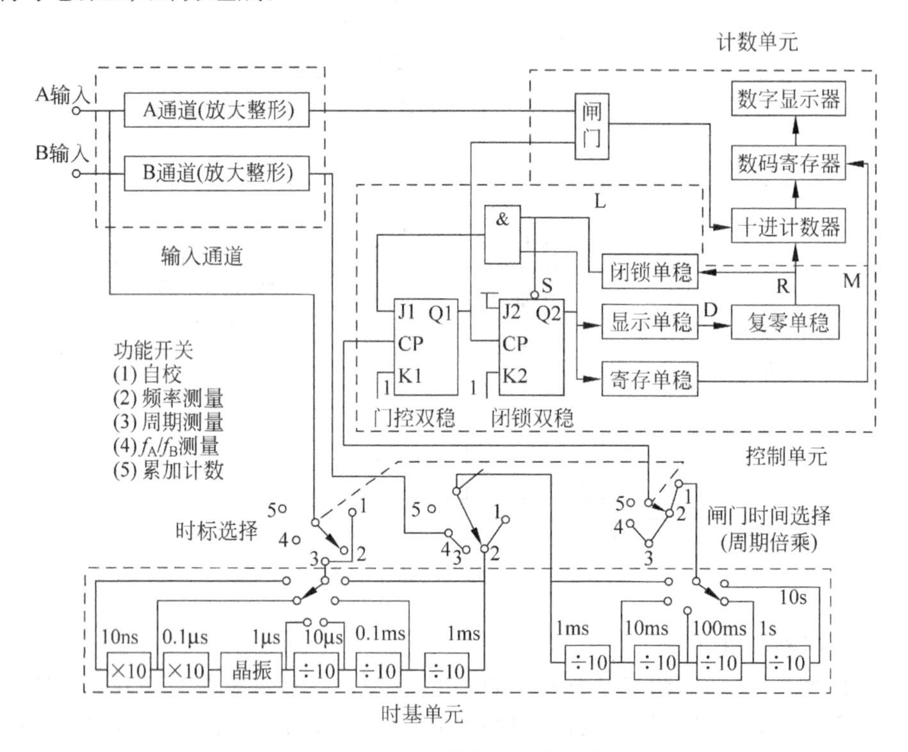

图 9-31 通用计数器基本组成

输入通道部分包括 A，B 两个通道，它们均由衰减器、放大器和整形电路等组成。凡是需要计数、测频的外加信号，均由 A 通道输入，经过 A 通道适当的衰减、放大整形之后，变成符合主门(闸门)要求的脉冲信号。而 B 通道的输出与一个门控双稳相连，若需测周，则被测信号就要经过 B 通道输入，作为门控双稳的触发信号。

计数单元由主门和计数、显示电路组成，主门是用于实现量化的比较电路，通常由与门或者或门来实现。计数与显示电路是用于对来自主门的脉冲信号进行计数，并将计数的结果以数字的形式显示出来。为了便于读数，计数器通常采用十进制计数电路。带有微处理器的仪器也可用二进制计数器计数，然后转换成十进制并译码后再送入显示器。

时基电路主要用于产生各种标准时间信号。由于电子计数器类仪器是采用基于被测时间参数与标准时间进行比较的方法进行测量，因此测量精度与标准时间有直接关系，因而要求时基电路具有高稳定性和多值性。为了使时基电路具有足够高的稳定性，时基信号源采用了晶体振荡器，在一些精度要求更高的通用计数器中，为使精度不受环境温度的影响，还对晶体振荡器采取了恒温措施；为了实现多值性，在高稳定晶体振荡器的基础上，又采用了多级倍频和多级分频器。电子计数器共需时标和闸门时间两套时间标准，它们由同一晶体振荡器和一系列十进制倍频器和分频器来产生。例如，图 9-31 中 1MHz 晶体振荡器经各级倍频及前几级分频器得到 10ns、0.1μs、1μs、10μs、100μs、1ms 七种时标信号；若再经后几级分频器可继而得到 1ms、10ms、100ms、1s、10s 五种闸门时间信号。

控制电路的作用是产生门控(Q_1)、寄存(M)和复零(R)三种控制信号，使仪器的各部分电路按照准备→测量→显示的流程有条不紊地自动进行测量工作。例如在测频功能下控制电路的工作过程如下：在准备期，计数器复零，门控双稳复零，闭锁双稳置“1”，门控双稳解锁(即 J1 为 1)，处于等待一个时标信号触发的状态；在第一个时标信号的作用下，门控双稳翻转(Q_1 为 1)，使主门打开，被测信号通过主门进入计数器计数，仪器进入测量期，当第二个时标信号到来时，门控双稳再次翻转使主门关闭，于是测量期结束而进入显示期；在显示期，由于门控双稳在翻转的同时也使闭锁双稳翻转(Q_2 为 0)，闭锁双稳的翻转一方面使门控双稳闭锁(J_1 为 0)，避免了在显示期门控双稳被下一个时标信号触发翻转，另一方面也通过寄存单稳产生寄存信号 M，将计数结果送入寄存器寄存并译码驱动显示器显示，为了使显示的读数保持一定的时间，显示单稳产生了用做显示时间的延时信号，显示延时结束时，又驱动复零单稳电路产生计数器复零信号 R 和解锁信号，使仪器又恢复到准备期的状态，于是上述过程又将自动重复。通用计数器控制电路的时间波形图如图 9-32 所示。从以上过程可以看出，控制电路是整个仪器的指挥中心。

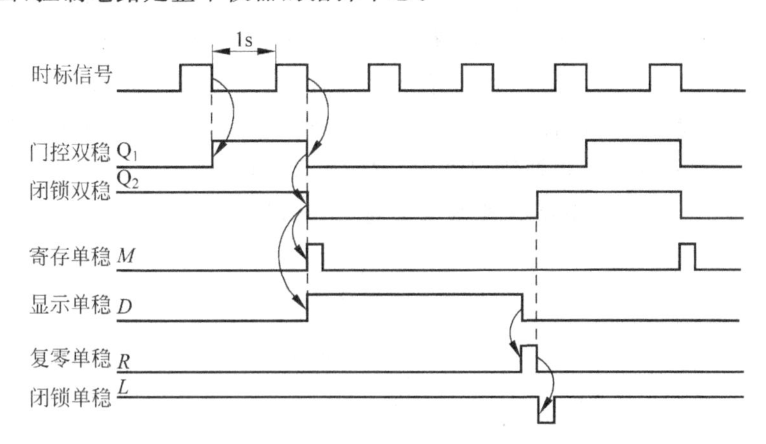

图 9-32 控制电路工作波形

图 9-31 所示的通用计数器共含五个基本功能，它是通过功能开关进行选择的。

当功能开关置于位置“2”时，仪器处于频率测量功能，此时电路连接与图 9-28 所示的频率测量的电原理图完全一样，被测信号从 A 端输入，其测量原理不再赘述。

当功能开关置于位置“3”时，仪器处于周期测量功能，此时电路连接与图 9-29 所示的周期测量电路原理图相符，被测信号从 B 端输入，其测量过程不再赘述。

当功能开关置于位置“4”时，仪器处于 A 信号与 B 信号频率比(f_A/f_B)测量功能。被测信号 A 和被测信号 B 分别由 A 输入端和 B 输入端输入，信号 B 经过 B 通道处理后，作为门控双稳的触发脉冲，通过功能开关去控制门控电路启闭，从而使主门开启的时间恰好为 B 信号的一个周期 T_B。同时，被测信号 A 经 A 通道处理后再经主门送往计数器，从而使计数器累计了 B 信号周期内 A 信号的脉冲个数 N，N 即为 A 信号频率 f_A 与 B 信号的频率 f_B

之比($N=f_A\times T_B=f_A/f_B$),为了提高 f_A/f_B 功能的测量精度,可将B信号经通道处理后再经周期倍乘器进行分频。

当功能开关置于位置"5"时,仪器处于累加计数功能。累加计数是在一定的人工控制时间内记录A信号的脉冲个数,其人工控制的时间通过操作开关S来实现(图中未画出)。

当功能开关置于位置"1"时,仪器处于自校功能。从电路的连接可以看出其电路形式如同频率测量电路,所不同的是,在自校功能下被测信号是机内的时标信号,因而其计数与显示的结果应是已知的,若显示的结果与应显示的值不一致,则说明仪器工作不正常。例如闸门时间 T 选为1s,时标 T_0 选1ms,8位计数器应显示的数字为 $N=00001.000$,单位为kHz;若如闸门的时间 T 选为10s,时标 T_0 仍选为1ms,则显示应为 $N=00010.000$,单位为kHz。如果在 T 选为1s时,测量结果正确,而在 T 选为10s时显示结果不正确,则可初步断定电路故障点在最后一级分频器或开关在该处的连接点或连接线断路等。

2. 输入通道

电子计数器的许多技术指标,例如频率范围、输入阻抗、灵敏度、抗干扰性能等均由输入通道决定。输入通道部分包括A、B两个通道,每一通道由调整电路、放大整形电路、触发电平调节电路等几部分组成。

调整电路一般由阻抗变换器、衰减器、保护电路等组成。下面以图9-33所示的HP5386A频率计数器的调整电路为例进行分析。电路中 C_1 为隔直电容,R_{13}、R_{15}、R_{18}、C_7、C_{10} 以及继电器 K_1 组成×1、×20两档衰减器。当 K_1 的开关释放时(如图所示)为×1档,此时 R_{13} 短路,R_{18} 被断开,信号通过 R_{16}、R_{15} 和 C_7 送到 T_2。当 K_1 的开关吸合时为×20档,信号被 R_{15} 以及与其并联的高频补偿网络 R_{13}、C_7 与 R_{18}、C_{10} 的分压衰减了20倍。K_1 是由 T_3 驱动,T_3 被当作一个开关由微处理器送来的电平信号来实施控制。D_1、D_2 与 R_{13}、R_{15}、

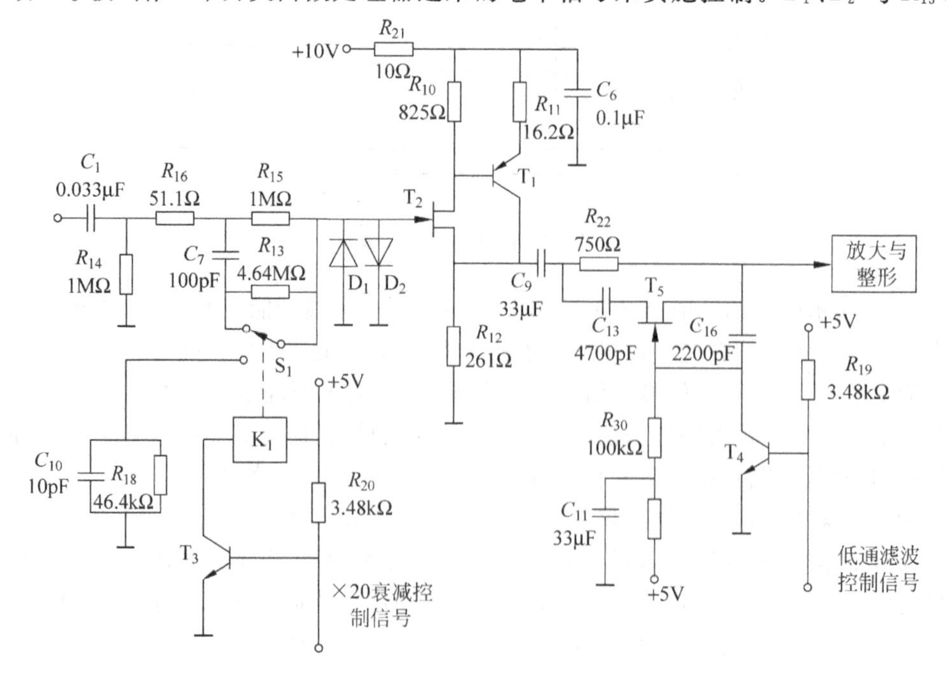

图9-33 HP5386A频率计数器调整电路

R_{16}、C_7 一起构成限幅器，因此即使在输入信号很大时，仪器也不会损坏。T_1 和 T_2 为阻抗变换器，以获得较高的输入阻抗。R_{22} 和 C_{16} 组成了截止频率为 100kHz 的低通滤波器，C_{16} 通过 T_4 与地相接，当来自微处理器的控制信号为低电平时，T_4 截止而使低通滤波器断开，同时 T_4 集电极为高电平，使 T_5 导通，信号通过 C_{13} 建立起高频通道。

输入通道中的放大整形电路一般采用斯密特触发器，斯密特触发器一方面起到整形作用，另一方面其滞后带宽度 ΔE 可有效地抑制信号中的干扰。触发电平调节电路用于设定仪器的触发电平，一般不同的输入信号应有不同的触发电平，触发电平通常设定在输入波形的中点。

为了更好地处理输入信号，有些电子计数器还将输入通道分为低频通道和高频通道。其中低频通道一般只处理 100MHz 以下的信号，其输入阻抗为 1MΩ；高频通道输入阻抗为 50Ω，为了能与低频通道共用一套主计数器，高频通道含有预分频器，使经过高频通道的信号先分频为 100MHz 以下的信号，再进入主计数电路。图 9-34 示出了一个具有上述功能的输入电路示意图。微处理器根据通道识别器的输出状态来对通道选择门进行控制，通道识别器主要电路为一电压比较器，其工作原理如图 9-35 所示，当高频通道没有输入时，比较器 2 端电压高于 3 端电压，比较器输出低电平；当高频通道有输入时，一部分高频信号经二极管检波后迭加到比较器 2 端，使比较器输出高电平。微处理器根据通道识别器输出的状态，输出通道选择门控制信号，使相应通道接通。此外，由于高频通道含有预分频器，微处理器还要记下通道的状态，作为确定测量结果中小数点及单位的依据。

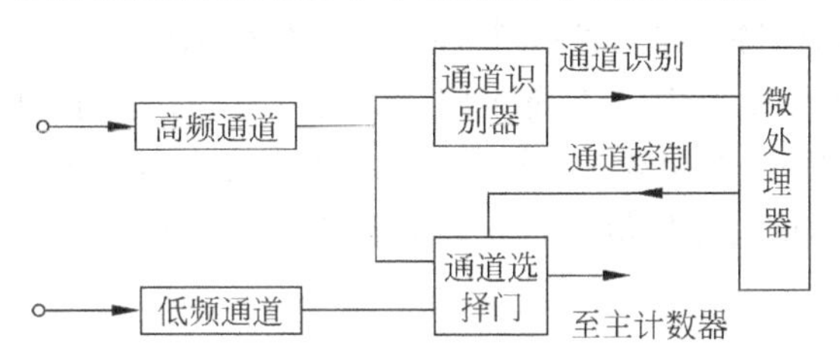

图 9-34　具有高、低频通道的输入电路

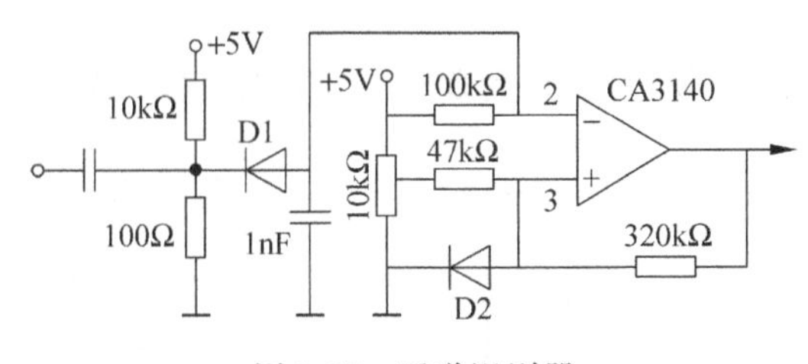

图 9-35　通道识别器

9.6　提高频率测量精度的方法

在按图 9-28 所示的原理测量频率时，若被测频率很低，则由 ±1 误差引起的测量误差将大到不能允许的程度，例如，$f_X=1$Hz，闸门时间为 1s 时，测量误差高达 100%。因此，为提高低频测量精度，通常将电子计数器的功能转为测周期，然后再利用频率与周期互为倒数的关系来换算出频率值，这样便可得到较高的精确度。但在测量周期时，若被测周期很小，

也会产生同样的问题并且存在同样的解决办法。即在被测信号的周期很小时，宜先测频率，再换算出周期。将测量频率转换为测量周期，或将测量周期转换为测量频率时，测频与测周相对误差都相同的信号频率称为中介频率，理论分析表明中介频率为

$$f_{XM}=\sqrt{\frac{1}{T\times T_0}} \tag{9-20}$$

其中：T_0 为测周的时标周期；T 为测频的闸门时间。

在中界频率下，测频和测周所引起的量化误差相等。很显然，当被测信号的频率 $f_X>f_{XM}$时，宜采用测频的方法，当被测信号的频率 $f_X<f_{XM}$时，宜采用测周的方法。中界频率 f_{XM}与测频时所取的闸门时间以及测周时所取的时标有关。

上述测量方法是减少由±1 误差引起测量误差的一种有效方法，但还存在两个问题：一是该方法不能直接读出被测信号的频率值或周期值；二是在中界频率附近，仍不能达到较高的测量精度。为解决这两个问题，可以采用多周期同步测量技术(即等精度测量技术)及内插扩展技术。

9.6.1 多周期同步测量技术

多周期同步测量频率的原理如图 9-36(a)所示，其工作过程是：单片机预置一定宽度(如 1s)的闸门脉冲信号，加至 D 触发器以形成同步闸门信号 T；被测信号频率 f_X 分两路加入，一路加至 D 触发器作为 CP 时钟，和预置闸门一起作用，在 Q 端形成同步闸门(见图 9-36(b)中的 T 波形)，并分别加到主门 1 和主门 2，将主门 1、2 同时打开；这时，被测频率 f_X 通过主门 1 进入计数器 1，对进入的 f_X 周期数进行计数，计数结果设为 N_X；同时，晶振标准频率 f_0 通过主门 2 进入计数器 2，得到计数值 N_0，其波形如图 9-36(b)所示，由图可得

$$N_X T_X = N_0 T_0 \tag{9-21}$$

因此

$$f_X=\left(\frac{N_X}{N_0}\right)\times f_0 \tag{9-22}$$

由于实际上是通过测量 T_X，而求其倒数得 f_X，所以也称其为倒数计数器。

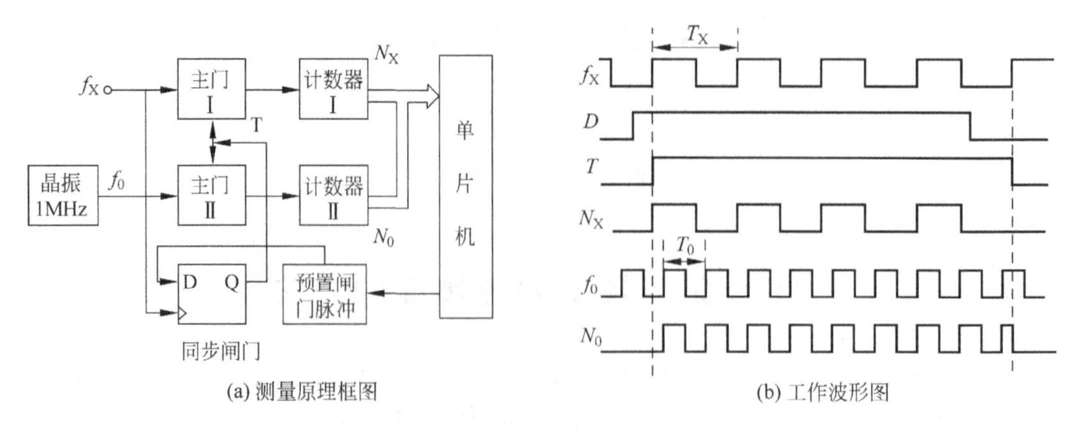

(a) 测量原理框图　　(b) 工作波形图

图 9-36 多周期同步测频原理

由以上工作过程和波形图可以看出，N_X 对被测信号 T_X 的计数是与闸门同步的，故不存在(±1)量化误差。这样，用该计数器测频，不管频率高低，其精度是相同的。这时，误差仅发生在计数器 2 对 f_0 的计数 N_0 上，因为主门 2 与 f_0 之间并无同步关系，故仍存在量化误差。不过，通常 $f_0 \gg f_X$，故±1 误差相对小得多。

9.6.2　内插扩展技术

用内插法测时间的原理，如图 9-37 所示。为了测量时间间隔 τ_X，计数器实际应测量的是 τ_0、τ_1 和 τ_2 三个参数，其中 τ_0 为起始脉冲后的第一个钟脉冲与终止脉冲后的第一个钟脉冲之间的时间间隔，τ_1 为起始脉冲与第一个钟脉冲之间的时间间隔，τ_2 为终止脉冲与紧接着到来的时钟脉冲之间的时间间隔。

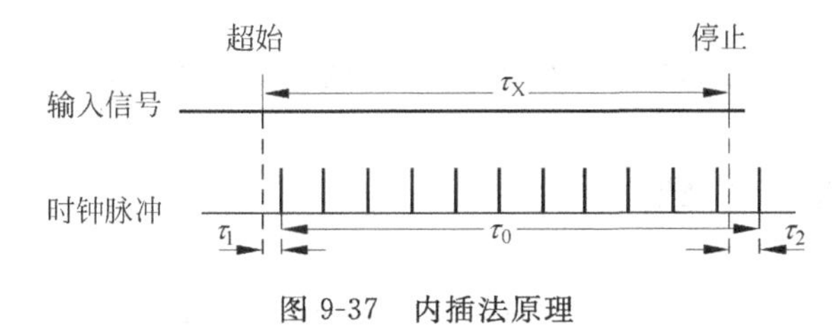

图 9-37　内插法原理

由图 9-37 可知，被测时间间隔 τ_X 为

$$\tau_X = \tau_0 + \tau_1 - \tau_2 \tag{9-23}$$

τ_0 的测量与普通计数器相同，即累计该时间间隔内出现的时钟脉冲数。两个“零头”时间 τ_1 和 τ_2 采用内插法来测量，即先用两个内插器将 τ_1 和 τ_2 分别扩展 1000 倍，然后再在扩展后的时间间隔内，对同一脉冲进行计数，故被测时间间隔 τ_X 为

$$\tau_X = \left(N_0 + \frac{N_1}{1000} - \frac{N_2}{1000}\right)T_0 \tag{9-24}$$

式中：N_0 为在 τ_0 内的计数值；N_1 为在 $1000\tau_1$ 内的计数值；N_2 为在 $1000\tau_2$ 内的计数值；T_0 为时钟脉冲的周期。

计数过程结束后，再按式 9-24 进行运算，就可直接显示被测时间的读数。

图 9-38 所示为内插时间扩展器原理示意图。以“起始”扩展器为例，在 τ_1 时间内，用一个恒流源对一个电容器充电，随后以充电时间 τ_1 的 999 倍的时间放电至电容器原电平。内插扩展器控制门由起始脉冲开启，在电容器 C 恢复至原电平时关闭。扩展器控制的开门时间为 τ_1 的 1000 倍，在 τ_1 时间内计得时钟脉冲数为 N_1；类似地，终止内插器也将 τ_2 扩展 1000 倍，得计数值 N_2。

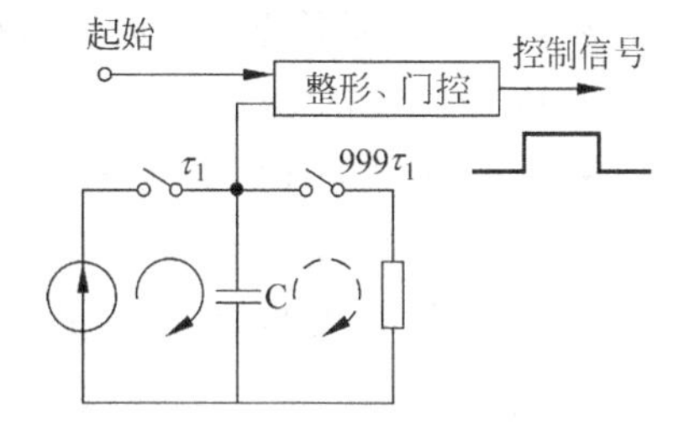

图 9-38　内插法原理

由此可见，用模拟内插技术，虽然测 τ_1、τ_2 时±1 字的误差依然存在，但其相对大小可缩小为原来的 1/1000，使计数器的分辨率提高了三个量级。例如，T_0 = 100ns，则普通计数器的分辨率不会超过 100ns，内插后，其分辨率提高到 0.1ns，这相当于普通计数器用 10GHz

时钟时的分辨率。

利用上述原理，可以测量周期和频率。这时，计数器计得的仍然是时间间隔。在这种情况下，除了测量 τ_0、τ_1 和 τ_2 之外，还要确定在这个时间间隔内被测信号有多少个周期 N_X。这样，就可以通过以下计算得到周期 T_X 和频率 f_X。

$$T_X = \frac{\left(N_0 + \frac{N_1 - N_2}{1000}\right)T_0}{N_X} \tag{9-25}$$

$$f_X = \frac{1000N_X}{(1000N_0 + N_1 - N_2)T_0} \tag{9-26}$$

9.7 智能电子计数器的设计

本节介绍以集成计数器芯片 ICM7226 为基础的智能电子计数器的设计。

9.7.1 ICM7226 芯片介绍

ICM7226 为全数字化通用计数器芯片，ICM7226 由 10MHz 时基振荡器、5 位十进制时基分频器、8 位十进制主计数器和锁存器、7 段译码器及 8 位的位扫描器、控制逻辑电路等组成。

ICM7226 系列芯片的直接测频范围为 0～10MHz，测周范围为 0.5μs～10s，并有 0.01s、0.1s、1s、10s 等 4 个闸门时间可供选择。它能够直接驱动 LED 显示器。当选用 ICM7226A 芯片时，采用共阳极 LED 显示器；选用 ICM7226B 芯片时，采用共阴极 LED 显示器。

ICM7226B 引脚排列如图 9-39 所示。引脚功能如下。

- D_1～D_8：信号输出端，它们具有复用功能。主要用于动态扫描显示、工作方式选择、功能选择、量程选择等。用于扫描显示时，D_1～D_8 和各位 LED 显示器公共端分别相连。用于工作方式选择、功能选择、量程选择时连接方法见下文。
- a～g：显示数据的段码输出端，它与各位 LED 的相应端直接相连接。
- BCD1、BCD2、BCD4、BCD8：测量结果的输出端(BCD 码)。
- A 入、B 入：计数器 A 通道、B 通道输入端。A 通道输入范围为 0～10MHz。计数器 B 通道输入范围为 0～2MHz。
- 振荡输入、振荡输出、外接振荡输入、缓冲振荡输出：振荡输入，振荡输出用于时基振荡器的连接。时基振荡器由石英晶体谐振回路和 CMOS 反相放大器构成。CMOS 反相放大器在 ICM7226B 内部，石英晶体、电容等谐振回路元件均外接在 ICM7226B 的振荡输出和振荡输入之间。通过调整谐振回路中的可变电容，可使振荡频率准确地等于 10MHz。振荡信号经整形后还可从缓冲振荡输出端输出。如果不用石英晶体谐振回路产生时基信号，可以通过外接振荡器提供准确的 1MHz 标准频率，由外接振荡输入端输入，如图 9-40 所示。

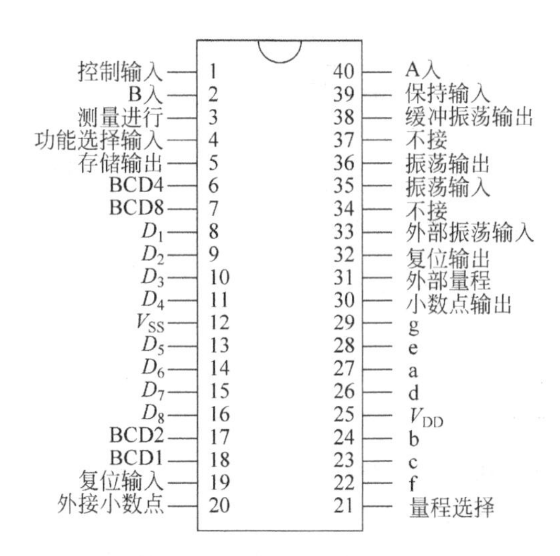

图 9-39　7226B 芯片引脚排列图

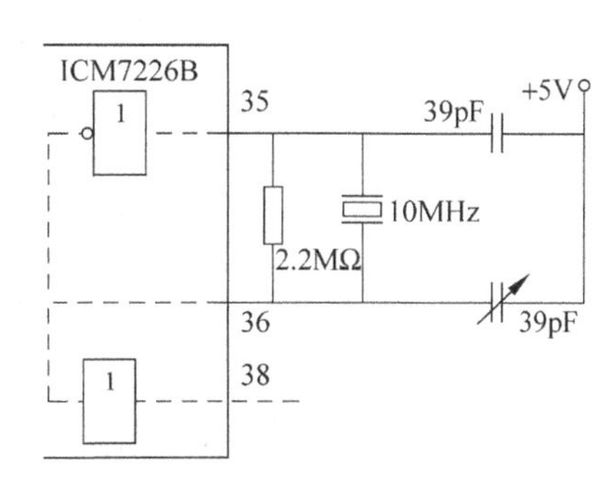

图 9-40　ICM226B 时基振荡器

- 控制输入：ICM7226B 有五种不同的工作方式可供选择。只要将控制输入端(1 脚)与相应输出端(D_1、D_2、D_3、D_4、D_8)相连，就可得到不同的工作方式，如表 9-5 所示。

表 9-5　ICM7226B 的工作方式

工作方式	连接与说明	用　途
外接振荡器方式	① 控制端(1 脚)与 D_1 端(8 脚)相连 ② 振荡输入端(35 脚)和振荡输出端(36 脚)短路；外部振荡信号从振荡输入端(33 脚)输入	常用于内部振荡信号稳定度不能满足要求的测试中
1MHz 晶振方式	① 控制端(1 脚)与 D_2 端(9 脚)相连 ② 此时内部时基分频器系数自动变为 10^4	用于高频振荡器的晶振为 1MHz 的场合
显示熄灭方式	控制端(1 脚)与 D_4 端(11 脚)相连，此时各位显示管均熄灭	用于显示器消隐
显示测试方式	控制端(1 脚)与 D_8 端(16 脚)相连，此时各位显示管均显示“8”	用于检查显示器是否正常
外接小数点方式	① 控制端(1 脚)与 D_3 端(10 脚)相连 ② 小数点的位置取决于外部小数点输入端(20 脚)与 D_1～D_7 的连接	用于将单位转为 MHz 和 Hz 的场合

- 功能选择输入：ICM7226B 有六种测试功能可供选择。只要将功能选择输入端(4 脚)分别与 D_1、D_2、D_3、D_4、D_5、D_8 连接，便可实现频率测量、频率比测量、自检模式、累加计数、时间间隔测量、周期测量等功能，如表 9-6 所示。

表 9-6　ICM7226B 的测量功能

测试功能	连接方式	功能特点
频率测量	功能输入端(4 脚)与 D_1 端相连	ICM7226B 测量和显示输入 A 端(40 脚)的信号频率 f_A
频率比测量	功能输入端与 D_2 端相连	ICM7226B 测量和显示输入 A 端和输入 B 端的频率比值 f_A/f_B (f_A 必须大于 f_B)

续表

测试功能	连接方式	功能特点
自检模式	功能输入端与 D_3 端相连	ICM7226B 测量和显示内部的晶体振荡器的频率 f_0，故此种模式亦称振荡器频率模式。它用来对其测量功能进行自我检查
累加计数	功能输入端与 D_4 端相连	ICM7226B 对输入 A 端的脉冲个数 N_A 进行计数与显示
时间间隔测量	功能输入端与 D_5 端相连	ICM7226B 测量和显示输入 A 和输入 B 的两个信号负跳变之间的时间间隔
周期测量	功能输入端与 D_8 端相连	ICM7226B 测量和显示输入 A 端信号的周期

- 量程选择：ICM7226B 具有四个内部量程和一个外部量程可供选择。量程选择实际上就是改变主计数器的闸门时间，只要将量程选择输入端(21 脚)分别与信号输出端(D_1、D_2、D_3、D_4、D_5)连接，便可产生 0.01s、0.1s、1s、10s 四种闸门时间和外接闸门时间。外接闸门时间由外部量程输入端(31 脚)输入。
- 测量进行，存储输出，复位输出：ICM7226B 有一个表明内部电路正在进行测量的输出端(3 脚)，当该输出端处于低电平时，表明 ICM7226B 正在进行一次测量；当正在测量端处于高电平时，表明内部已停止测量，正在依次进行测量结果的存储(此时，存储输出端 5 脚为低电平)和电路的复位(此时，复位输出端 32 脚为低电平)两项操作。复位操作在每次测量之前都必须进行。正在测量端与存储、复位输出端的定时关系如图 9-41 所示。正在测量端可作为 ICM7226B 与计算机等接口的联络线，它是向计算机表明 ICM7226B 内部状态的一条标志线。

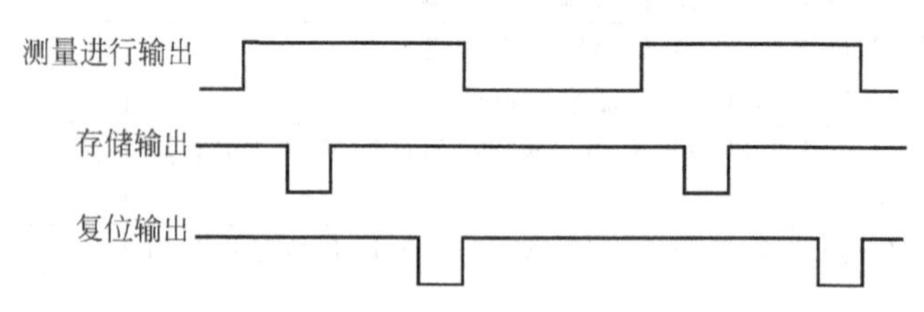

图 9-41 测量进行端与存储、复位输出端定时时序

- 复位输入和保持输入：当复位输入端(19 脚)加低电平时，主计数器复位，显示数据为全“零”，内部电路处于等待新的一次测量的状态；当复位输入端悬空时，此端为高电平，此时复位无效。

当保持输入端(39 脚)为高电平时，ICM7226B 测量停止，主计数器处于等待状态，电路内部的锁存器将主计数器的计数值锁存并且显示出来；当保持输入端从高电平变为低电平时，ICM7226B 开始一次新的测量。

当 ICM7226B 与计算机接口时，保持输入端可作为计算机启、停 ICM7226B 的控制端。复位输入端则可从外部清除计数器，使 ICM7226B 处于等待测量的状态。

ICM7226B 等大规模集成电路已经应用于通用计数器产品中，例如 E312A 型通用计数器就是采用了 ICM7226B。另一种产品 YM3371 型数字频率计则是采用另一种系列的芯片 ICM7216B。由于选用了大规模集成电路，这些产品具有电路简单、体积小、重量轻、耗电小等一系列优点，下面以图9-42所示的由ICM7226B组成的10MHz通用计数器来说明ICM7226B的使用方法。

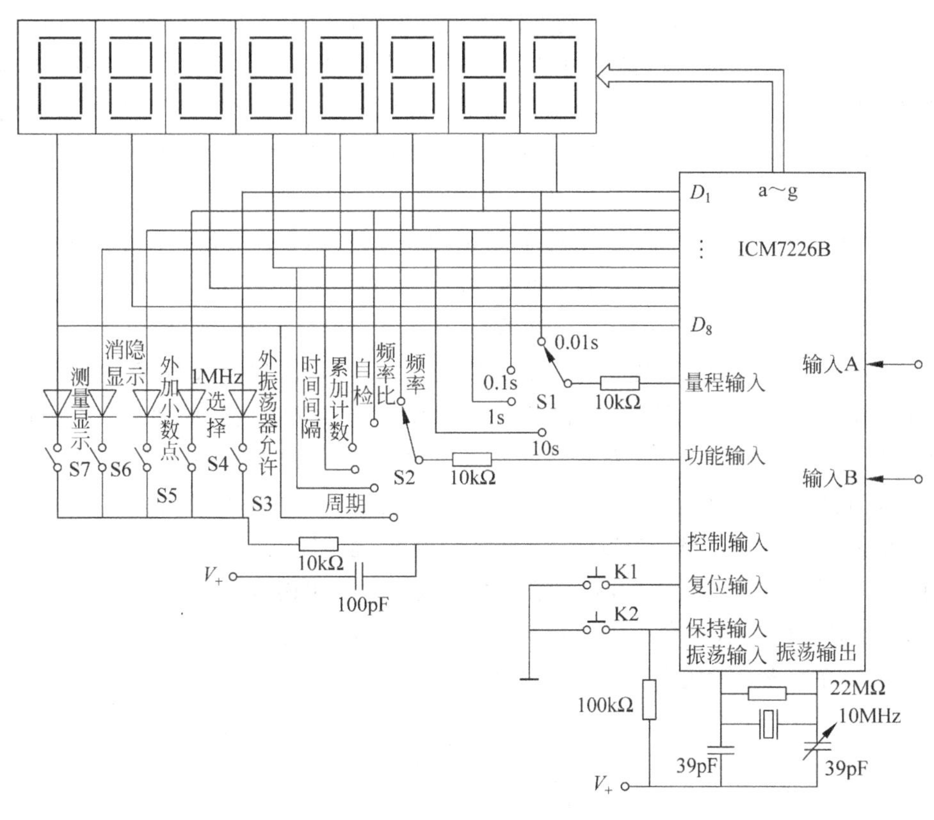

图9-42　ICM7226组成10MHz通用计数器

图中，S1为量程选择开关，S2为功能选择开关，S3～S7为方式控制开关。K1为复位按键，K2为保持按键。

由于ICM7226B的A和B输入端均要求TTL电平脉冲信号驱动，因此被测信号必须经过A输入通道和B输入通道进行放大整形处理，变成TTL电平的脉冲信号。ICM7226B的A端最高输入频率为10MHz，B端最高输入频率为2MHz。如果被测频率上限超过10MHz时，则需要在输入端之前加入一个预分频器，把输入频率降低到10MHz以下。

外接的八只LED数码管采用共阴极动态扫描显示。阴极分别与ICM7226B的D_1～D_8相连，8个显示器的a～g端对应与ICM7226B的a～g端相连。ICM7226B除了七段码信号输出外，还有四条BCD代码输出线(6、7、17、18脚，本例未使用)，可很方便地实现与微型计算机的接口。

9.7.2　应用ICM7226设计智能频率计

应用ICM7226设计的电子计数器虽然具有体积小、成本低等优点，但也有明显的不足：一是上限频率太低，只有10MHz；二是由于ICM7226内部电路是按照传统频率测量原理进行设计的，因而当被测信号的频率很低时，便会产生很大的量化误差。

采用微处理器对 ICM7226 进行功能选择控制，使 ICM7226 处于频率测量或者周期测量，可在很大程度上克服上述不足。其设计思想是采用高、中、低频分段测量的方法。即当被测信号的频率 $f>10\text{MHz}$，先将被测信号进行一次预分频，然后再进入 ICM7226 测量；如果信号的频率在 $3140\text{Hz}<f\leqslant 10\text{MHz}$ 时，则不经预分频，使 ICM7226 直接对被测信号测频；当被测信号频率低于 3140Hz 时，则将 ICM7226 的功能改为测周，ICM7226 测频和测周的中界频率是 3140Hz。

图 9-43 所示的是由 80C51 单片机与 ICM7226A 构成的 100MHz 频率计的电路原理图。图中斯密特反相器 74LS14 用作整形电路，10 分频器 74LS196 用于预分频，双数据选择开关 74LS153 中的一组（A）用来选择是否接入 10 分频器，另一组（B）用来控制 ICM7226A 处于测频或测周功能。80C51 单片机 P0 口与 ICM7226A BCD 码输出相连接，用于读取 ICM7226A 测频或测周时的数值。由 80C51 单片机完成对周期和频率的计算，并驱动显示器显示测量结果。在测量程序初始化时，先将数据选择开关预置接入 10 分频器，ICM7226A 置测频功能，对被测信号频率进行测量，然后根据其测量值决定 A 组和 B 组 74LS153 的开关选择。这样，80C51 不停地进行判断，根据每次判断的结果把数据开关 A 和 B 打到相应的位置上进行测量，测量结果的存取方式采用逐位中断方式。其中最高位位选信号采用 $\overline{\text{INT0}}$ 中断，其余各位中断信号采用 $\overline{\text{INT1}}$ 中断。这样安排中断的目的是为了使测量数据按顺序存入显示缓存区并进行显示。

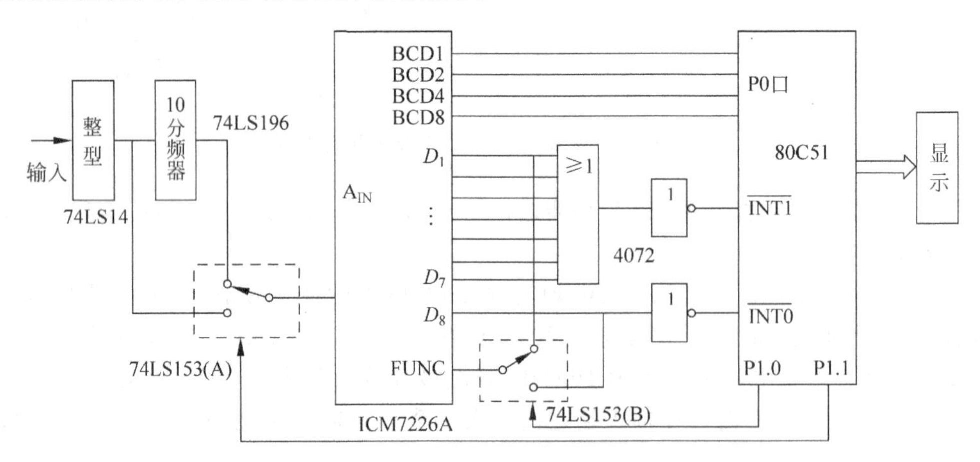

图 9-43 100MHz 频率计电路原理图

仪器软件系统流程图如图 9-44 所示，仪器上电复位后，首先执行主程序。主程序在完成仪器初始化之后，便关闭 $\overline{\text{INT1}}$，打开中断 $\overline{\text{INT0}}$，以随时检测 $\overline{\text{INT0}}$ 中断请求。$\overline{\text{INT0}}$ 中断主要完成最高位数据的读取及处理。该过程结束时，开放 $\overline{\text{INT1}}$ 中断，同时关闭 $\overline{\text{INT0}}$ 中断，$\overline{\text{INT1}}$ 中断完成后 7 位数据的存取及处理。每中断一次，顺序读取一位数据，8 位数据全部读完后，根据所测频率进行判断以转入 10 分频处理、正常测频、周期处理子程序。

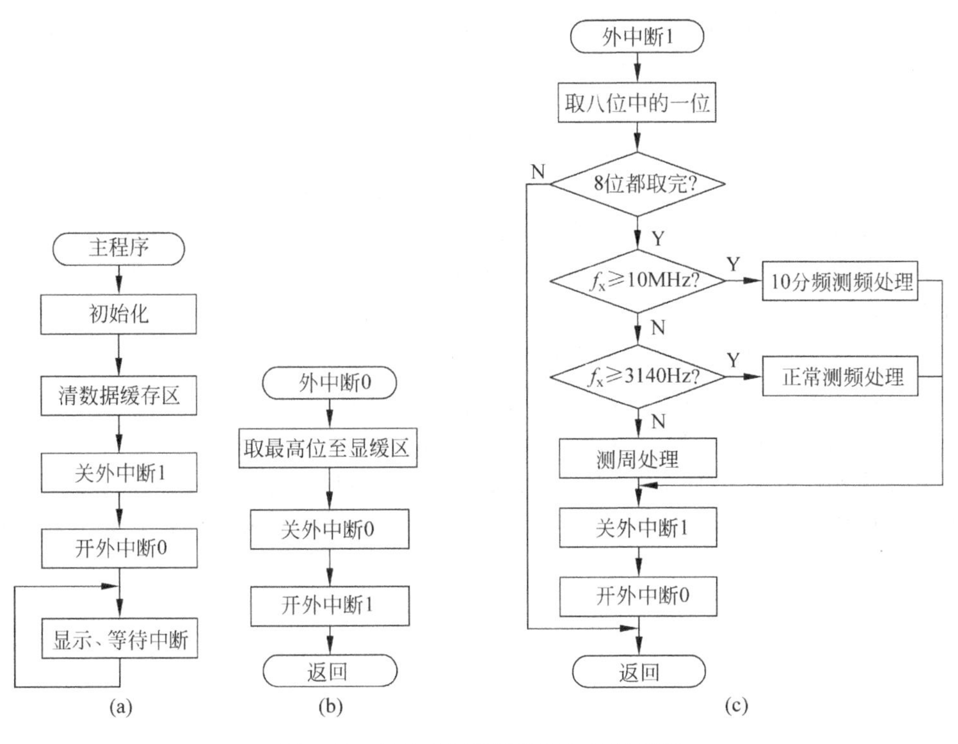

图 9-44 单片机智能计数器软件流程图

思考题与习题

9-1 简述智能 DVM 的组成结构及测量过程。

9-2 一台 DVM 最大显示数为 19999，最小量程是 0.2V，其分辨率为多少？该表能否分辨出 1.5V 被测电压中 10μV 的变化？为什么？

9-3 一台 DVM 的误差表达式为 $\Delta=0.00003\times U_X+0.00002\times U_m$，现用 1.000000V 基本量程测量一电压，得 $U_X=0.799876$V，求此时测量误差 Δ 为多少？相对误差 r 为多少？

9-4 简述图 9-2 所示的 DATRON 1071 型智能 DVM 输入电路中，自举电路为什么能给输入放大器 A_1 提供浮动电源。放大器 A_1 的工作点为什么不会随输入信号的变化而变化？

9-5 简述 HG-1850 型 DVM 自校准的原理及整机工作流程。

9-6 DMM 是如何实现对交流电压、直流电流及电阻测量的？

9-7 简述图 9-10 所示的全波整流式平均值 AC/DC 转换器的工作原理。设 A 点为正弦波，电容 C 的作用不考虑，试画出 B、C 点及输出端的波形。

9-8 为什么采用四端测量模式的恒流源法实现欧姆转换时可以消除引线电阻的影响？

9-9 设计一个以 80C51 单片机为控制器的自动量程数字电压表，被测电压为 0～2000V，分 4 个量程，即 2000V 、200V、20V、2V；测量相对误差≤0.1%；具有数字滤波和误差校正功能。要求画出硬件电路图及软件流程图。

9-10 简述自由轴法测量 RLC 参数的原理。

9-11 通过理论分析说明图 9-23 所示电路，是如何得到被测电压在两坐标轴上的投影分量的？

9-12 简述 WK4225 RLC 测量仪校正固定偏移误差的原理。

9-13 用 8 位计数器测量 $f_X=3.0$MHz 的信号频率，若闸门时间分别置于 1s、0.1s、10ms，使用最后一位小数点，问仪器工作正常时显示值、单位应分别为多少？

9-14 用某计数器测量周期，已知仪器内部时标信号频率为 10MHz，选择周期倍乘率(分频系数 K_f)为 102，计数结果为 14567，问该信号周期值是多少？

9-15 结合图 9-31 和图 9-32 说明通用计数器测频的工作过程。

9-16 简述图 9-33 所示 HP5386A 频率计数器输入通道的工作原理。

9-17 简述应用数字内插技术提高测量精度的原理。

9-18 集成计数器 ICM7226B 是如何选择工作方式和测试功能的？

9-19 应用 ICM7226B 设计一个 150MHz 的数字频率计，画出硬件电路并说明工作过程。

第10章

虚拟仪器及网络化仪器

虚拟仪器和网络化仪器是全新概念的新一代测量仪器。本章首先介绍虚拟仪器和网络化仪器的概念、特点及发展历程；之后重点介绍两类仪器的体系结构及组成，并通过实例阐述虚拟仪器及网络化仪器的设计过程。

10.1 虚拟仪器概述

10.1.1 虚拟仪器的基本概念

在科学研究和工业控制中的信号采集、过程监控和数据分析等各个环节，电子测量仪器都起着至关重要的作用。随着科研和生产实际中新的测试任务、测试方法的不断出现，传统概念上的测量仪器已不能适应实践工作的需要，虚拟仪器应运而生。

虚拟仪器(Virtual Instrument，VI)是仪器技术和计算机技术深层次结合的产物，是在以计算机为核心的硬件平台上，由用户定义功能，具有虚拟面板，其测试功能由测试软件实现的一种计算机仪器系统。虚拟仪器的实质是利用计算机(一般指个人计算机)的显示、存储和数据运算等功能，在软件的控制下实现对检测信号的运算、分析和处理；利用I/O接口设备实现对信号的采集、测量与调理，从而完成各种测试功能的一台计算机仪器系统。虚拟仪器概念是对传统仪器概念的重大突破，它的出现使电子仪器与个人计算机之间的界限变得模糊了。

虚拟仪器中的“虚拟”有以下两方面的含义：

(1) 虚拟仪器面板

传统仪器面板的控件都是实物。操作人员通过仪器物理面板上的开关、按键等实现仪器电源的通断，输入通道、量程等参数的设置；仪器状态和测量结果由面板上的数码管或显示器来显示。

而虚拟仪器中，计算机显示器是唯一的人-机交互界面，传统仪器上的控件都由外形和实物相像的图形控件来代替。这些图形控件和相应的控件软件事先已经设计好了，操作人员通过鼠标或键盘操纵软件界面中这些控件完成对仪器的操作。

(2) 通过软件编程实现仪器功能

在虚拟仪器中，仪器功能是由软件编程实现的。测量所需的各种激励信号可由软件产生的数字采样序列通过I/O接口输出；传统硬件设备实现困难或成本高的数据处理功能，如信号FFT分析、数字滤波、相关分析、小波分析等，可由软件编程来实现；还可以通过不同测试功能软件模块的组合来满足实际测量任务的不同需要。

10.1.2 虚拟仪器的发展过程

1986年，美国国家仪器公司(National Instrument，NI)提出了虚拟仪器的概念。这一概念的核心可以概括为"软件就是仪器(the software is the instrument)"，即以计算机作仪器的硬件支撑，把传统仪器的专门功能软件化，构成一种从外观到功能都与传统仪器相似，但在实现时却主要依赖计算机软件的全新仪器系统。

虚拟仪器从概念的提出到目前技术的日趋成熟，是伴随着技术的开放性和标准化的过程，其发展的三个阶段，可以按照技术模型或规范为标志进行划分。

第一阶段：解决不同厂家个人仪器产品兼容性的VXI(VMEbus Extensions for Instrumentation)总线技术规范。作为虚拟仪器雏形的个人仪器，是在PC机上通过扩展槽插入数据处理卡实现仪器功能或通过GP-IB或RS-232总线连接仪器组件实现仪器功能。由于各厂家在生产时没有采用统一的总线标准，不同厂家的机箱、模块等产品之间没有兼容性。1987年7月，HP、Tektionix、Colorado Data Systems、Racal Dana和Wavetek公司成立了专门委员会并制定了用于通用模块化仪器结构的标准总线——VXI。VXI总线是在VME计算机总线的基础上，扩展了适合仪器应用的一些规范而形成的。由于VXI总线仪器的高可靠性，高测量速度的优势，已被广泛应用于国防、工业产品测试等领域。

第二阶段：解决VXI总线产品在系统级的互换性和软件支持问题的VPP(VXI Plug&Play)技术规范。1993年9月，由Tektionix、NI、GenRad、Racal Instruments和Wavetek公司发起并制定了该技术规范。该规范定义了标准的系统软件结构框架，对VXI总线系统的操作系统、开发语言、仪器驱动程序、高级应用软件、虚拟仪器软件体系结构(VISA)等方面做了详细的规定，实现了VXI总线系统的开放性、兼容性和互换性。至此，完整的虚拟仪器技术体系就建立起来了。

第三阶段：解决虚拟仪器用户对系统的使用和测试软件的可应用性，以NI公司为主的IVI基金会在1997年发布了一系列IVI技术规范。在VPP规范的基础上，IVI规范建立了一种可互换的、高性能的、更易于维护的仪器驱动程序，支持仿真功能、状态缓冲、状态检查、互换性检查和越界检查等高级功能。允许测试工程师在系统中更换同类仪器时，利用仿真功能开发仪器测试代码，有利于节省系统开发、维护的时间和费用，增加了用户在组建虚拟仪器系统时硬件选择的灵活性。

在这些技术规范的基础上，各大仪器厂家推出了多种虚拟仪器产品。目前，虚拟仪器产品已占有了世界仪器、仪表市场20%左右的份额。虚拟仪器不仅代表了21世纪仪器发展的方向，而且将逐步取代传统的硬件化电子仪器。随着网络化测量和信息化要求的提高，将网络技术应用到虚拟仪器领域中也是虚拟仪器发展的一个新趋势。

10.1.3 虚拟仪器的特点

电子测量发展至今，大致经历了指针式仪表、分立元件式仪器、数字化仪器、智能仪器和虚拟仪器五个发展阶段。相对于其他阶段的传统仪器，虚拟仪器有以下几个特点：

(1) 使用计算机的显示屏和鼠标/键盘代替传统仪器的面板。

传统仪器使用面板上固定的旋钮、开关对仪器操作，使仪器内部功能部件的分布与仪器面板布置相互限制，也会因为面板上种类繁多的显示与控制元件造成许多识别和操作失误。虚拟仪器使用计算机的输入输出设备实现对仪器的控制，通过计算机显示器输出测量、数据分析结果。虚拟仪器面板上的显示元件和控制元件是由设计者编程实现的，设计者可根据用户的使用要求设计出满足不同测量要求的仪器界面，具有很高的灵活性。

(2) 仪器的功能是用户根据实际要求由软件实现的。

虚拟仪器是在以计算机为核心组成的硬件平台上，通过软件编程实现仪器的数据获得与分析功能的。因此，可以通过改变软件程序改变测量功能。而且可以通过组合不同测试功能的软件模块实现复杂的测量功能。

(3) 研制周期较传统仪器大为缩短

由于传统仪器，包括智能仪器的仪器功能都是在出厂时已固定的或是固化在存储器中的，延长了仪器的研制时间。虚拟仪器的测量功能与通用测量硬件模块相隔离，仪器的测量功能可以通过改变软件程序来改变，而软件的修改相对简单，因此，大大缩短了仪器的研制时间和成本。

(4) 虚拟仪器的资源共享性

虚拟仪器的硬件平台以计算机为核心，其测量数据都以标准的数据文件存储和运算。因此，很容易通过存储介质和接口与数据分析设备或其他虚拟仪器互联以实现网络化测量。

虚拟仪器之所以能具有上述传统仪器不可能实现的功能，其根本原因在于拥有"软件是虚拟仪器的关键"这一核心。通过软件可以较方便地实现包括复杂信号条件下的仪器触发、长时间的信号频谱分析和把小波变换等工具应用到信号的分析等功能。因此，虚拟仪器技术在工程领域和社会经济效益方面具有突出的优势，是仪器设计人员和仪器使用者应该掌握的一项新技术。

10.2 虚拟仪器的组成

虚拟仪器由仪器硬件平台(虚拟仪器硬件平台)和软件两大部分构成。

10.2.1 虚拟仪器的硬件

虚拟仪器的硬件由计算机和外围硬件设备组成。计算机可以是 PC 机或工作站，是硬件平台的核心。外围硬件设备可以选择串口系统、GP-IB 系统，VXI 系统、PXI 系统或 PC-DAQ 插卡系统，主要完成被测输入信号的采集、放大、模/数转换和测量触发等功能。随着接口设备的不断发展，目前，已出现了配备有 USB、RJ-45 和火线(IEEE1394)接口的外围硬件设备。虚拟仪器的硬件组成如图 10-1 所示。

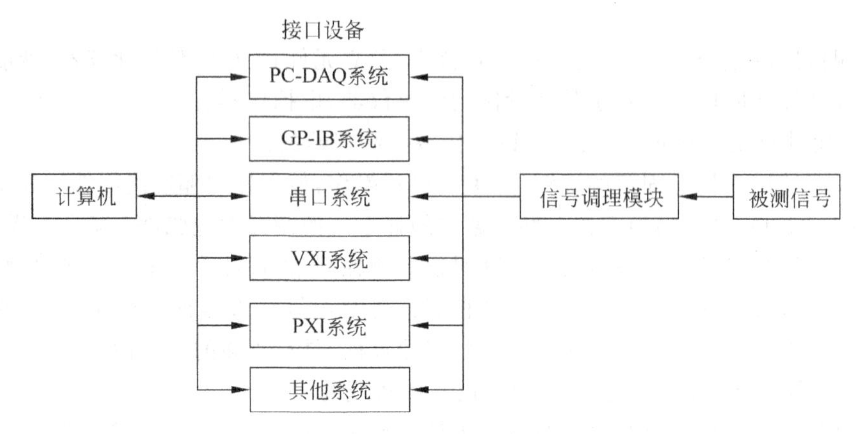

图 10-1　虚拟仪器的硬件组成

(1) PC-DAQ 系统

PC-DAQ 系统是一种比较简单、廉价的外围硬件设备，是能够在计算机控制下完成数据采集与测量控制的板卡产品，该系统具有 PCI 或 ISA 总线，使用时将数据采集卡插入计算机对应的槽中即可。

(2) GP-IB 系统

由插卡式系统组成的虚拟仪器结构简单，成本低。但由于 PC 总线不是专为仪器系统设计的，不提供仪器间的通信、触发、同步功能，而且，计算机内干扰和电源功率等也很难满足重载仪器的要求。为了克服以上缺点，采用 IEEE488.2 标准的 GP-IB 接口系统通过与具有 GP-IB 控制卡的计算机相连组成虚拟仪器硬件平台。由于 GP-IB 的标准化在 20 世纪 60 年代就已完成，已投入使用的具有 GP-IB 接口的仪器数以万计，通过这种结构组成的虚拟仪器能够利用计算机增强和扩展传统仪器的功能，具有很广泛的应用前景。

(3) VXI 和 PXI 系统

由于 GP-IB 实质上是通过计算机对传统仪器的功能进行扩展与延伸；PC-DAQ 直接利用了标准的工业计算机总线，没有仪器所需的总线性能。因此，专为仪器而设计的总线由此而生。1992 年，被 IEEE 批准的 IEEE1155-1992 标准的 VXI 总线是专为仪器而设计的总线，具有开放式、高背板总线通信能力，可靠性、抗干扰性和良好的人-机交互性，成为最好的虚拟仪器硬件平台，已广泛应用于国防、航空航天、工业产品测试等领域。

PXI 是 PCI 在仪器领域的扩展(PCI Extensions for Instrumentation)，它将 Compact PCI 规范定义的 PCI 总线技术发展成适合于试验、测量与数据采集场合应用的机械、电气和软件规范。PXI 产品填补了低价位 PC-DAQ 和高价位 VXI 系统之间的空白，在组成虚拟仪器硬件平台时具有很高的性价比。

(4) 其他系统

随着计算机接口技术的发展，包括 USB、火线(IEEE1394)、RJ-45 等接口也被应用到虚拟仪器中。这些以未来仪器总线与计算机硬件平台组成的虚拟仪器测试系统满足了大数据量或网络化测量的需要。

以上各虚拟仪器系统，都通过应用软件将仪器硬件与计算机相结合，具有传统仪器不可比拟的优势。

10.2.2　虚拟仪器的软件

虚拟仪器系统的核心是软件技术。良好的软件平台和应用软件设计决定了虚拟仪器开发成功与否。

按照 VPP(VXI Plug&Play)系统联盟的规定，虚拟仪器系统的软件体系结构包含 I/O 接口软件、仪器驱动程序和应用软件三部分，如图 10-2 所示。

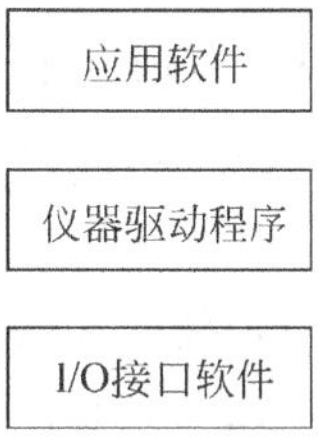

应用软件

仪器驱动程序

I/O接口软件

图 10-2　虚拟仪器系统的软件体系结构

(1) I/O 接口软件

虚拟仪器的应用软件要控制不同接口类型、不同厂家生产的仪器硬件模块，必须通过 I/O 接口软件完成。它是一个完成对仪器内部寄存器单元进行直接存取数据操作，对 VXI 背板总线与器件进行测试与控制，并为仪器驱动程序提供信息传递的底层软件。为了提高不同厂商的 I/O 接口软件的互换性，VPP 制定了虚拟仪器系统输入输出接口软件规范 VISA(Virtual Instrument Software Architecture)，实质是应用于虚拟仪器系统的一组标准 API 函数集。在 VISA 标准出现之前，各仪器生产商为本厂的仪器提供仪器 I/O 软件，其中最有影响的是 HP 公司的标准仪器控制库(Standard Instruments Control Library，SICL)。包括 SICL 在内的 I/O 软件的主要缺点是对不同接口类型的仪器采用不同的 I/O 软件库，没有通用性。而实际的测量系统往往是由具有不同接口类型的仪器组成的，开发者不得不为这些硬件接口编写相应的程序，而 VISA 的出现改变了这种情况。VISA 标准的制定，为高级仪器驱动程序和低层 I/O 驱动程序之间提供了一个中间层。VISA 本身不具备编程能力，通过调用底层驱动程序实现对仪器的编程，使仪器驱动程序和低层硬件无关，提高了接口仪器的互换性。

(2) 仪器驱动程序

仪器驱动程序是连接上层应用软件和底层输入输出软件的纽带。与实现输入输出接口软件的 VISA 函数库一致，VPP 也明确定义了仪器驱动程序的组成结构与实现方法，规定了仪器生产商在提供仪器硬件的同时，必须提供仪器驱动程序的源程序和动态链接库(DLL)文件。通过简单的调用 DLL，用户可以很容易地控制各厂家的仪器，而不必关心具体的硬件构成。此外，由于仪器驱动程序也是在 VISA 库的基础上编写的，其源程序也很容易理解。如果用户要对仪器功能进行扩展，通过修改仪器的驱动程序的源代码就可以实现。需要指出的是，这里仪器驱动程序提供的是包括虚拟仪器系统资源查找、仪器初始化、测量触发、数据读取等对仪器的全部操作功能。

(3) 应用软件

应用软件处于 VISA 规范的最上层，直接面对操作用户，通过提供友好的虚拟仪器操作界面和测量数据分析功能，完成自动测量任务。

目前，虚拟仪器的应用软件开发环境主要有两大类：一类是通用的可视化软件编程环境，如 Microsoft 公司的 C++、VB，Inprise 公司的 Delphi 和 NI 公司的 Labwindows/CVI

等；另一类是基于图形化的编程环境，如 Agilent 公司的 VEE、NI 公司的 LabVIEW 等。采用 LabVIEW 等图形化编程环境，类似于程序流程图的描述方法，减轻了系统设计人员的编程负担，可以将主要精力投入测试系统的设计中，而不需为文本代码的编写花费太多的时间。

10.3 应用 LabVIEW 进行虚拟仪器设计

尽管可以采用 VC++、Delphi 等通用程序软件设计虚拟仪器的应用软件，但采用 LabVIEW 进行设计具有以下优点：

- 作为主要的 GP-IB 接口卡和仪器生产商的 NI 公司所设计的 LabVIEW 能准确地满足仪器工程技术人员实际的仪器编程需要；
- 作为 VISA 规范的制定参与者，NI 公司的 LabVIEW 符合虚拟仪器软件开发的各项标准；
- 图形化的编辑方式有利于非专业程序员的仪器工程技术人员掌握和快速应用到设计中；
- NI 公司不断推出应用于自动测试，工业控制与自动化，数据采集与分析等领域的多种设备驱动软件和应用软件，用户可以直接嵌入自己的虚拟仪器系统，大大缩短了开发周期。

10.3.1 LabVIEW 基本概念

本章内容以 LabVIEW 为虚拟仪器软件开发环境。LabVIEW 程序称为虚拟仪器(virtual instruments，VI)程序。一个基本的 VI 由两部分组成：前面板(panel)和框图程序(diagram programmer)。

(1) 前面板

前面板是图形化用户界面，用于设置仪器的测量状态和显示测量结果，功能等效于真实测量仪器的前面板。用户通过鼠标、键盘操作前面板上的开关、按钮等图标和显示图标就像使用真实的仪器一样完成测量工作。

(2) 框图程序

对应于每个 VI 前面板，都有一个框图程序。它是图形化的源代码，其功能类似于传统编程语言的文本源代码。框图程序中的端子与 VI 前面板中的控件一一对应，实现了前面板与方框图的数据传递。用图形而不是代码进行编程是 LabVIEW 的最大特色。图形化的源代码把运算符，程序流控制语句，函数等设计语言的基本元素分别用形象的图标表示，非常直观。仪器软件设计者只需用很少的时间就可以掌握它，而把精力集中于仪器功能的实现上。此外，如果出现设计文件较大，使用的函数图标之间连线过多，或层次不清楚时，设计者也可直接在 LabVIEW 提供的文本函数编辑器中嵌入传统的 C 或 Matlab 文本程序，来实现一些复杂的数学计算或函数功能。

10.3.2 LabVIEW 的数学分析与信号处理

测试的基本任务是取得有用的信息，这就要求对采集到的信号进行分析处理。因此，一个测量仪器通常具有的功能包括：信号的采集、信号的分析处理和结果的输出。其中，信号的分析处理是衡量仪器功能的重要指标。

在虚拟仪器中，信号的采集是在计算机控制下由外围硬件完成，并经过 A/D 转换为数字信号（序列）。因此，虚拟仪器的信号分析处理工作实质是对这些数字信号进行数学运算，如求峰值、真有效值、均值、频谱范围、相关函数等。这些运算如果用硬件电路实现，其电路往往过于复杂，而用软件设计这些运算则是简单和灵活的。LabVIEW 充分考虑到虚拟仪器软件设计的需要，其开发平台提供了功能完备，可以和专业数学分析软件相类似的数据处理和分析函数库。其中不仅包括字符串处理函数、数值函数、数据运算函数和文件 I/O 函数，还包括概率与统计、线性函数、信号处理、数字滤波器等高级分析函数。在 LabVIEW 中，这些函数都以图标的形式存在，技术人员通过定义和连接代表不同功能的图标，就能够快速地建立符合测量信号分析与处理的应用程序。

本节在介绍 LabVIEW 的信号处理（signal processing）与数学（mathematics）分析函数库的基础上，结合有关实例说明 LabVIEW 的数学分析与信号处理的应用程序设计。

（1）信号处理函数库

LabVIEW 的信号处理函数库有 10 类函数，分别是波形生成（Waveform Generation）、波形调理（Waveform Condition）、波形测量（Waveform Measurement）、信号生成（Signal Generation）、信号运算（Signal Operation）、窗（Windows）、滤波器（Filters）、谱分析（Spectral Analysis）、变换（Transforms）、逐点（Point By Piont），其图标如图 10-3 所示。

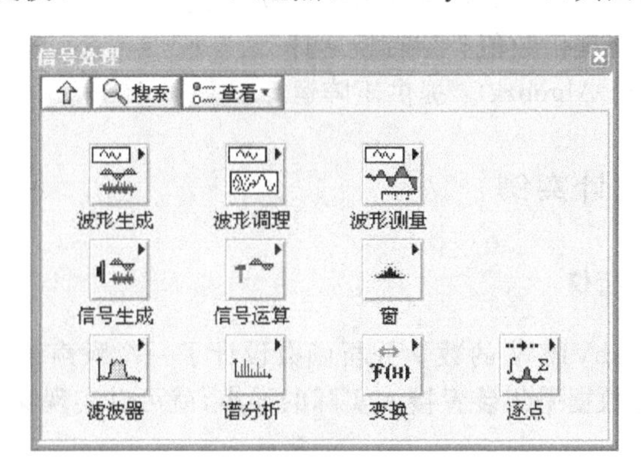

图 10-3 信号处理函数图标

主要信号处理函数的作用如下。

- 波形生成：用来产生正弦波、三角波、方波等 15 种波形。
- 波形调理：对输入波形进行数字滤波、加窗等处理。
- 信号运算：对信号的数字序列进行时域卷积、相关等 11 种时域运算。
- 谱分析：计算与时域信号对应的幅频、相频特性图谱、功率谱等。
- 窗：对信号做加窗截短处理。

• 滤波器：对信号进行不同类型滤波运算。
• 波形测量：对输入波形进行时域或频域测量，包括 DC、RMS 和失真度测量等。
• 变换：对信号进行各种变换，包括 Z 变换、离散余弦变换和 Hilbert 变换等。
• 逐点：对信号进行插值，非线性滤波等数值计算。

(2) 数学分析函数库

数学分析函数库提供了曲线拟合、积分运算、微分运算、概率与数理统计运算等。其图标如图 10-4 所示。

图 10-4　数学分析函数图标

这些数学分析函数的作用分别是：

• 脚本与公式(Formula)：允许设计者编辑公式，输入数据，并按公式输出计算结果。
• 拟合(Curve Fitting)：提供曲线拟合运算功能。
• 内插与外推(Interp & Extrap)：提供一维或二维线性插值，多项式插值和傅里叶插值运算。
• 概率与统计(Probability and Statistics)：提供概率统计和变量分析运算。
• 最优化(Optimization)：提供一维或多维函数的局部最大、最小值运算。
• 多项式(Polynomial)：提供多项式运算和估计功能。
• 微分方程(Differential Equations)：用于求解常系数微分方程。
• 基本与特殊函数(Elementary & Special)：提供三角、幂指数、对数等基本数学运算功能。
• 几何(Geometry)：提供二维笛卡儿坐标变换、欧拉变换等坐标系和角度转换功能。
• 积分与微分(Integ & Diff)：提供积分和微分运算。
• 数值(Numeric)：提供数值类型转换运算。
• 线性代数(Linear Algebra)：提供矩阵运算。

10.3.3　虚拟仪器设计实例

1. 虚拟噪声统计分析仪

本设计实例使用 LabVIEW 的数学分析函数设计了一个噪声统计分析仪，其信号是由软件模拟的。如果通过数据采集装置接入实际的噪声，就可以实现噪声的统计及分析。

(1) 前面板设计

前面板设计内容包括显示设备和输入控制设备，其中显示设备有示波器，直方图显示区和均值、方差等数值显示框；输入控制设备有采样点数设置输入文本框和提供噪声类型选择的拨码开关，如图 10-5 所示。

(2) 程序框图设计

程序框图如图 10-6 所示，主要由虚拟噪声信号发生器、求方差、均值函数等组成。

(3) 运行校验

设置噪声信号的均值为－0.01，方差为 1.00，采用高斯白噪声。所产生的噪声信号的时域波形、测量结果和直方图见图 10-5。

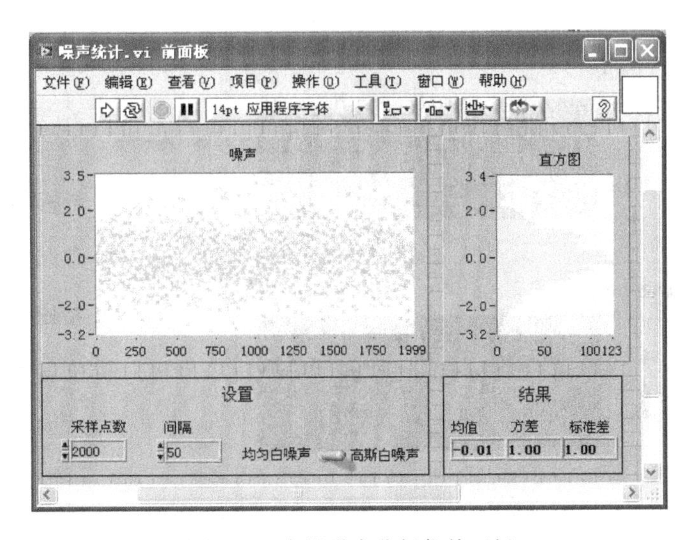

图 10-5 虚拟噪声分析仪前面板

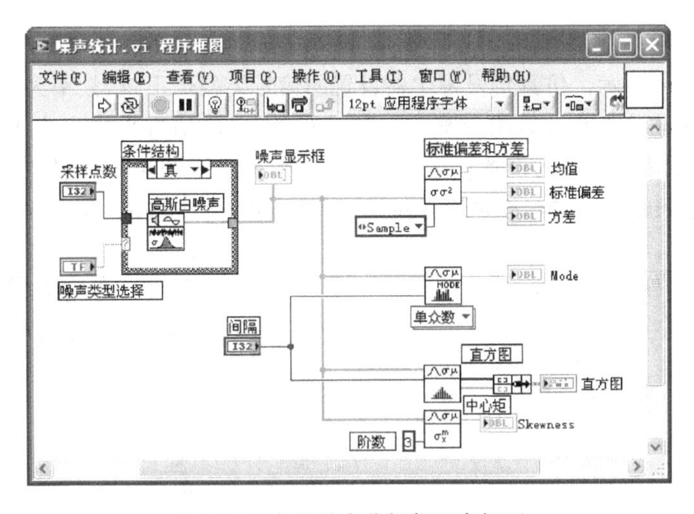

图 10-6 虚拟噪声分析仪程序框图

2. 虚拟信号频谱分析仪

(1) 功能描述

仪器仿真测试功能包括：由程序模拟生成设定幅值、频率、初相的正弦波，仪器对此仿真信号进行频谱分析；并且，仪器能对输入的信号做 FFT 运算，并以图形的方式显示信号的幅度、相位谱。

(2) 设计内容

① 前面板设计：在 LabVIEW 的前面板设计界面中进行仪器面板设计。仪器的部件包括仪器控制和显示部件。其中，显示部件有时域波形、幅频、相频等显示控件；仪器控制部件包括程序启停开关和输入波形参数选择等控件，如图 10-7 所示。

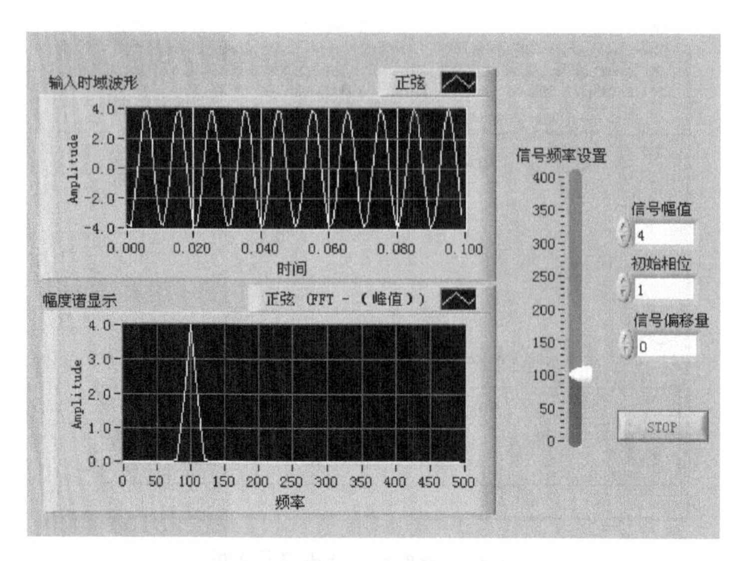

图 10-7 虚拟信号频谱分析仪前面板

② 程序框图：与前面板对应的程序框图主要由正弦波仿真信号发生器和频域测量两个函数构成，如图 10-8 所示。仿真信号发生器设置的信号类型是正弦、频率为 100Hz、幅值为 4、未添加噪声；为了正确地在计算机上显示时域波形，设置的信号采样率为 1000Hz，采样数为 100 点/周期。频域测量函数的设置包括：以峰值的形式显示结果，以线性(原单位)返回测量结果，在信号上加 Hamming 窗，设定均方根模式(即以平均信号 FFT 频谱的能量或功率)等。

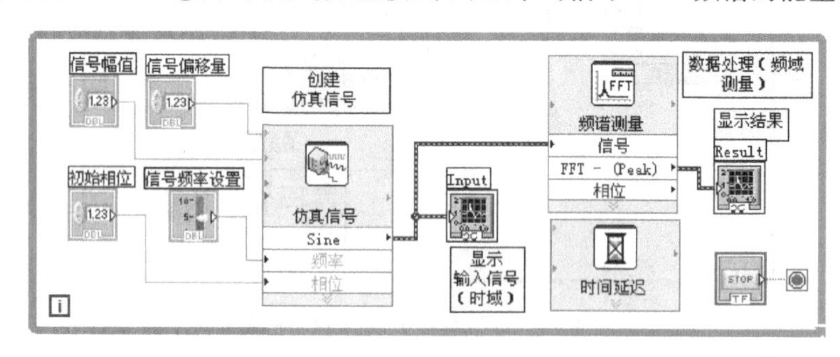

图 10-8 虚拟信号频谱分析仪程序框图

(3) 设计验证

在设计完成后，首先通过仿真功能测试验证仪器的频谱分析结果是否正确。即用 FFT 运算控件对正弦波仿真波形进行频谱分析，观察幅度、频率等波形参数的计算值和设定值是否一致。之后，将外部由标准函数信号发生器产生的波形通过数据采集卡等设备接入计算机，由设计的虚拟频谱分析仪对该信号进行频谱分析，并观察结果。

3. 仪器通信软件设计实例

上面实例中的被测信号都是由软件生成的仿真信号，而实际应用中的虚拟仪器硬件平台是采用如图 10-1 所示的方法组成的。这种方法使用具有串口、GP-IB 等接口的测量仪器采集数据，由计算机进行测量数据的计算、存储和显示等数据处理工作，实现了传统仪器和计算机的结合，体现了虚拟仪器的优势。仪器通信设计实例使用 LabVIEW 的 VISA 仪器 I/O 接口函数通过计算机串口和仪器进行通信，将仪器的测量数据值读入计算机，由虚拟仪器的软件处理测量数据。

用户在仪器通信软件的面板输入一次串口写入命令，在设定的延迟时间后，就可得到从仪器返回的值。本实例只执行基本的一次写和读操作，如果在此基础上添加循环等程序控制，就可以实现对测量值的连续读取，并可应用到自动测试系统中。

(1) 前面板设计

前面板设计内容包括显示控件，串口通信设置控件和读写控制开关。其中显示控件有串口写入文本框，串口读出显示框；串口通信设置控件包括 VISA 资源名称，串口波特率，奇偶校验位等输入框，如图 10-9 所示。

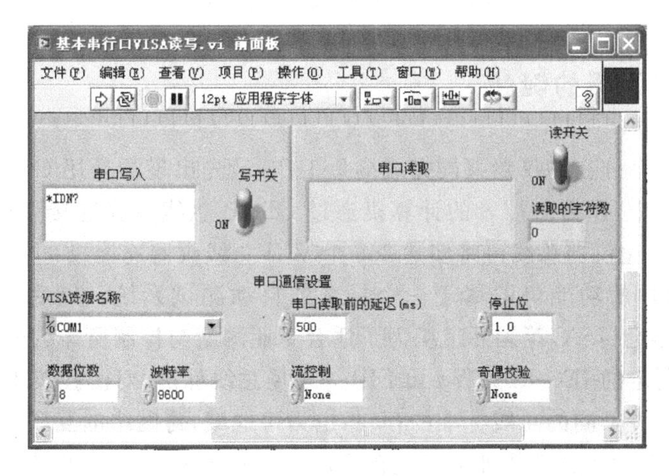

图 10-9 仪器通信软件的前面板

(2) 程序框图设计

程序框图如图 10-10 所示，主要由串口通信设置、串口写入、读取时间延迟、串口读取等四部分组成。

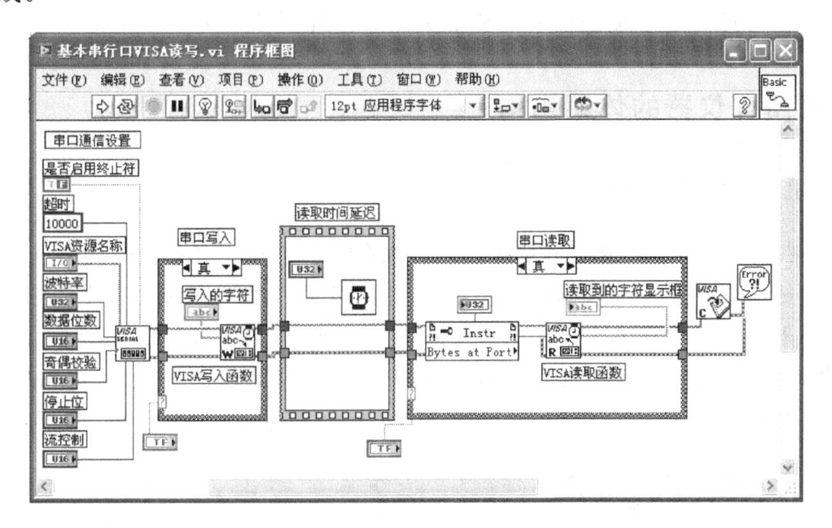

图 10-10 仪器通信软件的程序框图

(3) 设计验证

首先将计算机和仪器的串口通信设置为一致，在面板的串口写入对话框输入仪器查询命令 * IDN?，并把串口写入的写开关拨向 ON 位置。然后等待设定的延迟 500ms，把串口读取的读开关拨向 ON 位置，在串口读回显示框就会显示连接在计算机串口上的仪器的标识。如计算机通过串口连接一台 Agilent 34401A 型数字多用表组成测量系统，用户在图 10-9 所示的面板中输入查询命令 * IDN?，就会得到以“HEWLETT-PACKARD，34401A，0，XX-XX-XX”格式表示的仪器标识。实例中使用 VISA 仪器 I/O 接口函数，软件对具有串口、GP-IB 等接口的仪器的操作在方法上是一样的，具有与接口类型无关的优点。

10.4 网络化仪器

10.4.1 网络化仪器的诞生

为了实现用多个分立的仪器共同完成测量工作，最先出现的是用 GP-IB 总线连接的测量网络。这种网络中，作为主控者的计算机通过 GP-IB 总线可以连接多达 15 台仪器。之后出现的 VXI 标准化仪器总线可将多达 256 个 VXI 总线仪器连接成一个大的测量网络，但从网络的距离、测量的功能仍旧属于一个局部的自动测试系统。以后，国际电工委员会(IEC)、美国仪表学会(ISA)等国际组织为了适合工业测量与控制所需的分散化、智能化、网络化等特殊需求制定的 IEC-ISA、World FIP 等现场总线标准，对测控技术的发展起了巨大的推动作用。但多种不同的总线标准的存在，也为跨地域，跨网络的互联设置了障碍。

近年来，在 TCP/IP 协议基础上建立的 Internet 已经成为全球规模最大的计算机网。它突破了传统通信方式在时空与地域的限制，使更大范围内的通信成为可能。由于利用 Internet 可以比从前更经济、更方便和更快捷地取得信息并进行信息交流，这就给远程测控网络提供了新的发展机遇，出现了网络化仪器。所谓网络化仪器，是指在智能仪器中将 TCP/IP 协议等作为一种嵌入式应用，使测量过程中的控制指令和测量数据以 TCP/IP 方式传送，使智能仪器可以接入 Internet，构成分布式远程测控系统。

10.4.2 网络化仪器的体系结构

1. 计算机网络的结构模型

计算机网络是一种十分复杂的系统，其结构模型通常用“层”来表示。每一层完成一个主要任务，如传输层主要处理数据传输任务，应用层处理终端用户应用程序任务。按照层的划分不同，有不同的结构模型。著名的有 ISO 参考模型和 TCP/IP 参考模型。

ISO 参考模型是国际标准化组织 ISO(International Standardization Organization)制定的标准，称为开放系统互连参考模型，它使用了 7 个层，如表 10-1 所示，各层的主要任务如下。

- 物理层：主要是在通信信道上传输比特流。
- 数据链路层：主要为网络层提供无差错的数据传输。

- 网络层：主要控制子网的操作。
- 传输层：主要提供端点间可靠、适用的数据传送，提供端到端的差错控制和流控制。
- 会话层：主要提供不同主机的应用进程之间的通信。即两个会话实体之间的信息交换。
- 表示层：主要解决用户信息的语法表示问题。
- 应用层：主要确定进程之间通信的性质以及提供网络与用户应用软件之间的接口服务。

表 10-1 OSI 参考模型

层 次	OSI 定义	层 次	OSI 定义
7	应用层	3	网络层
6	表示层	2	数据链路层
5	会话层	1	物理层
4	传输层		

尽管 OSI 的体系结构从理论上讲是比较完整的，其各层协议也考虑得很全面，但实际上，完全符合 OSI 各层协议的网络设备却很少，并不能满足各种用户的需要。应用广泛的网络结构模型是 TCP/IP 参考模型，由于该协议具有的简单和高效性，使符合 TCP/IP 参考模型的产品大量应用于实际，因此几乎所有的工作站都配有 TCP/IP 协议族，它已成为计算机网络事实上的国际标准。

TCP/IP(Transfer Contorl Protocal/Internet Protocal)协议即传输控制/网际协议，起源于 20 世纪 70 年代美国国防部为其 ARPANET 广域网开发的协议标准。TCP/IP 协议包括 TCP、IP、UDP、ICMP、ARP 等许多协议，称为 TCP/IP 协议族，对它们的解释如下：

- TCP(Transfer Contorl Protocal)传输控制协议；
- IP(Internet Protocal)网际协议；
- UDP(User Datagram Protocal)用户数据报协议；
- ICMP(Internet Control Message Protocal)因特网控制报文协议；
- SMTP(Simple Mail Transfer Protocal)简单邮件传输协议；
- FTP(File Transfer Protocal)文件传输协议；
- ARP(Address Resolation Protocal)地址解析协议。

TCP/IP 协议族所体现的 Internet 通信模型与 OSI 参考模型既有相似之处，但又有不同。它通常将 OSI 参考模型中的高三层合并成一个应用层，Internet(TCP/IP)参考模型如图 10-11 所示。

2. 网络化仪器的体系结构

网络化仪器是虚拟仪器、计算机软硬件以及通信等技术的有机结合，以智能化、网络化、交互性为特征，结构比较复杂。通常，采用体系结构来描述总体框架和系统特点。

网络化仪器的体系结构，包括基本网络系统硬件、应用软件和各种协议。其体系结构的模型可由信息网络体系结构内容(OSI 参考模型)，相应的测量控制模块和应用软件，以及应用环境等有机地结合在一起所形成的抽象模型来表示。抽象模型可以本质地反映网络化仪

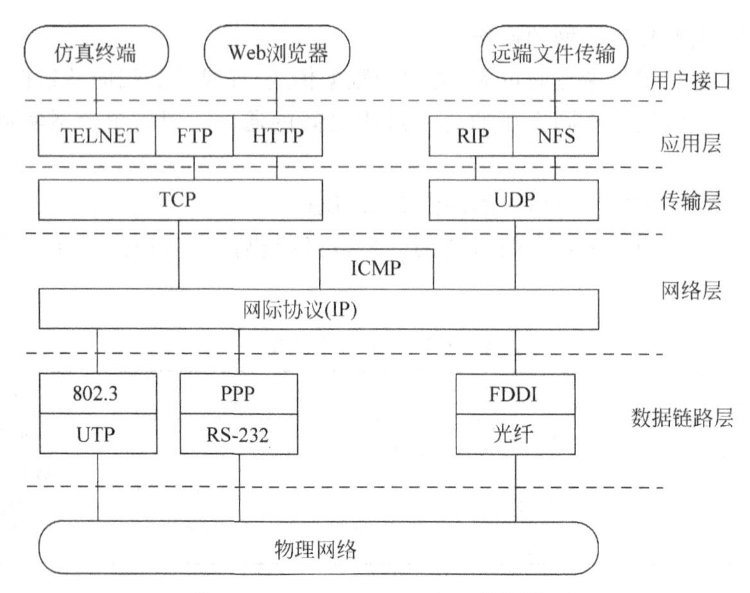

图 10-11 Internet(TCP/IP)参考模型

器具有的信息采集、存储、传输和分析处理的特征。该抽象模型将网络化仪器划分成若干逻辑层,各逻辑层实现特定的功能,如图 10-12 所示。

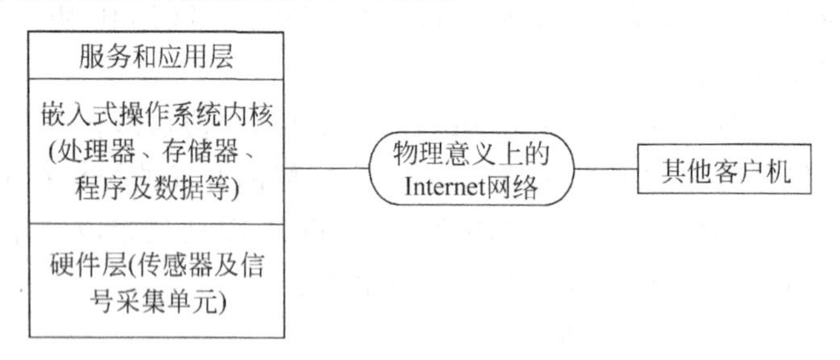

图 10-12 网络化仪器体系结构模型

模型的底层是硬件层,主要指远端的传感器和信号采集单元,包括信号采集、硬件协议转换等系统。网络化仪器的另一个逻辑层是嵌入式操作系统内核。其主要作用是控制硬件的信号采集并实现数据流传输。该逻辑层的硬件模块已不是传统意义上单片机系统,主要资源有处理器、存储器、信号采集单元、程序和数据等。这些资源通常由一个嵌入式的操作系统来管理调度。该逻辑层从功能上实现了 OSI 7 层模型中的数据链路层、网络层、传输层的功能。根据应用的不同,本层的具体实现方式可能略有不同,且可在一定程度上简化。模型的最上层是服务及应用层,根据需要提供 HTTP、FTP、TFTP、SMTP 等服务。其中 HTTP 用以实现 Web 仪器服务;FTP 和 TFTP 用于实现向用户传递数据,从而形成用户数据库资源;而 SMTP 则用来发送各种确认和警告信息。通过这些服务功能就可以使其他客户机或用户从网络上通过浏览器浏览或获取数据,实现对测量数据的观测。

10.4.3 网络化仪器的两种组建模式

目前,设计一个网络化虚拟仪器可采用两种模式。

1. C/S 模式

C/S 模式是集散测控系统经常采用的一种结构。它一般由多个客户端来采集数据，而系统中有一个服务器充当数据库的角色，客户端通过通信协议把测试数据写入远程服务器数据库。这种结构的客户端主要实现测量数据的采集功能，服务器汇总数据并可实现数据分析等功能。设计人员需要分别设计服务器和客户端的程序，其拓扑结构如图 10-13 所示。

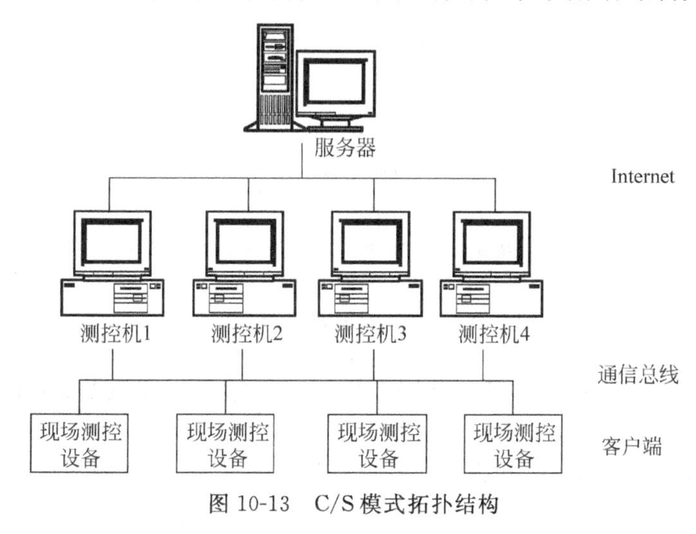

图 10-13　C/S 模式拓扑结构

2. B/S 模式

B/S 模式是一种瘦客户模式，一般由客户机、服务器以及和服务器相连的远程测控设备组成。系统中，服务器不是接受来自客户机的测量数据，而是先接收现场测控设备的数据，再通过 Internet 网络向客户机发布测量数据，客户端一般通过浏览器就可以观测和保存这些数据。设计人员的主要工作是进行服务器端程序的开发，不存在客户机端程序的开发和保护。其拓扑结构如 10-14 所示。

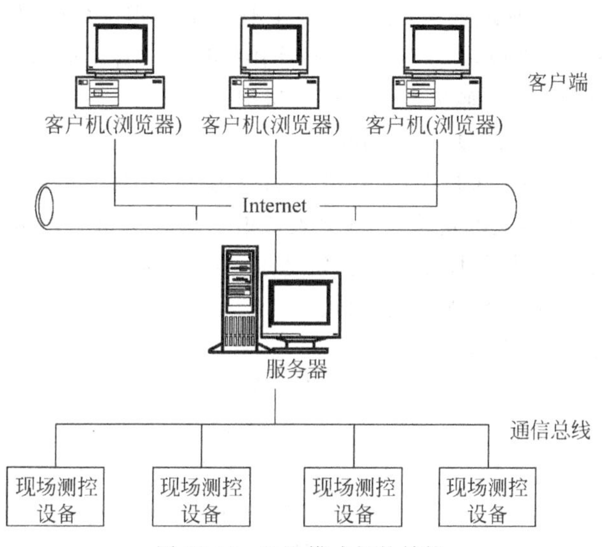

图 10-14　B/S 模式拓扑结构

10.4.4 网络化虚拟仪器的开发实例

1. LabVIEW 中 TCP/IP 函数简介

LabVIEW 提供了完整的 TCP/IP 函数，其函数及其图标如图 10-15 所示。

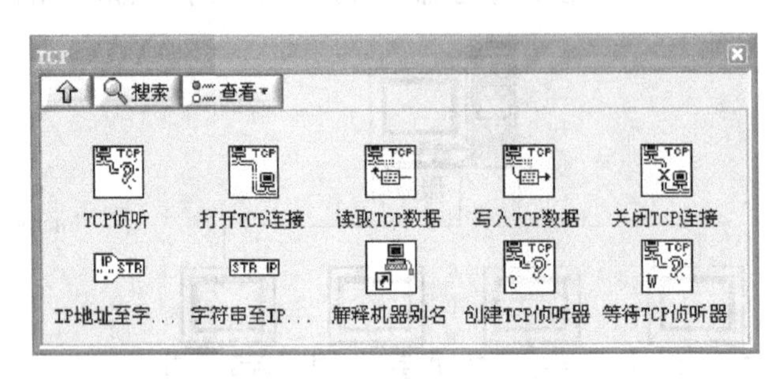

图 10-15　TCP/IP 函数图标模板

TCP/IP 图标模板上共有 10 个函数及其图标，其中主要的函数及其用法如下。

(1) TCP 侦听(TCP listen. vi)

其作用是创建一个听者，并在指定的端口等待客户端的 TCP 网络连接请求，下面介绍函数的端口参数。

① 输入端口参数

- port(端口)：用于指定端口号。
- timeout (超时时间)：设定以毫秒为单位的超时时间，如果在设定的时间内，TCP 连接没有建立，则返回一个错误代码。
- error in(错误输入)：TCP 侦听函数之前程序产生的错误描述代码。

② 输出端口参数

- connection ID(连接 ID)：表示已经建立 TCP 连接的惟一识别码。
- remote address(远程地址)：已建立 TCP 连接的远程计算机网络地址。
- remote port(远程端口)：已建立 TCP 连接的远程计算机端口号。
- error out(错误输出)：输出产生的错误识别码。

(2) 打开 TCP 连接(TCP Open Connection. vi)

作用是打开已经建立的 TCP 连接，其输入端口包括：地址、远程端口、超时时间和错误输入。其中，地址(address)是准备建立 TCP 连接的远程计算机的网络地址，这个地址可以是 IP 地址或计算机名。如果程序中没有指定地址，则默认和本地计算机建立连接。

输出端口包括连接 ID 和错误输出端口。

(3) 读取 TCP 数据(TCP Read. vi)

作用是从一个打开的 TCP 连接读取设定字节数的数据，并从数据输出(data out)端口输出。

输入端口包括：模式选择、连接 ID、读取的字节数、超时时间和错误输入端口。其中，读取的字节数(bytes to read)是设定从指定的 TCP 连接中读取的最大字节数。

输出端口包括：连接 ID、数据输出和错误输出端口。其中，数据输出端口将以字符串格式返回读取的数据。

(4) 写入 TCP 数据(TCP write. vi)

作用是向一个打开的 TCP 连接写入数据。

输入端口包括：连接 ID、写入数据、超时时间(默认值是 25000ms)和错误输入端口。其中，写入数据(data in)是用户将向打开的 TCP 连接写入的数据。

输出端口包括：连接 ID、写入的字节数和错误输出端口。其中，写入的字节数(bytes write)端口返回的是成功写入 TCP 连接的字节数。

(5) 关闭 TCP 连接(TCP Close Connection. vi)

作用是断开一个已经建立的 TCP 连接。

2. 设计实例——基于 C/S 模式的远程数据传输系统设计

(1) 功能描述

系统实现客户端通过 TCP/IP 协议获取服务器端产生的仿真波形数据，并在客户端的界面上显示。

(2) 设计内容

C/S 模式通信系统要求分别进行服务器端和客户机端的设计，因此，本系统由服务器 . vi 和客户机 . vi 两个 LabVIEW 程序组成。

服务器 . vi 的前面板包括波形函数类型、波形幅值、采样点数等波形参数设置和 TCP 连接端口设置等输入控件和用于显示波形的显示控件，如图 10-16 所示。

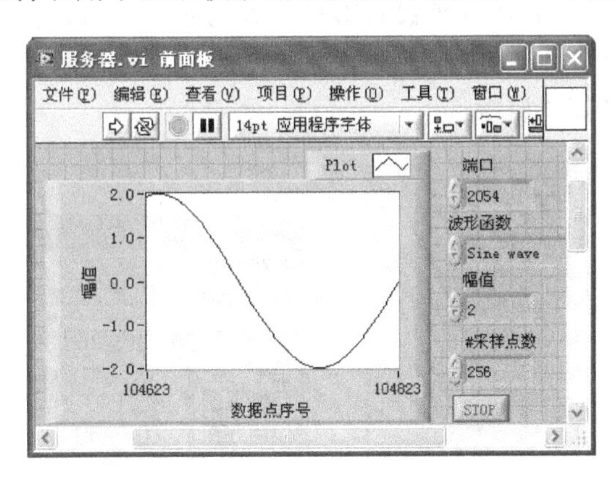

图 10-16　服务器. vi 前面板

服务器. vi 的框图程序如图 10-17 所示，程序由 TCP 连接创建，数据生成与发送，TCP 连接断开三部分组成。TCP 连接创建通过 TCP 侦听函数监测 TCP 连接请求并建立 TCP 连接。数据生成与发送部分由正弦波发生器产生仿真数据，再通过已建立连接的 TCP 端口发送出去，这个过程是不断循环的。由于正弦波发生器函数的输出数据格式是双精度浮点数，因此，程序中使用了强制类型转换函数(Type Cast. vi)转换为字符串以符合 TCP 读写函数的要求。图中，写入字符串的长度由第一个 TCP 写入函数发送，而正弦波的波形数据值由第二个 TCP 写入函数发送。每次循环结束后，如果有错误发生则停止数据的继续发送。TCP 断开部分在停止数据发送后，关闭 TCP 连接以释放计算机资源。

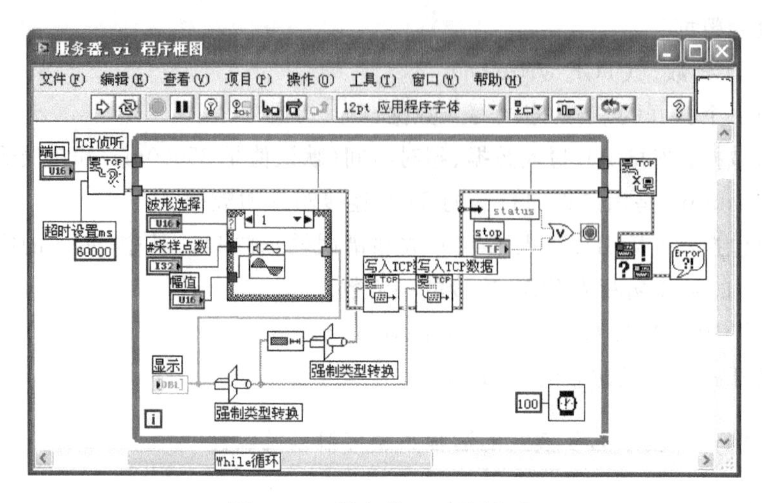

图 10-17　服务器.vi 框图程序

客户端.vi 的前面板包括 TCP 连接端口,服务器地址设置和用于显示接收到的波形显示控件,如图 10-18 所示。

客户端.vi 的框图程序如图 10-19 所示,与服务器.vi 对应,程序由 TCP 连接创建、数据接收与显示、TCP 连接断开三部分组成。TCP 连接创建部分由打开 TCP 连接函数建立 TCP 连接,其服务器地址是由前面板设定的。数据接收与显示部分是一个循环结构,它不断读取指定连接中的数据并在显示控件中显示。循环中的第一个 TCP 读取函数获得接收到的字符串长度,第二个 TCP 读取函数获得接收到的字符串值。程序中同样使用了两个强制类型转换函数(Type Cast.vi)以满足数据类型的要求。TCP 断开部分在停止数据接收后关闭 TCP 连接以释放计算机资源。

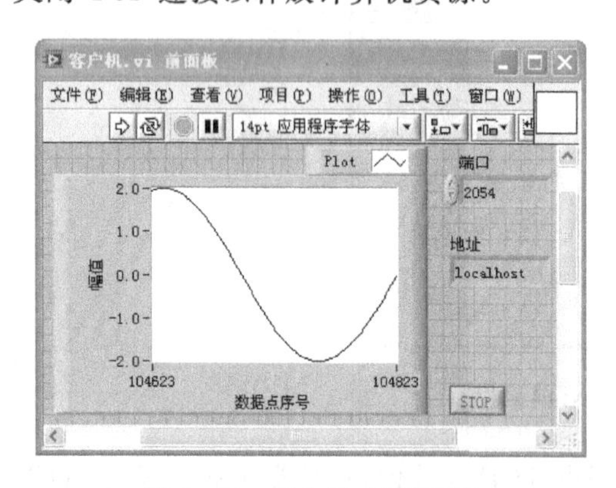

图 10-18　客户机.vi 前面板

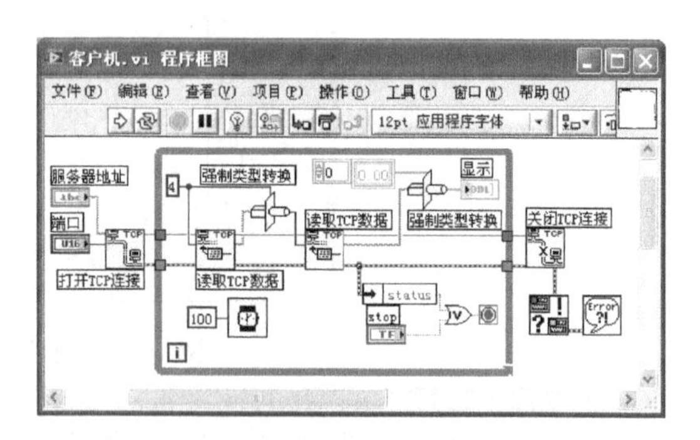

图 10-19　客户机.vi 框图程序

(3) 设计验证

实例中选择在本地计算机上验证,在客户端前面板的服务器地址设置文本框输入 localhost,端口号设为与服务器端设置一致的 2054;在服务器端设定波形为正弦波,幅度为 2,每周期采样点数是 256。首先运行服务器.vi,之后运行客户端.vi,观察发送和接收的数据是否一致。

思考题与习题

10-1　什么是虚拟仪器？虚拟仪器中“虚拟”的两个含义是什么？

10-2　虚拟仪器的特点是什么？

10-3　简述虚拟仪器的组成结构。

10-4　设计基于 LabVIEW 的虚拟仪器主要有哪两方面的工作？

10-5　什么是网络化仪器？

10-6　计算机网络的 OSI 参考模型与 TCP/IP 参考模型有什么不同？

10-7　网络化仪器的 C/S 和 B/S 组建模式有什么不同？

10-8　设计试验：设计一个基于 C/S 结构，通过 Internet 互联的远程测量系统。系统由两部分组成：完成数采集和发送功能的客户端，实现数据接收、显示和分析功能的服务器端。设计环境是 LabVIEW 软件平台。

参考文献

[1] 程德福，林君．智能仪器．北京：机械工业出版社，2005

[2] 徐爱钧．智能化测量控制仪表原理与设计．北京：北京航空航天大学出版社，2004

[3] 方彦军，孙健．智能仪器技术及其应用．北京：化学工业出版社，2004

[4] 杨欣荣．智能仪器原理、设计与发展．长沙：中南大学出版社，2003

[5] 周航慈，朱姚优，李跃忠．智能仪器原理与设计．北京：北京航空航天大学出版社，2005

[6] 李昌禧．智能仪表原理与设计．北京：化学工业出版社，2005

[7] 卢胜利．智能仪器设计与实现．重庆：重庆大学出版社，2003

[8] 赵茂泰．智能仪器原理及应用．北京：电子工业出版社，2005

[9] 赵新民．智能仪器设计基础．哈尔滨：哈尔滨工业大学出版社，1999

[10] 孙焕根．电子测量与智能仪器．杭州：浙江大学出版社，1993

[11] 李贵山，周征，黄晓峰．检测与控制技术．西安：西安电子大学出版社，2006

[12] 杨吉祥．智能仪器．南京：南京工学院出版社，1986

[13] 孙传友．测控电路及装置．北京：北京航空航天大学出版社，2002

[14] 凌志浩．智能仪表原理与设计技术．上海：华东理工大学出版社，2003

[15] 杨振江，等．智能仪器与数据采集系统中的新器件及应用．西安：西安电子科技大学出版社，2001

[16] 杨景常，周国全．先进先出(FIFO)存储技术在高速数据采集中的应用．四川工学院学报，2002(21)

[17] 孔德仁，何云峰，狄长安．仪表总线技术及应用．北京：国防工业出版社，2005

[18] 李正军．现场总线及其应用技术．北京：机械工业出版社，2006

[19] 蔡辉，张合新，孟飞．基于 PXI 总线技术的导弹自动化测试实验系统．测控技术，2002(11)：11～43

[20] 刘君华．基于 LabVIEW 的虚拟仪器设计．北京：电子工业出版社，2003

[21] 张易知，肖啸，等．虚拟仪器的设计与实现．西安：西安电子科技大学出版社，2002

[22] 赵会兵．虚拟仪器技术规范与系统集成．北京：清华大学出版社，2003

[23] 李念强，等．一种新型 RLC 数字电桥的研究．南京：南京航空航天大学学报，2001(10)

[24] 王选民．智能多用表设计．仪表技术，1999(5)

[25] 张建林，乔东峰，等．动态信号采集技术研究与应用．测控技术，2002(2)：21～24

[26] 陈尚松，雷加，郭庆．电子测量与仪器．北京：电子工业出版社，2005

[27] 古天祥．电子测量原理．成都：电子科技大学出版社，2004

[28] 张永瑞，等．电子测量技术基础．西安：西安电子科技大学出版社，1994

[29] 蒋辉平，周国雄．单片机原理与应用设计．北京：北京航空航天大学出版社，2007

[30] 王幸之．单片机应用系统抗干扰技术．北京：北京航空航天大学出版社，2000

[31] 王利，张玉祥，杨良怀．计算机网络实用教程．北京：清华大学出版社，1999

[32] 王先培，王泉德．测控系统通信与网络教程．武汉：武汉大学出版社，2004

[33] 彭启．DSP 技术的发展与应用．北京：高等教育出版社，2003

[34] Philips Semicondutors. Application Notes and Development Tools for 80C51 Microcontrollers. 2003

[35] P8XC591 Single-chip 8bit microcontroller with CAN controller. Philips Semiconductor Corporation, 2000

[36] VPP-4.3.3: VISA Lmplementation Specification for the G Language, Rev. 2.2, VXI plug & play Sytems Alliance. Mar. 17, 2000

[37] LabVIEW TutorialManual. National Instruments Corporation. 1996

[38] Analog Devices. Data converter Reference Manual, 2003(Ⅱ)

[39] Agilent 34401A Digit Multimeter User's Guide, Agilent Technologies, August, 2007

高等学校教材·电子信息
系列书目

ISBN	书　名	作　者	定　价
9787302082859	电子电路测试与实验	朱定华等著	23.00
9787302090724	数字电路与逻辑设计	林红等著	24.00
9787302087908	光纤通信原理	袁国良著	23.00
9787302092933	信息与通信工程专业科技英语	王朔中等	26.00
9787302095460	信号与系统	余成波等著	24.00
9787302101567	数字信号处理及 MATLAB 实现	余成波等著	19.00
9787302104407	数字设计基础与应用	邓元庆等著	29.00
9787302104391	模拟电路基础实验教程	刘志军等著	19.00
9787302117698	电子设计自动化技术及应用	李方明等著	46.00
9787302110156	电路分析基础教程	刘景夏等著	25.00
9787302111900	电力系统保护与控制	张艳霞等著	23.00
9787302116127	自动控制原理	余成波等著	35.00
9787302124610	电子技术基础	霍亮生等著	26.00
9787302125419	控制电器及应用	李中年著	26.00
9787302120643	数字电子技术基础	林涛等著	25.00
9787302132042	数字信号处理——原理与算法实现	刘明等著	23.50
9787302129004	EDA 技术及应用实践	高有堂等著	33.00
9787302132905	MATLAB 应用技术——在电气工程与自动化专业中的应用	王忠礼等著	26.00
9787302140566	智能仪器仪表	孙宏军等著	35.00

读者意见反馈

亲爱的读者：

感谢您一直以来对清华版计算机教材的支持和爱护。为了今后为您提供更优秀的教材，请您抽出宝贵的时间来填写下面的意见反馈表，以便我们更好地对本教材做进一步改进。同时如果您在使用本教材的过程中遇到了什么问题，或者有什么好的建议，也请您来信告诉我们。

地址：北京市海淀区双清路学研大厦A座602室　计算机与信息分社营销室　收

邮编：100084　　　　电子信箱：jsjjc@tup.tsinghua.edu.cn

电话：010-62770175-4608/4409　　　　邮购电话：010-62786544

教材名称：智能仪器原理及设计

ISBN：978-7-302-17459-2

个人资料

姓名：＿＿＿＿＿　年龄：＿＿＿＿所在院校/专业：＿＿＿＿＿＿＿＿＿

文化程度：＿＿＿＿　通信地址：＿＿＿＿＿＿＿＿＿＿＿＿＿＿＿＿

联系电话：＿＿＿＿　电子信箱：＿＿＿＿＿＿＿＿＿＿＿＿＿＿＿＿

您使用本书是作为：□指定教材 □选用教材 □辅导教材 □自学教材

您对本书封面设计的满意度：

□很满意 □满意 □一般 □不满意　改进建议＿＿＿＿＿＿＿＿＿＿＿＿

您对本书印刷质量的满意度：

□很满意 □满意 □一般 □不满意　改进建议＿＿＿＿＿＿＿＿＿＿＿＿

您对本书的总体满意度：

从语言质量角度看　□很满意 □满意 □一般 □不满意

从科技含量角度看　□很满意 □满意 □一般 □不满意

本书最令您满意的是：

□指导明确 □内容充实 □讲解详尽 □实例丰富

您认为本书在哪些地方应进行修改？（可附页）

＿＿＿＿＿＿＿＿＿＿＿＿＿＿＿＿＿＿＿＿＿＿＿＿＿＿＿＿＿＿＿＿＿＿

＿＿＿＿＿＿＿＿＿＿＿＿＿＿＿＿＿＿＿＿＿＿＿＿＿＿＿＿＿＿＿＿＿＿

您希望本书在哪些方面进行改进？（可附页）

＿＿＿＿＿＿＿＿＿＿＿＿＿＿＿＿＿＿＿＿＿＿＿＿＿＿＿＿＿＿＿＿＿＿

＿＿＿＿＿＿＿＿＿＿＿＿＿＿＿＿＿＿＿＿＿＿＿＿＿＿＿＿＿＿＿＿＿＿

电子教案支持

敬爱的教师：

为了配合本课程的教学需要，本教材配有配套的电子教案（素材），有需求的教师可以与我们联系，我们将向使用本教材进行教学的教师免费赠送电子教案（素材），希望有助于教学活动的开展。相关信息请拨打电话010-62776969或发送电子邮件至jsjjc@tup.tsinghua.edu.cn咨询，也可以到清华大学出版社主页（http://www.tup.com.cn或http://www.tup.tsinghua.edu.cn）上查询。